eXamen.press

eXamen.press ist eine Reihe, die Theorie und Praxis aus allen Bereichen der Informatik für die Hochschulausbildung vermittelt.

Ulrike Baumann · Elke Franz ·
Andreas Pfitzmann

Kryptographische Systeme

Ulrike Baumann
Fachrichtung Mathematik Institut für Algebra
Technische Universität Dresden
Dresden, Deutschland

Andreas Pfitzmann *(verstorben)*
Technische Universität Dresden
Dresden, Sachsen, Deutschland

Elke Franz
Fakultät Informatik Institut für
 Systemarchitektur
Technische Universität Dresden
Dresden, Deutschland

ISSN 1614-5216   eXamen.press
ISBN 978-3-642-45332-8   ISBN 978-3-642-45333-5 (eBook)
DOI 10.1007/978-3-642-45333-5

Die Deutsche Nationalbibliothek verzeichnet diese Publikation in der Deutschen Nationalbibliografie; detaillierte bibliografische Daten sind im Internet über http://dnb.d-nb.de abrufbar.

Springer Vieweg
© Springer-Verlag Berlin Heidelberg 2014
Das Werk einschließlich aller seiner Teile ist urheberrechtlich geschützt. Jede Verwertung, die nicht ausdrücklich vom Urheberrechtsgesetz zugelassen ist, bedarf der vorherigen Zustimmung des Verlags. Das gilt insbesondere für Vervielfältigungen, Bearbeitungen, Übersetzungen, Mikroverfilmungen und die Einspeicherung und Verarbeitung in elektronischen Systemen.
Die Wiedergabe von Gebrauchsnamen, Handelsnamen, Warenbezeichnungen usw. in diesem Werk berechtigt auch ohne besondere Kennzeichnung nicht zu der Annahme, dass solche Namen im Sinne der Warenzeichen- und Markenschutz-Gesetzgebung als frei zu betrachten wären und daher von jedermann benutzt werden dürften.
Der Verlag, die Autoren und die Herausgeber gehen davon aus, dass die Angaben und Informationen in diesem Werk zum Zeitpunkt der Veröffentlichung vollständig und korrekt sind. Weder der Verlag noch die Autoren oder die Herausgeber übernehmen, ausdrücklich oder implizit, Gewähr für den Inhalt des Werkes, etwaige Fehler oder Äußerungen.

Gedruckt auf säurefreiem und chlorfrei gebleichtem Papier

Springer-Verlag Berlin Heidelberg ist Teil der Fachverlagsgruppe Springer Science+Business Media (www.springer.com)

Vorwort

Vor fünf Jahren wurde an Professor Andreas Pfitzmann der Wunsch herangetragen, ein Buch zum Thema Kryptographie zu verfassen. Da die Autoren des vorliegenden Buches sich auch schon gemeinsam in der Lehre zu diesem Thema engagiert hatten, ist die Idee aufgekommen, das Anliegen als ein gemeinsames Projekt anzugehen. Am Ausgangspunkt standen umfangreiche Diskussionen darüber, was zu dem Thema gesagt werden sollte, was dabei für uns besonders wichtig ist und an welche Zielgruppen sich das Buch richten soll. Das Buch hat sehr davon profitiert, dass Beteiligte aus unterschiedlichen Fachbereichen daran gearbeitet haben – es gab viel voneinander zu lernen und am Beginn stand eine umfangreiche Abstimmungsarbeit, sei es über eine einheitliche Notation, die Struktur des Buches oder die Ausführlichkeit der Darstellung. Gerade diese Diskussionen haben wir gewollt und sie so intensiv und ausgiebig geführt, dass sie uns in eine reibungslose Zusammenarbeit geführt und während der gesamten Bearbeitung bis hin zur Endredaktion begleitet haben.

Leider konnten wir das gemeinsam begonnene Projekt nicht gemeinsam zum Abschluss bringen. Nach kurzer, schwerer Krankheit verstarb Andreas Pfitzmann und wurde auch an dieser Stelle mitten aus der Arbeit an seinen Vorhaben gerissen.

Es hat einige Zeit gedauert, bis wir uns entschieden hatten, wie wir mit dem begonnenen Werk umgehen wollen. Wir haben uns dazu entschlossen, es zum geplanten Abschluss zu bringen. Die Inhalte und die Atmosphäre der ausführlichen Diskussionen, die wir zu Beginn geführt hatten, haben uns bei der Fortführung der Arbeit an den noch fehlenden Buchkapiteln begleitet. Wir haben das Gefühl, dass das Ergebnis unseren gemeinsamen Vorstellungen entspricht und dass das jetzt erfolgreich zu Ende gebrachte Vorhaben Andreas Pfitzmann auf unsere Weise ein bleibendes Andenken setzen wird.

Wir bedanken uns bei Herrn Hermann Engesser vom Springer-Verlag, der uns in unserem Vorhaben ermutigt und bekräftigt hat.

Dresden, Deutschland	Ulrike Baumann
Juli 2014	Elke Franz

Inhaltsverzeichnis

1 Einführung 1

2 Historische Chiffren und deren Analyse 3
   2.1 Beispiele für Verschlüsselungen 3
   2.2 Häufigkeitsverteilung der Buchstaben 5
   2.3 Die Vigenère-Chiffre und deren Analyse 9
   2.4 Die Enigma 18
   2.5 Zusammenfassung 22
   2.6 Übungen 23

3 Kryptographische Systeme und ihre Schlüsselverteilung 25
   3.1 Kryptographie als Schutzmechanismus 25
      3.1.1 Bedrohungen und Schutzziele 25
      3.1.2 Angreifermodelle 29
   3.2 Beschreibung kryptographischer Systeme 33
   3.3 Kriterien zur Klassifizierung 34
   3.4 Symmetrisches Konzelationssystem 37
   3.5 Symmetrisches Authentikationssystem 41
   3.6 Asymmetrisches Konzelationssystem 42
   3.7 Asymmetrisches Authentikationssystem bzw. digitales Signatursystem ... 47
   3.8 Weitere Anmerkungen zum Schlüsselaustausch 52
      3.8.1 Wem werden Schlüssel zugeordnet? 52
      3.8.2 Wie viele Schlüssel müssen ausgetauscht werden? ... 53
      3.8.3 Sicherheit des Schlüsselaustauschs begrenzt kryptographisch erreichbare Sicherheit ... 54
   3.9 Hybride kryptographische Systeme 55
   3.10 Zusammenfassung 57
   3.11 Übungen 58

4 Sicherheit kryptographischer Systeme ... 63
- 4.1 Aussagen zur Sicherheit: Ziele und Grenzen ... 63
- 4.2 Angriffsziele und Angriffserfolge ... 65
- 4.3 Klassifizierung von Angriffen ... 67
  - 4.3.1 Passive Angriffe ... 67
  - 4.3.2 Aktive Angriffe ... 68
  - 4.3.3 Zusammenhang zwischen beobachtendem/ veränderndem und passivem/aktivem Angreifer ... 71
- 4.4 Informationstheoretische Sicherheit nach SHANNON ... 72
  - 4.4.1 Informationstheoretische Grundlagen ... 72
  - 4.4.2 Definition der informationstheoretischen Sicherheit ... 76
  - 4.4.3 Bedingungen für informationstheoretische Sicherheit ... 79
  - 4.4.4 Nachrichten- und Schlüsseläquivokation ... 86
  - 4.4.5 Eindeutigkeitsdistanz ... 88
- 4.5 Grundsätzliches über Systeme mit geringerer Sicherheit ... 90
- 4.6 Weitere Sicherheitsbegriffe ... 93
  - 4.6.1 Beschränkungen der „beweisbaren Sicherheit" ... 93
  - 4.6.2 Semantische Sicherheit und probabilistische Verschlüsselung ... 94
  - 4.6.3 Sicherheit gegen aktive Angriffe: Non-Malleability ... 96
- 4.7 Anforderungen an sichere Verschlüsselungsoperationen ... 98
- 4.8 Anforderungen an die Sicherheit kryptographischer Systeme ... 99
- 4.9 Überblick über die hier vorgestellten kryptographischen Systeme ... 101
- 4.10 Zusammenfassung ... 102
- 4.11 Übungen ... 103

5 Praktischer Betrieb kryptographischer Systeme ... 107
- 5.1 Schutz gegen zufällige Fehler ... 107
- 5.2 Verwendung mehrerer kryptographischer Systeme ... 108
- 5.3 Blockchiffren und Stromchiffren ... 111
- 5.4 Betriebsarten von Blockchiffren ... 113
  - 5.4.1 Überblick ... 113
  - 5.4.2 Electronic Codebook (ECB) ... 114
  - 5.4.3 Cipher Block Chaining (CBC) ... 116
  - 5.4.4 Cipher Feedback (CFB) ... 119
  - 5.4.5 Output Feedback (OFB) ... 121
  - 5.4.6 Counter Mode (CTR) ... 122
  - 5.4.7 Zusammenfassung der Eigenschaften der Betriebsarten zur Konzelation ... 123
  - 5.4.8 Cipher-Based Message Authentication Code (CMAC) ... 125
  - 5.4.9 Betriebsarten zur Konzelation und Authentikation ... 125
- 5.5 Zusammenfassung ... 126
- 5.6 Übungen ... 127

6 Algebraische Grundlagen ... 129
- 6.1 Algebraische Strukturen ... 129
  - 6.1.1 Gruppen, Ringe, Körper ... 129
  - 6.1.2 Zyklische Gruppen ... 135
- 6.2 Modulare Arithmetik ... 138
  - 6.2.1 Teiler und Division mit Rest ... 138
  - 6.2.2 Der Restklassenring modulo n ... 140
  - 6.2.3 Die prime Restklassengruppe modulo n ... 142
  - 6.2.4 Effizientes Potenzieren modulo n ... 147
  - 6.2.5 Chinesischer Restsatz (CRT) ... 148
  - 6.2.6 Quadratwurzeln modulo p ... 151
    - 6.2.6.1 Quadratwurzeln modulo p, p prim, $p \equiv 3 \pmod 4$ ... 152
    - 6.2.6.2 Quadratwurzeln modulo p, p prim, $p \equiv 1 \pmod 4$ ... 153
  - 6.2.7 Quadratwurzeln modulo pq ... 155
- 6.3 Primzahlen und Primzahltests ... 160
  - 6.3.1 Grundlagen ... 160
  - 6.3.2 Probedivision ... 163
  - 6.3.3 Satz von WILSON ... 164
  - 6.3.4 AKS-Primzahltest ... 164
  - 6.3.5 FERMAT-Primzahltest ... 167
  - 6.3.6 RABIN-MILLER-Primzahltest ... 169
  - 6.3.7 Wie findet man große Primzahlen? ... 171
- 6.4 Zusammenfassung ... 171
- 6.5 Übungen ... 172

7 Symmetrische Verfahren ... 175
- 7.1 Allgemeine Grundlagen ... 175
- 7.2 Informationstheoretisch sichere Kryptosysteme ... 177
  - 7.2.1 Vernam-Chiffre (One-Time Pad) ... 177
  - 7.2.2 Informationstheoretisch sichere Authentikationskodes ... 182
    - 7.2.2.1 Genauere Sicherheitsdefinition ... 183
    - 7.2.2.2 Ausblick: Grenzen von Authentikationskodes ... 184
- 7.3 Pseudo-One-Time-Pad ... 185
  - 7.3.1 Anforderungen an Pseudozufallsbitfolgengeneratoren ... 185
    - 7.3.1.1 Was ist ein Pseudozufallsbitfolgengenerator (PBG)? ... 185
    - 7.3.1.2 Verwendung als Pseudo-One-Time-Pad ... 186
    - 7.3.1.3 Forderungen an einen PBG ... 187
  - 7.3.2 Der s^2-mod-n-Generator ... 189
    - 7.3.2.1 Sicherheitsbetrachtung ... 190
- 7.4 Data Encryption Standard (DES) ... 190
  - 7.4.1 Grundlage: Feistel-Chiffre ... 190
  - 7.4.2 Kurzer Überblick zur Geschichte des DES ... 192
  - 7.4.3 Beschreibung des Algorithmus ... 192

		7.4.4	Eigenschaften des DES	195
		7.4.5	3-DES: Mehrfachverschlüsselung zur Erhöhung der Sicherheit	196
		7.4.6	Analyse des DES	197
	7.5	Advanced Encryption Standard (AES)		198
		7.5.1	Kurzer Überblick zur Geschichte des AES	198
		7.5.2	Beschreibung des Algorithmus	199
		7.5.3	Analyse des AES	205
	7.6	Zusammenfassung		205
	7.7	Übungen		206
8	**Asymmetrische Verfahren**			**209**
	8.1	Einwegfunktionen und Trapdoor-Einwegfunktionen		209
	8.2	Das Rucksack-Problem und das Merkle-Hellman-Kryptosystem		212
	8.3	Systeme auf der Grundlage des Faktorisierungsproblems		215
		8.3.1	Das Faktorisierungsproblem	215
		8.3.2	Das RSA-Kryptosystem	216
			8.3.2.1 Mathematische Grundlagen	216
			8.3.2.2 Prinzip des RSA-Kryptosystems	221
			8.3.2.3 Naiver und unsicherer Einsatz von RSA	222
			8.3.2.4 Angriffe, insbesondere multiplikative Angriffe von DAVIDA und MOORE	224
			8.3.2.5 Sicherer Einsatz von RSA	231
			8.3.2.6 Effiziente Implementierung von RSA	235
		8.3.3	Faktorisierungsalgorithmen	237
			8.3.3.1 Das Quadratische Sieb	237
			8.3.3.2 Algorithmus von Shor	241
		8.3.4	Das Blum-Goldwasser-Kryptosystem	242
	8.4	Kryptosysteme auf der Grundlage des Problems des Diskreten Logarithmus		246
		8.4.1	Das Problem des Diskreten Logarithmus	246
		8.4.2	Der Diffie-Hellman-Schlüsselaustausch	247
		8.4.3	Das ElGamal-Kryptosystem	249
			8.4.3.1 Prinzip des ElGamal-Kryptosystems	249
			8.4.3.2 Angriffe auf das ElGamal-Verfahren	251
			8.4.3.3 Sichere Verwendung von des ElGamal-Verfahrens	252
		8.4.4	Verfahren zum Lösen des Problems des diskreten Logarithmus	253
			8.4.4.1 POHLIG-HELLMAN-Verfahren	254
			8.4.4.2 Indexkalkül-Methode	256
		8.4.5	Elliptische Kurven in der Kryptographie	257
	8.5	Zusammenfassung		264
	8.6	Übungen		265

9 Musterlösungen 267
    9.1 Musterlösungen zu Kap. 2 267
    9.2 Musterlösungen zu Kap. 3 269
    9.3 Musterlösungen zu Kap. 4 281
    9.4 Musterlösungen zu Kap. 5 285
    9.5 Musterlösungen zu Kap. 6 287
    9.6 Musterlösungen zu Kap. 7 291
    9.7 Musterlösungen zu Kap. 8 293

Literatur 297

Einführung 1

Mit „Kryptographischen Systemen" wird in diesem Buch ein Thema aufgegriffen, das nicht nur auf eine lange Geschichte zurückblicken kann, sondern auch aktuell ist und eine ständig wachsende Bedeutung hat. Kryptographische Systeme sind ein unverzichtbarer Schutzmechanismus für die Gewährleistung von Vertraulichkeit und Integrität im elektronischen Datenverkehr.

Zwar gibt es bereits umfangreiche Literatur zur Kryptographie, in der man detaillierte Beschreibungen zahlreicher Verfahren findet. Aber es ist auch nicht unsere Absicht, eine weitere möglichst „vollständige" Sammlung kryptographischer Verfahren zu präsentieren. Dagegen ist unser Ziel, dem Leser mit diesem Buch einen Zugang zur Betrachtung und Anwendung kryptographischer Systeme zu ermöglichen. Bevor man sich um technische Details kümmern kann, muss man sich erst einmal genau die Problemstellung ansehen: Was bedeutet Sicherheit? Was genau soll erreicht werden? Was sind mögliche Probleme?

Wesentliche Themen dieses Buches sind Bedrohungen, korrespondierende Schutzziele und Angreifermodelle. Wir stellen die grundlegenden Typen kryptographischer Systeme vor und beschreiben ausgewählte Verfahren zur Realisierung verschiedener Schutzziele. Dabei werden relevante Angriffe, Verbesserungsmöglichkeiten und Grenzen kryptographischer Systeme aufgezeigt und die mathematischen Grundlagen der Systeme betrachtet. Eine Besonderheit des Buches besteht darin, dass nur wenige Grundkenntnisse vorausgesetzt und benötigte Grundlagen in geschlossener Darstellung eingeführt werden. Dies betrifft insbesondere die eingeführten mathematischen Grundlagen, die den Leser in die Lage versetzen, auch fortgeschrittene Literatur zur Kryptographie zu verstehen.

Unser Buch wendet sich an Informatiker und Wirtschaftsinformatiker, die sichere Systeme bauen wollen und dazu kryptographische Systeme verwenden bzw. über den Einsatz von Schutzmechanismen entscheiden. Aber es wendet sich auch an Mathematiker, die anspruchsvolle Kryptosysteme in ihrer praktischen Anwendung kennenlernen wollen sowie darüber hinaus an Anwender, die sich über die eingesetzten Schutzmechanismen informieren wollen. Es führt in die Kryptographie aus Sicht der Informatik und Mathematik ein.

Das Buch entstand auf Grundlage von Vorlesungen, die an der Technischen Universität Dresden in der Fakultät Informatik und in der Fachrichtung Mathematik gehalten worden sind und sich inhaltlich ergänzen. Es enthält zu jedem Kapitel Übungsaufgaben und Fragen, die der Leser im Selbststudium bearbeiten kann. Musterlösungen oder Lösungshinweise unterstützen ihn dabei.

Kapitel 2 beginnt mit einem Rückblick auf historische Verfahren. Wir betrachten einige Beispiele derartiger Algorithmen und analysieren ihre Schwächen. Die historischen Verfahren eignen sich gut als Einstieg in das Thema, da sie leicht verständlich sind und die Grundideen in den modernen Verfahren wiederzufinden sind. Darüber hinaus ist es unserer Meinung nach immer wieder interessant, einen Blick in die Geschichte der Kryptographie zu werfen.

Kapitel 3 diskutiert Kryptographie als Schutzmechanismus. Die wesentlichen Bedrohungen und Schutzziele werden vorgestellt. Außerdem werden die grundlegenden Typen kryptographischer Systeme eingeführt und wichtige Prinzipien bzgl. ihres Einsatzes diskutiert.

Kapitel 4 ist der Sicherheit kryptographischer Systeme gewidmet. Im Vordergrund steht die informationstheoretische Sicherheit nach SHANNON, es werden jedoch auch kurz weitere Sicherheitsbegriffe eingeführt.

Kapitel 5 betrachtet ausgewählte Aspekte des praktischen Einsatzes kryptographischer Systeme. Insbesondere werden das Zusammenspiel von Kanalkodierung und Kryptographie, die Verwendung mehrerer kryptographischer Systeme und Betriebsarten diskutiert.

Kapitel 6 führt in die notwendigen mathematischen Grundlagen ein, die man für ein vollständiges Verständnis der in den Folgekapiteln vorgestellten kryptographischen Systeme braucht. Dieses Kapitel eignet sich gut zum Nachschlagen; der weniger mathematisch interessierte Leser kann dieses Kapitel zunächst überspringen. Wer tiefer in die mathematischen Grundlagen und die Beweise eindringen möchte, sollte sich aber zu gegebener Zeit mit dem Inhalt des Kapitels intensiver beschäftigen. Es enthält die im Weiteren benötigte Theorie in einer geschlossenen und kompakten Darstellung einschließlich der Beweise, soweit es den Rahmen des Buches nicht sprengen würde.

Kapitel 7 stellt ausgewählte moderne symmetrische Kryptoverfahren vor. Neben dem informationstheoretisch sicheren One-Time-Pad werden weitere Verfahren betrachtet, u.a. der aktuelle Verschlüsselungsstandard *AES*.

Kapitel 8 beschließt das Buch mit einer Vorstellung ausgewählter asymmetrischer Kryptosysteme und den Bedingungen für ihre sichere Anwendung. Dabei gehen wir detaillierter auf *RSA* als erstes „echtes" asymmetrisches Kryptosystem ein und erklären hier auch die mathematischen Hintergründe.

Wir bedanken uns an dieser Stelle sehr herzlich bei unseren Kollegen, insbesondere Dr. Dagmar Schönfeld, für geduldiges Probelesen und zahlreiche hilfreiche Anmerkungen und Kommentare.

Historische Chiffren und deren Analyse 2

2.1 Beispiele für Verschlüsselungen

Früher war es vor allem ein Anliegen des Militärs, von Geheimdiensten und Politikern, über Methoden zur sicheren Übermittlung vertraulicher Nachrichten zu verfügen. Historische Verfahren zur Lösung dieser Aufgabe stellen Anfänge der Kryptologie dar, die die Teilgebiete Kryptographie und Kryptoanalyse umfasst. Beide Gebiete sind eng miteinander verbunden. Bei der Kryptographie steht die Entwicklung und Anwendung von Verschlüsselungsverfahren im Vordergrund, während es bei der Kryptoanalyse um das Erkennen von Schwächen zur Sicherheitsbeurteilung dieser Verfahren geht.

Zunächst werden wir einige Beispiele aus der Geschichte der Verschlüsselungen vorstellen und die Grenzen in der Sicherheit zeigen, die diese Verfahren bieten.

Schon die Spartaner nutzten vor fast 2500 Jahren die **Skytale**, um militärische Botschaften geheimzuhalten: Wird ein Stab mit festem Durchmesser spiralförmig von einem Pergamentstreifen umwickelt, kann der Absender seine Nachricht längs auf den Stab schreiben. Nach dem Abwickeln des Streifens wird sie zu einer unverständlichen Zeichenfolge, weil die Reihenfolge der Buchstaben aus der Nachricht verändert worden ist. Die Verschlüsselung mittels Skytale ist das erste Beispiel einer *Permutationschiffre*: die Zeichen der Nachricht werden permutiert.

Definition 2.1 *Man spricht von einer* **Permutationschiffre**, *wenn die Nachricht* $m = m_0 m_1 \ldots m_{\ell-1}$ *zur Zeichenfolge* $m_{\pi(0)} m_{\pi(1)} \ldots m_{\pi(\ell-1)}$ *verschlüsselt wird, wobei* π *eine Permutation auf der Menge* $\{0, 1, \ldots, \ell - 1\}$ *ist.*

Um aus dem Ergebnis der Verschlüsselung wieder einen sinnvollen Text herauslesen zu können, benötigt der Empfänger der Nachricht einen Stab mit dem gleichen Durchmesser wie der beim Notieren der Nachricht verwendete. Dieser Stab darf nicht gemeinsam mit der Nachricht transportiert werden, weil sonst jeder den Inhalt des Textes erfahren könnte.

Vor etwa 2000 Jahren wurde zum ersten Mal die sogenannte **Caesar**-Chiffre eingesetzt, die – wie der Name schon sagt – vom römischen Staatsmann und Feldherrn Julius Cäsar für seine militärische Korrespondenz verwendet wurde: Jeder Buchstabe der Nachricht wird dabei durch den dritten auf ihn folgenden Buchstaben aus dem Alphabet ersetzt. So wird zum Beispiel das Wort CAESAR zur Buchstabenfolge FDHVDU verschlüsselt. Für die Einzelbuchstaben der Nachricht gilt dabei die Verschlüsselungstabelle:

Nachrichtenbuchstabe	A	B	C	D	E	...	Z
verschlüsselter Buchstabe	D	E	F	G	H	...	C

Diese Tabelle berücksichtigt nur Buchstaben; üblicherweise wurden beim Verschlüsseln von Texten Interpunktionszeichen ausgelassen. Dies ist durchaus sinnvoll, da diese Zeichen die Analyse des verschlüsselten Textes erleichtern würden.

Hier werden Einzelbuchstaben des Alphabets, über dem die Nachricht abgefasst worden ist, unabhängig voneinander ersetzt; gleiche Buchstaben der Nachricht werden stets zu gleichen Buchstaben verschlüsselt.

Definition 2.2 *Verschlüsselungen, bei denen Einzelbuchstaben des Alphabets, über dem die Nachricht abgefasst worden ist, unabhängig von ihrer Position im Text durch Zeichen ersetzt werden, die den Buchstaben durch eine Verschlüsselungstabelle eineindeutig zugeordnet sind, nennt man* **monoalphabetische monographische Substitutionen (MM-Substitutionen)**.

Monographisch bzw. monoalphabetisch heißen diese Substitutionen deshalb, weil Einzelbuchstaben ersetzt bzw. nur ein Alphabet zur Abfassung des verschlüsselten Textes verwendet wird.

Jeder, der die Verschlüsselungsmethode kennt, kann bei der Caesar-Chiffre durch Zurückzählen in der Folge der Buchstaben um $k = 3$ Schritte leicht das Original finden. Analog kann man beim Alphabet $\mathcal{A} = \{\text{A}, \text{B}, \ldots, \text{Z}\}$ eine andere Zahl k von Schritten zwischen 1 und 25 wählen, um die „Verschiebung" der Buchstaben festzulegen (bei $k = 0$ würde der Text nicht verschlüsselt). Man spricht von einer Verschiebechiffre und weiß, dass man beim *Durchprobieren aller möglichen Werte* für die Verschiebung aus dem verschlüsselten Text nach maximal 26 Versuchen wieder die Nachricht in Originalform erhalten wird. Einen sicheren Schutz der Nachricht können Verfahren dieser Art also nicht bieten.

Polybios-Chiffre

Einen Sonderfall der monographischen monoalphabetischen Substitutionen bildet die Polybios-Chiffre mit der folgenden Verschlüsselungstabelle, dem Polybios-Quadrat:

	1	2	3	4	5
1	A	B	C	D	E
2	F	G	H	I, J	K
3	L	M	N	O	P
4	Q	R	S	T	U
5	V	W	X	Y	Z

Es werden wiederum Einzelbuchstaben ersetzt, allerdings wird jedem Buchstaben ein Zeichenpaar zugeordnet. Dabei ist zu beachten, dass den Einzelbuchstaben I und J das gleiche Zeichenpaar (2, 4) – kurz: 24 – zugeordnet ist, so dass die Entschlüsselung zwar nicht eindeutig möglich ist, aber die Nachricht sich durch die sprachliche Redundanz dennoch leicht erschließen lässt. Entsprechend der Verschlüsselungstabelle wird das Wort POLYBIOS entsprechend der Stellung der Einzelbuchstaben in die Zeichenfolge 35 34 31 54 12 24 34 43 übertragen.

Die Idee der Polybios-Chiffre fand selbst bei im 20. Jahrhundert verwendeten Verschlüsselungsverfahren noch Anwendung. Ein Beispiel dafür ist die ADGFX-Chiffre. Die Verwendung dieser Chiffre durch das deutsche Militär im Ersten Weltkrieg und die Geschichte ihrer Entschlüsselung wird von Simon Singh in seinem Buch „Geheime Botschaften" [84], aus dem man viele weitere Details zur Geschichte der Verschlüsselungen bis hin zur Gegenwart erfahren kann.

2.2 Häufigkeitsverteilung der Buchstaben

Als Meilenstein der Kryptographie des 19. Jahrhunderts gilt die Schrift *La Cryptographie militaire*, die 1883 von Auguste KERCKHOFFS von Nieuwenhof (1835–1903) verfasst wurde. In dieser Schrift formulierte er das folgende Prinzip, an dem sich auch alle heute üblichen Verschlüsselungsverfahren orientieren:

Prinzip von Kerckhoffs
Die Sicherheit eines Kryptosystems liegt allein in der Schwierigkeit, den Schlüssel zu finden – sie darf nicht auf der Geheimhaltung des Systems beruhen.

Um die Sicherheit der Verschlüsselung zu erhöhen, kann man also die Anzahl der Möglichkeiten für das Aufstellen von Verschlüsselungstabellen gegenüber der einfachen Verschiebechiffre vergrößern und zum Beispiel Tabellen wie die folgende aufstellen, die die Zuordnung der Buchstaben aus der Nachricht und zu dem Buchstaben aus der verschlüsselten Nachricht beschreibt und nicht nur eine Verschiebung der Buchstaben zulässt:

Nachrichtenbuchstabe	A	B	C	D	E	F	G	H	I	J	K	L	M	N	O	P	Q	R	S	T	U	V	W	X	Y	Z
verschlüsselter Buchstabe	F	G	C	H	Z	E	L	U	P	Y	X	B	M	J	T	V	R	O	A	S	I	K	D	Q	W	N

In der zweiten Zeile können auch (26 verschiedene) Zeichen stehen, die nicht mit den Buchstaben aus dem Originaltext übereinstimmen; die Sicherheit der Verschlüsselung verbessert das aber nicht. Auch hierbei ist die Regel zur Ersetzung von Buchstaben unabhängig von der Position im Text und es handelt sich um eine MM-Substitution. Insgesamt gibt es 26! Möglichkeiten für Verschlüsselungstabellen bei 26 in der Nachricht verwendbaren Buchstaben, so dass ein Durchprobieren aller Möglichkeiten nicht mehr so einfach zum Ziel führt wie bei einer Verschiebechiffre. Doch trotz der erhöhten Anzahl von Möglichkeiten sind MM-Substitutionen verhältnismäßig leicht zu brechen. Ein Beispiel dafür schildert Edgar Allan Poe in seiner Erzählung „Der Goldkäfer".

Beispiel 2.1 In der Erzählung „Der Goldkäfer"von Edgar Allan Poe wird die Entschlüsselung des Textes

> 53‡‡†305))6∗;4826)4‡.)4‡);806∗;48†8¶
> 60))85;1‡(;:‡∗8†83(88)5∗†;46(;88∗96∗
> ?;8)∗‡(;485);5∗†2:∗‡(;4956∗2(5∗−4)8¶
> 8∗;4069285);)6†8)4‡‡;1(‡9;48081;8:8‡
> 1;48†85;4)485†528806∗81(‡9;48;(88;4(
> ‡?34;48)4‡;161;:188;‡?;
>
> *Kidd*

benötigt. Die folgende Tabelle gibt die Buchstabenhäufigkeiten an:

8	;	4	‡	)	∗	5	6	(	†	1	0	9	2	:	3	?	¶	−	.
33	26	19	16	16	13	12	11	10	8	8	6	5	5	4	4	3	2	1	1

Man kann daraus leicht schließen, dass 8 dem Buchstaben E entspricht und dass die Zeichenfolge „;48", die mehrmals in dem Text vorkommt, aus dem Wort THE entstanden sein muss. Die weitere Entschlüsselung des Textes bereitet mehr Mühe, ist aber mit einer gewissen Fleißarbeit möglich, indem man bereits entschlüsselte Buchstaben ersetzt und nach Zeichenfolgen sucht, deren Bedeutung man trotz fehlender Zwischenbuchstaben erkennt.

Später werden wir sehen, dass erfahrenen Kryptoanalytikern schon etwa 25 aufeinanderfolgende Zeichen des verschlüsselten Textes genügen, um die Nachricht in Originalform zu finden – vorausgesetzt, dass es sich dabei um einen in einer natürlichen Sprache verfassten Text handelt.

Da der Aufwand für das Durchprobieren aller Möglichkeiten bei der Suche nach der benutzten Verschlüsselungstabelle zu groß ist, ist es für Nachrichtentexte aus einer natürlichen Sprache hilfreich, die typische Häufigkeitsverteilung der Buchstaben zu kennen.

▶ **Anmerkung** Ein weiteres Hilfsmittel, auf das wir später eingehen werden, ist das Ausnutzen der Redundanz von natürlichen Sprachen, die in Abschn. 4.4.1 eingeführt wird – man muss nicht alle Buchstaben eines Textes kennen, um den Sinn zu verstehen.

Im Falle von deutschsprachigen Texte hinreichender Länge kann man zum Beispiel auf die folgende Tabelle zurückgreifen (sie ist durch Auszählung auf Texten der Alltagssprache mit einer Länge von 4 Millionen Zeichen entstanden [9]).

2.2 Häufigkeitsverteilung der Buchstaben

Tab. 2.1 Häufigkeiten der Buchstaben in deutschsprachigen Texten

Buchstabe	Häufigkeit in %	Buchstabe	Häufigkeit in %
A	6,51	N	9,78
B	1,89	O	2,51
C	3,06	P	0,79
D	5,08	Q	0,02
E	17,40	R	7,00
F	1,66	S	7,27
G	3,01	T	6,15
H	4,76	U	4,35
I	7,55	V	0,67
J	0,27	W	1,89
K	1,21	X	0,03
L	3,44	Y	0,04
M	2,53	Z	1,13

Die häufigsten Buchstaben in deutschsprachigen Texten sind demnach E, N, I, S, R, A, T – ihr Anteil macht insgesamt mehr als 60 % des Textes aus. Die Häufigkeit des Buchstaben E ist deshalb verzerrt, weil die Umlaute als Zeichenfolgen AE, OE, UE aufgefasst worden sind.

Bei der Benutzung der Tabelle muss man aber bedenken, dass Abweichungen von dieser durchschnittlichen Verteilung auftreten können, insbesondere bei kurzen Texten. Verfeinerte Methoden berücksichtigen auch Häufigkeiten von Buchstabenfolgen. Insbesondere sind ER, EN, CH, DE, EI, ND, TE, IN, IE, GE die häufigsten Buchstabenpaare (Bigramme) und EIN, ICH, NDE, DIE, UND, DER, CHE, END, GEN, SCH die häufigsten Buchstabenfolgen der Länge drei (Trigramme) in deutschsprachigen Texten.

▶ **Anmerkung** Exotische Beispiele, in denen die Häufigkeitsverteilung der Buchstaben von den gewohnten Tab. 2.1 abweicht, sind sogenannte Lipogramme. Das sind Texte, in denen auf die Verwendung eines oder mehrerer Buchstaben des Alphabets verzichtet wird. Selbst ganze Romane sind ohne Verwendung des Buchstaben E geschrieben worden, zum Beispiel der 1969 erschienene Roman „La disparation" des französischen Schriftstellers G. Perec (deutsche Übersetzung von E. Helmlé „Anton Foyls Fortgang" (1986), englische Übersetzung von G. Adair „A Void").

Für die Kryptoanalyse von MM-Substitutionen liefert folgende Beobachtung einen wichtigen Ansatz:

Satz 2.1 *Bei allen MM-Substitutionen bleibt die Häufigkeitsverteilung der Einzelzeichen innerhalb des Textes erhalten.*

Wir haben am Beispiel der Goldkäfer-Chiffre schon gesehen, wie man diese Tatsache ausnutzen kann. Zunächst versucht man die Zeichen herauszufinden, die den häufigsten Buchstaben des Alphabets entsprechen, und ersetzt diese im Text. Anschließend versucht man die noch bestehenden Lücken in der Entschlüsselung des Textes zu schließen, indem man die Bedeutung von teilentschlüsselten Zeichenfolgen „errät" wozu natürlich gute Kenntnisse der Sprache des verschlüsselten Textes erforderlich sind.

Es gibt ein einfaches Verfahren, für einen monoalphabetisch-monographisch chiffrierten Text festzustellen, in welcher Sprache die Nachrichten abgefasst ist, ohne sich mit Syntax und Semantik der Sprache zu beschäftigen. Dazu betrachtet man den von FRIEDMAN[1] eingeführten *Koinzidenzindex* (index of coincidence, IC) eines Textes:

Definition 2.3 *Sei $x = x_1 x_2 \ldots x_n$ eine Zeichenfolge über einem Alphabet. Der Koinzidenzindex $IC(x)$ von x ist die Wahrscheinlichkeit dafür, dass zwei zufällig ausgewählte Elemente x_s, x_t ($s \neq t$) von x gleich sind.*

Die Häufigkeiten der Buchstaben $a_0 := \text{A}$, $a_1 := \text{B}$, $\ldots$, $a_{25} := \text{Z}$ bezeichnen wir in dieser Reihenfolge mit $n_0, n_1, \ldots, n_{25}$.

Es gibt $\binom{n}{2} = \frac{n(n-1)}{2}$ Möglichkeiten, zwei Elemente x_s, x_t ($s \neq t$) von x zufällig auszuwählen. Für jedes $i \in \{0, 1, \ldots, 25\}$ gibt es $\binom{n_i}{2} = \frac{n_i(n_i-1)}{2}$ Möglichkeiten, in beiden Fällen den Buchstaben a_i zu wählen. Daher gilt:

$$IC(x) = \frac{\sum_{i=0}^{25} n_i(n_i - 1)}{n(n-1)}.$$

Einen Näherungswert für $IC(x)$ erhält man bei ausreichend großer Länge der Zeichenfolge x, indem man die Wahrscheinlichkeiten p_i benutzt, mit der die Buchstaben a_i in der Sprache des Textes x vorkommen:

$$IC(x) \approx \sum_{i=0}^{25} p_i^2.$$

Die Wahrscheinlichkeit dafür, dass zwei zufällig ausgewählte Buchstaben beide gleich A sind, beträgt nämlich p_0^2, dafür dass beide gleich B sind, ist sie p_1^2, usw.

Beispiel 2.2 Man kann den Koinzidenzindex für Texte in englischer und deutscher Sprache auf Grundlage von Häufigkeitstabellen wie der vorn angegebenen berechnen:

Text in englischer Sprache: $IC(x) \approx 0{,}066$
Text in deutscher Sprache: $IC(x) \approx 0{,}076$.

---

[1] William Frederick Friedman (1891–1969) war ein amerikanischer Kryptologe.

In der Literatur schwanken die Angaben für den Koinzidenzindex aufgrund unterschiedlicher Auszählungsgrundlagen zwischen 0,65 und 0,69 für Englisch und zwischen 0,75 und 0,83 für Deutsch.

Bei einem „zufälligen Text" (d. h. alle Buchstaben kommen mit gleicher Wahrscheinlichkeit vor) über einem Alphabet mit 26 Buchstaben nimmt $IC(x)$ sein absolutes Minimum an.

$$\text{zufälliger Text} \quad IC(x) = \sum_{i=0}^{25} \left(\frac{1}{26}\right)^2 = 0{,}039.$$

Satz 2.2 *Der Koinzidenzindex bleibt bei MM-Substitutionen erhalten.*

Deshalb erhält man nach Auszählung der Häufigkeiten der Zeichen im verschlüsselten Text einen Näherungswert für den Koinzidenzindex der Sprache der Nachricht und kann damit – ohne den Sinn des Textes zu verstehen – auf die verwendete Sprache schließen (zumindest dann, wenn der verschlüsselte Text annähernd der typischen Häufigkeitsverteilung der Sprache entspricht).

Die monoalphabetischen Substitutionen haben sich also bereits als zu unsicher erwiesen. Um die Sicherheit der Verschlüsselung zu erhöhen, kann man zu *polyalphabetischen Substitutionen* übergehen, bei deren Anwendung sich die Häufigkeit der Einzelzeichen beim Übergang von der Nachricht zum verschlüsselten Text ändert.

2.3 Die Vigenère-Chiffre und deren Analyse

Die bekannteste polyalphabetische Chiffrierung ist die Vigenère-Chiffre.[2]

Sie ist eine ***polyalphabetische monographische Substitution***.

Definition 2.4 *Man spricht von einer* **polyalphabetischen monographischen Substitution** *(PM-Substitution), wenn bei der Verschlüsselung Einzelbuchstaben ersetzt werden und für unterschiedliche Stellen im Text unterschiedliche Verschlüsselungsregeln für denselben Klartextbuchstaben zulässig sind.*

Dabei können auch verschiedene Alphabete für Zeichen des verschlüsselten Textes verwendet werden – das erklärt die Bezeichnung *polyalphabetisch*, auch wenn nicht verlangt ist, dass die Alphabete sich tatsächlich unterscheiden müssen. Das Ergebnis der Verschlüsselung eines Zeichens ist also bei PM-Substitutionen nicht nur vom Zeichen selbst, sondern auch von dessen Position im Text abhängig bzw. davon, mit welchem Schlüsselbuchstaben verschlüsselt wurde. Zur Verschlüsselung wird das Vigenère-Quadrat verwendet

---

[2] Blaise de Vigenère (1523–1596) war ein französischer Diplomat und kam mit den Kryptologen des Papstes in Kontakt, als er 1549 Aufgaben in Rom zu erfüllen hatte.

Klartext

	A	B	C	D	E	F	G	H	I	J	K	L	M	N	O	P	Q	R	S	T	U	V	W	X	Y	Z
A	A	B	C	D	E	F	G	H	I	J	K	L	M	N	O	P	Q	R	S	T	U	V	W	X	Y	Z
B	B	C	D	E	F	G	H	I	J	K	L	M	N	O	P	Q	R	S	T	U	V	W	X	Y	Z	A
C	C	D	E	F	G	H	I	J	K	L	M	N	O	P	Q	R	S	T	U	V	W	X	Y	Z	A	B
D	D	E	F	G	H	I	J	K	L	M	N	O	P	Q	R	S	T	U	V	W	X	Y	Z	A	B	C
E	E	F	G	H	I	J	K	L	M	N	O	P	Q	R	S	T	U	V	W	X	Y	Z	A	B	C	D
F	F	G	H	I	J	K	L	M	N	O	P	Q	R	S	T	U	V	W	X	Y	Z	A	B	C	D	E
G	G	H	I	J	K	L	M	N	O	P	Q	R	S	T	U	V	W	X	Y	Z	A	B	C	D	E	F
H	H	I	J	K	L	M	N	O	P	Q	R	S	T	U	V	W	X	Y	Z	A	B	C	D	E	F	G
I	I	J	K	L	M	N	O	P	Q	R	S	T	U	V	W	X	Y	Z	A	B	C	D	E	F	G	H
J	J	K	L	M	N	O	P	Q	R	S	T	U	V	W	X	Y	Z	A	B	C	D	E	F	G	H	I
K	K	L	M	N	O	P	Q	R	S	T	U	V	W	X	Y	Z	A	B	C	D	E	F	G	H	I	J
L	L	M	N	O	P	Q	R	S	T	U	V	W	X	Y	Z	A	B	C	D	E	F	G	H	I	J	K
M	M	N	O	P	Q	R	S	T	U	V	W	X	Y	Z	A	B	C	D	E	F	G	H	I	J	K	L
N	N	O	P	Q	R	S	T	U	V	W	X	Y	Z	A	B	C	D	E	F	G	H	I	J	K	L	M
O	O	P	Q	R	S	T	U	V	W	X	Y	Z	A	B	C	D	E	F	G	H	I	J	K	L	M	N
P	P	Q	R	S	T	U	V	W	X	Y	Z	A	B	C	D	E	F	G	H	I	J	K	L	M	N	O
Q	Q	R	S	T	U	V	W	X	Y	Z	A	B	C	D	E	F	G	H	I	J	K	L	M	N	O	P
R	R	S	T	U	V	W	X	Y	Z	A	B	C	D	E	F	G	H	I	J	K	L	M	N	O	P	Q
S	S	T	U	V	W	X	Y	Z	A	B	C	D	E	F	G	H	I	J	K	L	M	N	O	P	Q	R
T	T	U	V	W	X	Y	Z	A	B	C	D	E	F	G	H	I	J	K	L	M	N	O	P	Q	R	S
U	U	V	W	X	Y	Z	A	B	C	D	E	F	G	H	I	J	K	L	M	N	O	P	Q	R	S	T
V	V	W	X	Y	Z	A	B	C	D	E	F	G	H	I	J	K	L	M	N	O	P	Q	R	S	T	U
W	W	X	Y	Z	A	B	C	D	E	F	G	H	I	J	K	L	M	N	O	P	Q	R	S	T	U	V
X	X	Y	Z	A	B	C	D	E	F	G	H	I	J	K	L	M	N	O	P	Q	R	S	T	U	V	W
Y	Y	Z	A	B	C	D	E	F	G	H	I	J	K	L	M	N	O	P	Q	R	S	T	U	V	W	X
Z	Z	A	B	C	D	E	F	G	H	I	J	K	L	M	N	O	P	Q	R	S	T	U	V	W	X	Y

(Schlüssel – linke Spalte)

Beispiel:

Die Verschlüsselung des Klartextbuchstabens „N" mit dem Schlüsselbuchstaben „M" ergibt den Schlüsseltextbuchstaben „Z".

Abb. 2.1 Vigenère-Quadrat

```
Nachricht    : NACHRICHTNACHACHTUHR
Schlüssel    : MONDMONDMONDMONDMOND
Schlüsseltext: ZOPKDWPKFBNFTOPKFIUU
                   Periodische Wiederholung des Schlüsselwortes
```

Abb. 2.2 Beispiel für eine Verschlüsselung mit der Vigenère-Chiffre

(Abb. 2.1). In der ersten Zeile sind die Klartextbuchstaben angeordnet, in der ersten Spalte die Schlüsselbuchstaben. Die Zellen des Quadrates liefern die Schlüsseltextbuchstaben.

Beispiel 2.3 Sender und Empfänger der geheimen Nachricht müssen sich zunächst auf ein Schlüsselwort einigen, in unserem Beispiel MOND. Wir verschlüsseln damit den Text NACHRICHTNACHACHTUHR wie folgt: Der Schnittpunkt der Zeile M (1. Buchstabe des Schlüsselwortes) mit der Spalte N (1. Buchstabe der Nachricht) im Vigenère-Quadrat liefert Z als 1. Buchstaben des verschlüsselten Textes. Entsprechend erhält man den 2. Buchstaben O als Schnittpunkt der Zeile O (2. Buchstabe des Schlüsselwortes) mit der Spalte A (2. Buchstabe der Nachricht) usw. Ab dem 5. Buchstaben wird das Schlüsselwort periodisch wiederholt, so dass der 5. Buchstabe der Nachricht wieder mit M verschlüsselt wird, der 6. mit O usw. Insgesamt ist ZOPKDWPKFBNFTOPKFIUU der verschlüsselte Text (Abb. 2.2). Kennt der Empfänger dieses Textes das Schlüsselwort MOND, kann er leicht die ursprüngliche Nachricht rekonstruieren, indem er wieder das Vigenère-Quadrat benutzt.

2.3 Die Vigenère-Chiffre und deren Analyse

PM-Substitutionen wurden lange als sichere Kryptosysteme angesehen, da sie statistische Eigenschaften wie Häufigkeitsverteilungen von Einzelbuchstaben, Buchstabenfolgen der Länge 2 usw. stark verändern. Wir werden am Beispiel der **Vigenère**-Chiffre zeigen, wie man solche Chiffrierungen brechen kann. Einen möglichen Angriffspunkt bildet die periodische Wiederholung des Schlüsselwortes. Wenn ein kurzes Schlüsselwort verwendet wird, hat ein Angreifer bei einem hinreichend langen verschlüsselten Text Möglichkeiten, das Schlüsselwort zu finden und damit den Inhalt der Nachricht zu erfahren.

Den ersten Schritt in den Überlegungen bildet die Bestimmung der Länge des Schlüsselwortes. Eine Möglichkeit dazu bietet der *Kasiski-Test*, benannt nach seinem Erfinder Friedrich Wilhelm Kasiski, der ihn 1863 publizierte.

Kasiski-Test

- Finde übereinstimmende Abschnitte möglichst großer Länge im Schlüsseltext und ermittle die Differenz zwischen den Anfangspositionen dieser Abschnitte. So erhält man Differenzen $d_1, d_2, \ldots$.
- Berechne den größten gemeinsamen Teiler $t := \mathrm{ggT}(d_1, d_2, \ldots)$ dieser Differenzen.
- Die vermutete Länge ℓ des Schlüsselwortes ist $\ell = t$.

▶ **Anmerkung** Es kann auch sein, dass die wie oben beschrieben ermittelte Zahl t nicht die tatsächliche Länge des Schlüsselwortes ist – man stellt das spätestens dann fest, wenn der Versuch der Entschlüsselung mit der beschriebenen Methode nicht zum Erfolg führt. Dann muss man noch einmal von vorn beginnen, den größten gemeinsamen Teiler nur für eine Teilmenge der Differenzen $d_1, d_2, \ldots$ bestimmen und auf eine erfolgreiche Entschlüsselung hoffen. Bei der Auswahl der Differenzen d_i, zu denen der größte gemeinsame Teiler berechnet wird, sind solche Zahlen d_i stärker zu berücksichtigen, die sich durch übereinstimmende Zeichenfolgen großer Länge im Schlüsseltext ergeben haben – sie werden nur selten durch Zufall entstanden sein und deshalb auf identische Abschnitte im Klartext hindeuten, die mit identischen Abschnitten im Schlüsselwort verschlüsselt worden sind.

Da das Schlüsselwort periodisch verwendet wird, werden identische Abschnitte der Nachricht zu identischen Abschnitten des Schlüsseltextes verschlüsselt, wenn sich ihre Positionen in der Nachricht um ein Vielfaches der Länge des Schlüsselwortes unterscheiden. Natürlich können solche Wiederholungen im Schlüsseltext auch zufällig auftreten, doch die Wahrscheinlichkeit dafür sinkt mit zunehmender Länge der untersuchten Folge. Aus diesem Grund sollten die analysierten Folgen mindestens drei Zeichen lang sein. Da der Abstand zwischen identischen Schlüsseltextabschnitten, die nicht nur rein zufällig entstanden sind, ein Vielfaches der Schlüssellänge beträgt, kann diese mit Hilfe des größten gemeinsamen Teilers der Abstände abgeschätzt werden. Abbildung 2.3 illustriert das Vorgehen an einem kleinen Beispiel.

```
Nachricht   : A L L E H I S T O R I S C H E N C H I F F R E N E R
Schlüssel   : M O N D M O N D M O N D M O N D M O N D M O N D M O
Schlüsseltext: M Z Y H T W F W A F V V O V R Q O V V I R F R Q Q F

Nachricht   : F O R D E R N D E N S I C H E R E N A U S T A U S C
Schlüssel   : N D M O N D M O N D M O N D M O N D M O N D M O N D
Schlüsseltext: S R D R R U Z R R Q E W P K Q F R Q M I F W M I F F

Nachricht   : H D E S V E R W E N D E T E N S C H L U E S S E L S
Schlüssel   : M O N D M O N D M O N D M O N D M O N D M O N D M O
Schlüsseltext: T R R V H S E Z Q B Q H F S A V O V Y X Q G F H X G
```

▨ Wiederholungen durch Verschlüsselung identischer Klartextabschnitte

▨ Beispiel für eine zufällige Wiederholung der Länge 2

Abstände: ,FRQ': $20 = 2^2 \cdot 5$
            ,MIF': $4 = 2^2$ $\}$ ggT(20, 4, 56) = 4
            ,VOV': $56 = 2^2 \cdot 7$

            ,VV': $7 = 7$

Abb. 2.3 Abschätzen der Schlüssellänge mit dem Kasiski-Test

Wir gehen jetzt von der Annahme aus, die Schlüsselwortlänge sei schon bekannt. Vermutet man zum Beispiel (wie in unserem Fall aus Abb. 2.2, wo identische Abschnitte im verschlüsselten Text mit den Abständen 12, 4 und 8 vorkommen), dass das Schlüsselwort die Länge 4 hat, d. h. $k = k_0 k_1 k_2 k_3$, dann wurden der 1., 5., 9. und jeder vierte weitere Buchstabe aus der Nachricht mit dem Schlüsselwortbuchstaben k_0 verschlüsselt, der 2., 6., 10. und jeder vierte weitere Buchstabe mit dem Schlüsselwortbuchstaben k_1 usw. Den verschlüsselten Text $c_0 c_1 c_2 \ldots$ trägt man am besten zeilenweise in eine Tabelle ein, in deren Eingangszeile das (unbekannte) Schlüsselwort $k_0 k_1 k_2 k_3$ steht, so dass die Spalten der Tabelle das Ergebnis der Verschlüsselung mit jeweils einem festen Schlüsselwortbuchstaben enthalten (Abb. 2.5).

Jede Spalte der resultierenden Tabelle ist durch eine **Verschiebechiffre** (also eine spezielle MM-Substitution) aus deutschsprachigem Text entstanden. Die Häufigkeitsverteilung der Buchstaben in der Nachricht überträgt sich also bei der Vigenère-Verschlüsselung auf die Spalten dieser Tabelle. Wenn die Häufigkeitsverteilung der Buchstaben im Text der Nachricht bekannt ist, dann weiß man bei deutschsprachigen Texten zum Beispiel, dass der in Abb. 2.4 mit dem Symbol ? bezeichnete häufigste Buchstabe in der Menge der 1., 5., 9., 13., … Buchstaben des verschlüsselten Textes (aus der ersten Spalte der Ta-

Abb. 2.4 Diagramm zur Vigenère-Chiffre

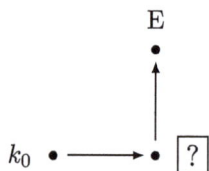

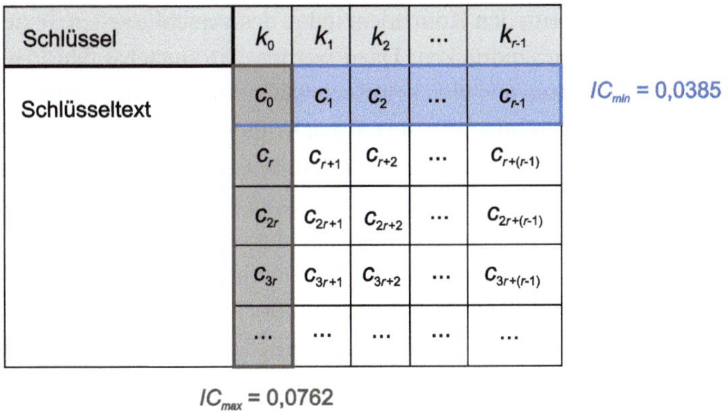

2.3 Die Vigenère-Chiffre und deren Analyse

Schlüssel	k_0	k_1	k_2	...	k_{r-1}
Schlüsseltext	c_0	c_1	c_2	...	c_{r-1}
	c_r	c_{r+1}	c_{r+2}	...	$c_{r+(r-1)}$
	c_{2r}	c_{2r+1}	c_{2r+2}	...	$c_{2r+(r-1)}$
	c_{3r}	c_{3r+1}	c_{3r+2}	...	$c_{3r+(r-1)}$
	...	...	...	...	...

$IC_{min} = 0{,}0385$

$IC_{max} = 0{,}0762$

Abb. 2.5 Einordnen des Schlüsseltextes und Beziehungen zum Koinzidenzindex

belle) wahrscheinlich dem Buchstaben E im Nachrichtentext entspricht. Daraus erkennt man aber mit Hilfe des Vigenère-Quadrats leicht den Schlüsselwortbuchstaben k_0:

Nach der gleichen Methode kann man die Schlüsselwortbuchstaben k_1, k_2, k_3 finden. Hat ein Angreifer auf diese Weise das Schlüsselwort gefunden, ist ihm die Rekonstruktion der Nachricht aus dem verschlüsselten Text ebenso möglich wie dem, für den die Nachricht eigentlich bestimmt ist.

Zur Ermittlung der Länge des Schlüsselwortes ist es neben dem Kasiski-Test auch hilfreich, den **Koinzidenzindex** zu betrachten und damit ein zuverlässigeres Ergebnis für die Länge des Schlüsseltextes zu erhalten. Wir werden sehen, dass er mit wachsender Länge r des Schlüsselwortes kleiner wird. Aus der Zahl, die wir berechnen, wird man nicht die exakte Länge des Schlüsselwortes ablesen können. Es wird aber ersichtlich sein, ob es sich um eine mono- oder polyalphabetische Chiffrierung handelt und ob ein langer oder kurzer Schlüssel verwendet worden ist. Dennoch lässt sich das Ausprobieren von Schlüsselwortlängen in der passenden Größenordnung nicht vermeiden – dass man die richtige Länge verwendet hat, erkennt man daran, dass sich beim Entschlüsseln ein sinnvoller Text ergibt.

Satz 2.3 *Die Schlüsselwortlänge r ergibt sich wie folgt aus dem Koinzidenzindex $IC(x)$ und der Länge ℓ des verschlüsselten Textes:*

$$r \approx \frac{0{,}037\ell}{(\ell - 1) \cdot IC(x) - 0{,}039\ell + 0{,}076}.$$

Diese Aussage wollen wir im Folgenden herleiten: Zunächst stellt man sich vor, der verschlüsselte Text $c_0 c_1 \ldots c_\ell$ sei wieder zeilenweise in eine Tabelle mit r Spalten eingetragen, in deren Eingangszeile das (unbekannte) Schlüsselwort $k_0 k_1 \ldots k_{r-1}$ steht. In jeder Spalte stehen $\approx \frac{\ell}{r}$ Buchstaben des verschlüsselten Textes, wobei der Rundungsfehler für hinreichend großes ℓ zu vernachlässigen ist (Abb. 2.5).

Das Ziel besteht nun darin, den Koinzidenzindex des verschlüsselten Textes der Länge ℓ in Abhängigkeit von r auszudrücken. Dazu werden wir zunächst den Erwartungswert *EX* für die Anzahl von Paaren aus gleichen Buchstaben (also für *IC*) ermitteln.

Um die Rechnung zu vereinfachen, setzen wir voraus, die Buchstaben des Schlüsselwortes seien zufällig und unabhängig gewählt. Um mit konkreten Zahlenwerten arbeiten zu können, gehen wir davon aus, dass eine deutschsprachige Nachricht chiffriert wurde (das Ergebnis lässt sich leicht für andere Sprachen anpassen).

Zunächst betrachten wir Paare von Buchstaben, die in derselben Spalte zufällig ausgewählt werden. Da jede Spalte z_i durch eine **Verschiebechiffre** aus deutschsprachigem Text entstanden ist, gilt $IC(z_i) \approx 0{,}076$ (die Wahrscheinlichkeit dafür, dass zwei in derselben Spalte ausgewählte Elemente übereinstimmen, beträgt also $\approx 0{,}076$).

Da der verschlüsselte Text die Länge ℓ hat, kann man $\frac{1}{2} \cdot \ell(\frac{\ell}{r} - 1)$ Paare von Buchstaben bilden, die beide in derselben Spalte stehen: Für die Wahl des ersten Buchstaben hat man ℓ Möglichkeiten. Der zweite Buchstabe muss in derselben Spalte stehen und vom ersten verschieden sein – dafür gibt es $\frac{\ell}{r} - 1$ Möglichkeiten. Damit hat man aber jedes Paar zweimal erhalten. Der Erwartungswert für die Anzahl von Paaren aus gleichen Buchstaben, die innerhalb der Tabelle in derselben Spalte stehen, ist also $\frac{1}{2} \cdot 0{,}076\ell(\frac{\ell}{r} - 1)$.

Nun werden die Buchstaben eines Paares in verschiedenen Spalten ausgewählt. Unter dieser Bedingung beträgt die Wahrscheinlichkeit für die Gleichheit der Buchstaben eines Paares nur noch $\frac{1}{26} \approx 0{,}039$.

▶ **Anmerkung** Das gilt streng genommen nur unter der Voraussetzung, dass das Schlüsselwort eine zufällige Buchstabenfolge ist. Wir können aber auch mit dieser Zahl als Näherungswert arbeiten, wenn wir von einem kurzen Schlüsselwort ausgehen.

Da der verschlüsselte Text die Länge ℓ hat, kann man $\frac{1}{2} \cdot \ell(\ell - \frac{\ell}{r})$ Paare von Buchstaben bilden, die nicht in derselben Spalte stehen: Für die Wahl des ersten Buchstaben hat man ℓ Möglichkeiten. Der zweite Buchstabe darf nicht in derselben Spalte stehen – dafür gibt es $\ell - \frac{\ell}{r}$ Möglichkeiten. Damit hat man aber jedes Paar zweimal erhalten. Der Erwartungswert für die Anzahl von Paaren aus gleichen Buchstaben, die innerhalb der Tabelle in verschiedenen Spalten stehen, ist also $\frac{1}{2} \cdot 0{,}039\ell(\ell - \frac{\ell}{r}) = \frac{1}{2} \cdot 0{,}039\ell^2(1 - \frac{1}{r})$.

Damit erhalten wir als Erwartungswert für die Anzahl von Paaren aus gleichen Buchstaben:

$$EX = \frac{1}{2} \cdot 0{,}076\ell\left(\frac{\ell}{r} - 1\right) + \frac{1}{2} \cdot 0{,}039\ell^2\left(1 - \frac{1}{r}\right).$$

Da man in einem Schlüsseltext der Länge ℓ insgesamt $\binom{\ell}{2} = \frac{\ell(\ell-1)}{2}$ Paare aus zwei Buchstaben auswählen kann, ergibt sich als Koinzidenzindex $IC(x)$ des verschlüsselten Textes x:

$$IC(x) \approx \frac{EX}{\binom{\ell}{2}}$$

2.3 Die Vigenère-Chiffre und deren Analyse

Tab. 2.2 Koinzidenzindex

	deutscher Text	englischer Text
Koinzidenzindex für $r = 1$	$IC(x) \approx 0{,}076$	$IC(x) \approx 0{,}066$
Koinzidenzindex für $r = \ell$	$IC(x) \approx 0{,}039$ für großes ℓ	$IC(x) \approx 0{,}039$ für großes ℓ

$$\approx \frac{\frac{1}{2} \cdot 0{,}076\ell(\frac{\ell}{r} - 1) + \frac{1}{2} \cdot 0{,}039\ell^2(1 - \frac{1}{r})}{\frac{\ell(\ell-1)}{2}}$$

$$\approx \frac{1}{r(\ell - 1)} \left(0{,}076(\ell - r) + 0{,}039\ell(r - 1)\right)$$

$$\approx \frac{1}{r(\ell - 1)} \left(0{,}037\ell + r(0{,}039\ell - 0{,}076)\right)$$

$$\approx \frac{0{,}037\ell}{r(\ell - 1)} + \frac{0{,}039\ell - 0{,}076}{\ell - 1}.$$

Löst man nach r auf, ergibt sich:

$$r \approx \frac{0{,}037\ell}{(\ell - 1) \cdot IC(x) - 0{,}039\ell + 0{,}076}.$$

Ersetzt man in der Herleitung $IC(z_i) \approx 0{,}076$ durch $IC(z_i) \approx 0{,}066$, dann erhält man die entsprechenden Formeln für einen englischsprachigen Text.

Nun werden wir diese Ergebnisse interpretieren. Für $r = 1$ bzw. $r = \ell$ erhält man durch Einsetzen in die Formel die Werte aus Tab. 2.2.

Da in den Tabellen jeweils der Koinzidenzindex für den verschlüsselten Text angegeben ist und der Koinzidenzindex für Texte in deutscher Sprache 0,076 und in englischer Sprache 0,066 beträgt, stellt man fest:

- *Bei Chiffrierungen mit der Schlüsselwortlänge $r > 1$ verringert sich der Koinzidenzindex.*
- *Der Koinzidenzindex sinkt mit wachsender Länge r des Schlüsselwortes und nähert sich dem Wert eines zufälligen Textes (in dem eine Gleichverteilung der Buchstaben vorliegt).*

Bei Chiffrierungen mit der Schlüsselwortlänge $r = 1$ handelt es sich um MM-Substitutionen – dass in diesem Fall der Koinzidenzindex unverändert bleibt, wurde schon im Anschluss an die Definition des Koinzidenzindex gezeigt.

Abbildung 2.6 zeigt einige Beispiele für den Koinzidenzindex auf Basis von Texten unterschiedlicher Länge. Für kürzere Texte sind dabei stärkere Schwankungen der Ergebnisse zu erwarten.

Die Länge des Schlüsselwortes ist ein wesentliches Kriterium für die Sicherheit. Man kann die Sicherheit der Vigenère-Verschlüsselung erhöhen, indem man längere Schlüsselwörter verwendet, die keinerlei statistische Gesetzmäßigkeiten erkennen lassen.

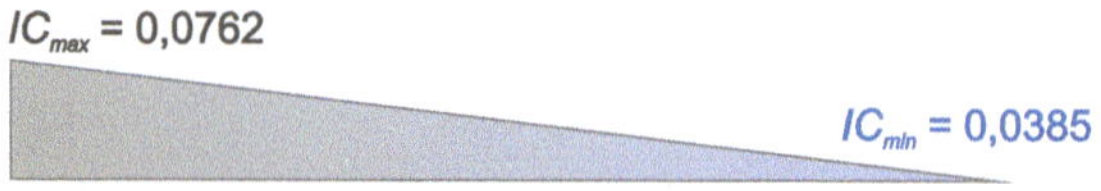

$IC_{max} = 0{,}0762$

$IC_{min} = 0{,}0385$

		$r = 1$	$r = 4$	$r = 12$	$r = 26$
$l =$	100 038	0,07379	0,07379	0,04769	0,04030	0,03847
$l =$	10 090	0,07226	0,07226	0,04714	0,04009	0,03856
$l =$	2 059	0,08002	0,08002	0,04936	0,04107	0,04094

l ... Länge der ausgewerteten Texte (Texte in deutscher Sprache, Auswertung für die Buchstaben „A" .. „Z")

r ... Länge des verwendeten Schlüssels

Abb. 2.6 Koinzidenzindex für Beispieltexte

Ein weiteres Kriterium ist die Wahl der einzelnen Schlüsselwortbuchstaben. Die Schlüsselwörter dürfen insbesondere keine Wörter oder Texte einer natürlichen Sprache sein, sondern müssen als Zufallsfolgen von Buchstaben gewählt werden. Andernfalls führt ein Angriff von FRIEDMAN zur Entschlüsselung der Nachricht oder zumindest von Teilabschnitten daraus. Um diesen Angriff zu verhindern, ist es auch wichtig, einen Schlüssel nicht mehrfach zu benutzen, wie wir gleich zeigen werden.

Diese Prinzipien werden bei der **Vernam**-Chiffre (*one-time pad*) realisiert, die in Abschn. 7.2.1 als Beispiel einer informationstheoretisch sicheren Verschlüsselung besprochen wird. Die Länge des Schlüsselwortes ist dabei gleich der Länge der Nachricht. Es erfüllt die Bedingung, dass aus dem verschlüsselten Text keinerlei Rückschlüsse auf die Nachricht gezogen werden können, auch wenn alle denkbaren wissenschaftlichen Erkenntnisse und unbeschränkte Rechenkapazitäten zur Analyse zur Verfügung stehen. Eine wesentliche Forderung für die Anwendung der **Vernam**-Chiffre ist es, jeden Schlüssel nur einmal zu verwenden. Wenn man den Aufwand zum Erzeugen und Austauschen der Schlüssel bedenkt, ist das zwar eine lästige Forderung. Die mehrmalige Verwendung von Schlüsseln bietet aber im Weiteren erläuterte Ansatzpunkte für die Kryptoanalyse.

Wird ein Schlüssel $k = k_0 k_1 \ldots k_{r-1}$ ein zweites Mal verwendet und sind beide Nachrichten in einer natürlichen Sprache abgefasst, kann man auf folgende Weise versuchen, den Inhalt der Nachrichten herauszufinden. Die Idee geht auf FRIEDMAN zurück, der auf diese Weise beschrieben hat, wie man bei der **Vigenère**-Chiffre zur Kryptoanalyse vorgehen kann, falls lange Schlüsselwörter verwendet wurden, die aus einer natürlichen Sprache stammen.

Im ersten Fall sei mit k die Nachricht $m = m_0 m_1 \ldots m_{r-1}$ zu $c = c_0 c_1 \ldots c_{r-1}$ verschlüsselt worden und im zweiten Fall $m' = m'_0 m'_1 \ldots m'_{r-1}$ mit k zu $c' = c'_0 c'_1 \ldots c'_{r-1}$ (siehe (1) in Abb. 2.7).

2.3 Die Vigenère-Chiffre und deren Analyse

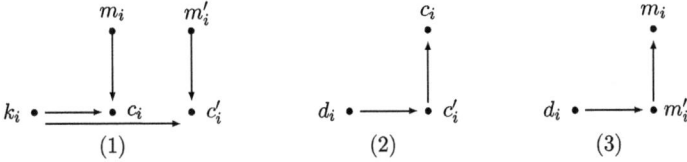

Abb. 2.7 Diagramm zur Vigenère-Chiffre

Gehen wir davon aus, dass dem Angreifer $c = c_0 c_1 \ldots c_{r-1}$ und $c' = c'_0 c'_1 \ldots c'_{r-1}$ bekannt sind, dann kann er leicht aus dem Vigenère-Quadrat eine Folge $d = d_0 d_1 \ldots d_{r-1}$ ablesen, so dass sich $c' = c'_0 c'_1 \ldots c'_{r-1}$ als Ergebnis der Verschlüsselung von $c = c_0 c_1 \ldots c_{r-1}$ mit d ergibt (siehe (2) in Abb. 2.7).

Wie man sich leicht überlegen kann, kennt der Angreifer dann aber auch den Schlüssel, mit dem man $m = m_0 m_1 \ldots m_{r-1}$ zu $m' = m'_0 m'_1 \ldots m'_{r-1}$ verschlüsseln könnte. Dieser gesuchte Schlüssel ist $d = d_0 d_1 \ldots d_{r-1}$, denn zwischen m_i und m'_i sowie c_i und c'_i besteht im Vigenère-Quadrat der gleiche Abstand (siehe (3) in Abb. 2.7).

Nun werden wir ausnutzen, dass die Nachrichten m und m' einer natürlichen Sprache mit einer charakteristischen Häufigkeitsverteilung entstammen. Zum Beispiel könnte durch Anwendung des Buchstaben d_i (aufgefasst als Schlüssel) ein Buchstabe m_i großer Häufigkeit zu einem Buchstaben m'_i großer Häufigkeit verschlüsselt worden sein. Für deutschsprachige Texte trifft das in ca. 0,6 · 0,6 Prozent aller Fälle, also in mehr als einem Drittel der Fälle zu.

Sei zum Beispiel $d_1 = \text{Z}$. Dann gibt es 26 Möglichkeiten für Paare (m_1, m'_1), so dass m_1 mit d_1 zu m'_1 verschlüsselt wird:

```
         •   •   •       •         • • •
m₁  | A B C D E F G H I J K L M N O P Q R S T U V W X Y Z
d₁  | Z Z Z Z Z Z Z Z Z Z Z Z Z Z Z Z Z Z Z Z Z Z Z Z Z Z
m'₁ | Z A B C D E F G H I J K L M N O P Q R S T U V W X Y
         •   •   •       •         • • •
```

Markiert sind die Buchstaben E, N, I, S, R, A, T, also die häufigsten Buchstaben in deutschsprachigen Texten. In nur zwei Fällen sind sowohl m_1, als auch m'_1 ein häufiger Buchstabe. Es ist naheliegend anzunehmen, dass $(m_1, m'_1) = (\text{S}, \text{R})$ oder $(m_1, m'_1) = (\text{T}, \text{S})$ gilt.

Auf diese Weise kann man alle Möglichkeiten von Buchstabenpaaren großer Häufigkeit zusammenstellen und darauf hoffen, Teilabschnitte der beiden Nachrichten zu entschlüsseln. Gehen wir davon aus, dass analog dazu mit $d_2 = \text{E}$, $d_3 = \text{V}$, $d_4 = \text{U}$

$(m_2, m'_2) \in \{(\text{A}, \text{E}), (\text{E}, \text{I}), (\text{N}, \text{R})\}$,
$(m_3, m'_3) \in \{(\text{N}, \text{I}), (\text{S}, \text{N})\}$
$(m_4, m'_4) \in \{(\text{T}, \text{N})\}$

ermittelt worden ist, wie die folgenden Tabellen es verdeutlichen.

m_2	A	B	C	D	E	F	G	H	I	J	K	L	M	N	O	P	Q	R	S	T	U	V	W	X	Y	Z
d_2	E	E	E	E	E	E	E	E	E	E	E	E	E	E	E	E	E	E	E	E	E	E	E	E	E	E
m'_2	E	F	G	H	I	J	K	L	M	N	O	P	Q	R	S	T	U	V	W	X	Y	Z	A	B	C	D

m_3	A	B	C	D	E	F	G	H	I	J	K	L	M	N	O	P	Q	R	S	T	U	V	W	X	Y	Z
d_3	V	V	V	V	V	V	V	V	V	V	V	V	V	V	V	V	V	V	V	V	V	V	V	V	V	V
m'_3	V	W	X	Y	Z	A	B	C	D	E	F	G	H	I	J	K	L	M	N	O	P	Q	R	S	T	U

m_4	A	B	C	D	E	F	G	H	I	J	K	L	M	N	O	P	Q	R	S	T	U	V	W	X	Y	Z
d_4	U	U	U	U	U	U	U	U	U	U	U	U	U	U	U	U	U	U	U	U	U	U	U	U	U	U
m'_4	U	V	W	X	Y	Z	A	B	C	D	E	F	G	H	I	J	K	L	M	N	O	P	Q	R	S	T

Beim Durchprobieren aller 12 (= 2 · 3 · 2 · 1) Fälle für $m_1 m_2 m_3 m_4 \ldots$ und $m'_1 m'_2 m'_3 m'_4 \ldots$ ergeben sich in den meisten Fällen Zeichenfolgen, die für die Nachricht m bzw. m' sehr unwahrscheinlich sind. Es ist aber auch eine sinnvolle Möglichkeit dabei: $m_1 m_2 m_3 m_4 =$ TEST und $m'_1 m'_2 m'_3 m'_4 =$ SINN. Mit hoher Wahrscheinlichkeit wird also $m =$ TEST... und $m'_1 m'_2 m'_3 m'_4 =$ SINN... sein.

Nun kann man sich mit der beschriebenen Methode weiteren Abschnitten des Textes zuwenden. Zusammenfassend kann man sagen, dass mit diesem Verfahren Teilfolgen der Nachrichten bestimmbar sind. Zum Ergänzen fehlender Buchstaben und Buchstabengruppen muss man auf den Kontext zurückgreifen. Dazu kann man auch statistische Eigenschaften der Sprache heranziehen wie zum Beispiel Häufigkeitsverteilungen von Buchstabenfolgen oder sogar ganzen Wörtern.

2.4 Die Enigma

Zum Abschluss des Kapitels über historische Chiffren stellen wir noch die *Enigma* als Beispiel für die Verwendung mechanischer und elektromagnetischer Geräte – sogenannter Rotormaschinen – vor, die im 20. Jahrhundert zur Realisierung polyalphabetischer Substitutionen herangezogen wurden, um die Verschlüsselung und Entschlüsselung effizienter und weniger fehleranfällig zu machen. Rotormaschinen bestehen aus mehreren hintereinandergeschalteten austauschbaren Rotoren mit äquidistanten Kontakten auf Vorder- und

2.4 Die Enigma

Abb. 2.8 Verdrahtung der Rotoren

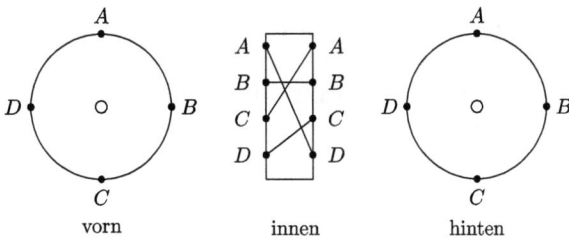

Abb. 2.9 Aufbau einer Rotormaschine

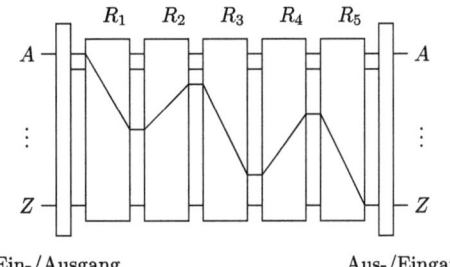

Abb. 2.10 Steckerbrett

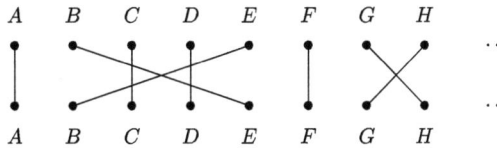

Rückseite, die im Inneren des Rotors fest verdrahtet sind, und feststehendem Ein- und Ausgang. Die Rotoren verändern nach jeder Verschlüsselungsoperation automatisch ihre Stellung (Abb. 2.8 and 2.9).

Zum Chiffrieren bzw. Dechiffrieren durchlaufen die Texte die Rotormaschine in umgekehrter Reihenfolge. Parameter einer Rotormaschine sind Art, Anzahl, Reihenfolge und Ausgangsstellungen der Rotoren sowie der Rotormechanismus zum Fortschalten der einzelnen Rotoren.

Rotormaschinen wurden 1920 von mehreren Erfindern zum Patent angemeldet. Die ersten Modelle der Enigma waren Rotormaschinen mit 4 Rotoren. 1926 änderte man das Prinzip und es wurden nur noch drei Rotoren und eine „Umkehrwalze" benutzt – mittels Steckverbindungen sind dabei die 26 Kontakte paarweise verbunden (man nennt diese „Umkehrwalze" auch ein Steckerbrett, s. Abb. 2.10). Der Vorteil davon ist, dass man mit dem gleichen Verfahren Nachrichten verschlüsseln und verschlüsselte Texte entschlüsseln kann. Durch diese Besonderheiten in der Konstruktion der Enigma wissen Angreifer aber auch, dass kein Buchstabe in sich selbst übergehen kann (sonst gibt es einen Kurzschluss).

In der deutschen Wehrmacht wurde die Enigma I mit drei Rotoren verwendet, die aus einem Satz von 5 Rotoren ausgewählt werden konnten. Die Marine benutzte ab 1942 Modelle mit vier Rotoren. Ausgewählt werden konnten sie aus einem Satz von 5 Rotoren (1934), 7 Rotoren (1938) bzw. 8 Rotoren (1939).

Innerhalb der deutschen Wehrmacht wurde die Enigma als völlig sicher angesehen. Es kamen 40.000 bis 200.000 Maschinen zum Einsatz. Selbst die für damalige Verhältnisse gewaltige Anzahl von ca. $8 \cdot 10^8$ Schlüsseln konnte aber auf Dauer keine Sicherheit gewährleisten.

▶ **Anmerkung** Die Anzahl der möglichen Schlüssel bei der Heeres-Enigma, die drei Rotoren verwendet, ergibt sich wie folgt:

$$26^3 \cdot \binom{5}{3} \cdot 3! \cdot \frac{26!}{13! \cdot 2^{13}} \approx 8 \cdot 10^8$$

26^3 ... Anzahl der Rotorstellungen
$\binom{5}{3}$ ... Anzahl der Möglichkeiten für die Auswahl der Rotoren
$3!$ ... Anzahl der Möglichkeiten für die Reihenfolge der Rotoren
$\frac{26!}{13! \cdot 2^{13}}$ ... Anzahl der Möglichkeiten für das Bilden von Paaren
auf dem Steckerbrett

Systematische Versuche, die Enigma-Verschlüsselung zu brechen, wurden vor dem Krieg in Polen und während des Krieges von den Engländern unternommen. Gerade an der Geschichte der Enigma (siehe [53]) kann man gut verdeutlichen, dass die Kryptoanalyse nicht nur durch systematisches Vorgehen zum Ziel führt. Sie wird auch von Zufällen und Fehlern beeinflusst und kann über Umwege und Irrtümer zum Ergebnis führen.

Die Kryptoanalyse der Enigma konnte beginnen, nachdem der polnische Zoll 1927 eine Enigma abgefangen hatte (auch wenn die Verdrahtung der Rotoren später noch geändert worden ist). Es wurden zwei wichtige Ansätze deutlich:

- Die Enigma-Verschlüsselung ist involutorisch, d. h. die zweimalige Anwendung der Verschlüsselung liefert wieder das Original.
- Bei der Engigma-Verschlüsselung wird kein Zeichen in sich selbst überführt.

Damit hat man einen Ansatzpunkt für die *negative Mustersuche*. Vermutet werden konnte zum Beispiel, dass die Buchstabenfolge OBERKOMMANDOWEHRMACHT (21 Zeichen) in der Nachricht vorkommt, allerdings an unbekannter Position. Bei einer Gleichverteilung der der Zeichen der Nachricht kann man $\approx 56\,\%$ aller denkbaren Zuordnungen

Nachrichtentext: ... m_1 m_2 ... m_{21} ...
verschlüsselter Text: ... c_1 c_2 ... c_{21} ...

ausschließen, denn es gilt $P(m_1 \neq c_1 \cap \cdots \cap m_{21} \neq c_{21}) = P(\overline{m_1 = c_1}) \cdot \ldots \cdot P(\overline{m_{21} = c_{21}}) = (1 - \frac{1}{26})^{21} \approx 44\,\%$. Nachrichtenabschnitte, die 100 Zeichen lang sind, liefern unter dieser Bedingung bereits mit 98 %-iger Wahrscheinlichkeit verbotene Stellungen.[3]

---

[3] $1 - (1 - \frac{1}{26})^{100} \approx 98\,\%$.

Da vor dem Krieg in Ostpreußen mit der Enigma geübt wurde, war reichlich Untersuchungsmaterial für die Kryptoanalyse vorhanden. Ein Spion lieferte die Schlüssel von Oktober und November 1932 an die Franzosen, die sie an die Polen weitergaben, wodurch eine nachträgliche Entschlüsselung und damit auch eine tiefere Einsicht in das Verfahren möglich wurde.

Ein Schwachstelle, die nicht der Funktionsweise der Enigma selbst anzulasten ist, bestand in der Schlüsselverwaltung.

Bei der Enigma gab ein *Tagesschlüssel* die Art und Anordnung der Rotoren an – bei einer Enigma mit drei Rotoren bestand ein Tagesschlüssel demnach aus drei Buchstaben. Tagesschlüssel wurden monatsweise in einem Codebuch herausgegeben. Zusätzlich musste der Funker bei jeder einzelnen Nachricht einen aus drei Buchstaben bestehenden *Spruchschlüssel* festlegen, der die Ausgangsstellung der Rotoren bestimmt. Dieser Spruchschlüssel wurde zweimal hintereinander an den Anfang der Nachricht geschrieben und mit der Nachricht zusammen chiffriert. Die Wiederholung des Spruchschlüssels sollte sicherstellen, dass auch bei Übertragungsfehlern keine Rückfrage nötig wird. Die Funker machten den Fehler, als Spruchschlüssel in der Regel solche Buchstabenfolgen wie AAA, BBB usw. oder auf der Tastatur benachbarte Tasten wie QWE oder QAY zu verwenden, was die Kryptoanalyse sehr erleichtert hat, da das Durchprobieren aller Möglichkeiten stark eingeschränkt werden konnte.

Bereits 1937 konnten die Tagesschlüssel innerhalb von 10 bis 20 Minuten ermittelt werden. Bei der Kryptoanalyse hat auch geholfen, dass in den Nachrichten stereotype Formulierungen wie KEINEBESONDERENVORKOMMNISSE verwendet worden sind. Manchmal wurde der Klartext sogar „untergeschoben": Zum Beispiel setzten deutsche Beobachter in der Regel die Meldung GARTENPFLEGE ab, wenn die englische Luftwaffe Planquadrate verminte. Oft wurde in einem solchen Fall die Nachricht mit verschiedenen Verfahren verschlüsselt weitergegeben, von denen manche noch unsicherer als die Enigma selbst waren. Einmal wurde eine Leuchttonne nur deshalb bombardiert, damit ein deutscher Beobachter den chiffrierten Funkspruch ERLOSCHENISTLEUCHTTONNE absendet, was daraufhin auch geschehen sein soll.

Die Tagesschlüssel konnten in einzelnen Fällen auch durch militärische Eroberungen bereitgestellt werden wie im Februar 1941 von einem schlecht bewaffneten Trawler in Nordnorwegen. Erbeutet wurden auch Codebücher mit Wetterkurzschlüsseln (Wettermeldungen wurden nur mit der 3-Rotor-Enigma verschlüsselt) und vom deutschen U-Boot U110 zahlreiche Codetabellen und Tagesschlüssel für einen längeren Zeitraum.

Obwohl 1940 das Spruchschlüsselverfahren noch einmal geändert worden ist, konnte A. TURING innerhalb kurzer Zeit für das neue Verfahren eine Dechiffriermethode entwickeln. Im britischen Dechiffrierzentrum Bletchley Park arbeiteten 7.000 bis 30.000 Beschäftigte rund um die Uhr an der Dechiffrierung der abgehörten Nachrichten. Durch die Anwendung selbstentwickelter Maschinen konnte die Suche so beschleunigt werden, dass für das Durchspielen der Fälle jeweils nur noch höchstens 110 Minuten benötigt worden sind. Bei der Übermittlung des Inhalts besonders wichtiger dechriffrierter Nachrichten an den britischen Premierminister wurden sie mit der **Vernam-Chiffre** verschlüsselt. So erreichten die Alliierten, dass die Deutschen bis zum Kriegsende nicht wussten, dass die Enigma-Verschlüsselung gebrochen worden ist.

Erst 1974 wurde die Kompromittierung der Enigma öffentlich bekannt. Auf dem heutigen Stand der Rechentechnik wäre es einfacher gewesen, die Enigma-Verschlüsselung durch Durchprobieren aller Möglichkeiten zu brechen.

Alle bisher erwähnten Verschlüsselungsverfahren haben die Gemeinsamkeit, dass vor der eigentlichen gesicherten Kommunikation eine „Schlüsselübergabe" zwischen den Kommunikationspartnern stattfinden muss. Dieser Nachteil entfällt bei den asymmetrischen Verfahren, die seit 1977 angewendet und im Kap. 8 vorgestellt werden. Mit der Einführung solcher Verfahren hat sich die Kryptologie, die ursprünglich als Teilgebiet der Kodierungstheorie zählte, als eigenständiges Gebiet etabliert.

2.5 Zusammenfassung

Wir haben Beispiele für **Permutationschiffren** und **monoalphabetisch-monographische Substitutionen** kennengelernt. Bei den **Permutationschiffren** wird der Text verschlüsselt, indem die Zeichen der Nachricht in geänderter Reihenfolge notiert werden. Bei den **monoalphabetisch-monographischen Substitutionen** (kurz: MM-Substitutionen) werden Einzelbuchstaben der Nachricht nach einer festen Regel unabhängig von ihrer Position im Text durch ein Zeichen ersetzt, das diesem Einzelbuchstaben durch eine Verschlüsselungstabelle eineindeutig zugewiesen ist. Solche Verschlüsselungen wurden schon vor sehr langer Zeit verwendet und weisen eine Gemeinsamkeit auf, die sie für sichere Chiffrierverfahren ungeeignet macht: Die Häufigkeitsverteilungen der Buchstaben stimmen in der Nachricht und im verschlüsselten Text überein – daraus ergeben sich wirkungsvolle Ansatzpunkte für die Entschlüsselung der Nachricht durch unberechtigte Personen.

Ein wichtiger Parameter für die statistische Analyse der verschlüsselten Texte ist der Koinzidenzindex – darunter versteht man die Wahrscheinlichkeit dafür, dass zwei zufällig ausgewählte Zeichen des Textes gleich sind. Bei der Anwendung von MM-Substitutionen ändert sich der Koinzidenzindex nicht.

Sicherer als MM-Substitutionen sind polyalphabetische monographische Substitutionen (PM-Substitutionen) – dabei werden ebenfalls Einzelbuchstaben ersetzt, für unterschiedliche Stellen im Text sind jedoch unterschiedliche Verschlüsselungsregeln für denselben Klartextbuchstaben zulässig. Die bekannteste polyalphabetische Chiffrierung ist die **Vigenère-Chiffre**. Den verschlüsselten Text kann man bei der **Vigenère-Chiffre** aus einem Schema – dem sogenannten Vigenère-Quadrat – ablesen, nachdem man ein Schlüsselwort festgelegt hat, das periodisch wiederholt verwendet wird. Dieses Schlüsselwort nutzt der berechtigte Empfänger der Nachricht auch, um mit Hilfe des Vigenère-Quadrats aus dem verschlüsselten Text die ursprüngliche Nachricht zu rekonstruieren.

Auch die **Vigenère-Chiffre** hat sich als unsichere Verschlüsselung erwiesen, obwohl die Häufigkeitsverteilungen der Buchstaben in der Nachricht und im verschlüsselten Text unterschiedlich sind. Verwendet man ein kurzes Schlüsselwort, dann kann man (für hinreichend lange Nachrichten) die Länge dieses Schlüsselwortes ermitteln. Dazu eignen sich der KASISKI-Test oder auch eine Formel, in die der Koinzidenzindex des verschlüsselten Textes eingeht. Für lange Schlüsselwörter, die Texten aus einer natürlichen Sprache entnommen sind, hat FRIEDMAN eine Methode entwickelt, um Teilabschnitte der Nachricht zu entschlüsseln.

Eines der bekanntesten Beispiele aus der Geschichte der Kryptologie ist die Enigma-Verschlüsselung, die wir als Beispiel für sogenannte Rotormaschinen betrachtet haben. An der Geschichte der Enigma kann man gut erkennen, dass bei der Kryptoanalyse nicht nur systematisches Vorgehen zum Ziel führt, sondern dass sie auch von einer Reihe von Zufällen und Fehlern beeinflusst wird und über Umwege und Irrtümer zum Ergebnis führen kann.

Ein wichtiges Grundprinzip für alle heutigen Verschlüsselungsverfahren ist das Prinzip von KERCKHOFFS, nach dem die Sicherheit eines Kryptosystems allein in der Schwierigkeit liegt, den Schlüssel zu finden – sie darf nicht auf der Geheimhaltung des Systems beruhen.

2.6 Übungen

2.1 Wir betrachten folgenden Sonderfall einer Permutationschiffre: Für zwei natürliche Zahlen $m, n > 0$ wird die Nachricht zeilenweise in eine $m \times n$-Matrix eingetragen, und der verschlüsselte Text wird spaltenweise aus dieser Matrix abgelesen. Zum Beispiel erhält man auf diese Weise für $m = 3$, $n = 5$ zur Nachricht VIGENERECHIFFRE den verschlüsselten Text VEIIRFGEFECRNHE. Texte der Länge >15 werden blockweise verschlüsselt.

Entschlüsseln Sie den mit dieser Chiffriermethode und unbekannten Parametern m, n erzeugten verschlüsselten Text:

```
DCSIAAEERCFEHFMIRITHESLSCUSEIELSIMTNEFHIAENCS
BSEEPLIIEIRVNIOENLURCTIHOSENRHVSLECHEENSLGSU.
```

2.2 Entschlüsseln Sie folgenden Text, der durch Anwendung einer Verschiebechiffre entstanden ist:

```
SVZZEMFCLKFIZJTYVETYZWWIVEJZEUUZVRCXFIZKYDVEQ
LDMVIJTYCLVJJVCELEUQLDVEKJTYCLVJJVCEZUVEKZJTY
```

2.3 Die folgenden Texte sind durch Anwendung von MM-Substitutionen aus deutschsprachigen Nachrichten entstanden. Entschlüsseln Sie jeweils den Text.
   (a) XBBTI XACXAY WPE POQZTI
   (b) DEBJ KGA HDG GEBJMC ECH KFFMC NEA HMCC HEFBJ GEBJMC
       ECH KFFMC XMFCA YDC   *(Goethe)*

2.4 Durch Anwendung der **Vigenère**-Chiffre mit einem Schlüsselwort der Länge 2 ist der Text

```
JDK DJZK AAZX YGN UIK OOHK KGY MZNO GPL YKI
GHKMOFGIONICKI QMEKZJRJMZT BOGHZXO BZXIGH FPXPKXQ
```

entstanden. Welche Nachricht wurde verschlüsselt?

3 Kryptographische Systeme und ihre Schlüsselverteilung

3.1 Kryptographie als Schutzmechanismus

3.1.1 Bedrohungen und Schutzziele

Heutzutage ist Kryptographie eine wichtige Technik zur Sicherung elektronischer Datenverarbeitung in Rechnern bzw. Rechnernetzen. Neben dem Schutz der Vertraulichkeit geheimer Informationen, den bereits die historischen Verfahren lieferten, können moderne kryptographische Systeme weitere Aufgaben übernehmen. Dieses Kapitel soll zunächst klären, für welche Sicherheitsbedrohungen Kryptographie relevant ist und welche Schutzziele mit kryptographischen Verfahren in welchem Maß durchgesetzt werden können.

Informationstechnische Systeme (IT-Systeme) sind überall im Einsatz; wir finden sie in Bereichen wie z. B. Wirtschaft, Verwaltung, Gesundheitswesen, Finanzwesen oder Verkehr. Sie übernehmen immer mehr Aufgaben; der Großteil der anfallenden Daten wird elektronisch verarbeitet. Das bedeutet aber auch, dass wir in zunehmendem Maß von IT-Systemen abhängig sind und die sich durch ihren Einsatz ergebenden Probleme verstehen müssen – die Sicherheit von IT-Systemen ist von zentraler Bedeutung. IT-Sicherheit beschäftigt sich mit dem Problem, Funktionalität und Eigenschaften eines IT-Systems trotz möglicher unerwünschter Ereignisse zu gewährleisten.

Generell gilt, dass absolute Sicherheit nicht zu erreichen ist: Es können immer mögliche Bedrohungen übersehen werden oder sich erst neue ergeben, eingesetzte Schutzmaßnahmen können unzureichend sein, und schließlich hängt die erreichte Sicherheit wesentlich von den Menschen ab, die die entsprechenden Mechanismen konsequent und korrekt einsetzen sollen – und ihrerseits bekanntermaßen eine wesentliche Angriffsstelle darstellen (Stichwort *Social Engineering*: Kann beispielsweise ein Mitarbeiter zur Herausgabe eines Passwortes veranlasst werden, nutzt die beste Schutzmaßnahme nichts.). Es wird folglich immer ein Restrisiko verbleiben, dieses sollte jedoch auf ein tragbares Maß reduziert werden. Die Analyse von und der Umgang mit Risiken ist Gegenstand des Fachgebiets Risikomanagement [52, 58].

Unerwünschte Ereignisse sind zum einen unbeabsichtigte Fehler und Ereignisse wie z. B. technische Ausfälle von Hardware, Folgen eines Blitzschlags oder einfach unbeabsichtigte Fehler von Menschen, zum anderen aber auch zielgerichtete Angriffe. Mit den Folgen unbeabsichtigter Ereignisse beschäftigt man sich insbesondere im Fachgebiet Fehlertoleranz [31].

Kryptographie gehört zu den möglichen Schutzmaßnahmen gegen zielgerichtete Angriffe. Um näher einzugrenzen, was man mit Kryptographie erreichen kann, betrachten wir folgende übliche Einteilung der aus Angriffen resultierenden *Bedrohungen* und der dazu korrespondierenden **Schutzziele**:

1. *unbefugter Informationsgewinn*, d. h. Verlust der **Vertraulichkeit** (confidentiality),
2. *unbefugte Modifikation von Informationen*, d. h. Verlust der **Integrität** (integrity) und
3. *unbefugte Beeinträchtigung der Funktionalität*, d. h. Verlust der **Verfügbarkeit** (availability).

Beispiel 3.1 Einige Beispiele zu Bedrohungen sollen dies erläutern:

zu 1. Werden die Krankengeschichten (Untersuchungen, Diagnosen, Therapieversuche etc.) nicht mehr auf Karteikarten, sondern in Rechnern gespeichert, so ist es unerwünscht, dass der Systembetreiber bei Wartungs- oder Reparaturmaßnahmen lesenden Zugriff auf diese Daten erhält.

zu 2. Lebensgefährlich für die Patienten kann es werden, wenn jemand unbefugt und *unbemerkt* Daten ändert, z. B. die Dosierungsanweisung für ein zu verabreichendes Medikament.

zu 3. Ebenfalls lebensgefährlich kann es werden, wenn die Krankengeschichte nur im Rechner gespeichert ist, dieser aber gerade *erkennbar* ausgefallen ist, wenn eine Abfrage für eine Therapiemaßnahme erfolgen muss.

Eine Klassifikation der Bedrohungen ist jedoch nicht bekannt. Insbesondere ist die obige Dreiteilung selbst mit den bei den Beispielen kursiv zugefügten Attributen keine *Klassifikation*: Wird ein gerade nicht ausgeführtes Programm im Speicher unbefugt modifiziert, handelt es sich um unbefugte Modifikation von Daten. Wird das in gleicher Weise unbefugt modifizierte Programm ausgeführt, handelt es sich um eine unbefugte Beeinträchtigung der Funktionalität.

Unter pragmatischen Gesichtspunkten ist die Unterscheidung dennoch sinnvoll, denn bei Betrachtung von Schutzmaßnahmen kann man meist klar unterscheiden, welchem der drei Schutzziele sie dienen.

▶ **Anmerkung** Zusätzlich hat diese Unterscheidung eine **Entsprechung im Korrektheitsbegriff**, wenn man die bei den Beispielen kursiv zugefügten Attribute *unbemerkt* bzw. *erkennbar* in die Definitionen von Integrität bzw. Verfügbarkeit hineinnimmt:

Integrität (= keine unbefugte und unbemerkte Änderung von Information) entspricht dann der *partiellen Korrektheit* eines Algorithmus: Wenn er ein Ergebnis liefert, ist es richtig.

Integrität und Verfügbarkeit zusammen entsprechen dann der *totalen Korrektheit* eines Algorithmus: Es wird ein richtiges Ergebnis geliefert – genügend Betriebsmittel für die Ausführung des Algorithmus vorausgesetzt.
(Bei sequentiellen Algorithmen gilt: totale Korrektheit = partielle Korrektheit und Terminierungsnachweis. Bei reaktiven Systemen ist statt des Terminierungsnachweises der Nachweis von Fairness- und Lebendigkeitseigenschaften notwendig.)

Charakteristisch für fast alle Anwendungen mit Verfügbarkeitsanforderungen ist, dass richtige Ergebnisse nicht irgendwann in der Zukunft, sondern zu realen Zeitpunkten (nächste notwendige Therapiemaßnahme im obigen Beispiel) benötigt werden. Zugespitzt ausgedrückt, sorgen Maßnahmen zur Sicherung der Integrität dafür, dass das Richtige geschieht und Maßnahmen zur Sicherung der Verfügbarkeit, dass es rechtzeitig geschieht [50]. Um Verfügbarkeit gegen beabsichtigte Angriffe zu sichern, müssen also auch benötigte Betriebsmittel analysiert und zur Verfügung gestellt werden.

Die Verwendung des Begriffs *unbefugt* verdeutlicht, dass die Rede von beabsichtigten Angriffen ist, denn natürlich können auch unbeabsichtigte Ereignisse wie der Ausfall einer Festplatte oder zufällige Störungen auf dem Übertragungskanal Informationen modifizieren oder die Funktionalität beeinträchtigen. Die Absicherung gegen die Auswirkungen solch unbeabsichtigter Störungen ist jedoch nicht Gegenstand dieses Buches.

Die *Beeinträchtigung der Funktionalität* muss auf die *berechtigten Nutzer bezogen* werden. Andernfalls wäre, wenn ein IT-System von Unbefugten intensiv genutzt wird, seine Funktionalität zwar nicht beeinträchtigt, denn es funktioniert ja. Aber je nach Auslastung des IT-Systems durch die Unbefugten wäre die Funktionalität des IT-Systems den berechtigten Nutzern entzogen [85].

> Positiv und möglichst kurz formuliert lauten die **drei Schutzziele** also:
> **Vertraulichkeit** = Informationen werden nur Berechtigten bekannt.
> **Integrität** = Informationen sind richtig, vollständig und aktuell oder aber dies ist erkennbar nicht der Fall.
> **Verfügbarkeit** = Informationen sind dort und dann zugänglich, wo und wann sie von Berechtigten gebraucht werden.

Hierbei ist „Information" jeweils in einem weiten und umfassenden Sinn gemeint, so dass Daten und Programme, aber auch Hardwarestrukturen subsumiert werden. Dies ist nötig, da Abläufe – sprich Funktionalität – statt durch Programme auch durch Hardwarestrukturen beschrieben werden können.

Damit das Reden von „Berechtigten" Sinn ergibt, muss geklärt werden, wer in welcher Situation wozu berechtigt ist; dies kann nur außerhalb des betrachteten IT-Systems festgelegt werden.

Tab. 3.1 Vertraulichkeit und Integrität bzgl. Inhalten und Umständen

	Inhalte	Umstände
Unerwünschtes verhindern	**Vertraulichkeit** Verdecktheit	Anonymität Unbeobachtbarkeit
Erwünschtes leisten	**Integrität**	**Zurechenbarkeit**

Schließlich sei angemerkt, dass sich „richtig, vollständig und aktuell" jeweils nur auf das Innere eines betrachteten Systems beziehen kann, da grundsätzlich nicht überprüfbar ist, ob das im System verwendete Bild von der Umwelt korrekt ist, d. h. mit dessen tatsächlicher Umwelt übereinstimmt.

Integrität und Verfügbarkeit sind Schutzziele, die beschreiben, wie sich das System verhalten soll (*Erwünschtes leisten*). Man kann zwar nicht verhindern, dass ein Angreifer versucht, sie zu stören, aber man kann – ggf. mit geeigneten Maßnahmen – im Nachhinein überprüfen, ob sie verletzt wurden. Da der Schutz von Verfügbarkeit gegen intelligente Angreifer die Kontrolle der Nutzung von Ressourcen erfordert, kann er mit Kryptographie allein nicht durchgesetzt werden und soll deshalb im Folgenden nicht weiter betrachtet werden.

Vertraulichkeit gehört zur Kategorie *Unerwünschtes verhindern*. Die Verletzung dieses Schutzziels kann nicht anhand der Daten überprüft werden – wenn ein Unbefugter geheime Daten liest, verändert das ja nichts an deren Erscheinungsbild. Außerhalb des Systems kann es natürlich Hinweise auf die Verletzung der Vertraulichkeit geben, z. B. durch die Veröffentlichung geheimer Daten, aber das ist eben nur zufällig. Vorbeugende Maßnahmen zur Durchsetzung von Vertraulichkeit sind demzufolge unumgänglich, und im Gegensatz zu den Zielen, die Erwünschtes beschreiben, sind sie auch möglich.

Die Schutzziele können auf verschiedene Arten weiter aufgegliedert werden [37, 89]. So kann neben dem Schutz von Inhalten auch der Schutz von solchen Informationen betrachtet werden, die im Umfeld entstehen (z. B. die Information, wer eine Nachricht gesendet hat, wer eine Nachricht empfangen hat oder auch wann die Nachricht gesendet wurde). Tabelle 3.1 zeigt diese Aufteilung bzgl. des Schutzgegenstandes für Vertraulichkeit und Integrität. Die mit kryptographischen Systemen erreichbaren Schutzziele sind dabei hervorgehoben.

Mit Kryptographie kann, wie von den historischen Verfahren bekannt, die *Vertraulichkeit* von Inhalten geschützt werden. Moderne Verfahren werden darüber hinaus auch zum Schutz der *Integrität* eingesetzt. Prinzipiell wird dabei mit Hilfe des geheimen Schlüssels eine Prüfinformation berechnet. Eine Modifikation der Daten würde das Berechnen einer passenden Prüfinformation erfordern – das ist jedoch nur den Inhabern des dazu notwendigen Schlüssels möglich. *Zurechenbarkeit* bedeutet, dass Sendern bzw. Empfängern von Informationen das Senden bzw. der Empfang der Informationen bewiesen werden kann, d. h. insbesondere auch, dass ein Nachweis gegenüber Dritten möglich ist. Mittels asymmetrischer Systeme kann Zurechenbarkeit des Sendens (oder allgemeiner: des Generierens) von Nachrichten erreicht werden (Abschn. 3.5). Zurechenbarkeit des Empfangens von Nachrichten erfordert weitere Maßnahmen wie z. B. Empfangsquittungen.

3.1 Kryptographie als Schutzmechanismus

Die übrigen in der Tabelle enthaltenen Schutzziele können mit Kryptographie nicht umgesetzt werden:

Verdecktheit bedeutet, dass die Existenz einer geheimen Nachricht verborgen wird. Mit Hilfe von Kryptographie kann zwar der Inhalt „unleserlich" gemacht werden, aber ein Beobachter sieht, dass etwas geheim gehalten werden soll, also eine vertrauliche Nachricht existiert. Verdecktheit kann mit Steganographie erreicht werden [40]: Vertrauliche Nachrichten werden innerhalb anderer, unauffälliger Daten, z. B. digitalen Bildern oder Audiodaten, verborgen.

Anonymität bedeutet, dass Nutzer Ressourcen oder Dienste benutzen (beispielsweise Nachrichten senden), ohne ihre Identität zu offenbaren; sie sind nicht identifizierbar innerhalb einer Menge von möglichen Nutzern. Auch wenn gesendete Inhalte verschlüsselt werden, kann der Nutzer allein durch die Beobachtung seiner Aktivitäten identifiziert werden. Techniken zum Erreichen von Anonymität sind beispielsweise umkodierende Mixe [16].

Unbeobachtbarkeit bedeutet, dass Nutzer Ressourcen und Dienste benutzen können, ohne dass andere dies beobachten können. Da auch hierfür die Kenntnis des Inhalts von Daten, die ein Nutzer sendet, nicht erforderlich ist, kann dieses Schutzziel ebenfalls nicht mit Kryptographie umgesetzt werden. Unbeobachtbarkeit des Sendens von Nachrichten kann beispielsweise durch das Senden bedeutungsloser Nachrichten (Dummies) erreicht werden.

3.1.2 Angreifermodelle

Um die mit einem Schutzmechanismus tatsächlich erreichte Sicherheit zu beschreiben, müssen nun noch die Angreifer beschrieben werden, gegen die sie Schutz bieten.

Schutz vor einem allmächtigen Angreifer ist natürlich nicht möglich. Ein allmächtiger Angreifer könnte

1. alle Daten, die ihn interessieren, an der Stelle ihrer Entstehung unbefugt erfassen (oder, falls nötig, auch Daten an mehreren Stellen erfassen und sie zu den ihn interessierenden kombinieren), und so Vertraulichkeit vor ihm verhindern.
2. Daten unbemerkt unbefugt ändern, denn wenn ihr Benutzer ganz genau wüsste, welchen Wert sie haben müssen, könnte er gleich auf sie verzichten.
3. durch physische Zerstörung des gesamten IT-Systems seine Funktionalität unbefugt beeinträchtigen.

Deshalb sind alle Schutzmaßnahmen nur Annäherungen an den perfekten Schutz der Teilnehmer vor jedem möglichen Angreifer. Die Annäherung wird im Allgemeinen durch ein Angreifermodell beschrieben. Wir betrachten in diesem Kapitel zunächst eine allgemeine Beschreibung eines Angreifermodells; eine konkrete Beschreibung der für kryptographische Systeme relevanten Angreifer folgt in Abschn. 4.3.

Abb. 3.1 Transitive Ausbreitung von Fehlern und Angriffen

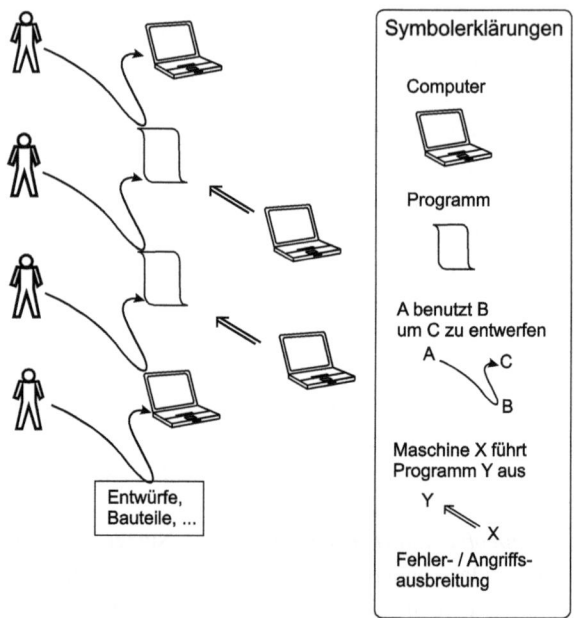

> Ein **Angreifermodell** beschreibt die **maximal berücksichtigte Stärke eines Angreifers**. Es beinhaltet allgemein:
>
> - Rollen des Angreifers,
> - Verbreitung des Angreifers,
> - Verhalten des Angreifers,
> - Rechenkapazität und ggf. verfügbare Mittel.

Mögliche **Rollen** in Bezug auf ein IT-System können sein: Außenstehender, Benutzer des Systems, Betreiber des Systems, Wartungsdienst, Produzent des Systems, Entwerfer des Systems und weitere an der Entwicklung des Systems Beteiligte wie z. B. die Produzenten der Entwurfs- und Produktionshilfsmittel. Insbesondere die an der Herstellung des Systems Beteiligten sowie der Einfluss weiterer IT-Systeme werden oftmals nicht betrachtet, was zu Sicherheitslücken führen kann. So muss in Abb. 3.1 beispielsweise nicht der Mensch oben schuld sein, wenn der rechnerunterstützt entworfene Rechner fehlerhaft ist. Es könnten auch der Mensch ganz unten oder der Rechner unten rechts bzw. die anderen beiden Menschen und der Rechner in der zweiten Ebene sein.

Um zu beschreiben, **wie weit verbreitet** der Angreifer ist, sollten die möglichen Rollen des Angreifers jeweils quantifiziert werden. Dazu sind beispielsweise folgende Fragen zu beantworten: Welche physischen oder kryptographischen Abschottungen kann er überwinden? Welche Subsysteme kann er benutzen und dadurch in welcher Hinsicht kontrollieren? Welche Subsysteme kann er als Betreiber, welche als Wartungsdienst in welcher Hinsicht

3.1 Kryptographie als Schutzmechanismus

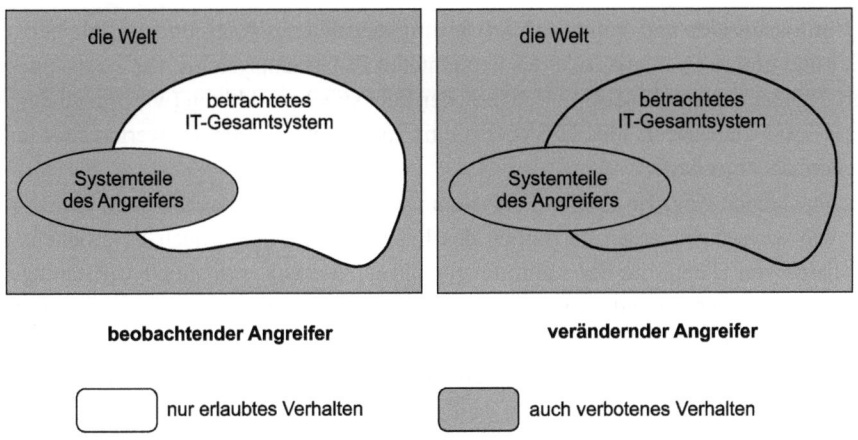

Abb. 3.2 Beobachtender vs. verändernder Angreifer

kontrollieren? Wo konnte er als Entwerfer oder Produzent Trojanische Pferde unterbringen?

▶ **Anmerkung** Ein Systemteil ist ein *Trojanisches Pferd*, wenn es unter Ausnutzung der ihm anvertrauten Daten und Rechte *mehr* als das von ihm Erwartete oder von ihm Erwartetes *falsch* oder *nicht* tut.
Etwa könnte ein Editor die eingegebenen Daten nicht nur in einer Datei seines Benutzers abspeichern, sondern noch an den Programmierer des Editors weitergeben. Hierzu benötigt das Trojanische Pferd einen *verborgenen bzw. verdeckten Kanal* (covert channel) [26, 62, 73]. Kann in unserem Beispiel der Editor als verborgenen Kanal keine zweite Datei benutzen (in vielen Rechnern könnte er das), so kann er etwa seinen Verbrauch an Betriebsmitteln (Speicherbelegung, CPU-Zeit) modulieren, was von anderen Prozessen wahrgenommen werden kann.

Sind alle Subsysteme bezüglich einer Rolle des Angreifers gleich, so genügt es, ihr jeweils eine nichtnegative ganze Zahl zuzuordnen. Sie gibt dann an, wie viele dieser Subsysteme vom Angreifer kontrolliert werden können.

Unterscheidet man in einem Rechnernetz als kleinste Subsysteme Leitungen und Stationen (z. B. Vermittlungszentrale, Netzanschluss, Teilnehmerendgerät, etc.), so wäre anzugeben, wie viele und welche Leitungen und/oder Stationen der Angreifer maximal beobachten und/oder gar aktiv verändernd kontrollieren kann.

Verhält sich der Angreifer „nach außen" – genauer: innerhalb des betrachteten IT-Gesamtsystems, aber außerhalb seiner Systemteile (Abb. 3.2) – nur so, wie es ihm *erlaubt* ist, d. h. führt er seinen Angriff nur **beobachtend** durch? Oder riskiert der Angreifer mehr, indem er nach außen ihm *Verbotenes* tut, d. h. seinen Angriff auch **verändernd** durchführt?

Hierbei wird unter den **Systemteilen** des Angreifers der Bereich verstanden, der von ihm exklusiv kontrolliert wird, wo andere also nicht ohne weiteres hineinschauen können.

Der **Einflussbereich** und damit der **Verbreitungsbereich** des Angreifers ist üblicherweise größer und umfasst weitere Teile des betrachteten IT-Gesamtsystems. Ein beobachtender Angreifer kann beispielsweise Leitungen oder Funkstrecken abhören (wir ordnen das Abhören hierbei „außerhalb" des IT-Systems ein), lokal Daten anders auswerten oder länger speichern als er es darf.

Beobachtende Angriffe sind im IT-System prinzipiell nicht erkennbar – ihr Erfolg kann aber, wie wir sehen werden, bezüglich des Erfassens und damit auch Verarbeitens und Speicherns von Daten, die der Angreifer regulär nicht erhält, prinzipiell vollständig verhindert werden. Verändernde Angriffe können zwar prinzipiell erkannt werden, dafür kann ihr Erfolg aber nicht vollständig verhindert werden. Außerhalb des IT-Systems können beobachtende Angriffe möglicherweise erkannt und sollten die Auswirkungen von verändernden Angriffen möglichst begrenzt werden.

Zur Beschreibung des Verhaltens des Angreifers werden weiterhin meist seine Aktionen charakterisiert und es wird zwischen *passiven* und *aktiven* Angreifern unterschieden. In Abschn. 4.3 werden wir diese Arten von Angriffen speziell für kryptographische Systeme betrachten und im Anschluss den Zusammenhang zwischen den Attributen beobachtend/verändernd und aktiv/passiv diskutieren.

Schließlich sind noch die **Ressourcen** des Angreifers zu betrachten. Auf der sicheren Seite ist man, wenn man ihm unbeschränkte Ressourcen (z. B. Rechenzeit oder auch Speicher) zubilligt. Dieser Fall des (komplexitätstheoretisch) unbeschränkten (oder kürzer: *informationstheoretischen*) Angreifers wird bei der informationstheoretischen Sicherheit nach SHANNON betrachtet (Abschn. 4.4).

Man riskiert etwas, wenn man annimmt, dass der Angreifer nur beschränkte Ressourcen (genauer: Berechnungsfähigkeiten) besitzt, z. B. große Zahlen in vernünftiger Zeit nicht in ihre Primfaktoren zerlegen kann. Man spricht in diesem Fall von einem komplexitätstheoretisch beschränkten (oder kürzer: *komplexitätstheoretischen*) Angreifer. Das Problem dabei ist, dass man sich bezüglich der Hardware-Betriebsmittel und Algorithmenkenntnis des Angreifers irren kann.

Als **weitere verfügbare Mittel** kann man noch betrachten, wieviel *Zeit* und *Geld* Angreifer haben und aufzuwenden bereit sind. Und ganz untechnisch können sie Geld auch außerhalb des IT-Systems einsetzen: Bestechung von Menschen ist in vielen Situationen das wirksamste Mittel, um z. B. Entwerfer zum Einbau Trojanischer Pferde, Betreiber zur Manipulation des IT-Systems oder Zugriffsberechtigte zur Zusammenarbeit zu bewegen.

Das Aufstellen eines realistischen Angreifermodells ist eine ähnliche Kunst wie das Abschätzen in mathematischen Beweisen: Ist die Abschätzung zu grob, gelingt der Beweis nicht mehr. Ist die Abschätzung zu fein, wird der Beweis unnötig kompliziert, fehlerträchtig oder womöglich gelingt er überhaupt nicht mehr. Bezogen auf Angreifermodelle bedeutet dies, dass oftmals unterstellt wird, dass alle möglichen Angriffspunkte und Angriffsarten zu *einem* Angreifer kombiniert werden, obwohl man für die Realität hoffen kann, dass die diese Angriffspunkte kontrollierenden Instanzen nicht alle miteinander konspirieren und perfekt abgestimmt handeln werden.

> Ein **realistisches Angreifermodell** sollte nicht nur alle momentan erwarteten Angreifer, sondern auch *alle während der Lebensdauer des Systems zu erwartenden Angreifer abdecken*. Es sollte *einfach* sein, damit die nicht abgedeckten Restrisiken durch unerwartet starke Angreifer den vom System Betroffenen verständlich sind. Trotz dieser Abschätzung des Angreifers sollte ein gegen ihn sicheres System mit vertretbarem Aufwand gebaut und betrieben werden können sowie für dieses System ein überzeugender Nachweis aller aufgestellten Schutzziele gelingen.

Die Lebensdauer des Systems hat nicht nur Einfluss auf die zu unterstellende Mess- und Gerätetechnik des künftigen Angreifers, sondern auch auf die Bedeutung des Systems. Diese kann durch politische Entwicklungen oder Steigerungen des Wertes (sei es ökonomisch oder politisch) der mit dem System verarbeiteten Daten oder der Abhängigkeit von Individuen, Organisationen oder gar Staaten vom Funktionieren des Systems drastisch zunehmen. Steigt die Bedeutung des Systems, nimmt nicht nur die Wahrscheinlichkeit von Angriffen zu, sondern auch die Motivation potentieller Angreifer, deren Zeit- und Geldeinsatz sowie Risikobereitschaft.

3.2 Beschreibung kryptographischer Systeme

Für die Beschreibung der kryptographischen Systeme benötigen wir die Begriffe **Alphabet** und **Funktion**, welche im Folgenden kurz vorgestellt werden.

Definition 3.1 *Ein **Alphabet** $\mathcal{A}$ ist eine endliche, nichtleere, totalgeordnete Menge von ℓ Elementen*:

$$\mathcal{A} = \{a_0, a_1, \ldots, a_{\ell-1}\}.$$

Die Elemente a_i werden Zeichen bzw. Buchstaben genannt.

Die Nachrichten, Schlüssel und Schlüsseltexte betrachten wir als endliche Folgen bestimmter Länge über den zugrunde liegenden Alphabeten $\mathcal{A}_M$, $\mathcal{A}_K$ bzw. $\mathcal{A}_C$.

Beispiel 3.2 Bei historischen Chiffren wurde oft mit dem Alphabet $\mathcal{A}_M = \{A, B, \ldots, Z\}$ gearbeitet, Schlüssel konnten z. B. Zahlen sein (wie bei der Verschiebechiffre (Abschn. 2.1)) oder ebenfalls Buchstaben (wie bei der Vigenère-Chiffre (Abschn. 2.3)). Moderne Chiffren arbeiten meist binär, d. h. $\mathcal{A}_M = \mathcal{A}_K = \mathcal{A}_C = \{0, 1\}$ oder mit Elementen aus Restklassenringen (Abschn. 6.2.2). Auf die konkreten Alphabete werden wir bei der Vorstellung kryptographischer Verfahren eingehen.

Alle kryptographischen Systeme beinhalten Funktionen, die auf die Nachrichten oder Schlüsseltexte unter Benutzung von Schlüsseln angewendet werden.

Definition 3.2 *Eine **Funktion** $f : X \to Y : x \mapsto f(x) = y$ ist eine Relation zwischen den Mengen X und Y, bei der jedem Element des Definitionsbereichs X eindeutig ein Element des Wertebereichs Y zugeordnet wird. Die Elemente von Y werden auch Bilder genannt.*

Funktionen (bzw. Abbildungen) sind also spezielle Relationen, die (rechts-)eindeutig sind. Die Eindeutigkeit verlangt, dass jedes Element $x \in X$ nur ein Element $y \in Y$ als Bild hat. Würde eine Verschlüsselungsfunktion diese Eigenschaft nicht erfüllen, könnte der Empfänger nicht entscheiden, welche der möglichen Nachrichten der Sender denn nun geschickt hat.

Neben dieser grundlegenden Eigenschaft von Funktionen sind weitere Eigenschaften interessant.

Definition 3.3 *Eine Funktion $f : X \to Y$ ist **injektiv** (linkseindeutig), falls sie folgende Bedingung erfüllt:*

$$\forall x, x' \in X: \quad f(x) = f(x') \quad \Rightarrow \quad x = x'.$$

*Eine Funktion $f : X \to Y$ ist **surjektiv**, falls sie folgende Bedingung erfüllt:*

$$\forall y \in Y \; \exists x \in X: \quad f(x) = y.$$

*Eine Funktion $f : X \to Y$ ist **bijektiv**, falls sie injektiv und surjektiv ist. Ist f bijektiv, kann eine Umkehrfunktion bzw. inverse Funktion $g = f^{-1}$ definiert werden:*

$$\forall y \in Y: \quad g(y) = x \quad \text{mit } x \in X \text{ und } f(x) = y.$$

Eineindeutigkeit heißt, dass kein Element des Wertebereichs Bild verschiedener Elemente des Definitionsbereichs sein darf. Surjektivität bedeutet, dass der Wertebereich ausgeschöpft wird – jedes Element kann als Bild vorkommen. Sind beide Eigenschaften erfüllt, ist die Funktion bijektiv. Abbildung 3.3 illustriert diese Eigenschaften.

Bijektivität und die damit einhergehende Umkehrbarkeit der Funktion ist relevant für Kryptosysteme: Durch die Verschlüsselung wird der Klartext auf einen Schlüsseltext abgebildet – die inverse Abbildung entspricht der Entschlüsselung, welche wieder den Klartext liefert.

3.3 Kriterien zur Klassifizierung

In diesem Kapitel werden die wichtigsten Typen kryptographischer Systeme vorgestellt, klassifiziert nach den folgenden zwei Kriterien:

3.3 Kriterien zur Klassifizierung

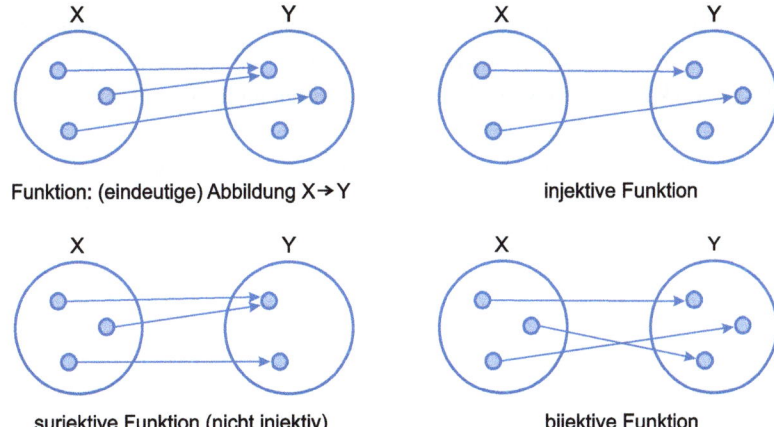

Abb. 3.3 Eigenschaften von Funktionen

1. Der **Zweck**.

   Hier betrachten wir vor allem
   - **Konzelationssysteme**, d. h. Systeme zur Geheimhaltung von Nachrichten (in der Literatur auch oft Verschlüsselungssysteme oder einfach Kryptosysteme genannt). Diese dienen also dem Schutzziel *Vertraulichkeit*.
   - **Authentikationssysteme**, d. h. Systeme, die Nachrichten vor unbemerkter Veränderung schützen. Dies ist auch das Ziel fehlererkennender Kodes [79], aber im Gegensatz zur fehlererkennenden Kodierung soll mittels Kryptographie Schutz gegen gezielte Angriffe erreicht werden. Authentikationssysteme dienen also dem Schutzziel *Integrität*. Ein Spezialfall sind
     - **digitale Signatursysteme**, bei denen ein Empfänger, der eine korrekt „kodierte" Nachricht bekommt, nicht nur selbst sicher ist, dass sie vom behaupteten Sender stammt, sondern dies auch Außenstehenden beweisen kann, z. B. einem Gericht (Schutzziel *Zurechenbarkeit*).

   Die Konzelations- und Authentikationssysteme beinhalten oftmals weitere kryptographische „Bausteine" wie z. B. Pseudozufallsbitfolgengeneratoren [78] und kollisionsresistente Hashfunktionen [76].

2. Die nötige **Schlüsselverteilung**.

   Diese Unterscheidung bezieht sich vor allem auf solche kryptographischen Systeme, bei denen es zwei Sorten von Teilnehmern gibt, Sender und Empfänger (wie eben Konzelations- und Authentikationssysteme). Hier unterscheidet man **symmetrische** und **asymmetrische** Systeme, je nachdem, ob beide Parteien den gleichen oder verschiedene Schlüssel haben, wie in den folgenden Kapiteln beschrieben.

Eine weitere wichtige Charakterisierung betrachtet den **Sicherheitsgrad** kryptographischer Systeme. Dieser Aspekt wird in Kap. 4 ausführlicher diskutiert. Die wichtigste Unterscheidung bzgl. des Sicherheitsgrades besteht darin, ob ein System informationstheoretische Sicherheit (Abschn. 4.4) bietet oder nicht. Zur genaueren Beschreibung der tatsächlich erreichten Sicherheit im zweiten Fall kann man noch feiner unterteilen (Abschn. 4.6).

Zwei Einschränkungen von *Konzelationssystemen* seien gleich zu Beginn erwähnt:

- Sie schützen nur die Vertraulichkeit der Nachrichten*inhalte*, nicht aber Kommunikationsumstände, beispielsweise wer von wo wann mit wem kommuniziert. Sollen auch die Kommunikationsumstände geschützt werden, sind zusätzliche Schutzmaßnahmen nötig.
- Oftmals werden auch die Nachrichteninhalte nicht vollständig geschützt, sondern manche Attribute des Nachrichteninhalts, beispielsweise seine Länge, schlicht ignoriert.

Wenn manche Attribute des Nachrichteninhalts ignoriert werden, muss darauf geachtet werden, dass sie über den gesamten Nachrichteninhalt nicht „zu viel" verraten. Ein drastisches Beispiel wäre, wenn Nachrichteninhalte unär kodiert werden und das Attribut Nachrichtenlänge nicht geschützt wird. Dann verrät die Nachrichtenlänge alles über den Nachrichteninhalt, so dass Verschlüsselung selbst mit einem informationetheoretisch sicheren System (der Vernam-Chiffre, siehe Abschn. 7.2.1) überhaupt nichts nützt.[1]

Was mag diese weit verbreiteten, von den meisten Fachleuten überhaupt nicht bemerkten Fehler (oder beschönigend: Ungenauigkeiten) verursacht haben? Vielleicht folgendes Vorgehen:

> Auf der höchsten Entwurfsebene, der Anforderungsdefinition, wurde festgelegt: Nachrichten (auf dieser Ebene atomare Objekte) sollen vertraulich bleiben. Später wird auf niedrigeren Ebenen der atomare Typ Nachricht verfeinert, indem über die Repräsentation von Nachrichten entschieden und dabei beispielsweise implizit die Länge von Nachrichten eingeführt wird. Schließlich wird die Anforderung „Vertraulichkeit von Nachrichten" auf der tieferen Ebene nur auf das entsprechende Hauptattribut bezogen, implizit eingeführte Nebenattribute wie z. B. „Länge" geraten entweder überhaupt nicht ins Blickfeld oder werden für nicht wichtig erachtet.

Was lernen wir daraus? *Alle* verfeinerten, auch alle implizit eingeführten Attribute eines vertraulich zu haltenden Objektes müssen vertraulich gehalten werden (siehe auch Abschn. 4.1). Aus einer Vertraulichkeitsanforderung werden im Zuge der Verfeinerung also *mehrere*. Sollte dies dem Entwerfer (d. h. dem Verfeinerer) zu aufwendig erscheinen, so muss er die Ersteller der Anforderungsdefinition fragen, ob sie mit der Nichtrealisierung der Vertraulichkeitsforderung bzgl. mancher Attribute einverstanden sind. Dies klingt jedoch wesentlich einfacher, als es sein dürfte, denn der Entwerfer muss den Erstellern der Anforderungsdefinition erst einmal seine (verfeinerte) Welt umfassend erklären. Und mit der wollten sich in aller Regel die Ersteller der Anforderungsdefinition gerade nicht befassen.

---

[1] *Unäre Kodierung* bedeutet: Es gibt nur ein Kodezeichen – beispielsweise würde 17 also durch 17-faches Hintereinanderschreiben dieses Kodezeichens dargestellt.

In den folgenden Unterkapiteln werden zunächst symmetrische Konzelations- und Authentikationssysteme vorgestellt, anschließend asymmetrische Konzelations- und Authentikationssysteme. In den Abbildungen der Systeme sind stets die *Vertrauensbereiche* der Teilnehmer sowie der *Angriffsbereich* dargestellt.

Der Vertrauensbereich muss jeweils durch nicht-kryptographische Maßnahmen gesichert, insbesondere durch physische Mittel und organisatorische Maßnahmen abgegrenzt und ggf. verteidigt werden. In ihm sollte das – und nur das – vorgehen, was der jeweilige Teilnehmer autorisiert. Den Vertrauensbereich sollte nur die Information verlassen, deren Verlassen der jeweilige Teilnehmer autorisiert. Dies bedeutet, dass der Vertrauensbereich physisch abgeschirmt sein muss: Ihn darf keine auswertbare elektromagnetische Strahlung verlassen, und auch seine Eingaben – etwa sein Energieverbrauch – dürfen nicht davon abhängen, was in ihm vorgeht. Wird dies nicht beachtet, so kann beispielsweise der unterschiedliche Stromverbrauch einzelner Transistoren genutzt werden, um beispielsweise an geheime Schlüssel zu kommen [56]. Vertrauensbereiche sollten von ihrer Umgebung also so weit wie möglich entkoppelt sein. Ein Vertrauensbereich wird üblicherweise durch ein dem jeweiligen Teilnehmer (hoffentlich) vertrauenswürdiges Benutzerendgerät realisiert [74, 75].

Der Angriffsbereich ist der unsichere Bereich – der Erfolg der hier möglichen Angriffe soll durch die kryptographischen Maßnahmen verhindert werden. Dieser Bereich ist nicht durch physische und/oder organisatorische Maßnahmen geschützt.

3.4 Symmetrisches Konzelationssystem

Die bekannteste und älteste Sorte kryptographischer Systeme ist das symmetrische Konzelationssystem (Abb. 3.4) – alle historischen Verfahren (Kap. 2) gehören zu diesem Typ.

Ein solches System kann man anschaulich mit folgendem Bild beschreiben: Es handelt sich um einen undurchsichtigen Kasten mit Schloss, zu dem es zwei gleiche Schlüssel gibt. Diese Schlüssel sind nur den berechtigten Teilnehmern, oftmals Alice und Bob genannt, bekannt.

Die Nachricht m wird mit Hilfe der Verschlüsselungsfunktion enc (*encryption*), die mit dem geheimem Schlüssel $k_{A,B}$ parametrisiert ist, auf den Schlüsseltext c abgebildet. Die Indizes A, B verweisen auf die Teilnehmer, denen der Schlüssel zugeordnet ist; für allgemeine Aussagen werden wir nur k verwenden. Der Schlüsseltext wird über den unsicheren Kanal zum Empfänger gesendet, welcher ihn mit Hilfe der Entschlüsselungsfunktion dec (*decryption*) und dem Schlüssel $k_{A,B}$ wieder entschlüsselt und die Nachricht m erhält.

Definition 3.4 *Gegeben seien*:

eine endliche Menge M möglicher Nachrichten (Nachrichtenraum),
eine endliche Menge K möglicher Schlüssel (Schlüsselraum),
eine endliche Menge C möglicher Schlüsseltexte (Schlüsseltextraum).

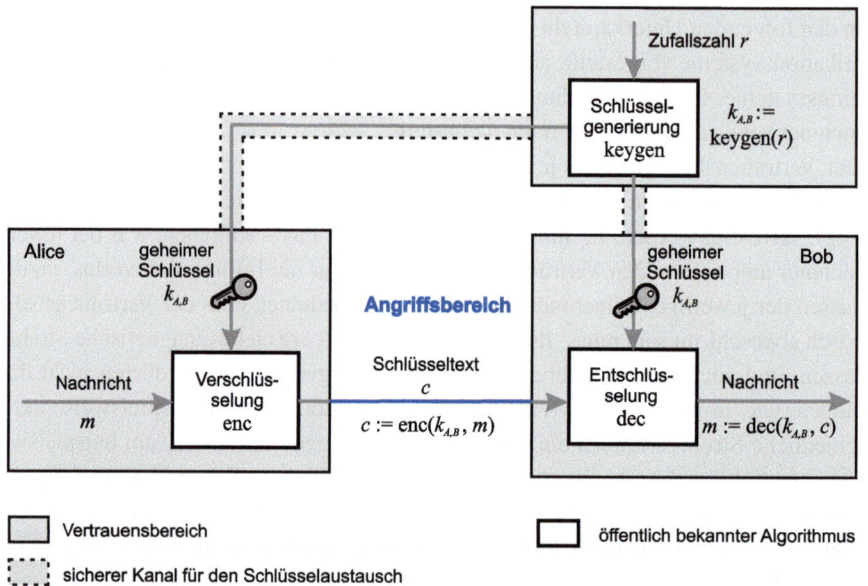

Abb. 3.4 Symmetrisches Konzelationssystem

*Die **Verschlüsselungsfunktion** ENC beschreibt die Abbildung von Paaren aus Nachrichten und Schlüsseln auf Schlüsseltexte:*

$$ENC : M \times K \to C.$$

Die Funktion enc $\in$ ENC beschreibt die mit einem Schlüssel parametrisierte Verschlüsselung der Nachrichten.

*Die **Entschlüsselungsfunktion** DEC beschreibt die Abbildung von Paaren aus Schlüsseltexten und Schlüsseln auf Nachrichten:*

$$DEC : C \times K \to M.$$

Die Funktion dec $\in$ DEC beschreibt die mit einem Schlüssel parametrisierte Entschlüsselung der Schlüsseltexte.

Spricht man von Verschlüsselungsfunktionen ENC, setzt man voraus, dass jede Abbildung enc $\in$ ENC injektiv ist.

▶ **Anmerkung** Dies gilt zwar im Allgemeinen, aber es gibt auch Ausnahmen. Ein Beispiel ist das Schema von Polybios (Abschn. 2.1). Da die Matrix, in welche die Buchstaben des Klartextalphabets eingetragen werden, nur 25 Felder hat, werden zwei Buchstaben (X und Y) auf dieselbe Ziffernkombination abgebildet. Da es sich um relativ selten auftretende Buchstaben handelt, ist die tatsächliche Bedeutung jedoch leicht aus dem Kontext zu ermitteln.

3.4 Symmetrisches Konzelationssystem

Die Mengen der Ver- und Entschlüsselungsfunktionen beinhalten die allgemeine Beschreibung dieser Abbildungen, die konkret zu verwendenden Funktionen enc bzw. dec sind durch den gewählten Schlüssel bestimmt, der in ENC bzw. DEC als Parameter gilt.

▶ **Anmerkung** Die allgemeine Beschreibung der Verschlüsselung ENC wäre z. B. bei der Verschiebechiffre die Abbildung des zu verschlüsselnden Nachrichtenbuchstabens auf den sich durch die Verschiebung im Alphabet ergebenden Buchstaben, die Funktion enc wäre dann die konkrete Vorschrift für die gewählte Verschiebung k.

In den kryptographischen Systemen werden die mathematischen Funktionen durch Algorithmen beschrieben, welche die Berechnung der Funktionswerte angeben. Wenn wir Systeme betrachten, verwenden wir im Folgenden deshalb auch den Begriff Algorithmus statt Funktion.

Definition 3.5 *Ein symmetrisches Konzelationssystem beinhaltet eine Verschlüsselungsfunktion enc $\in$ ENC (encryption) und eine Entschlüsselungsfunktion dec $\in$ DEC (decryption), die allgemein folgendermaßen beschrieben werden können*:

$$c := \text{enc}(k, m), \qquad m := \text{dec}(k, c), \qquad m \in M, \ k \in K, \ c \in C.$$

Dabei ist k ein fester Schlüssel und es gilt: $\text{dec}(k, \text{enc}(k, m)) = m$.
Die Schlüssel für Ver- und Entschlüsselung sind identisch oder können leicht auseinander bestimmt werden.

Entsprechend dem Kerkhoffs-Prinzip (Abschn. 2.2) gehen wir davon aus, dass alle Algorithmen öffentlich bekannt sind und dass ihre Sicherheit nur von der Geheimhaltung des Schlüssels abhängt. In Abb. 3.4 ist auch die Schlüsselgenerierung dargestellt. Durch Parametrisierung dieses Algorithmus mit der Zufallszahl r wird erreicht, dass der Schlüssel vom Angreifer nicht erraten werden kann.

Das Problem beim symmetrischen Konzelationssystem besteht darin, dass der symmetrische Schlüssel bereits bei Sender und Empfänger vorliegen muss, um eine Nachricht zu verschlüsseln und über den unsicheren Kanal zu übertragen – wir benötigen also einen **sicheren Kanal für den Schlüsselaustausch**.

Wenn sich Sender und Empfänger vorher getroffen haben, konnten sie $k_{A,B}$ bei der Gelegenheit austauschen. Ist dies nicht möglich, geht man in der Praxis meist von der Existenz einer vertrauenswürdigen „Schlüsselverteilzentrale" Z aus.

▶ **Anmerkung** Eine *einfache Lösung* sieht wie folgt aus: Jeder Teilnehmer A tauscht bei der Anmeldung zum offenen System einen Schlüssel mit Z aus, etwa $k_{A,Z}$. Wenn nun A mit B kommunizieren will und noch keinen Schlüssel mit B gemeinsam hat, so fragt er bei Z an. Z generiert einen Schlüssel $k_{A,B}$ und schickt ihn sowohl an A als auch an B, und zwar mit $k_{A,Z}$ bzw. $k_{B,Z}$ verschlüsselt. Von da an können A und B den Schlüssel $k_{A,B}$ benutzen, um in beide Richtungen Nachrichten zu schicken.

Abb. 3.5 Schlüsselverteilung bei symmetrischem Konzelationssystem

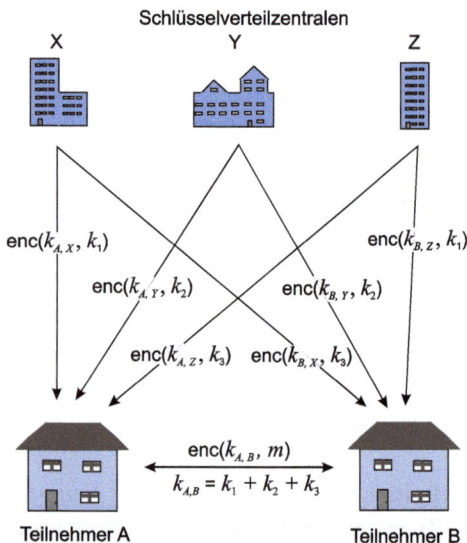

Problem: Die Vertraulichkeit ist natürlich nicht sehr groß: Außer A und B kann auch Z alle Nachrichten entschlüsseln.

Um die Sicherheit des Schlüsselaustauschs zu verbessern, kann man *mehrere* Schlüsselverteilzentralen so einsetzen, dass sie nur dann die Nachrichten lesen können, wenn sie alle zusammenarbeiten (Abb. 3.5).

Wieder tauscht jeder Teilnehmer A zu Beginn mit jeder Zentrale einen Schlüssel aus. Wenn A mit B kommunizieren will, so bittet er alle Zentralen, einen Teilschlüssel zu generieren. Diese schicken die Teilschlüssel k_i wieder vertraulich an A und B. A und B verwenden die Summe $k_{A,B}$ aller k_i (in einer geeigneten Gruppe) als eigentlichen Schlüssel. Solange zumindest eine der Zentralen ihren Teilschlüssel k_i geheimhält, haben die restlichen Zentralen keine Information über $k_{A,B}$, da durch das Hinzuaddieren von einem geeigneten k_i immer noch alle $k_{A,B}$ möglich sind. (Dies heißt, dass aus der Sicht der restlichen Zentralen $k_{A,B}$ noch mit einer Vernam-Chiffre perfekt verschlüsselt ist, vgl. Abschn. 7.2.1.)

Beispiel 3.3 Braucht man einen 128 Bit langen Schlüssel, so würden auch alle k_i die Länge 128 haben, und $k_{A,B}$ könnte das bitweise XOR aller k_i sein (oder auch die Summe modulo 2^{128}).

Für ein einfaches Beispiel gehen wir davon aus, dass der Schlüssel 12 Bit lang sein soll:

$$k_1 = 100110010001$$
$$k_2 = 110101110100$$
$$k_3 = 001110001101$$
$$k_{A,B} = k_1 \oplus k_2 \oplus k_3 = 011101101000$$

Arbeiten die ersten beiden Zentralen zusammen, können sie den Teilschlüssel $k_1 \oplus k_2 = 010011100101$ berechnen; da sie den letzten Teilschlüssel nicht kennen, verbleiben trotzdem alle 2^{12} Möglichkeiten für den Schlüssel $k_{A,B}$.

Würden die Teilschlüssel nicht addiert, sondern konkateniert, könnten kooperierende Zentralen dagegen zumindest einen Teil des geheimen Schlüssels bestimmen: die Bits, die sie selbst geliefert haben.

Die Schlüsselgenerierung muss, wie in Abb. 3.4 dargestellt, ebenfalls in einem Vertrauensbereich stattfinden. Bei Verschlüsselung eines lokalen Speichermediums sollte Schlüsselgenerierung, Verschlüsselung und Entschlüsselung im selben Gerät stattfinden – dann muss der Schlüssel dieses Gerät nie verlassen, kann also bzgl. Vertraulichkeit und Integrität optimal geschützt werden. Bei direktem Schlüsselaustausch zwischen Verschlüsseler und Entschlüsseler außerhalb des betrachteten Kommunikationsnetzes, etwa via USB Stick, sollte der Schlüssel in einem der beiden Vertrauensbereiche generiert werden.

Bei Schlüsselaustausch innerhalb des Kommunikationsnetzes gemäß Abb. 3.5 kann die Schlüsselgenerierung der k_i durch den Verschlüsseler, den Entschlüsseler oder die Schlüsselverteilzentrale erfolgen. Es ist völlig gleich, in welchem der drei Vertrauensbereiche dies geschieht, denn während des Ablaufs der Schlüsselverteilung liegt der Schlüssel sowieso in jedem Vertrauensbereich unverschlüsselt vor.

3.5 Symmetrisches Authentikationssystem

Ein symmetrisches Authentikationssystem ist in Abb. 3.6 dargestellt. Man kann sich ein solches System anschaulich als Glasvitrine mit einem Schloss vorstellen, zu dem es zwei Schlüssel gibt: Da auch die Nachricht über den unsicheren Kanal geschickt wird, ist sie für jeden „sichtbar", aber nur die Inhaber der geheimen Schlüssel können einen Authentikator erzeugen.

Der kryptographische Algorithmus auth wird, parametrisiert mit dem symmetrischen Schlüssel $k_{A,B}$, auf die Nachricht m angewendet; das Ergebnis wird als Prüfteil an die Nachricht angehängt. Dieser Prüfteil wird nach seiner englischen Bezeichnung *Message Authentication Code* oft *MAC* genannt; da es sich um eine geläufige Bezeichnung handelt, verwenden wir im Folgenden ebenfalls diesen Begriff. Der Empfänger verwendet ebenfalls den Algorithmus auth, um die Unversehrtheit der Nachricht zu überprüfen: Er berechnet unter Nutzung des Schlüssels $k_{A,B}$ den Prüfteil $\text{auth}(k_{A,B}, m)$ für die erhaltene Nachricht m und vergleicht diesen Wert mit dem erhaltenen MAC. Sind die Werte identisch, kann er von der Integrität der empfangenen Nachricht ausgehen.

Definition 3.6 *Ein **symmetrisches Authentikationssystem** beinhaltet eine Funktion auth $\in$ AUTH zum Berechnen der kryptographischen Prüfinformation, des sogenannten Message Authentication Codes (MAC). Die Funktion wird allgemein folgendermaßen beschrieben:*

$$MAC := \text{auth}(k, m), \quad m \in M, \, k \in K, \, MAC \in A.$$

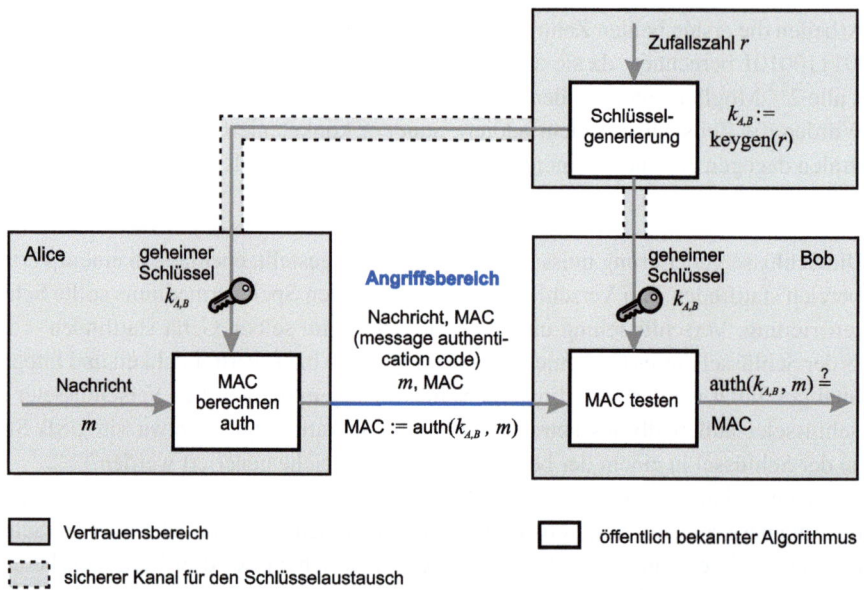

Abb. 3.6 Symmetrisches Authentikationssystem

Der Test des MAC erfolgt durch wiederholte Berechnung und Vergleich:

$$\text{auth}(k, m) = MAC \in \{true, false\}.$$

Die Schlüsselverteilung kann wie bei symmetrischen Konzelationssystemen erfolgen, die Aussagen bzgl. der möglichen Vertrauensbereiche gelten ebenso. Es gibt auch die analogen Probleme, z. B. könnte eine einzelne Schlüsselverteilzentrale diesmal gefälschte Nachrichten unterschieben.

▶ **Anmerkung** Analog zur Definition der Ver- und Entschlüsselungsfunktionen in Abschn. 3.4 können wir die Funktion AUTH als Abbildung von Paaren aus Nachrichten und Schlüsseln auf den entsprechenden MAC definieren:

$$AUTH : M \times K \to MAC.$$

Entsprechend können wir die in den folgenden Kapiteln eingeführten Funktionen definieren; da dies jedoch offensichtlich ist, führen wir es nicht extra auf.

3.6 Asymmetrisches Konzelationssystem

Das Problem der Schlüsselverteilung vereinfacht sich bei asymmetrischen oder *Public Key* Systemen. In Abb. 3.7 ist zunächst ein asymmetrisches Konzelationssystem dargestellt. Eine Analogie für dieses System ist ein undurchsichtiger Kasten mit einem für alle be-

3.6 Asymmetrisches Konzelationssystem

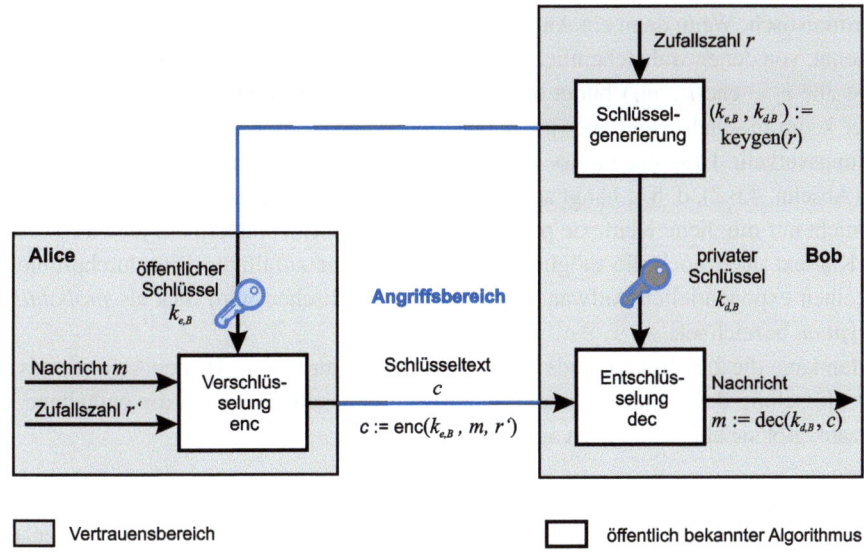

Abb. 3.7 Asymmetrisches Konzelationssystem

nutzbaren Einwurfschlitz und einem Schloss, zu dem es allerdings nur einen Schlüssel gibt: Nur der Empfänger kann den Kasten öffnen und die Nachrichten herausholen.

Wesentlich bei diesem System ist, dass es nun zwei verschiedene Schlüssel gibt: k_e für die Verschlüsselung (*encryption key*) und k_d für die Entschlüsselung (*decryption key*). Jeder Teilnehmer, der Nachrichten empfangen will, benötigt ein solches Schlüsselpaar; wir bezeichnen das Schlüsselpaar des Teilnehmers A mit $(k_{e,A}, k_{d,A})$. Der Schlüssel k_e ist öffentlich (aus diesem Grund ist kein vertraulicher Kanal für seine Übertragung erforderlich), während k_d geheimgehalten werden muss. Diesen geheimen Schlüssel bezeichnen wir bei asymmetrischen Systemen auch als privaten Schlüssel, da er nur einem Teilnehmer bekannt sein darf.

Grundlage asymmetrischer Systeme sind als schwierig angesehene mathematische Probleme wie beispielsweise die Faktorisierung großer Zahlen oder die Berechnung des Diskreten Logarithmus (Genaueres in Kap. 8). Damit Ver- und Entschlüsselung funktionieren, gibt es zwischen öffentlichem und privatem Schlüssel einen mathematischen Zusammenhang; es darf jedoch nicht effizient möglich sein, aus dem öffentlichen Schlüssel den privaten Schlüssel zu berechnen. Das heißt, ein in seinen Ressourcen realistisch beschränkter Angreifer darf nicht in der Lage sein, den privaten Schlüssel zu ermitteln: Aufgrund des mathematischen Zusammenhangs zwischen den Schlüsseln könnte ein Angreifer einfach so lange mögliche Werte für den privaten Schlüssel durchprobieren, bis er den richtigen Schlüssel gefunden hat; allerdings ist dieses vollständige Durchprobieren in der Praxis bei ausreichend dimensioniertem Schlüsselraum zu aufwändig.

Die Zufallszahl r', die als zusätzlicher Parameter in die Verschlüsselung eingeht (Abb. 3.7 unten links) hat folgende Bedeutung: Nehmen wir an, die Verschlüsselung sei deterministisch. Wenn dann ein Angreifer einen Schlüsseltext c sieht und einige Klartexte m_i kennt, von denen wahrscheinlich einer dahintersteckt, so kann er dies prüfen, indem er selbst alle $c_i = \text{enc}(k_e, m_i)$ bildet und mit c vergleicht. Dies ist bei langen Privatbriefen sicher kaum möglich, wohl aber bei standardisierten Schritten aus Protokollen, z. B. im Zahlungsverkehr. Deswegen muss die **Verschlüsselung indeterministisch** gemacht werden (Abschn. 4.6.2), d. h. c hängt auch noch von einer Zufallszahl ab. Der Angreifer muss nun nicht nur mögliche Klartexte probeweise verschlüsseln, sondern bei jedem zu testenden Klartext auch noch die möglichen Belegungen der zufälligen Bits durchprobieren, was einen exponentiellen Aufwand erfordert. Im Englischen wird dies als *probabilistic encryption* bezeichnet.

Man kann die Zufallszahl r' als Teil des Klartextes auffassen. Da der Algorithmus zur Entschlüsselung den ganzen Klartext herausbekommt, erhält er auch die enthaltene Zufallszahl, gibt sie aber nicht nach außen.

Definition 3.7 *Ein **asymmetrisches Konzelationssystem** beinhaltet eine Verschlüsselungsfunktion enc $\in$ ENC (encryption) und eine Entschlüsselungsfunktion dec $\in$ DEC (decryption), die allgemein folgendermaßen beschrieben werden:*

$$c := \text{enc}(k_e, m), \quad m := \text{dec}(k_d, c), \quad m \in M,\ k_e, k_d \in K,\ c \in C.$$

Dabei gilt: $\text{dec}(k_d, \text{enc}(k_e, m)) = m$.

Die Schlüssel für Ver- und Entschlüsselung sind verschieden; k_e bezeichnet den öffentlich bekannten Verschlüsselungsschlüssel und k_d den geheimen Entschlüsselungsschlüssel. Zwischen k_e und k_d besteht ein mathematischer Zusammenhang, es darf jedoch nicht effizient möglich sein, aus dem öffentlichen Schlüssel den geheimen Schlüssel zu berechnen.

Nun kann auf jeden Fall jeder Benutzer A sich selbst ein Schlüsselpaar $(k_{e,A}, k_{d,A})$ generieren und muss $k_{d,A}$ nie jemand anderem mitteilen; die Schlüsselgenerierung erfolgt in seinem Vertrauensbereich. Es geht nur noch darum, $k_{e,A}$ so zu verteilen, dass jeder andere Teilnehmer B, der A eine vertrauliche Mitteilung schicken will, diesen Schlüssel hat bzw. finden kann. Wenn A und B sich schon vorher kannten, können sie es sich wieder privat mitteilen; B kann nun $k_{e,A}$ offen in sein Adressbuch schreiben. Auch können Bekannte sich $k_{e,A}$ weitererzählen.

Für Kontakte mit Unbekannten setzen wir wieder die Existenz eines Schlüsselregisters voraus (Abb. 3.8).

Damit Teilnehmer B sicher sein kann, dass $k_{e,A}$ auch wirklich zu Teilnehmer A gehört, beglaubigt das öffentliche Schlüsselregister durch seine Signatur nicht einfach $k_{e,A}$, sondern den Zusammenhang zwischen A und $k_{e,A}$. Andernfalls könnte ein Angreifer die Antwortnachricht (Schritt 3 in Abb. 3.8) des Schlüsselregisters abfangen und B einen anderen „beglaubigten" Schlüssel schicken, etwa einen, zu dem der Angreifer den Dechiffrierschlüssel kennt.

Man beachte, dass im Fall von Abb. 3.8 das Schlüsselregister R (bzw. dessen Betreiber) die Nachricht nicht entschlüsseln kann.

3.6 Asymmetrisches Konzelationssystem

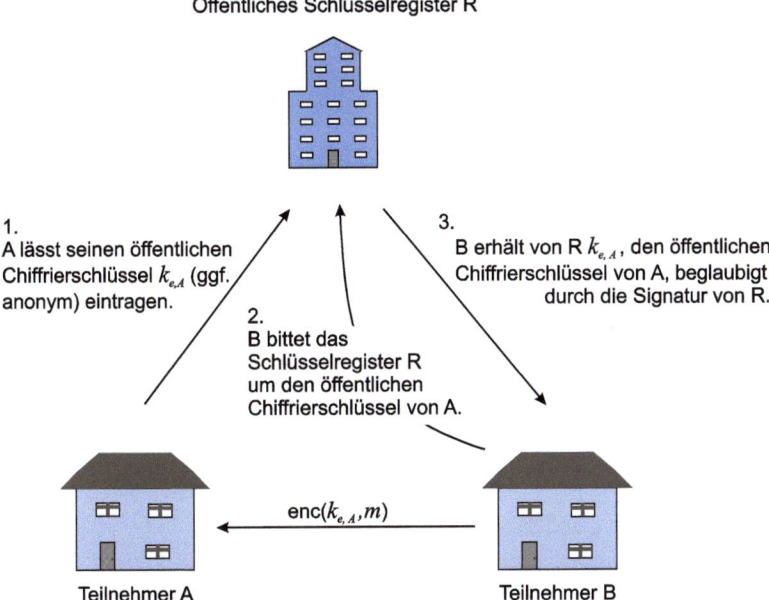

Abb. 3.8 Schlüsselverteilung mit öffentlichem Register bei asymmetrischem Konzelationssystem

Es besteht allerdings die Möglichkeit für einen *verändernden Angriff* eines einzelnen Schlüsselregisters R: Dieses könnte falsche Schlüssel weitergeben, zu denen es selbst die geheimen Schlüssel kennt. Wie in Abb. 3.9 gezeigt, könnte es dann unbemerkt die Vertraulichkeit von Nachrichten brechen, indem es Nachrichten umschlüsselt.

Ablauf des verändernden Angriffs:

1. Angreifer nennt B falschen öffentlichen Schlüssel $k_{e,X}$, dessen zugehöriger privater Schlüssel $k_{d,X}$ dem Angreifer bekannt ist.
2. Angreifer fängt Nachricht ab.
3. Angreifer entschlüsselt Nachricht und nimmt sie zur Kenntnis. Er verschlüsselt sie mit $k_{e,A}$.
4. Angreifer sendet umgeschlüsselte Nachricht (damit B nicht am Ausbleiben der Antwort von A etwas merkt).

Wie bei symmetrischen Systemen, ist auch hier eine Parallelschaltung von Schlüsselregistern hilfreich, um die Sicherheit des Schlüsselaustauschs zu verbessern (Abb. 3.10): Jeder Teilnehmer A gibt seinen öffentlichen Schlüssel mehreren öffentlichen Schlüsselregistern bekannt. Jeder Teilnehmer B fordert den öffentlichen Schlüssel eines anderen Teilnehmers A von allen diesen Schlüsselregistern an und vergleicht die erhaltenen Schlüssel. Sind sie nicht alle gleich, ist entweder das Signatursystem gebrochen (Fälschung auf dem Weg zum Teilnehmer B), oder mindestens eines der Schlüsselregister betrügt, oder der Teilnehmer A hat nicht allen Schlüsselregistern denselben Schlüssel genannt. Letzteres

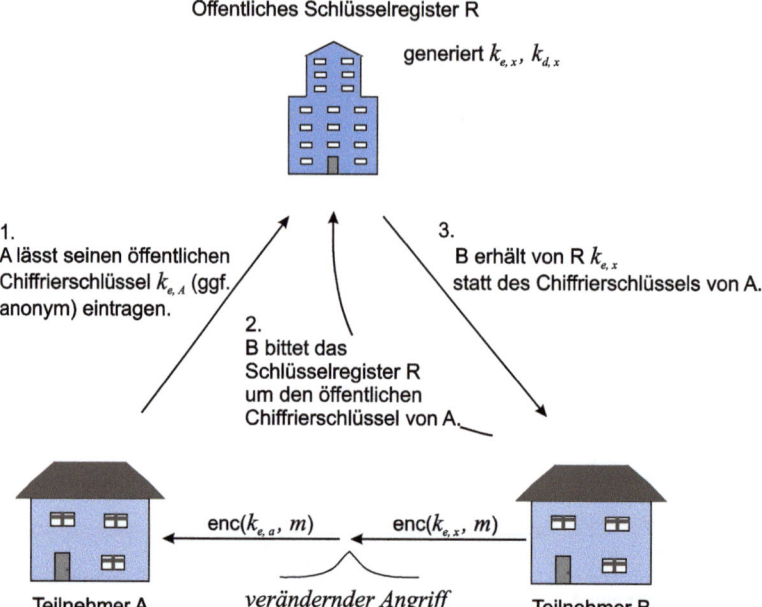

Abb. 3.9 Verändernder Angriff auf die Vertraulichkeit durch Umschlüsseln von Nachrichten

können die „ehrlichen" Schlüsselregister ausschließen, indem sie einander von Schlüsseleintragungen informieren. (Wiederum kann man aber nicht alle Fälle unterscheiden, d. h. man hat Verfügbarkeit nicht garantiert.)

Um zumindest einige Fälle unterscheiden zu können, sollte ein Teilnehmer, der einem Schlüsselregister seinen öffentlichen Schlüssel mitteilt, einerseits dem Schlüsselregister eine „normale" schriftliche Erklärung unterschreiben, welches sein öffentlicher Schlüssel ist. Andererseits sollte er vom Schlüsselregister eine Unterschrift erhalten, welchen Schlüssel er ihm genannt hat. Diese zweite Unterschrift kann, da der Testschlüssel des Schlüsselregisters als bekannt vorausgesetzt werden kann, auch eine digitale Signatur sein. Nach Austausch dieser beiden unterschriebenen Erklärungen sind Dispute zwischen Teilnehmer und Schlüsselregister immerhin so gut auflösbar, wie das schwächere der beiden Signatursysteme sicher ist.

▶ **Anmerkung** Es gibt (mindestens) zwei sinnvolle Variationen der Parallelschaltung asymmetrischer kryptographischer Systeme:

1. Bleiben öffentliche Schlüssel unbegrenzt gültig, muss also auf ihre Aktualität nicht geachtet werden, so kann jedes Schlüsselregister auch die Signaturen der anderen Schlüsselregister unter jeden der Schlüssel speichern. Dann kann ein Teilnehmer den Schlüssel eines anderen und alle Signaturen unter diesen Schlüssel von *einem* Schlüsselregister anfordern. Dies spart Kommunikationsaufwand. An der Prüfung der Signaturen ändert sich nichts.

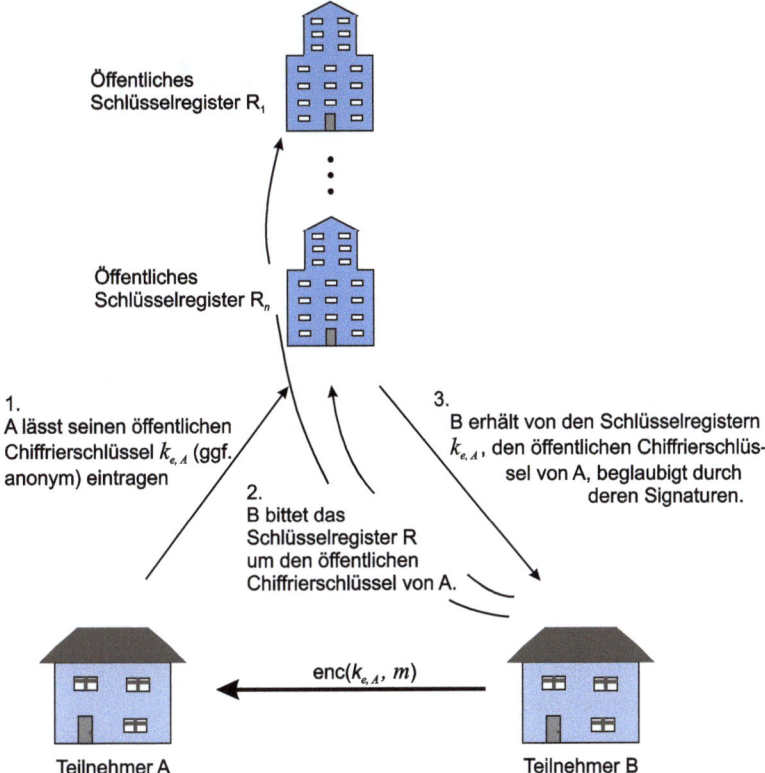

Abb. 3.10 Parallelschaltung von Schlüsselregistern

2. Hat man Zweifel an der Sicherheit des asymmetrischen kryptographischen Systems, kann man statt des einen Systems mehrere verwenden (Abschn. 5.2) und statt des einen, mehrfach authentisierten Schlüssels entsprechend der Systemanzahl mehrfache Schlüssel verwenden. Bei Konzelationssystemen KS_i wird dann der Schlüsseltext von KS_j mit KS_{j+1} verschlüsselt. Bei digitalen Signatursystemen wird jeweils der Klartext signiert und die Signaturen werden einfach hintereinandergehängt.

3.7 Asymmetrisches Authentikationssystem bzw. digitales Signatursystem

Asymmetrische Authentikationssysteme, also **digitale Signatursysteme**, vereinfachen zunächst die Schlüsselverteilung analog zu asymmetrischen Konzelationssystemen (Abb. 3.11). Dieses System kann mit einer Glasvitrine mit Schloss veranschaulicht werden, zu dem es nur einen Schlüssel gibt, um etwas hineinzutun.

Die Funktionen des digitalen Signatursystems bezeichnen wir mit sign und test. Der private Schlüssel ist der Signierschlüssel k_s, der öffentliche der Testschlüssel k_t. Im Gegensatz zu symmetrischen Authentikationssystemen wird ein eigener Testalgorithmus be-

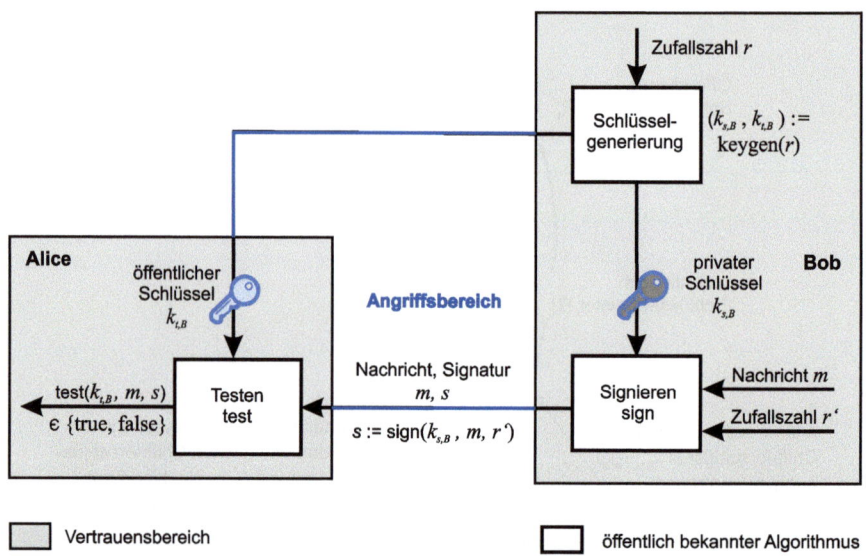

Abb. 3.11 Asymmetrisches Authentikationssystem bzw. digitales Signatursystem

nötigt, da der Empfänger den zur Berechnung der digitalen Signatur verwendeten Signierschlüssel k_S ja nicht kennen darf.

Definition 3.8 *Ein **asymmetrisches Authentikationssystem** oder **digitales Signatursystem** beinhaltet eine Signierfunktion* sign $\in$ SIGN *und eine Testfunktion* test $\in$ TEST, *die allgemein folgendermaßen beschrieben werden*:

$s := \text{sign}(k_S, m), \qquad m := \text{test}(k_t, m, s) \in \{true, false\}, \quad m \in M, \ k_S, k_t \in K, \ s \in S.$

Die Schlüssel für Signieren und Testen sind verschieden; k_S bezeichnet den privaten Signierschlüssel und k_t den öffentlichen Testschlüssel. Zwischen k_S und k_t besteht ein mathematischer Zusammenhang, es darf jedoch nicht effizient möglich sein, aus dem öffentlichen Schlüssel den geheimen Schlüssel zu berechnen.

Der **Hauptvorteil** digitaler Signatursysteme ist, dass der Empfänger B einer signierten Nachricht von A jedem anderen, der auch A's öffentlichen Schlüssel $k_{t,A}$ kennt, beweisen kann, dass er diese Nachricht von A bekam. Dies geht bei einem symmetrischen Authentikationssystem nicht, selbst wenn z. B. vor Gericht die Schlüsselverteilzentrale bestätigen würde, welchen Schlüssel A und B hatten: Bei symmetrischen Authentikationssystemen kann ja B den MAC genausogut selbst erzeugt haben. Bei digitalen Signatursystemen ist jedoch A der einzige, der die Signatur erzeugen kann.

Deswegen sind digitale Signatursysteme unumgänglich, wenn man rechtlich relevante Dinge digital in sicherer Weise abwickeln will, z. B. bei digitalen Zahlungssystemen. Sie entsprechen dort der Funktion der handgeschriebenen Unterschrift in heutigen Rechtsgeschäften (daher natürlich der Name). Im Folgenden verwenden wir die Begriffe „Unterschrift" und „Signatur" weitgehend synonym.

Dem gerade beschriebenen Hauptvorteil digitaler Signatursysteme bzgl. Integrität steht ein prinzipieller Nachteil bzgl. Vertraulichkeit gegenüber: Der Empfänger einer digitalen Signatur kann Nachricht und Signatur herumzeigen – und wenn der Schlüssel zum Testen der Signatur öffentlich ist, kann *jeder* die Gültigkeit der Signatur testen. Je nach Nachrichteninhalt kann dies demjenigen, der die Nachricht signiert hat, wesentlich unangenehmer sein, als wenn hinter seinem Rücken nur einfach seine Nachricht herumgezeigt werden könnte – beliebige Nachrichten erfinden und als nicht nachprüfbares Gerücht verbreiten kann jeder. Diese Prüfung der Integrität einer Nachricht hinter dem Rücken des Senders ist bei symmetrischen Authentikationssystemen nicht möglich: Bei ihnen könnte ja auch der Empfänger der Nachricht den Prüfteil (MAC) generiert haben, so dass Dritte die Authentizität der Nachricht bei symmetrischen Authentikationssystemen nicht prüfen können.

▶ **Anmerkung** Es sei darauf hingewiesen, dass es Authentikationssysteme gibt, die beide Vorteile kombinieren: Bei **nicht herumzeigbaren Signaturen** (*undeniable*[2] *signatures*) ist zur Prüfung der Signatur die aktive Mithilfe des Signierers nötig, so dass ein Prüfen hinter seinem Rücken nicht möglich ist. Andererseits muss dann festgelegt werden, unter welchen Umständen der (vorgebliche) Signierer zur aktiven Mithilfe bei der Prüfung „seiner" Signatur verpflichtet ist. Denn sonst könnte der Empfänger der signierten Nachricht im Konfliktfall mit dem Sender daraus, dass die Nachricht signiert ist, keine Vorteile ziehen, da er niemand hiervon überzeugen könnte.

Man beachte, dass die Möglichkeit, den Testschlüssel privat mit seinem Kommunikationspartner auszutauschen, nur in dem Fall genügt, dass man diesem Partner vertraut, d. h. das Signatursystem nur als bequeme Form gegenseitiger Authentikation benutzt. Will man aber sicher sein, dass eine Signatur später ggf. vor Gericht anerkannt wird, muss man sich versichern, dass man den richtigen Testschlüssel hat – und man muss in der Lage sein, die Zuordnung des Testschlüssels zur Identität seines Kommunikationspartners auch nachweisen zu können.

Die Beglaubigung des öffentlichen Testschlüssels bezieht sich – wie bei den öffentlichen Chiffrierschlüsseln – nicht auf den Schlüssel allein, sondern auf den *Zusammenhang* zwischen Schlüssel und Teilnehmer. Ignorieren wir sonstige Information, wie z. B. Zeitstempel, so lautet die Beglaubigung des Schlüsselregisters R für $k_{t,A}$ (in Abb. 3.12, Schritt 3): $(A, k_{t,A})$, $\text{sign}(k_{s,R}, (A, k_{t,A}))$. Diese Beglaubigung des öffentlichen Schlüssels wird **Zertifizierung des öffentlichen Schlüssels** genannt, die Instanz, die sie durchführt, **Zertifizierungsinstanz** (*certification authority, CA*).

---

[2] Da *jede* digitale Signatur „undeniable", d. h. unleugbar, nicht abstreitbar, sein soll, da sie andernfalls für den Rechtsverkehr unbrauchbar ist, erscheint die Bezeichnung „nicht herumzeigbar" aussagekräftiger.

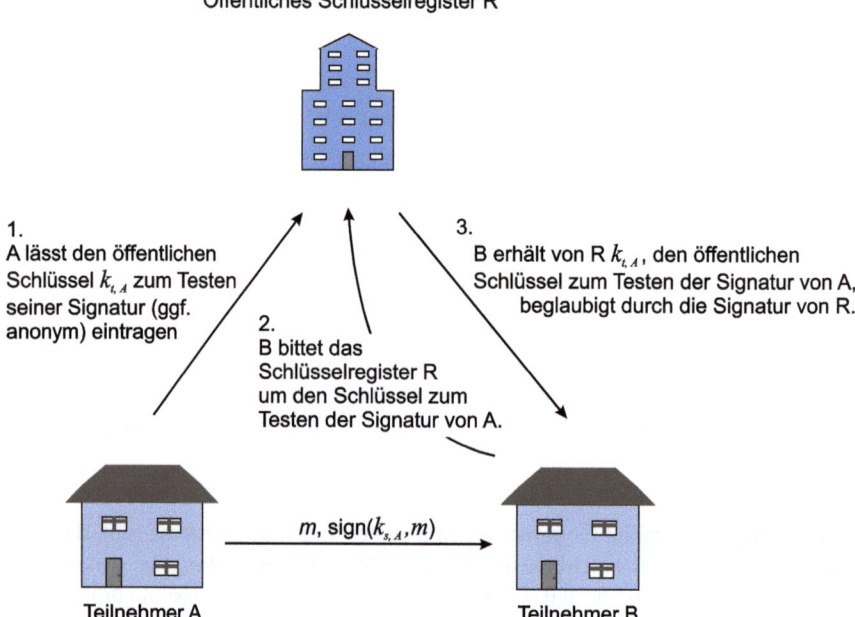

Abb. 3.12 Schlüsselverteilung mit öffentlichem Register beim Signatursystem

▶ **Anmerkung** Die Verwendung digitaler Signaturen sowie in diesem Zusammenhang relevante Anforderungen werden in Deutschland im Signaturgesetz (SigG) bzw. in der Signaturverordnung (SigV) beschrieben. Man unterscheidet dort verschiedene Arten elektronischer Signaturen:

- Als *elektronische Signatur* werden in elektronischer Form vorliegende Daten betrachtet, die zur Authentifizierung dienen und die anderen elektronischen Daten beigefügt werden können. Es könnte sich hierbei also auch um eine eingescannte Unterschrift handeln.
- *Fortgeschrittene elektronische Signaturen* sind ausschließlich dem Inhaber des Signierschlüssels zuzuordnen. Hier handelt es sich also um Signaturen, die mit einem digitalen Signatursystem erzeugt wurden. Allerdings werden keine besonderen Anforderungen an die Sicherheit gestellt.
- *Qualifizierte elektronische Signaturen* müssen ebenfalls mit einem digitalen Signatursystem erzeugt werden. Zusätzlich müssen Sicherheitsanforderungen bei der Erzeugung dieser Signaturen erfüllt sein, und der Zusammenhang zwischen Testschlüssel und Identität des entsprechenden Teilnehmers muss durch ein zum Zeitpunkt der Erstellung gültiges *qualifiziertes Zertifikat* bestätigt werden.

Qualifizierte elektronische Signaturen sind in der Regel der handschriftlichen Unterschrift gleichgestellt. Qualifizierte Zertifikate enthalten neben Namen und Testschlüssel weitere Angaben wie z. B. Informationen über die zu verwendenden Testalgorithmen oder Aus-

3.7 Asymmetrisches Authentikationssystem bzw. digitales Signatursystem

stellungsdatum und Gültigkeit des Zertifikats. Die Instanzen, welche qualifizierte Zertifikate ausstellen – Zertifizierungsdiensteanbieter – müssen ebenfalls den Sicherheitsanforderungen genügen.

Im Vergleich zu asymmetrischen Konzelationssystemen besteht bei Signatursystemen also eine Forderung mehr an die Schlüsselverteilung: Sie muss **konsistent** sein. Dies ist ein gemeinsames Ziel mehrerer Empfänger, bzgl. dessen Erfüllung sie der Zertifizierungsinstanz nicht vertrauen: Selbst wenn diese betrügt, müssen alle Empfänger denselben Wert k_t erhalten. Man stelle sich vor, ein Empfänger prüft mit einem Schlüssel k_t, später das Gericht aber mit einem ganz anderen k'_t! Daneben muss die Verteilung weiterhin integer sein, d. h., wenn die Zertifizierungsinstanz nicht betrügt, erhalten alle den von ihr zertifizierten Schlüssel k_t.

Die Konsistenz der Schlüsselverteilung sollte dadurch unterstützt werden, dass derjenige, der sich einen öffentlichen Schlüssel zertifizieren lässt, die Kenntnis des zugehörigen geheimen Schlüssels nachweist. Andernfalls könnte ein Angreifer fremde öffentliche Schlüssel einer Zertifizierungsinstanz vorlegen und sie sich als seine öffentlichen Schlüssel zertifizieren lassen. Zwar kann er die geheime Operation nicht ausführen, aber die Zertifizierung des gleichen öffentlichen Schlüssels für mehrere unterschiedliche Teilnehmer kann Verwirrung und Irritationen auslösen. Eine elegante Möglichkeit bei digitalen Signatursystemen, all dies zu vermeiden, ist folgendes Vorgehen:

1. Der Teilnehmer zertifiziert den Zusammenhang zwischen seinem Namen A und dem Testschlüssel $k_{t,A}$, indem er folgende Signatur berechnet:

$$s_A = \text{sign}\big(k_{s,A}, (A, k_{t,A})\big).$$

2. Der Teilnehmer legt der Zertifizierungsinstanz die Nachricht $(A, k_{t,A}), s_A$ zur Beglaubigung vor.
3. Die Zertifizierungsinstanz prüft die Signatur und überzeugt sich damit davon, dass der Teilnehmer den dazugehörigen Signaturschlüssel kennt:

$$\text{test}\big(k_{t,A}, (A, k_{t,A}), s_A\big) = ?$$

4. War der Test erfolgreich, sendet die Zertifizierungsinstanz dem Teilnehmer die Beglaubigung

$$\big((A, k_{t,A}), s_A\big), \text{sign}\big(k_{s,R}, ((A, k_{t,A}), s_A)\big).$$

Zusammenfassend hat die **Zertifizierungsinstanz** also folgende Aufgaben:

- Überprüfung der Identität des Teilnehmers. (Wie gründlich dies genau geschieht, legt die Zertifizierungsinstanz in einer sogenannten *certification policy* fest. Oftmals geschieht es durch Vorlage eines amtlichen Ausweises.)

- Überprüfung des Antrags des Teilnehmers. (Wie gründlich dies genau geschieht, legt die Zertifizierungsinstanz ebenfalls in ihrer *certification policy* fest. Oftmals geschieht es durch einen schriftlichen Vertrag mit eigenhändiger, ggf. sogar notariell beglaubigter Unterschrift des Teilnehmers.)
- Prüfung der Eindeutigkeit des Namens des Teilnehmers, so wie er im Schlüsselzertifikat erscheinen soll.
- Prüfung, dass der Teilnehmer den zugehörigen geheimen Schlüssel anwenden kann.
- Digitales Signieren von Namen des Teilnehmers und öffentlichem Schlüssel, ggf. unter Beifügung des öffentlichen, selbst wieder zertifizierten Schlüssels der Zertifizierungsinstanz.

3.8 Weitere Anmerkungen zum Schlüsselaustausch

3.8.1 Wem werden Schlüssel zugeordnet?

Interessant ist die Unterscheidung von drei möglichen Antworten:

1. einzelnen Teilnehmern,
2. Paarbeziehungen oder
3. Gruppen von Teilnehmern.

Bei *asymmetrischen* kryptographischen Systemen werden Schlüsselpaare normalerweise *einzelnen* Teilnehmern zugeordnet. Der geheimzuhaltende Schlüssel (k_d bzw. k_s) ist dann nur einem einzelnen Teilnehmer, der öffentliche Schlüssel (k_e bzw. k_t) potentiell allen bekannt (Tab. 3.2).

Bei *symmetrischen* kryptographischen Systemen werden Schlüssel üblicherweise zwei Teilnehmern, d. h. einer *Paarbeziehung*, zugeordnet. Folglich müssen bei symmetrischen Systemen immer mindestens zwei Teilnehmer den Schlüssel kennen. Da symmetrische

Tab. 3.2 Übersichtsmatrix der Ziele und zugehörigen Schlüsselverteilungen der kryptographischen Systeme

kryptographische Systeme und ihre Ziele	Kenntnis des Schlüssels		
	einer (Generierer)	zwei (beide Partner)	alle (öffentlich bekannt)
asymmetrisches Konzelationssystem: Vertraulichkeit	k_d Dechiffrierschlüssel		k_e Chiffrierschlüssel
symmetrisches kryptographisches System: Vertraulichkeit und/oder Integrität		k geheimer Schlüssel	
digitales Signatursystem: Zurechenbarkeit	k_s Signaturschlüssel		k_t Testschlüssel

Schlüssel vertraulich bleiben müssen, sollten sie nur möglichst Wenigen bekannt sein. Hieraus folgt, dass jeder symmetrische Schlüssel in der Regel genau zwei Teilnehmern bekannt ist.

▶ **Anmerkung** Eine Ausnahme stellt der Fall dar, dass ein Teilnehmer die Verschlüsselung nur lokal anwenden will, z. B. zum Schutz seiner Festplatte. Dann ist ein Schlüsselaustausch natürlich nicht notwendig, der Schlüssel verbleibt im Vertrauensbereich des Teilnehmers.

Die Zuordnung von Schlüsseln zu Gruppen ist für Gruppensignaturverfahren relevant, eingeführt in [18], auf die wir jedoch in diesem Buch nicht vertieft eingehen.

Außer unter speziellen Umständen werden Schlüssel also keinen Gruppen, sondern entweder einzelnen Teilnehmern oder Paarbeziehungen zugeordnet.

3.8.2 Wie viele Schlüssel müssen ausgetauscht werden?

Möchten *n* **Teilnehmer** miteinander vertraulich kommunizieren, benötigen sie bei Verwendung eines **asymmetrischen** kryptographischen Systems hierfür *n* Schlüsselpaare. Möchten sie ihre Nachrichten digital signieren, sind *n* zusätzliche Schlüsselpaare nötig. Insgesamt werden also **2n Schlüsselpaare** benötigt. (Sollen Teilnehmer anonym bleiben können und ihre öffentlichen Schlüssel keine Personenkennzeichen sein, so benötigt jeder Teilnehmer nicht nur zwei, sondern viele digitale Pseudonyme, sprich: öffentliche Schlüssel.)

Verwenden *n* **Teilnehmer symmetrische** kryptographische Systeme, so benötigen sie $n \cdot (n-1)$ **Schlüssel**, wenn jeder mit jedem gesichert kommunizieren können will. Hierbei ist unterstellt, dass Schlüssel *Paaren von Teilnehmern* zugeordnet sind (Abschn. 3.8.1), und für jede Kommunikationsrichtung ein separater Schlüssel verwendet wird. Teilnehmer werden also oftmals jeweils gleich 2 symmetrische Schlüssel austauschen, so dass **Schlüsselaustausch** nur $n \cdot (n-1)/2$ mal stattfindet.

Insbesondere für IT-Systeme mit vielen Teilnehmern stellt sich die Frage, **wann** diese Schlüssel(paare) generiert und ausgetauscht werden sollen.

Bei asymmetrischen kryptographischen Systemen kann die Erzeugung problemlos vor dem eigentlichen Betrieb des IT-Systems oder – bei wechselnden Teilnehmern – der Registrierung des einzelnen Teilnehmers erfolgen. Die Verteilung der öffentlichen Schlüssel kann dann nach Bedarf erfolgen.

Bei symmetrischen kryptographischen Systemen kann aufgrund der wesentlich größeren Zahl der nötigen Schlüssel deren Erzeugung oder gar Verteilung nicht für alle möglichen Kommunikationsbeziehungen vorgenommen werden – zumindest für IT-Systeme mit vielen Teilnehmern. Bei ihnen werden daher nur die Schlüssel zwischen Teilnehmer und Schlüsselverteilzentrale(n) bei der Registrierung des Teilnehmers erzeugt und ausgetauscht. Alle anderen Schlüssel können und müssen dann bei Bedarf erzeugt und verteilt werden. Dies spart erheblichen Aufwand, da in IT-Systemen mit vielen Teilnehmern üblicherweise nur ein winziger Bruchteil aller möglichen Kommunikationsbeziehungen überhaupt jemals wahrgenommen wird.

3.8.3 Sicherheit des Schlüsselaustauschs begrenzt kryptographisch erreichbare Sicherheit

Da im Folgenden meist von einem sicheren Ur-Schlüsselaustausch (der allererste Schlüsselaustausch) außerhalb des zu schützenden Kommunikationssystems ausgegangen wird, sei dessen Wichtigkeit hier deutlich hervorgehoben:

> Die durch Verwendung eines kryptographischen Systems erreichbare Sicherheit ist *höchstens* so gut wie die des Ur-Schlüsselaustauschs!

Deshalb ist es sinnvoll und – wie in den Abschn. 3.4 und 3.6 sowie der Aufgabe 3.4 gezeigt – möglich, nicht auf einem einzigen Ur-Schlüsselaustausch aufzubauen, sondern auf mehreren. Hierdurch kann die erreichbare Sicherheit erheblich gesteigert werden.

Neben dem Ur-Schlüsselaustausch ist ein zweiter wichtiger Aspekt zu nennen:

> Auch die Sicherheit der Schlüsselgenerierung begrenzt die kryptographisch erreichbare Sicherheit!

Ein geheimer Schlüssel (k, k_d oder k_s) kann höchstens so geheim sein wie die *Zufallszahl*, aus der er erzeugt wird. Diese muss – wenn irgend möglich – also beim zukünftigen Inhaber des Schlüssels erzeugt werden und darf für einen Angreifer nicht zu raten sein. Auf keinen Fall darf man Datum und Uhrzeit als *Zufallszahl* wählen oder die einfache Funktion *random* seiner Programmierumgebung benutzen. Gute Zufallszahlenerzeugung ist nicht trivial.

Zum einen kann man **physikalische Phänomene** verwenden. Hierzu braucht man Spezialhardware, die nicht jeder persönliche Rechner hat. Beispiele sind Rauschdioden, radioaktive Prozesse oder Turbulenzen im Lüfter eines normalen Rechners.

Braucht man nur wenige echte Zufallszahlen, können sie auch vom **Benutzer** kommen. Erstens kann dieser würfeln. Das ist etwas mühsam, aber für die Erzeugung eines Signierschlüssels, mit dem man wirklich wichtige Dinge tun kann, vielleicht immer noch die beste Idee. Zweitens kann man den Benutzer einfach „zufällig" tippen lassen und die Eingabe im Rechner komprimieren. Drittens werden manchmal statt der Eingabezeichen die niederwertigen Bits der Abstände zwischen den Tastendrücken genommen, weil man hofft, dass diese zufälliger sind. Zumindest in Kombination mit der zu niedrigen Abtastrate mancher Betriebssysteme ist dies aber problematisch.

Vertraut man keinem vorhandenen Verfahren ganz, sollte man mehrere Zufallszahlen nach verschiedenen Verfahren erzeugen und ihre Summe verwenden (beispielsweise ihre Summe modulo 2, also ihre XOR-Verknüpfung, wie in Abb. 3.13). Ist auch nur eine zufällig und geheim, so ist bewiesenermaßen auch die Summe zufällig und geheim. Insbesondere sollte man so vorgehen, wenn staatliche Stellen an der Zufallszahlenerzeugung

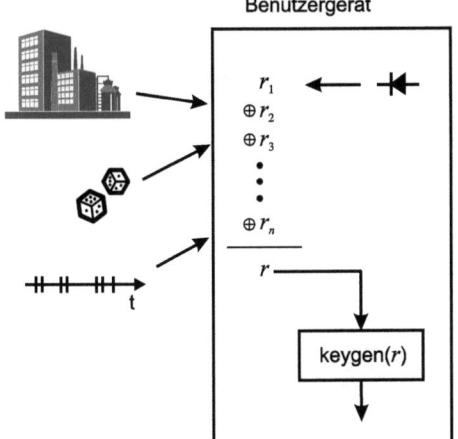

Abb. 3.13 Erzeugung einer Zufallszahl r für die Schlüsselgenerierung

beteiligt werden möchten, weil sie befürchten, dass manche Benutzer zu schlechte Zufallszahlen eingeben, denn man kann andererseits nicht verlangen, dass Benutzer fremden Zufallszahlen vertrauen.

3.9 Hybride kryptographische Systeme

Da symmetrische kryptographische Systeme sowohl in Hardware als auch in Software um 2 bis 3 Größenordnungen effizienter als asymmetrische implementiert werden können, werden asymmetrische Konzelationssysteme (und ggf. digitale Signatursysteme) meist nur dazu verwendet, einen Schlüssel eines symmetrischen kryptographischen Systems dem Partner vertraulich (und ggf. digital signiert) zu übermitteln. Mit dem übermittelten Schlüssel können dann die eigentlichen Daten wesentlich effizienter, d. h. schneller, verschlüsselt und/oder authentiziert werden. Das aus einem asymmetrischen Konzelationssystem, ggf. einem digitalen Signatursystem und einem symmetrischen kryptographischen System zusammen gebildete kryptographische System wird **hybrides kryptographisches System** genannt. Es verbindet das bequeme Schlüsselmanagement der ersteren kryptographischen Systeme mit der Effizienz des letzteren. Das hybride kryptographische System ist natürlich nur so sicher wie das schwächste zu seiner Bildung verwendete. Ein hybrides System zur Konzelation ist in Abb. 3.14 dargestellt.

Ein hybrides kryptographisches System kann nicht nur wegen der höheren Effizienz verwendet werden, sondern auch aus Gründen einer effizienteren Nutzung des Übertragungskanals: Wird eine Blockchiffre verwendet, werden Nachrichten auf Blöcke der entsprechenden Länge aufgeteilt. Lange Blöcke könnten zuviel Verschnitt verursachen, außerdem könnte die Fehlerausbreitung des symmetrischen kryptographischen Systems

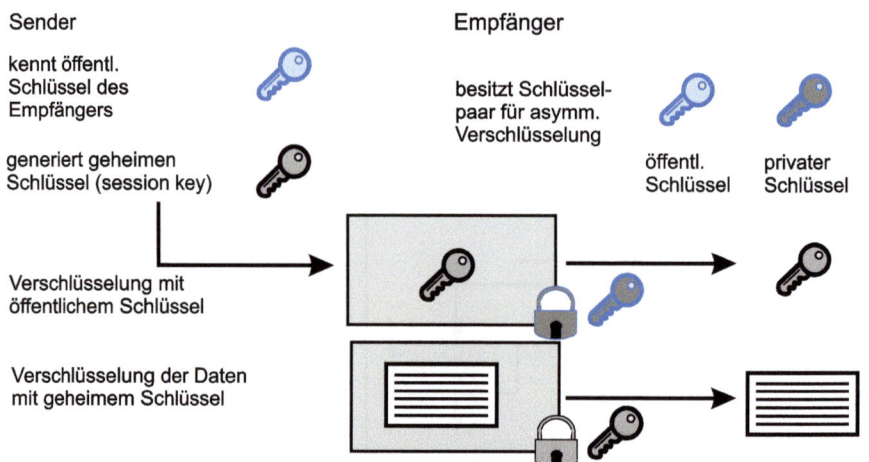

Abb. 3.14 Hybrides Konzelationssystem

besser auf die Anwendung und den Kanal abgestimmt sein (Abschn. 5.4). Letzteres ist nur dann sinnvoll, wenn Authentizität für die Anwendung nicht wichtig ist.

▶ **Anmerkung** Betrachten wir nun noch die Anwendung hybrider Verschlüsselung in zwei Fällen.

Fall 1: Der Sender will zeitlich nacheinander verschiedene Dateien an den Empfänger schicken.

Hier kann der Sender natürlich genauso verfahren wie in Abb. 3.14 dargestellt, d. h. für jede Datei einen neuen Schlüssel $k_{A,B}$ generieren, ihn asymmetrisch verschlüsseln, usw. Der Empfänger muss dann auch genauso wie geschildert verfahren.
Alternativ kann der Sender den bei der ersten Dateiübertragung generierten Schlüssel $k_{A,B}$ wiederverwenden – und dies dem Empfänger mitteilen. So kann erheblicher Aufwand gespart werden: Keine zusätzliche Schlüsselgenerierung, Schlüsselverschlüsselung, Schlüsselübertragung und Schlüsselentschlüsselung.

Fall 2: Der Empfänger will antworten, d. h. eine Datei an den Sender schicken.

Der Empfänger kann genauso verfahren wie der Sender in den bisher betrachteten Fällen, d. h. einen neuen Schlüssel $k_{A,B}$ erzeugen, ihn für den Sender asymmetrisch verschlüsseln, usw. Möchte der Empfänger wie der Sender im oben diskutierten Fall 1 den bei der allerersten Dateiübertragung verwendeten symmetrischen Schlüssel $k_{A,B}$ wiederverwenden, ist Vorsicht geboten: Der Empfänger hat $k_{A,B}$ nicht selbst erzeugt und kann sich nicht sicher sein, dass dieser wirklich vom angenommenen Sender stammt. Jeder, der den öffentlichen Schlüssel des Empfängers kennt, könnte ihm einen entsprechenden Schlüssel zugeschickt haben.
Um das zu verhindern, erweitern wir das Protokoll um eine Authentisierung des symmetrischen Schlüssels. Der Sender benötigt bei diesem Protokoll zusätzlich ein digitales Signatursystem:

- Der Sender signiert den generierten Schlüssel $k_{A,B}$, bevor er ihn mit dem öffentlichen Schlüssel des Empfängers verschlüsselt. Der Empfänger erhält also:

$$\text{enc}(k_{e,B}, (k_{A,B}, \text{sign}(k_{s,S}, k_{A,B}))), \text{enc}(k_{A,B}, m).$$

- Der Empfänger entschlüsselt den ersten Teil und überprüft die Signatur des Schlüssels. Ist die Signatur in Ordnung, benutzt er den Schlüssel $k_{A,B}$ für die Verschlüsselung seiner Antwort, da er sich sicher sein kann, dass dieser vom Sender generiert wurde.

Was lernen wir daraus? Ein Protokoll, in dem ein Schlüssel zufällig generiert wird, und das dann sicher ist, kann nicht ohne weitere Überlegung mit einem *vorhandenen* Schlüssel verwendet werden. Alles getreu dem Merksatz: Alle Schlüssel, Startwerte etc. in der Kryptographie sollten zufällig und unabhängig voneinander gewählt werden – es sei denn, das Protokoll erfordert explizit eine Abhängigkeit oder die abhängige Wahl ist genauestens analysiert und in den Sicherheitsnachweis einbezogen.

3.10 Zusammenfassung

Sicherheit eines IT-Systems bedeutet, dass Funktionalität und Eigenschaften dieses Systems trotz unerwünschter Ereignisse gewährleistet werden (*Erwünschtes leisten*) und dass sich durch die Verwendung des Systems keine neuen Risiken ergeben dürfen (*Unerwünschtes verhindern*).

Bei der Betrachtung von Sicherheit sind die folgenden Aspekte zu beachten:

- Was soll geschützt werden? ($\to$ Definition von *Schutzzielen*)
- Wie kann geschützt werden? ($\to$ Auswahl entsprechender *Schutzmechanismen* wie z. B. die hier betrachteten kryptographischen Systeme)
- Wovor soll geschützt werden? ($\to$ Beschreibung möglicher unerwünschter Ereignisse; wenn man – wie wir es hier tun – Sicherheit gegen zielgerichtete Angriffe betrachtet: Definition von *Angreifermodellen*, welche die maximal berücksichtigte Stärke eines Angreifers beschreiben)

Angreifermodelle beschreiben die maximal berücksichtigte Stärke eines Angreifers und beinhalten Angaben über Rollen, Verbreitung, Verhalten und Rechenkapazität des Angreifers. Wichtige Attribute zur Beschreibung des Verhaltens sind aktiv/passiv sowie beobachtend/verändernd. Bezüglich der Rechenkapazität ist im Wesentlichen zwischen unbeschränkter und beschränkter Rechenkapazität (informationstheoretischer bzw. komplexitätstheoretischer Angreifer) zu unterscheiden.

Mit **Kryptographie** kann man

- den Erfolg von Angriffen auf die *Vertraulichkeit* von Daten von vornherein verhindern und
- Angriffe auf die *Integrität* oder *Zurechenbarkeit* im Nachhinein erkennbar machen.

Nach ihrem Zweck können kryptographische Systeme unterteilt werden in

- **Konzelationssysteme**, die dem Schutz der *Vertraulichkeit* dienen und
- **Authentikationssysteme**, die dem Schutz der *Integrität* bzw. *Zurechenbarkeit* dienen.

Konzelationssysteme beinhalten jeweils eine Funktion zur Verschlüsselung und zur Entschlüsselung, Authentikationssysteme eine Funktion zum Berechnen der Prüfinformation (MAC bzw. Signatur) und eine Funktion zum Testen.

Nach der Schlüsselverteilung unterscheiden wir zwischen

- **symmetrischen** Systemen, bei denen die kryptographischen Funktionen mit identischen Schlüssel parametrisiert werden und
- **asymmetrischen** Systemen, bei denen jeweils ein Schlüsselpaar verwendet wird, bestehend aus einem öffentlichen und einem privaten Schlüssel.

Zwischen den Schlüsseln eines asymmetrischen Systems gibt es einen mathematischen Zusammenhang, es darf einem in seinen Ressourcen beschränkten Angreifer jedoch nicht möglich sein, aus dem öffentlich bekannten den privaten Schlüssel zu ermitteln.

Bei symmetrischen Systemen ist ein sicherer Kanal für den Schlüsselaustausch notwendig. Der Vorteil asymmetrischer Systeme ist der einfachere Schlüsselaustausch – es ist kein sicherer Kanal notwendig, allerdings muss die Zuordnung des öffentlichen Schlüssels zum Schlüsselinhaber gesichert werden. Symmetrische Systeme erreichen eine bessere Performance, da sie mit einfacheren Operationen arbeiten.

3.11 Übungen

3.1 In diesem Kapitel wird unterstellt, dass kryptographische Systeme Schlüssel benutzen.
   (a) Ginge es auch ohne Schlüssel? Falls ja, wie?
   (b) Was wären die Nachteile?
   (c) Was sind aus Ihrer Sicht also die Hauptvorteile der Benutzung von Schlüsseln?
3.2 In den Abschn. 3.6 und 3.7 wird davon ausgegangen, dass die Schlüsselgenerierung bei asymmetrischen kryptographischen Systemen im Vertrauensbereich des Benutzers stattfindet, der das Schlüsselpaar generiert.

   Hin und wieder wird hiergegen eingewendet: Da die erzeugten Schlüsselpaare eindeutig sein müssen (offensichtlich besonders wichtig bei digitalen Signatursystemen), können sie nicht teilnehmerautonom dezentral erzeugt werden, denn dabei lassen sich Schlüsselpaar-Doubletten (zwei Teilnehmer erzeugen unabhängig voneinander das gleiche Schlüsselpaar) nicht völlig ausschließen. Um dies zu erreichen, sollen sogenannte TrustCenter – technisch-organisatorische Einheiten, die verschiedene vertrauenswürdige, der Sicherheit dienliche Dienstleistungen erbringen sollen –, auch die Funktion der (koordinierten!) Schlüsselgenerierung wahrnehmen.

   Was halten Sie von diesem Einwand und Vorschlag?

3.3 Alle beschriebenen Schlüsselaustauschprotokolle gehen davon aus, dass die zwei Teilnehmer, die einen Schlüssel austauschen wollen, Schlüssel mit einer *gemeinsamen* Schlüsselverteilzentrale bzw. einem *gemeinsamen* öffentlichen Schlüsselregister ausgetauscht haben – bei Schlüsselverteilzentralen Schlüssel eines symmetrischen Kryptosystems und bei öffentlichen Schlüsselregister Schlüssel eines asymmetrischen Kryptosystems.

Was ist zu ändern, falls dies nicht der Fall ist? Beispielsweise könnten die zwei Teilnehmer in unterschiedlichen Ländern wohnen und Schlüssel jeweils nur mit Schlüsselverteilzentralen bzw. öffentlichen Schlüsselregistern ihres Landes ausgetauscht haben.

Optional: Wie sollte Ihre Lösung für den Austausch symmetrischer Schlüssel gestaltet werden, wenn die Teilnehmer in ihrem Land jeweils mehrere Schlüsselverteilzentralen verwenden wollen, um den Schlüsselverteilzentralen jeweils möglichst wenig vertrauen zu müssen?

3.4 Gibt es ein Schlüsselaustauschprotokoll, das trotz folgenden Angreifermodells sicher ist: Entweder erhält der Angreifer eine passive Mithilfe aller Schlüsselverteilzentralen, d. h. sie verraten ihm alle ausgetauschten Schlüssel, oder (exklusiv!) der Angreifer ist komplexitätstheoretisch unbeschränkt, d. h. er kann jedes asymmetrische Konzelationssystem (und auch jedes normale digitale Signatursystem) brechen. Zusätzlich ist natürlich unterstellt, dass der Angreifer alle Kommunikation im Netz abhört. Wie sieht ein Schlüsselaustauschprotokoll ggf. aus? Welches kryptographische System muss man nach dem Schlüsselaustausch ggf. zum Zwecke der Konzelation, welches zum Zwecke der Authentikation verwenden?

3.5 Was passiert, wenn ein Angreifer beim Austausch symmetrischer Schlüssel verändernd angreift? Dies könnte geschehen, indem er Nachrichten auf den Leitungen verändert oder indem eine Schlüsselverteilzentrale inkonsistente symmetrische Schlüssel verteilt.

Was sollte getan werden, um Teilnehmer hiergegen zu schützen? Behandeln sie zunächst den Fall einer Schlüsselverteilzentrale, danach den mehrerer Schlüsselverteilzentralen in Serie (beispielsweise bei mehrfach hierarchischer Schlüsselverteilung, vgl. Aufgabe 3.3) und danach den Fall mehrerer Schlüsselverteilzentralen parallel (vgl. Abschn. 3.4).

3.6 Aktualität von Schlüsseln: Inwieweit und wie kann sichergestellt werden, dass ein Angreifer Teilnehmer nicht dazu bringen kann, alte (und beispielsweise kompromittierte), inzwischen durch neue ersetzte Schlüssel zu verwenden? (Unterstellt ist, dass es sich jeweils durchaus um Schlüssel des „richtigen" Teilnehmers handelt.)

3.7 Nehmen wir an, wir können keine öffentlichen Schlüsselregister benutzen (sei es, dass Staat oder Telekommunikationsanbieter keine betreiben, sei es, dass manche Bürger zentral-hierarchischen öffentlichen Schlüsselregistern nicht vertrauen wollen, sei es, dass es zwar öffentliche Schlüsselregister gibt, diese aber auch gleich die Schlüsselpaare erzeugen. Trotzdem (oder gerade deswegen) sollen in einer offenen Teilnehmergruppe öffentliche Schlüssel ausgetauscht werden.

(a) Zur Wiederholung: Worauf muss beim Austausch der öffentlichen Schlüssel geachtet werden?

(b) Auf wen könnte die Funktion des vertrauenswürdigen öffentlichen Schlüsselregisters verteilt werden?
(c) Wie erfolgt dann der Schlüsselaustausch?
(d) Was ist zu tun, wenn nicht jeder jedem gleich viel vertraut?
(e) Was ist zu tun, wenn ein Teilnehmer entdeckt, dass sein geheimer Schlüssel anderen bekannt wurde?
(f) Was sollte ein Teilnehmer tun, wenn sein geheimer Schlüssel zerstört wurde?
(g) Was ist zu tun, wenn ein Teilnehmer entdeckt, dass er eine falsche Zuordnung Teilnehmer ⇔ öffentlicher Schlüssel zertifiziert hat?
(h) Kann man das in dieser Aufgabe entwickelte Verfahren mit dem aus Aufgabe 3.5 kombinieren?

3.8 Manche Autoren weisen sogenannten TrustCentern folgende Funktionen zu:
(a) *Schlüsselgenerierung:* Das Erzeugen von Schlüssel(paare)n für Teilnehmer.
(b) *Schlüsselzertifizierung:* Das Zertifizieren des Zusammenhangs von öffentlichem Schlüssel und Teilnehmer (vgl. Abschn. 3.6 und 3.7).
(c) *Verzeichnisdienst:* Bereithalten der zertifizierten öffentlichen Schlüssel zur Abfrage für beliebige andere Teilnehmer.
(d) *Sperrdienst:* Sperren von öffentlichen Schlüsseln, u. a. auf Wunsch des Schlüsselinhabers, d. h. Ausstellen einer signierten Erklärung, dass (und ab wann, s. u.) der öffentliche Schlüssel gesperrt ist.
(e) *Zeitstempeldienst:* Digitales Signieren von vorgelegten Nachrichten inkl. aktuellem Datum und aktueller Zeit.

Diskutieren Sie, welche Sorten von Vertrauen der Teilnehmer dies jeweils erfordert. Sinnvoll könnte etwa die Unterscheidung nach **blindem Vertrauen** (Teilnehmer hat keinerlei Möglichkeit zu prüfen, ob sein Vertrauen gerechtfertigt ist) und **überprüfendem Vertrauen** (Teilnehmer kann überprüfen, ob sein Vertrauen gerechtfertigt ist) sein. Wie hängen diese Eigenschaften mit den in Abschn. 3.1.2 beschriebenen Angreifermodellen, insbesondere der Unterscheidung in *beobachtende* und *verändernde Angriffe* zusammen?

3.9 Sie wollen große Dateien austauschen und diesen Austausch aus Effizienzgründen mit einem hybriden kryptographischen System sichern. Wie verfahren Sie, wenn es Ihnen
(a) auf Konzelation und auf Authentikation,
(b) nur auf Authentikation
ankommt? Beachten Sie, dass der Empfänger in der Lage sein soll, zu überprüfen, ob die Daten wirklich vom angenommenen Sender stammen!

3.10 Geben Sie zu Situationen an, was für kryptographische Systeme Sie einsetzen würden (Authentikation/Konzelation; symmetrisch/asymmetrisch) und wie Sie die Schlüsselverteilung vornehmen würden. Auch könnten Sie eine grobe Einschätzung angeben, wie sicherheits- und zeitkritisch das System ist.
(a) Alice sieht sich Wohnungen an. Sie will Bob eine E-Mail mit den Vor- und Nachteilen der Wohnungen schicken und eine Entscheidung, ob sie einen Mietvertrag unterschreiben soll, zurückerhalten. (Beide sind so heiser, dass sie nicht telefonieren können.)

3.11 Übungen

(b) David hat wieder eine geniale Idee für ein neues kryptographisches System und will sie ein paar vertrauenswürdigen Kryptographen zuschicken (File-Transfer). Leider lauern in den meisten Rechenzentren weniger geniale Kryptographen, die Davids Ideen klauen wollen.

(c) Ein sicheres Betriebssystem schreibt Daten auf eine Wechselplatte heraus. Es soll beim Wiedereinlesen sicher sein, dass die Daten nicht verändert wurden.

(d) Ein Rechnerfan möchte einen neuen Rechner anhand eines digitalen Katalogs mit einer digitalen Nachricht bestellen.

(e) Eine Maschinenbaufirma faxt einer anderen eine unverbindliche Anfrage, ob sie ein ganz bestimmtes Teil fertigen könnte und zu welchem Preis.

Sicherheit kryptographischer Systeme 4

4.1 Aussagen zur Sicherheit: Ziele und Grenzen

Von entscheidender Bedeutung für den Einsatz kryptographischer Systeme ist deren Sicherheit. Dabei muss „Sicherheit" durch die Angabe des betreffenden Schutzziels spezifiziert werden: Garantiert die Verwendung eines bestimmten Konzelationssystems tatsächlich die Vertraulichkeit der ausgetauschten Nachrichten? Schützt ein bestimmtes Authentikationssystem die Integrität der übertragenen Daten? Bei Betrachtungen zur Sicherheit kryptographischer Systeme geht es also darum, ob – oder genauer: unter welchen Umständen – das jeweilige (Schutz-)Ziel durchgesetzt werden kann.

Von besonderem Interesse ist nun die Frage, ob man auch beweisen kann, dass ein System sicher ist, und wie ein solcher Beweis aussehen könnte. Ein Sicherheitsbeweis kann nicht darauf beruhen, Sicherheit gegen bekannte Angriffe nachzuweisen – es könnten ja jederzeit neue Angriffe entdeckt werden, die das jeweilige Schutzziel gefährden.

Stattdessen muss ein Sicherheitsbeweis auf einer exakten Definition des betreffenden Schutzziels beruhen, aus der sich überprüfbare Bedingungen ableiten lassen. Ein Sicherheitsbeweis besteht dann darin, die Erfüllung dieser Bedingungen nachzuweisen. Dabei muss explizit definiert sein, unter welchen Annahmen die Aussagen zur Sicherheit gelten:

1. Welches Angreifermodell wurde zugrunde gelegt?
2. Welche Annahmen über das System wurden getroffen?

Das wichtigste Kriterium zur Beurteilung der Sicherheit kryptographischer Systeme ist die Beantwortung der Frage, ob (informations-)theoretische Sicherheit (entsprechend der Definition nach SHANNON, siehe Abschn. 4.4) erreicht wird oder nicht. Ein informationstheoretisch (perfekt) sicheres System kann nachweisbar nicht gebrochen werden. Bei Systemen, die diese Sicherheitsstufe nicht erfüllen, spricht man oft auch von komplexitätstheoretischer oder praktischer Sicherheit: Das System kann nicht gebrochen werden, solange die Ressourcen des Angreifers beschränkt sind. Je nach zugrunde liegendem Angreifermodell sind verschiedene Abstufungen möglich (Abschn. 4.6).

Allerdings kann man aus einem Nachweis der Sicherheit eines kryptographischen Algorithmus – also der mathematischen Beschreibung des Kryptosystems – nicht schlussfolgern, dass eine Implementierung dieses Algorithmus dieselbe Sicherheit bietet, selbst wenn wir davon ausgehen, dass die Implementierung korrekt ist.

Bei der Untersuchung der Sicherheit eines Algorithmus als einer mathematischen Funktion sind die Ein- und Ausgabewerte und die durchgeführten Berechnungen relevant. Wird der Algorithmus implementiert, kommen neue Attribute ins Spiel, beispielsweise die Länge der zu verarbeitenden Nachrichten oder die für die Ausführung einer Operation benötigte Zeit. Diese Attribute existieren auf Ebene des Algorithmus nicht, sie können aber entscheidend die erreichbare Sicherheit beeinflussen, wie sogenannte Seitenkanalangriffe zeigen.

Beispiel 4.1 Als Beispiel seien hier die 1996 von KOCHER vorgestellten Zeitangriffe (*timing attacks*, [57]) auf Implementierungen von RSA und anderen Kryptosystemen genannt: Die unterschiedliche Ausführungszeit kryptographischer Operationen wurde ausgenutzt, um den geheimen Schlüssel zu ermitteln.

Um solche Angriffsmöglichkeiten auszuschließen, müssen auch alle während der Implementierung eingeführten Attribute der geheimen Daten geschützt werden – der Nachweis der Sicherheit eines Algorithmus kann dies nicht behandeln.

Ein weiteres Beispiel für Seitenkanalangriffe sind Messungen des Energieverbrauchs (*power analysis*) [56]. Dabei werden entweder direkt die Messungen des Energieverbrauchs (visuell) interpretiert (*simple power analysis*) oder es werden statistische Analysen hinzugezogen (*differential power analysis, DPA*).

Besonders kritisch für die Sicherheit einer Implementierung ist schließlich die Frage, ob die beim Entwurf des Algorithmus getroffenen Annahmen erfüllt werden. So muss bei einem symmetrischen System natürlich der Schlüssel geheimgehalten werden, sonst kann das beste Konzelationssystem die Vertraulichkeit der Nachrichten nicht schützen. Die besondere Schwierigkeit besteht jedoch darin, dass es neben expliziten Annahmen auch implizite Annahmen gibt, über die man sich bei der Untersuchung des Algorithmus noch gar nicht bewusst ist. Garantierte Sicherheit ist höchstens in einer geschlossenen Umgebung möglich: Bislang überhaupt nicht in Betracht gezogene Phänomene könnten von einem Angreifer ausgenutzt werden, um ein System zu brechen. Die explizite Formulierung von entsprechenden Annahmen ist sehr schwierig, solange eine mögliche Gefährdung überhaupt nicht vermutet werden kann.

Beispiel 4.2 Beispiele dafür liefern weitere Seitenkanalangriffe wie die Analyse der Abstrahlung von Bildschirmen, ausgenutzt zur Ausforschung des geheimen Schlüssels. Erstmals demonstriert wurde dies 1985 [32] von W. VAN ECK (deshalb ist diese Angriffstechnik auch unter dem Namen VAN-ECK-Phreaking bekannt) und in späteren Arbeiten aufgegriffen, z. B. [59].

Ein weiteres Beispiel ist die Analyse der Abstrahlung von Tastaturen. VUAGNOUX und PASINI gelang es 2008, die Abstrahlung verschiedener Tastaturen (PS/2, USB, drahtlos sowie Tastaturen von Laptops) zu empfangen und erfolgreich zu analysieren. Sie stellten vier verschiedene Angriffe vor; mit dem besten dieser Angriffe konnten sie die gedrückten Tasten mit einer Genauigkeit von 95 % bestimmen – und das bis zu einer Entfernung von 20 Metern [86].

Diese Überlegungen bekräftigen die bereits in Abschn. 3.1.1 getroffene Aussage, dass es absolute Sicherheit einer Implementierung, d. h. Sicherheit unabhängig von der Umgebung, in der das System eingesetzt wird, in der Realität nicht geben kann. Wir können nicht voraussehen, welche Auswertungen ein zukünftiger Angreifer durchführen könnte, eventuell unter Nutzung von bislang noch nicht bekannten Phänomenen. Das Beste, was man erwarten kann, sind Nachweise der Erfüllung der Schutzziele durch einen bestimmten Algorithmus und explizit formulierte Annahmen, die eine Implementierung dieses Algorithmus erfüllen muss, um Sicherheit zu bieten.

Im Folgenden werden wir einige Ansätze zur Beschreibung der Sicherheit kryptographischer Systeme betrachten. Um die Annahmen über den Angreifer genau spezifizieren zu können, beginnen wir mit der Beschreibung von Angriffszielen und -erfolgen sowie einer Klassifizierung von Angriffen.

4.2 Angriffsziele und Angriffserfolge

Bei der Etablierung eines kryptographischen Systems können vier Phasen unterschieden werden:

1. Definition des kryptographischen Systems
2. Wahl des Sicherheitsparameters
3. Wahl des Schlüssels bzw. des Schlüsselpaars
4. Bearbeiten von Nachrichten

Während mit allgemeinen Aufwandsparametern ein Brechen schon nach der 1. Phase untersucht werden kann, lohnt sich eine Untersuchung für konkreten vom Angreifer erbringbaren Aufwand erst nach der 2. Phase.

Ganz allgemein besteht das Ziel des Angreifers bei einem Konzelationssystem darin, Informationen über die vertraulichen Nachrichten zu erhalten. Das wäre natürlich in erster Linie der zu einem Schlüsseltext gehörende Klartext; aber der Angreifer könnte beispielsweise auch daran interessiert sein zu erfahren, ob sich ein bestimmter Klartext *nicht* hinter einem beobachteten Schlüsseltext verbirgt.

Bei einem Authentikationssystem besteht das Ziel des Angreifers darin, die übertragene Nachricht unbemerkbar zu fälschen bzw. eine korrekte Prüfinformation (MAC oder Signatur) für eine selbst erzeugte Nachricht zu generieren.

Bei den folgenden Angriffen ist unterstellt, dass sie nach der 3. oder auch erst nach der 4. Phase stattfinden. In absteigender Reihenfolge der Angriffserfolge wird unterschieden:

(a) Brechen des Systems durch
   (a1) Finden des geheimen Schlüssels (**totales Brechen**, *total break*) bzw.
   (a2) Finden eines zum Schlüssel äquivalenten Verfahrens (**universelles Brechen**, *universal break*).
(b) Brechen (also Fälschen bzw. Entschlüsseln) nur für manche einzelne Nachrichten (**nachrichtenbezogenes Brechen**, *message-dependent break*).
   (b1) für eine selbst gewählte Nachricht (**selektives Brechen**, *selective break*) bzw.
   (b2) für irgendeine Nachricht (**existentielles Brechen**, *existential break*).

▶ **Anmerkung** Das Finden eines zum Schlüssel äquivalenten Verfahrens bei einem universellen Angriff wird insbesondere im Zusammenhang mit digitalen Signatursystemen erwähnt [45].
Der Angreifer generiert beispielsweise Schlüsselpaare, bis der öffentliche Schlüssel dem öffentlichen Schlüssel des Angegriffenen entspricht. Der zugehörige private Schlüssel könnte auch ein anderer sein – in diesem Fall würde der Angreifer mit einem zum Schlüssel äquivalenten Verfahren arbeiten. Praktisch kann er jedoch, wie bei einem erfolgreichen vollständigen Brechen des Systems, alle Nachrichten entschlüsseln bzw. fälschen.

Auch bei selektivem Brechen kann der Angreifer die ihn interessierenden Nachrichten entschlüsseln bzw. authentisieren. Allerdings erfordert dieses nachrichtenbezogene Brechen im Allgemeinen einen aktiven Angriff und ist damit aufwändiger durchzuführen.

Bei Konzelationssystemen ist die selbst gewählte Nachricht bei selektivem Brechen typischerweise eine abgehörte verschlüsselte Nachricht, deren Klartext den Angreifer interessiert, der sie also in diesem Sinne auswählt. Denn generierte der Angreifer den Schlüsseltext selbst, dann verriete ihm der zugehörige Klartext nichts über andere. Bei Authentikationssystemen hingegen kann er einen Klartext zum Authentisieren völlig frei wählen. Dessen Authentikation kann ihm gegenüber anderen nützen.

Existenzielles Brechen ist für Konzelationssysteme nicht relevant, denn das würde bedeuten, dass der Angreifer irgendwelche Chiffretexte entschlüsseln kann, die niemand geschickt hat.

Es ist klar, dass weder totales Brechen noch selektives Brechen akzeptabel ist. Schließt man auch existentielles Brechen aus, ist man auf der sicheren Seite. Es gibt aber schwächere kryptographische Systeme, wo man nur hofft, dass die sinnvollen und den Angreifer interessierenden Nachrichten in der Gesamtnachrichtenmenge so selten sind, dass er mit existentiellem Brechen nie eine davon erwischt.

Bei Konzelationssystemen kann bzgl. (a2) und (b) noch jeweils unterschieden werden:

1. Komplette Entschlüsselung, d. h. der Angreifer erfährt den ganzen Klartext.
2. Partielle Information: Der Angreifer erfährt nur manche Eigenschaften, z. B. einzelne Bits oder die Quersumme des Klartextes.

4.3 Klassifizierung von Angriffen

Für eine systematische Untersuchung der Sicherheit, die ein Kryptosystem bietet, ist eine Beschreibung des Angreifermodells notwendig. In Abschn. 3.1.2 haben wir Angreifermodelle allgemein für IT-Systeme diskutiert. Hier betrachten wir Angreifermodelle für einen Schutzmechanismus, um dessen Sicherheit einschätzen zu können. Für Kryptosysteme sind insbesondere die folgenden Fragen relevant: Über welches Wissen verfügt der Angreifer, auf welche Daten und Funktionen kann er wie zugreifen, wie verhält er sich? Grundsätzlich muss man entsprechend dem Kerckhoffs-Prinzip von folgendem *Wissen des Angreifers* ausgehen:

- *System:* Dies umfasst zum einen die Kenntnis der kryptographischen Algorithmen, also die mathematischen Funktionen („kryptographische Grundbausteine" bzw. „kryptographische Primitive"), zum anderen auch die Definition, wie diese Algorithmen eingesetzt werden müssen, um ein bestimmtes Schutzziel zu erreichen („Protokoll"), also beispielsweise Anforderungen an die zu verarbeitenden Nachrichten wie ihr Format, Anwendung einer Hashfunktion oder die Behandlung kürzerer Nachrichten.
- *Instanz der öffentlichen Operation:* Entsprechend der oben eingeführten Phasen der Etablierung eines Kryptosystems betrachten wir hier einen Zeitpunkt nach der 3. Phase: das System und die Sicherheitsparameter sind definiert und die tatsächlichen Schlüssel wurden gewählt.
- *Beobachtung:* Man muss davon ausgehen, dass ein Angreifer alles kennt, was über den unsicheren Kanal gesendet wird.

▶ **Anmerkung** Bei einem asymmetrischen System kennt der Angreifer – wie jeder andere Teilnehmer auch – die öffentlichen Parameter und ist damit in der Lage, die öffentlichen Funktionen (Verschlüsselung von Nachrichten oder Testen von Signaturen) auszuführen. Bei symmetrischen Verfahren, bei denen alle kryptographischen Funktionen mit geheimen Parametern arbeiten, kennt der Angreifer die geheimen Schlüssel und damit die konkrete Instanz der kryptographischen Funktionen nicht.

4.3.1 Passive Angriffe

Einen Angreifer, der nur dieses allgemein bekannte Wissen für seinen Angriff ausnutzt, bezeichnen wir im Folgenden als einen **passiven** Angreifer. Er kann alle seine Auswertungen lokal durchführen, d. h. er muss außer der Beobachtung keine weiteren Aktionen im System ausführen. Ein passiver Angreifer kann folgende Angriffe durchführen (wir listen immer zuerst den Angriff auf das Konzelationssystem auf und betrachten dann entsprechende Angriffe auf Authentikationssysteme):

- **Reiner Schlüsseltext-Angriff** (*ciphertext only attack*): Hier liegt dem Angreifer nur die Beobachtung der über den unsicheren Kanal gesendeten Informationen vor.

Bei einem Authentikationssystem ist dieser Angriffstyp nicht relevant, da der Klartext mitgeschickt wird.

- **Klartext-Schlüsseltext-Angriff** (*known plaintext attack*): Der Angreifer kennt den zu einem abgefangenen Schlüsseltext gehörenden Klartext. Der Klartext könnte beispielsweise später veröffentlicht worden sein, oder der Angreifer kann Teile des Klartextes erraten, wie den Anfang oder das Ende von Briefen oder Teile von Formularen.

  Für ein Authentikationssystem ist die Kenntnis von Nachricht und zugehörigem Authentikator der „Normalfall", der entsprechende Angriff ist als *known message attack* (*Nachricht-MAC-Angriff* bzw. *Nachricht-Signatur-Angriff*) bekannt.

▶ **Anmerkung** Da passive Angriffe nur die minimalen Annahmen über das Wissen des Angreifers voraussetzen, muss ein kryptographisches System mindestens Sicherheit gegen diese Angriffe bieten. Insbesondere entspricht der reine Schlüsseltext-Angriff genau den oben aufgeführten Annahmen über das Wissen des Angreifers. Die in Abschn. 2.1–2.3 vorgestellten historischen Verfahren bieten keine Sicherheit gegen diesen Angriff: Da die Redundanz der Klartexte in die Schlüsseltexte übertragen wird, können sie mit Hilfe statistischer Analysen gebrochen werden.
Trivial zu brechen sind diese historischen Chiffren ebenfalls mit einem Klartext-Schlüsseltext-Angriff: Kennt der Angreifer ein solches Paar, kann er den Schlüssel ganz einfach ablesen (bei Substitutionschiffren, die nicht mit einem einzigen Parameter zu beschreiben sind wie die Verschiebechiffre, zumindest ein Teil des Schlüssels).

Ein Klartext-Schlüsseltext-Angriff bei einem asymmetrischem Konzelationssystem ist nur dann sinnvoll, wenn er dem Angreifer Informationen liefert, die er nicht durch Verschlüsselung selbst gewählter Nachrichten erhalten kann; dies könnten beispielsweise Informationen über die in dem betreffenden Umfeld typische Nachrichtenverteilung sein.

Bislang haben sich die Betrachtungen möglicher Angriffe nur auf die Beobachtung von Nachrichten, Schlüsseltexten, MACs oder Signaturen bezogen. Bei asymmetrischen Systemen kommt jedoch eine weitere Angriffsmöglichkeit hinzu: Versuche, aus dem öffentlichen Schlüssel den geheimen Schlüssel zu berechnen (*key only attack*, entsprechend der sonst verwendeten deutschen Bezeichnungen also **reiner Schlüsselangriff**). Dabei handelt es sich um passive Angriffe, bei denen der Angreifer für seine Auswertungen keine Beobachtungen auf dem unsicheren Kanal benötigt; er nutzt lediglich den allgemein bekannten Zusammenhang zwischen öffentlichem und privatem Schlüssel aus. Der Angriff kann demzufolge nach der Wahl des Schlüsselpaares erfolgen, d. h. nach Phase 3 der Etablierung eines kryptographischen Systems.

4.3.2 Aktive Angriffe

Stärkere Bedrohungen ergeben sich, wenn man dem Angreifer Zugriff auf die Schnittstellen der Instanz der geheimen Operationen zugesteht sowie die Möglichkeit, auf Ergebnisse dieser Operationen bzw. Informationen über diese Ergebnisse zuzugreifen. „Zugriff auf die

4.3 Klassifizierung von Angriffen

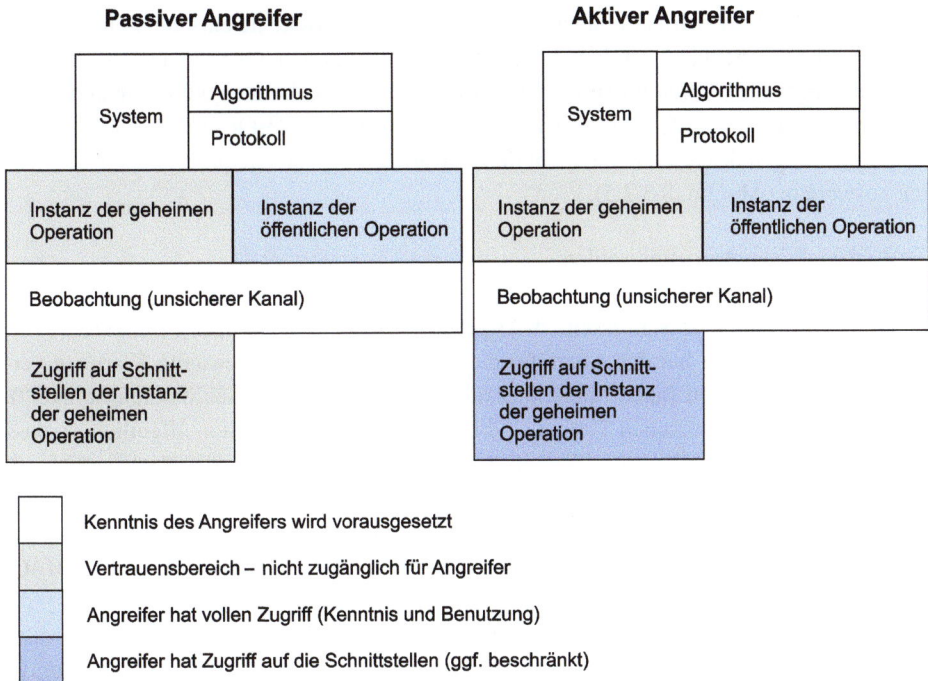

Abb. 4.1 Annahmen über Wissen und Möglichkeiten des Angreifers

Schnittstellen" bedeutet, dass der Angreifer die geheimen Operationen für selbst gewählte Daten ausführen lassen kann, jedoch keinen Zugriff auf die geheimen Parameter hat. Natürlich schließen wir dabei die Bearbeitung der ihn interessierenden Daten aus; wenn der Angreifer beispielsweise einfach einen abgefangenen Schlüsseltext entschlüsseln lassen kann, könnte er sein Angriffsziel ohne Bemühungen erreichen.

Da der Angreifer die geheimen Parameter nicht kennt, kann er die geheimen Operationen nicht selbst ausführen. Aus diesem Grund muss er mit den Inhabern der geheimen Parameter (bzw. ihren Rechnern) interagieren. Ein solcher Angreifer wird üblicherweise als **aktiver** Angreifer bezeichnet. Abbildung 4.1 fasst die Annahmen bzgl. der beiden Angriffstypen zusammen.

Die Betrachtung aktiver Angriffe ist notwendig, da man nicht mit Sicherheit verhindern kann, dass sich ein Angreifer Zugriff auf die Schnittstellen der geheimen Operationen verschafft. Außerdem liegt die Erfüllung einer solchen Anforderung außerhalb des Kryptosystems und damit in der Verantwortung der Nutzer des Systems. Ein System sollte idealerweise Sicherheit bieten, ohne Anforderungen an seine Umgebung zu stellen.

Beispiel 4.3 Zur Manipulation der Eingaben kann der Angreifer beispielsweise die über den unsicheren Kanal übertragenen Daten manipulieren bzw. bei einem Konzelationssystem selbst Schlüsseltexte an den Empfänger schicken. Ist der „Empfänger" kein Mensch, sondern ein Rechner, wird er einfach alle erhaltenen Schlüsseltexte entschlüsseln. Wie ein Zugriff auf die Ergebnisse erfolgen kann, hängt vom konkreten Szenario ab.

Dem Angreifer können für seine Auswertungen auch Reaktionen auf die manipulierte Eingabe genügen, wie der aktive Angriff von BLEICHENBACHER [12] gezeigt hat, der Fehlermeldungen des Servers bei nicht dem erwarteten Format entsprechenden Nachrichten auswertete (Abschn. 8.3.2.5).

Zu den aktiven Angriffen zählen:

- **Gewählter Klartext-Schlüsseltext-Angriff** (*chosen plaintext attack*): Bei einem symmetrischen System hat der Angreifer die Möglichkeit, selbst gewählte Klartexte verschlüsseln zu lassen (auch bezeichnet als Zugriff auf ein „Verschlüsselungsorakel"). Bei einem asymmetrischen System ist die Verschlüsselungsfunktion öffentlich, so dass sich hier kein spezieller Angriff ergibt (vielmehr kann der Angreifer die öffentlich zugängliche Funktion bei einem reinen Schlüsseltext-Angriff ausnutzen).

    Bei Authentikationssystemen kann sich der Angreifer zu einer selbst gewählten Nachricht einen MAC bzw. eine Signatur berechnen lassen (*gewählter Nachricht-MAC-Angriff* bzw. *gewählter Nachricht-Signatur-Angriff, chosen message attack*).

- **Gewählter Schlüsseltext-Klartext-Angriff** (*chosen ciphertext attack*): Der Angreifer kann selbst gewählte Schlüsseltexte entschlüsseln lassen (auch bezeichnet als Zugriff auf ein „Entschlüsselungsorakel"). Dieser Angriffstyp ist sowohl für symmetrische als auch für asymmetrische Systeme relevant.

    Bei einem symmetrischen Authentikationssystem berechnet der Empfänger den angehängten MAC, es gibt keine Abbildung vom MAC auf die Nachricht und deswegen auch keine praktisch relevante Entsprechung dieses Angriffs. Bei einem Signatursystem hat dieser Angriff ebenfalls keine Bedeutung, da der Angreifer das Testen unter Nutzung der öffentlichen Funktion selbst durchführen kann und es hier auch nicht die Möglichkeit gibt, neue Informationen über die Umgebung des Systems zu erfahren.

▶ **Anmerkung** Wir gehen hier von einem Signatursystem aus, wie es in Abschn. 3.5 eingeführt wurde. Bei den im selben Kapitel erwähnten nicht herumzeigbaren Signaturen kann der Angreifer das Testen nicht ohne aktive Mithilfe des Signierers durchführen.

Bei aktiven Angriffen unterscheidet man noch, ob es sich um einen adaptiven Angriff handelt oder nicht: Bei einem **adaptiven** Angriff kann der Angreifer seine Anfragen an das Ver- bzw. Entschlüsselungsorakel in Abhängigkeit von vorherigen Ergebnissen stellen, während er diese Möglichkeit bei **nicht-adaptiven** Angriffen nicht hat. Manchmal wird noch unterschieden, ob die Anfragen vor Beobachtung der interessierenden Daten gestellt werden müssen („*lunchtime attack*" bzw. „*midnight attack*", CCA-1) oder ob der Angreifer auch nach seiner Beobachtung weitere Anfragen stellen kann (CCA-2).

Tabelle 4.1 fasst zusammen, welche Angriffe für den jeweiligen Typ des kryptographischen Systems relevant sind.

Tab. 4.1 Übersicht über die Angriffstypen

		Konzelationssysteme		Authentikationssysteme	
		symmetrisch	asymmetrisch	symmetrisch	asymmetrisch
Angreifer kennt System und ...		c	$c; k_e$	m, MAC	$m, s; k_t$
Passive Angriffe		–	key only attack	–	key only attack
		ciphertext only attack	–	–	–
		known plaintext attack		known message attack	
Aktive Angriffe		chosen plaintext attack	–	chosen message attack	
		chosen ciphertext attack		–	–

Sicherheit kryptographischer Systeme

- Die Sicherheit eines kryptographischen Systems wird beurteilt durch den Grad der Erfüllung der jeweiligen Schutzziele bzgl. eines bestimmten Angreifermodells.
- Getroffene Annahmen über das System müssen explizit definiert werden.
- Absolute Sicherheit, also Sicherheit unabhängig von der Umgebung des Systems, ist nicht erreichbar.
- Ein praktisch einsetzbares System muss auch Sicherheit gegen aktive Angriffe bieten.
- Idealerweise sollte auch ein adaptiver aktiver Angreifer nicht einmal in der Lage sein, das System existentiell zu brechen.

4.3.3 Zusammenhang zwischen beobachtendem/ veränderndem und passivem/aktivem Angreifer

Während in Abschn. 3.1.2 bei der informellen Definition der Angreiferattribute beobachtend/verändernd die *Erlaubnis* für Handlungen entscheidend ist, unterscheidet passiv/aktiv Handlungen unabhängig davon, ob sie dem Angreifer erlaubt oder verboten sind. Beobachtender und passiver Angreifer meinen also, ebenso wie verändernder und aktiver Angreifer, *nicht* genau dasselbe.

Beispielsweise kann ein beobachtender Angreifer ein passiver Angreifer sein, wenn er sich für Kommunikationsinhalte einer durch ein symmetrisches Konzelationssystem geschützten Kommunikationsbeziehung interessiert, an der er nicht teilnehmen darf. Oder er kann ein aktiver Angreifer sein, indem er beispielsweise als Kunde eine Bankfiliale besucht und erlaubte, aber von ihm gewählte Transaktionen durchführt, die dann verschlüsselt an die Zentrale gesendet werden.

Umgekehrt kann ein verändernder Angreifer ein passiver Angreifer sein, wenn er sich durch Umgehen der Zugangskontrolle und Brechen der Zugriffskontrolle in einem frem-

Tab. 4.2 Kombination der Angreiferattribute beobachtend/verändernd und passiv/aktiv

Angreifer	passiv	aktiv
beobachtend	Interesse an Kommunikationsinhalten einer fremden Kommunikationsbeziehung ohne Eingriff in diese Beziehung	Erlaubte Wahl von Klartexten, die dann mit einem ihm unbekannten Schlüssel verschlüsselt übertragen werden und ihm zum Brechen des Kryptosystems dienen
verändernd	Zugriffskontrolle brechen und verschlüsselte fremde Datei zu entschlüsseln versuchen	Zugriffskontrolle brechen und verschlüsselte Datei mit partiell selbst gewählten Klartextwerten zu entschlüsseln versuchen

den IT-System unerlaubterweise Kopien der verschlüsselten Passwortdatei verschafft (verändernder Angriff) und den Klartext herauszubekommen versucht (passiver Angriff). Ist der verändernde Angreifer aber ein legaler Benutzer des IT-Systems und sei das Kopieren der Passwortdatei (verändernder Angriff) auch ihm verboten, so ist er als aktiver Angreifer zu betrachten, da er sein Passwort beliebig ändern kann.

▶ **Anmerkung** In einem gewissen Sinne wird hier gemogelt, da sich „verändernd" und „passiv" auf unterschiedliche Dinge beziehen: „Verändernd" auf das Beschaffen der Passwortdatei und „passiv" auf das Entschlüsseln der verschlüsselten Passworte. Will man diese Verschiebung des Bezugs vermeiden, dann sind passive verändernde Angriffe genau solche, wo etwas geschehen sollte (verändernd), aber nicht geschieht (passiv). Beispielsweise verweigert ein Trojanisches Pferd innerhalb einer Komponente auf einmal den Dienst der Komponente an ihre Außenwelt (*denial of service attack*).

Die Beispiele sind in Tab. 4.2 dargestellt.

4.4 Informationstheoretische Sicherheit nach SHANNON

4.4.1 Informationstheoretische Grundlagen

Wie von der Analyse der MM-Substitutionen bekannt (Kap. 2), treten in einer natürlichen Sprache Buchstaben bzw. Folgen von Buchstaben mit unterschiedlicher Wahrscheinlichkeit auf. Die Abweichung dieser Wahrscheinlichkeiten von einer Gleichverteilung der jeweiligen Zeichen bzw. Zeichenfolgen des verwendeten Alphabets wird mit Hilfe der *Redundanz* beschrieben, welche den Betrag der Differenz zwischen der *Entropie* des Alphabets und der zugehörigen maximalen Entropie dieses Alphabets (bei Gleichverteilung der Buchstabenwahrscheinlichkeiten) beschreibt. Beide Aspekte werden im Folgenden als Grundlage für das Verständnis der Sicherheitsdefinition nach SHANNON[1] eingeführt; eine

---

[1] Claude Elwood Shannon, US-amerikanischer Mathematiker und Begründer der Informationstheorie.

detaillierte Einführung in die Informationstheorie kann beispielsweise in [22, 79] nachgelesen werden.

Der Begriff der Entropie wurde von SHANNON in die Informationstheorie eingeführt [81]; deswegen verwendet man hierfür auch den Begriff SHANNON-Entropie. Da der Kontext in diesem Kapitel jedoch klar ist, verwenden wir im Folgenden nur den Begriff Entropie.

Entropie ist ein Maß für die Unbestimmtheit einer Informationsquelle und gleichzeitig auch für ihren mittleren Informationsgehalt: Je größer die Ungewissheit, welchen konkreten Wert eine Quelle liefert, desto größer ist der Informationsgewinn, der sich aus der Beobachtung eines Zeichens ergibt. Die Entropie $H(X)$ pro Zeichen für eine Quelle X mit n verschiedenen Zeichen $x_0, x_1, \ldots, x_{n-1}$ mit den Einzelwahrscheinlichkeiten $p(x_0), p(x_1), \ldots, p(x_{n-1})$ wird mit

$$H(X) = \sum_{i=0}^{n-1} p(x_i) \operatorname{ld} \frac{1}{p(x_i)} \qquad (4.1)$$

berechnet ($\operatorname{ld} x$ bezeichnet den Logarithmus zur Basis 2, d. h. $\operatorname{ld} x = \log_2 x$).

▶ **Anmerkung** Durch eine Grenzwertbetrachtung lässt sich diese Formel auch dann anwenden, wenn Einzelwahrscheinlichkeiten $p(x_i) = 0$ auftreten: Wegen $\lim_{p \to 0} p \operatorname{ld} \frac{1}{p} = 0$ wird der entsprechende Summand formal gleich Null gesetzt.

Die größte Unbestimmtheit liegt vor, wenn alle Elemente der Quelle, also die Zeichen, welche sie senden kann, gleichwahrscheinlich sind, d. h. $p(x_i) = \frac{1}{n}$ für $i = 0, 1, \ldots, n-1$ gilt; aus Gl. (4.1) lässt sich ableiten, dass die diesem Fall zugehörige maximale Entropie $H_{\max}(X) = \operatorname{ld} n$ beträgt. Tritt ein Element mit der Wahrscheinlichkeit 1 auf, so ist sicher, dass die Quelle genau dieses Element sendet – die Entropie beträgt in diesem Fall $\operatorname{ld} 1 = 0$. Als Informationsquellen können auch Zufallsvariablen betrachtet werden. In diesem Kapitel wird beispielsweise der Nachrichtenraum als Quelle aufgefasst; die Entropie $H(M)$ beschreibt dann die Ungewissheit, welche konkrete Nachricht gewählt wurde.

In Gl. (4.1) wird die Entropie der Quelle mit Hilfe der Einzelwahrscheinlichkeiten der Elemente berechnet. Sind die Elemente voneinander unabhängig, ist dies ausreichend; anderenfalls kann die Entropie der Quelle pro Zeichen ermittelt werden, indem die Entropie $H(X^\ell)$ von Zeichenfolgen der Länge ℓ berechnet und dieser Wert auf ein einzelnes Zeichen bezogen wird:

$$H(X) = \frac{H(X^\ell)}{\ell}. \qquad (4.2)$$

Die mittlere Redundanz R_Q pro Zeichen der Quelle ergibt sich also aus

$$R_Q = H_{\max}(X) - H(X). \qquad (4.3)$$

Abb. 4.2 Histogramm der Buchstabenhäufigkeiten entsprechend Tab. 2.1

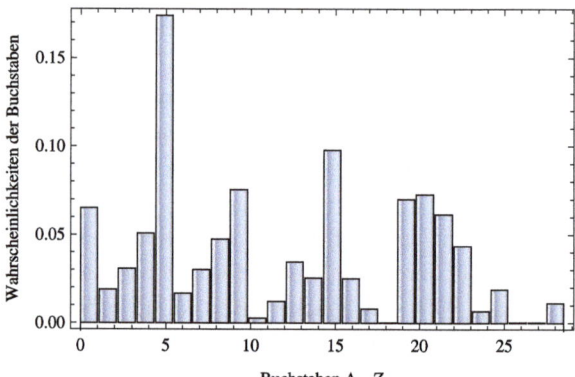

Beispiel 4.4 Betrachten wir als Beispiel die Häufigkeitsverteilung der Buchstaben des lateinischen Alphabets. Die maximale Entropie für ein Alphabet aus 26 Zeichen beträgt $H_{max}(X) = \operatorname{ld} 26 = 4{,}7 \frac{\text{bit}}{\text{Zeichen}}$. In natürlichen Texten sind die Wahrscheinlichkeiten der Buchstaben des Alphabets allerdings sehr unterschiedlich (Abb. 4.2).

Legt man die Häufigkeitsverteilung aus Tab. 2.1 zugrunde, ergibt sich eine Entropie von $H(X) = 4{,}063 \frac{\text{bit}}{\text{Zeichen}}$ und damit eine Redundanz von $R_Q = 0{,}637 \frac{\text{bit}}{\text{Zeichen}}$.

Natürlich treten die Buchstaben in Texten nicht unabhängig voneinander auf. Je länger die untersuchten Zeichenfolgen sind, desto größer werden die Unterschiede zwischen den Auftrittswahrscheinlichkeiten „plausibler Folgen", d. h. Folgen, die in Texten der entsprechenden Sprache auftreten können, und zufälliger Folgen derselben Länge. Schon bei Bigrammen, also Buchstabenpaaren, wird dies deutlich; so folgt im Deutschen hinter einem „q" immer ein „u"– als Wahrscheinlichkeit anderer Bigramme, die mit „q" beginnen, erwarten wir dagegen 0. Mit wachsender Länge der untersuchten Zeichenfolgen nimmt die Redundanz zu.

Ausführliche Betrachtungen zur Abschätzung der Redundanz natürlicher Sprachen sollen hier jedoch nicht durchgeführt werden, siehe dazu z. B. [22, 60]. Für die Betrachtungen in diesem Kapitel gehen wir davon aus, dass die Entropie pro Zeichen einer natürlichen Sprache mit H_L abgeschätzt wurde, wobei die Schätzung auf der Analyse natürlicher Texte beruht und damit auch die Wahrscheinlichkeit von Zeichenfolgen berücksichtigt. Geht man von einem zugrunde liegenden Alphabet $\mathcal{A}_M$ aus, kann man die mittlere Redundanz pro Zeichen R_L für eine natürliche Sprache entsprechend Gl. (4.3) mit

$$R_L = \operatorname{ld} |\mathcal{A}_M| - H_L \tag{4.4}$$

abschätzen. In [60] wurde beispielsweise ein Wert von $R_L = 3{,}4 \frac{\text{bit}}{\text{Zeichen}}$ für Texte in deutscher Sprache ermittelt.

Nicht nur die Unbestimmtheit einer einzelnen Informationsquelle ist für die Beschreibung der Sicherheit relevant, es müssen auch Beziehungen zwischen Informationsquellen betrachtet werden. Die *Verbundentropie* $H(X, Y)$ stellt die Unbestimmtheit über zwei

4.4 Informationstheoretische Sicherheit nach SHANNON

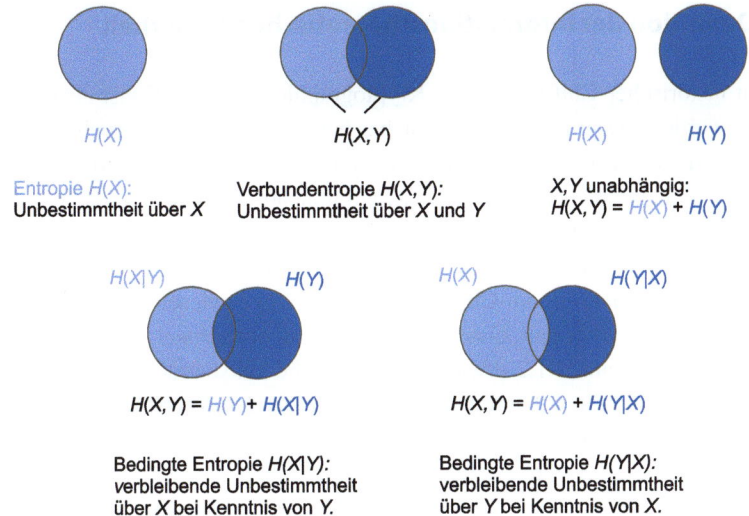

Abb. 4.3 Diagramme zur visuellen Darstellung der Entropien

Quellen X mit n verschiedenen Zeichen $x_0, x_1, \ldots, x_{n-1}$ und Y mit m verschiedenen Zeichen $y_0, y_1, \ldots, y_{m-1}$ dar. Sind die Quellen stochastisch unabhängig, gilt

$$H(X, Y) = H(X) + H(Y). \tag{4.5}$$

Sind die Quellen nicht stochastisch unabhängig, müssen bedingte Entropien berücksichtigt werden. Die *bedingte Entropie* $H(X|Y)$ repräsentiert die Unbestimmtheit über X, die bei Kenntnis von Y verbleibt:

$$H(X|Y) = \sum_{j=0}^{m-1} p(y_j) \sum_{i=0}^{n-1} p(x_i|y_j) \operatorname{ld} \frac{1}{p(x_i|y_j)}. \tag{4.6}$$

Insbesondere bei der Modellierung einer gestörten Nachrichtenübertragung wird $H(X|Y)$ auch als Äquivokation (Mehrdeutigkeit) bezeichnet und beschreibt in diesem Fall den während der Übertragung verloren gegangenen Anteil der gesendeten Information X.

Unter Verwendung der bedingten Entropie kann die Verbundentropie zweier Quellen, die nicht stochastisch unabhängig sind, folgendermaßen berechnet werden:

$$\begin{aligned} H(X, Y) &= H(X) + H(Y|X) \\ &= H(Y) + H(X|Y). \end{aligned} \tag{4.7}$$

▶ **Anmerkung** Entropien lassen sich gut mit Hilfe von Diagrammen visuell darstellen [22, 79]. Aus diesen Diagrammen können die Formeln zur Berechnung bedingter Entropien oder Verbundentropien direkt abgelesen werden (Abb. 4.3).

4.4.2 Definition der informationstheoretischen Sicherheit

In der Zeit historischer Chiffren, in der Kryptographie eher eine Kunst als eine Wissenschaft war, wurden Systeme solange als sicher betrachtet, bis sie gebrochen wurden. Interessante Beispiele aus der Geschichte sind u.a. in [51, 84] zu finden. SHANNON lieferte 1949 mit seiner bahnbrechenden Arbeit „Communication Theory of Secrecy Systems" [82] erstmals einen theoretischen Ansatz zur Beschreibung der Sicherheit von kryptographischen Systemen. Mit Hilfe dieses Ansatzes, der im Folgenden näher vorgestellt wird, konnte die Sicherheit der Vernam-Chiffre (Abschn. 7.2.1) bewiesen werden, welche bis zu diesem Zeitpunkt als sicher galt, ohne dies jedoch explizit nachweisen zu können.

Wie bereits in Abschn. 3.1.2 erwähnt, ist bei Sicherheitsbetrachtungen zunächst eine Beschreibung des konkreten Angreifers sowie des Ziels des Angriffs notwendig. Bei der Sicherheitsdefinition nach SHANNON geht es um die Sicherheit symmetrischer Verschlüsselungssysteme gegen (passive) *Schlüsseltext-Angriffe*.

Das Besondere der informationstheoretischen Sicherheit besteht darin, dass keinerlei Einschränkungen bzgl. der Möglichkeiten des Angreifers getroffen werden, weshalb man im englischsprachigen Raum für informationstheoretische Sicherheit auch die Begriffe *unconditional secrecy*[2] (unbedingte Konzelation) bzw. *perfect secrecy* (perfekte Konzelation, dieser Begriff wurde von SHANNON in [82] eingeführt) verwendet. Natürlich gelten diese Aussagen zur Sicherheit nur bzgl. des Algorithmus, die Sicherheit einer konkreten Implementierung hängt von der Umgebung ab – Aspekte wie Seitenkanalangriffe oder nicht ausreichender Schutz des geheimen Schlüssels können die Sicherheit gefährden (Abschn. 4.1).

> Ein System ist **informationstheoretisch sicher**, wenn selbst ein *unbeschränkter Angreifer* aus seinen Beobachtungen *keinerlei zusätzliche Information* über Klartext oder Schlüssel gewinnt.

Dabei bedeutet *unbeschränkt*, dass der Angreifer beliebig viel Rechen- und Zeitaufwand investieren kann. Die Unsicherheit des Angreifers über Klartext und Schlüssel darf sich durch seine Analyseversuche nicht reduzieren lassen. *Keinerlei zusätzliche Informationen* bezieht sich darauf, dass der Angreifer ja auch ohne Schlüsseltexte zu beobachten raten könnte – der Erfolg seines Angriffs darf nicht höher sein als bei diesem bloßen Raten.

▶ **Anmerkung** Aus dieser ganz allgemeinen Beschreibung können wir bereits ableiten, dass die erst in den 1970er Jahren entstandenen asymmetrischen Verfahren nicht die Bedingungen der informationstheoretischen Sicherheit nach SHANNON erfüllen können. Ein Angreifer kann immer mittels vollständiger Suche vorgehen: Er verschlüsselt dazu einfach

---

[2] Als allgemeinerer Begriff, der sich nicht nur auf Konzelationssysteme bezieht, wird auch *unconditional security* (unbedingte Sicherheit) verwendet.

4.4 Informationstheoretische Sicherheit nach SHANNON

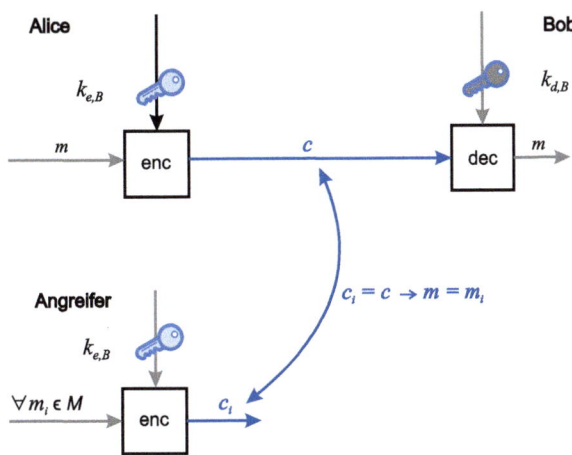

Abb. 4.4 Nachrichtenbezogenes Brechen durch vollständige Suche

alle möglichen Nachrichten unter Nutzung des öffentlich bekannten Schlüssels und vergleicht das Ergebnis mit dem abgefangenen Schlüsseltext. Stimmen beide Werte überein, entspricht die gerade getestete Nachricht der von Alice gesendeten (Abb. 4.4).

Die in Abschn. 3.6 eingeführte Zufallszahl r', die als zusätzlicher Parameter in die Verschlüsselung eingeht, kann diesen Angriff durch vollständige Suche nicht verhindern. Der Angreifer muss die möglichen Belegungen der zusätzlichen Bits ebenfalls durchprobieren. In der Praxis sollte der Aufwand dafür zu hoch sein – ein unbeschränkter Angreifer kann jedoch durchprobieren. Ein informationstheoretisch sicheres System muss selbst gegen einen solchen Angreifer Sicherheit bieten.

Um informationstheoretische Sicherheit exakter zu definieren und konkrete Anforderungen an Kryptosysteme ableiten zu können, benötigen wir Aussagen über Wahrscheinlichkeiten von Nachrichten. Generell kann ein Kryptosystem alle möglichen Elemente des Nachrichtenraums verschlüsseln. Aufgrund der Redundanz natürlicher Sprachen treten diese Nachrichten nicht mit gleicher Wahrscheinlichkeit auf, wenn man von der Verschlüsselung von unkomprimierten, „sinnvollen" Nachrichten ausgeht. Hat man darüber hinaus noch Informationen über den Inhalt der verschlüsselten Botschaften, lassen sich weitere Rückschlüsse ziehen; so sind beispielsweise am Anfang und Ende von Briefen Grußformeln wie „Sehr geehrte", „Lieber" oder „Mit freundlichen Grüßen" wahrscheinlich. Diese von vornherein bestehenden Wahrscheinlichkeiten der Nachrichten werden als **a priori** Wahrscheinlichkeiten $p(m)$ bezeichnet und als bekannt vorausgesetzt. Die a priori Wahrscheinlichkeiten repräsentieren die Wahrscheinlichkeit, mit der ein Angreifer auch ohne Beobachtung richtig den Klartext erraten kann. Die Wahrscheinlichkeiten der Nachrichten nach Beobachtung des gesendeten Schlüsseltextes werden als **a posteriori** Wahrscheinlichkeiten $p(m|c)$ bezeichnet.

Definition 4.1 *Ein System heißt **informationstheoretisch sicher**, wenn für alle Nachrichten und Schlüsseltexte gilt, dass die a posteriori Wahrscheinlichkeiten $p(m|c)$ der mögli-*

chen Nachrichten nach Beobachtung eines gesendeten Geheimtextes gleich den a priori Wahrscheinlichkeiten $p(m)$ dieser Nachrichten sind:

$$\forall m \in M \ \forall c \in C: \quad p(m|c) = p(m). \tag{4.8}$$

Diese Bedingung kann genau dann erfüllt werden, wenn Nachrichten und Schlüsseltexte stochastisch unabhängig voneinander sind. In diesem Fall gilt natürlich auch

$$\forall m \in M \ \forall c \in C: \quad p(c|m) = p(c), \tag{4.9}$$

d. h., die Wahrscheinlichkeit, einen bestimmten Schlüsseltext zu erhalten, darf nicht davon abhängen, welche Nachricht verschlüsselt wird.

▶ **Anmerkung** SHANNON führt (4.9) in [82] als notwendige und hinreichende Bedingung für perfekte Sicherheit ein. Die Bedingung ist sehr intuitiv: Wenn es keinerlei Abhängigkeiten zwischen Schlüsseltexten und Nachrichten gibt, dann ist es selbst mit dem größten Aufwand nicht möglich, aus beobachteten Schlüsseltexten Rückschlüsse auf die verschlüsselten Nachrichten zu ziehen.

Die a posteriori Wahrscheinlichkeiten $p(m|c)$ der Nachrichten können mit Hilfe der BAYESschen Formel berechnet werden:

$$p(m|c) = \frac{p(m)p(c|m)}{p(c)}. \tag{4.10}$$

Die a priori Wahrscheinlichkeiten $p(m)$ werden als bekannt vorausgesetzt; zu ermitteln sind nun noch die bedingten Wahrscheinlichkeiten $p(c|m)$ sowie die Wahrscheinlichkeiten der Schlüsseltexte $p(c)$. Die Darstellung eines Kryptosystems mit Hilfe eines kantenbewerteten gerichteten Graphen ist hilfreich zur Veranschaulichung (Abb. 4.5).

Da die Abbildungen von Klartexten auf Schlüsseltexte von den Schlüsseln abhängen, sind die bedingten Wahrscheinlichkeiten durch die Wahrscheinlichkeiten der entsprechenden Schlüssel gegeben, d. h.

$$p(c_j|m_i) = \sum_{k \in K : c_j = \text{enc}(k, m_i)} p(k). \tag{4.11}$$

Die konkreten Schlüssel werden dabei aus der Menge der möglichen Schlüssel zufällig und unabhängig von den Nachrichten gewählt. Die Berechnung der Wahrscheinlichkeiten der Schlüsseltexte erfolgt nach der Formel der totalen Wahrscheinlichkeit:

$$p(c_j) = \sum_{i=0}^{n-1} p(m_i) p(c_j|m_i). \tag{4.12}$$

4.4 Informationstheoretische Sicherheit nach SHANNON

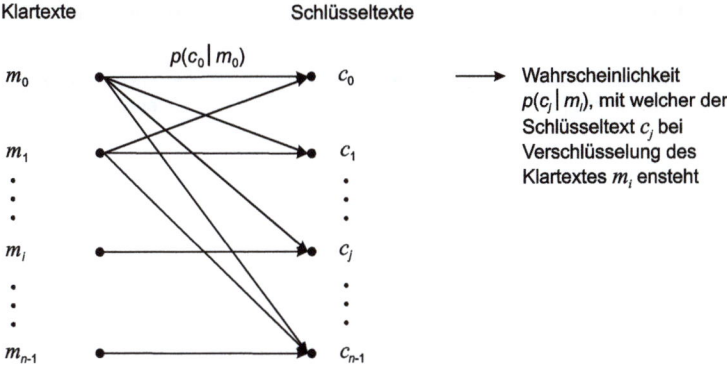

Abb. 4.5 Veranschaulichung eines Kryptosystems

Für ein gegebenes System mit bekannter Wahrscheinlichkeitsverteilung der Nachrichten und Schlüssel können somit die a posteriori Wahrscheinlichkeiten berechnet werden, um zu prüfen, ob das System informationstheoretische Sicherheit bietet.

4.4.3 Bedingungen für informationstheoretische Sicherheit

Anhand einiger Beispiele soll im Folgenden illustriert werden, welche Bedingungen bzgl. der Verwendung von Schlüsseln erfüllt sein müssen, damit ein System informationstheoretische Sicherheit bieten kann.

Beispiel 4.5 Gegeben sei ein Kryptosystem, welches als Nachrichten alle möglichen Bitfolgen der Länge zwei verarbeiten kann und diese wiederum auf Bitfolgen der Länge zwei abbildet, d. h. $M = C = \{00, 01, 10, 11\}$. Das System verwendet zwei mögliche Schlüssel: $K = \{00, 01\}$. Das Kryptosystem ist in Abb. 4.6 dargestellt.

Für dieses sehr kleine System kann man auf den ersten Blick erkennen, dass es sich nicht um ein informationstheoretisch sicheres System handeln kann, da die Bedingung

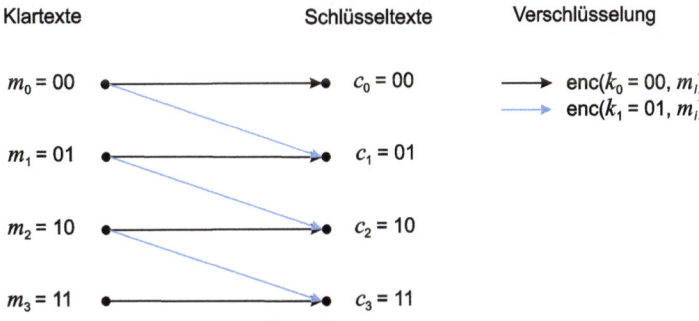

Abb. 4.6 Abbildung der Klartexte auf die Schlüsseltexte

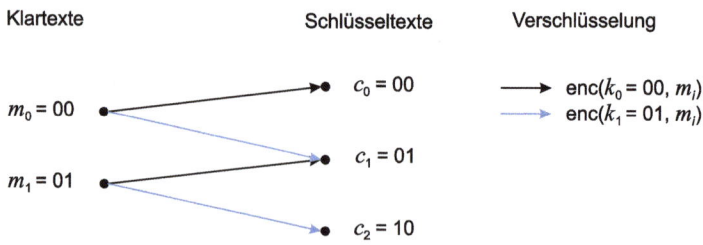

Abb. 4.7 Anforderung an die Anzahl der Schlüssel aufgrund der Injektivität

„a posteriori Wissen des Angreifers entspricht seinem a priori Wissen" offensichtlich verletzt ist: Ohne einen Schlüsseltext zu beobachten, kann der Angreifer keine der möglichen Nachrichten ausschließen. Beobachtet er jedoch den Schlüsseltext „00", so weiß er, dass der Sender die Nachricht „00" verschlüsselt hat; beobachtet er den Schlüsseltext „01", so weiß er, dass nur die Klartexte „00" und „01" in Frage kommen usw.

Wie das Beispiel illustriert, muss bei einem informationstheoretisch sicheren System jeder Schlüsseltext das Ergebnis der Verschlüsselung jeder möglichen Nachricht sein können. Diese Eigenschaft hängt offensichtlich mit der Anzahl der verwendeten Schlüssel zusammen. Die notwendige Anzahl lässt sich aus zwei Bedingungen ableiten:

1. Zunächst einmal muss eine Verschlüsselung injektiv sein, d. h.,

$$\text{enc}(k, m_1) = \text{enc}(k, m_2) \rightarrow m_1 = m_2,$$

   damit der Empfänger der verschlüsselten Nachricht auch wieder den zugehörigen Klartext ermitteln kann. Betrachten wir die Verschlüsselung von n verschiedenen Nachrichten $m_0, m_1, \ldots, m_{n-1}$ unter Nutzung ein und desselben Schlüssels k, so müssen sich demzufolge n verschiedene Schlüsseltexte $c_0, c_1, \ldots, c_{n-1}$ ergeben. Da dies für jeden Schlüssel gelten muss, gibt es mindestens so viele Schlüsseltexte wie Nachrichten: $|C| \geq |M|$ (Abb. 4.7).
2. Aus Beispiel 4.5 wurde abgeleitet, dass jeder Schlüsseltext als Verschlüsselung von jeder der möglichen Nachrichten hervorgehen können muss. Betrachten wir eine feste Nachricht m und die paarweise verschiedenen Schlüsseltexte $c_0, c_1, \ldots, c_{n-1}$, dann muss es n paarweise verschiedene Schlüssel $k_0, k_1, \ldots, k_{n-1}$ mit $\text{enc}(k_i, m) = c_i$ für $i = 0, 1, \ldots, n-1$ geben und damit gilt: $|K| \geq |C|$.

Insgesamt muss damit gelten:

$$|K| \geq |C| \geq |M|. \tag{4.13}$$

▶ **Anmerkung** In der zweiten Bedingung wird gefordert, dass es mindestens so viele Schlüssel wie Schlüsseltexte geben muss. Das schließt nicht aus, dass mehrere Schlüssel existieren, die einen Klartext in ein und denselben Schlüsseltext transformieren: Bei dem in

4.4 Informationstheoretische Sicherheit nach SHANNON

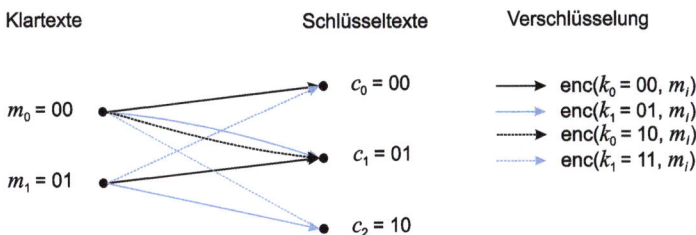

Abb. 4.8 Anforderung an die Anzahl der Schlüssel aufgrund der Sicherheit

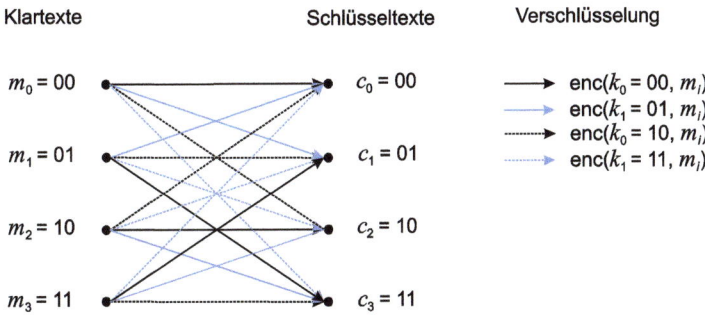

Abb. 4.9 Abbildung der Klartexte auf die Schlüsseltexte

Abb. 4.8 dargestellten Kryptosystem wird beispielsweise die Nachricht m_0 sowohl durch den Schlüssel k_1 als auch durch den Schlüssel k_2 auf den Schlüsseltext c_1 abgebildet. Ein Beispiel dafür ist die Verwendung von Schlüsseln mit einem redundanten Bit, welches überhaupt nicht für die Verschlüsselung verwendet wird. Auch wenn ein solches System sicherlich nicht von praktischer Bedeutung ist, wird die Sicherheit des Systems durch das nicht verwendete Schlüsselbit nicht eingeschränkt.

Doch auch mit der Forderung nach der Anzahl der Schlüssel kann noch keine informationstheoretische Sicherheit garantiert werden, wie Beispiel 4.6 demonstriert.

Beispiel 4.6 Das in Beispiel 4.5 verwendete Kryptosystem wird erweitert: Es werden vier Schlüssel $K = \{00, 01, 10, 11\}$ verwendet und diese werden so eingesetzt, dass jeder Schlüsseltext aus jeder möglichen Nachricht resultieren kann (Abb. 4.9).

Für die Beurteilung der erreichten Sicherheit ist es nun erforderlich, die a posteriori Wahrscheinlichkeiten zu berechnen. Dazu seien folgende Wahrscheinlichkeiten der Klartexte und Schlüssel gegeben:

$$p(m_0) = 0{,}15 \quad p(k_0) = 0{,}20$$
$$p(m_1) = 0{,}05 \quad p(k_1) = 0{,}70$$
$$p(m_2) = 0{,}50 \quad p(k_2) = 0{,}05$$
$$p(m_3) = 0{,}30 \quad p(k_3) = 0{,}05.$$

Mit Hilfe von (4.11) und (4.12) werden die Wahrscheinlichkeiten der Schlüsseltexte berechnet:

$$p(c_0) = \sum_{i=0}^{n-1} p(m_i) p(c_0|m_i)$$
$$= 0{,}15 \cdot 0{,}20 + 0{,}05 \cdot 0{,}70 + 0{,}50 \cdot 0{,}05 + 0{,}30 \cdot 0{,}05 = 0{,}105$$
$$p(c_1) = 0{,}192$$
$$p(c_2) = 0{,}320$$
$$p(c_3) = 0{,}383.$$

und entsprechend Formel (4.10) die a posteriori Wahrscheinlichkeiten, z. B.:

$$p(m_0|c_0) = \frac{p(m_0) p(c_0|m_0)}{p(c_0)} = \frac{0{,}15 \cdot 0{,}20}{0{,}105} = 0{,}286.$$

Damit ergeben sich die folgenden a posteriori Wahrscheinlichkeiten (gerundete Werte):

$p(m_0\|c_0) = 0{,}286$	$p(m_1\|c_0) = 0{,}333$	$p(m_2\|c_0) = 0{,}238$	$p(m_3\|c_0) = 0{,}143$
$p(m_0\|c_1) = 0{,}545$	$p(m_1\|c_1) = 0{,}013$	$p(m_2\|c_1) = 0{,}130$	$p(m_3\|c_1) = 0{,}312$
$p(m_0\|c_2) = 0{,}023$	$p(m_1\|c_2) = 0{,}008$	$p(m_2\|c_2) = 0{,}312$	$p(m_3\|c_2) = 0{,}657$
$p(m_0\|c_3) = 0{,}020$	$p(m_1\|c_3) = 0{,}026$	$p(m_2\|c_3) = 0{,}915$	$p(m_3\|c_3) = 0{,}039.$

Auch dieses System erfüllt nicht die Bedingung für informationstheoretische Sicherheit. Nach Beobachtung von c_0 ist beispielsweise der Klartext m_1 am wahrscheinlichsten, obwohl dieser die geringste a priori Wahrscheinlichkeit $p(m_1)$ aufweist, also eigentlich am seltensten verschickt wird; das Wissen des Angreifers ändert sich durch die Beobachtung.

Es sind also zusätzlich noch Anforderungen an die Wahrscheinlichkeiten der Schlüssel zu stellen. Die erforderlichen Werte können aus Formel (4.9) abgeleitet werden: Für jeden der Schlüsseltexte muss gelten, dass er mit derselben Wahrscheinlichkeit auftritt, wie er aus jeder der möglichen Nachrichten hervorgegangen sein kann. Betrachten wir bei dem Kryptosystem aus Beispiel 4.6 den Schlüsseltext c_0, so heißt das:

$$p(c_0|m_0) = p(c_0|m_1) = p(c_0|m_2) = p(c_0|m_3).$$

Da in diesem Beispiel jeweils genau ein Schlüssel die Verschlüsselung einer bestimmten Nachricht in einen bestimmten Schlüsseltext ergibt, müssen alle Schlüssel mit gleicher Wahrscheinlichkeit verwendet werden.

Folglich treten auch die möglichen Schlüsseltexte bei einem informationstheoretisch sicheren System mit dieser Eigenschaft mit gleicher Wahrscheinlichkeit $\frac{1}{|C|}$ auf, wie man sich mit Hilfe von Beispiel 4.6 leicht veranschaulichen kann: Wendet man die Schlüssel

4.4 Informationstheoretische Sicherheit nach SHANNON

k_1, k_2 und k_3 auf die Nachricht m_0 an, müssen die resultierenden Schlüsseltexte c_1, c_2 und c_3 wiederum den Wahrscheinlichkeiten dieser Schlüssel entsprechen – und damit auch der Wahrscheinlichkeit des Schlüsseltextes c_0.

Bei einem informationstheoretisch sicheren Kryptosystem mit $|K| = |C| = |M|$ müssen alle Schlüssel mit gleicher Wahrscheinlichkeit $p(k) = \frac{1}{|K|}$ gewählt werden; die resultierenden Schlüsseltexte treten ebenfalls mit gleicher Wahrscheinlichkeit $p(c) = \frac{1}{|C|}$ auf.

Bei einem System mit $|K| \geq |C| \geq |M|$ muss ebenfalls die aus (4.9) abgeleitete Bedingung erfüllt werden, für die Konstruktion eines solchen Systems gibt es jedoch verschiedene Möglichkeiten (siehe dazu Übungsaufgabe 4.2).

Beispiel 4.7 Das Kryptosystem aus Beispiel 4.6 wird etwas modifiziert: Die möglichen Schlüssel treten alle mit gleicher Wahrscheinlichkeit $p(k_i) = p(k) = 0{,}25$ auf. Daraus folgt für die Wahrscheinlichkeiten aller Schlüsseltexte:

$$p(c_j) = \sum_{i=0}^{n-1} p(m_i) \cdot 0{,}25 = 0{,}25 \cdot \underbrace{\sum_{i=0}^{n-1} p(m_i)}_{1} = 0{,}25.$$

Dieses Kryptosystem ist informationstheoretisch sicher – egal, welchen Schlüsseltext der Angreifer beobachtet, sein a posteriori-Wissen

$p(m_0\|c_0) = 0{,}15$	$p(m_1\|c_0) = 0{,}05$	$p(m_2\|c_0) = 0{,}5$	$p(m_3\|c_0) = 0{,}3$
$p(m_0\|c_1) = 0{,}15$	$p(m_1\|c_1) = 0{,}05$	$p(m_2\|c_1) = 0{,}5$	$p(m_3\|c_1) = 0{,}3$
$p(m_0\|c_2) = 0{,}15$	$p(m_1\|c_2) = 0{,}05$	$p(m_2\|c_2) = 0{,}5$	$p(m_3\|c_2) = 0{,}3$
$p(m_0\|c_3) = 0{,}15$	$p(m_1\|c_3) = 0{,}05$	$p(m_2\|c_3) = 0{,}5$	$p(m_3\|c_3) = 0{,}3$

entspricht seinem a priori-Wissen $p(m_i)$.

Das eben skizzierte informationstheoretisch sichere Kryptosystem verarbeitet Nachrichten der Länge 2 Bit. In der Praxis müssen jedoch üblicherweise längere Nachrichten verarbeitet werden; dazu könnte man einfach die längere Nachricht in Blöcke von jeweils 2 Bit aufsplitten und diese Blöcke nacheinander mit dem Kryptosystem verschlüsseln. Dabei ist jedoch zu beachten, dass die bisherigen Betrachtungen von einer zufälligen Wahl des Schlüssels ausgingen. Wird diese Bedingung verletzt und ein und derselbe Wert wiederholt als Schlüssel verwendet, kann keine informationstheoretische Sicherheit mehr erreicht werden, wie das folgende Beispiel demonstriert.

Beispiel 4.8 Für die Verschlüsselung wird das informationstheoretisch sichere Kryptosystem aus Beispiel 4.7 verwendet. Es werden zwei Nachrichten mit demselben Schlüssel k_i verschlüsselt, und der Angreifer beobachtet den resultierenden Schlüsseltext $0111 = c_1 c_3$.

Da derselbe Schlüssel verwendet wurde, gibt es nur genau so viele mögliche Klartexte wie Schlüssel, im konkreten Beispiel wären das:

$$k_0: \quad 1101 = m_3 m_1$$
$$k_1: \quad 0010 = m_0 m_2$$
$$k_2: \quad 0111 = m_1 m_3$$
$$k_3: \quad 1000 = m_2 m_0.$$

Für diese Klartexte werden die a posteriori Wahrscheinlichkeiten $p(m_i m_j | c_1 c_3)$ berechnet, wobei wir der Einfachheit halber davon ausgehen, dass die Klartexte unabhängig voneinander gewählt wurden, d. h.,

$$p(m_3 m_1) = p(m_3) p(m_1) = 0{,}15 \cdot 0{,}50 = 0{,}075$$
$$p(m_0 m_2) = 0{,}015$$
$$p(m_1 m_3) = 0{,}075$$
$$p(m_2 m_0) = 0{,}015.$$

Für die Berechnung der a posteriori Wahrscheinlichkeiten benötigen wir noch die Wahrscheinlichkeit des beobachteten Schlüsseltextes. Da die Schlüssel gleichwahrscheinlich sind ($p(k_i) = p(k)$, $i = 0, 1, 2, 3$), vereinfacht sich die Berechnung zu

$$p(c_1 c_3) = p(m_3 m_1) p(k_0) + p(m_0 m_2) p(k_1) + p(m_1 m_3) p(k_2) + p(m_2 m_0) p(k_3)$$
$$= p(k)\bigl(p(m_3 m_1) + p(m_0 m_2) + p(m_1 m_3) + p(m_2 m_0)\bigr).$$

Damit lassen sich die a posteriori Wahrscheinlichkeiten der möglichen Klartextfolgen ermitteln:

$$p(m_3 m_1 | c_1 c_3) = \frac{p(k) p(m_3 m_1)}{p(k)(p(m_3 m_1) + p(m_0 m_2) + p(m_1 m_3) + p(m_2 m_0))}$$
$$= \frac{p(m_3 m_1)}{p(m_3 m_1) + p(m_0 m_2) + p(m_1 m_3) + p(m_2 m_0)}$$
$$= \frac{0{,}075}{0{,}180} = 0{,}417$$
$$p(m_0 m_2 | c_1 c_3) = 0{,}083$$
$$p(m_1 m_3 | c_1 c_3) = 0{,}417$$
$$p(m_2 m_0 | c_1 c_3) = 0{,}083.$$

Es gibt also bereits nach der Beobachtung nur eines weiteren Schlüsseltextes deutliche Unterschiede der a posteriori Wahrscheinlichkeiten im Vergleich zu den a priori Wahrscheinlichkeiten der entsprechenden Klartextfolgen. Die möglichen Klartextfolgen können in zwei Gruppen mit jeweils gleicher a posteriori Wahrscheinlichkeit unterteilt werden. Damit kann geschlussfolgert werden, dass mit großer Wahrscheinlichkeit die Schlüssel k_0 oder k_2 verwendet wurden, wobei eine Unterscheidung zwischen diesen beiden noch nicht möglich ist.

Betrachten wir nun noch, wie sich die Beobachtung eines weiteren Schlüsseltextes $c_2 = 10$ auswirkt. Zur Analyse liegt also vor $c = c_1 c_3 c_2$. Daraus resultieren folgende a posteriori Wahrscheinlichkeiten:

$$k_0: \quad 110110 = m_3 m_1 m_2; \quad p(m_3 m_1 m_2 | c_1 c_3 c_2) = 0{,}208$$
$$k_1: \quad 001011 = m_0 m_2 m_3; \quad p(m_0 m_2 m_3 | c_1 c_3 c_2) = 0{,}625$$
$$k_2: \quad 011100 = m_1 m_3 m_0; \quad p(m_1 m_3 m_0 | c_1 c_3 c_2) = 0{,}062$$
$$k_3: \quad 100001 = m_2 m_0 m_1; \quad p(m_2 m_0 m_1 | c_1 c_3 c_2) = 0{,}104.$$

Damit hat eine der möglichen Klartextfolgen eine signifikant höhere Wahrscheinlichkeit erhalten als die anderen; nach weiteren Beobachtungen wird die Wahrscheinlichkeit dieses Schlüssels nahezu Eins werden und der entsprechende Schlüssel k_1 kann als wahrscheinlichster Schlüssel ermittelt werden.

Wie das Beispiel vermuten lässt, müssen die Schlüssel zur Verschlüsselung der einzelnen Blöcke zufällig gewählt werden. Das bedeutet, dass sich Sender und Empfänger für die Verschlüsselung jeder neuen 2-Bit Nachricht auf einen neuen Schlüssel einigen müssen, oder anders gesagt, einer Folge von 2-Bit-Nachrichten muss eine Zufallsfolge von Schlüsseln von der Gesamtlänge der Nachricht zugeordnet sein.

Bedingungen für informationstheoretische Sicherheit
- Nachrichten und Schlüsseltexte müssen stochastisch unabhängig voneinander sein, die Wahrscheinlichkeit für einen bestimmten Schlüsseltext darf also nicht von der verschlüsselten Nachricht abhängen (vgl. (4.9)).
- Es muss mindestens so viele Schlüsseltexte wie Nachrichten und mindestens so viele Schlüssel wie Schlüsseltexte geben (vgl. (4.13)).
- Die Schlüssel müssen zufällig und so gewählt werden, dass jeder Schlüsseltext mit gleicher Wahrscheinlichkeit aus jedem Klartext hervorgegangen sein kann. Bei einem System mit $|K| = |C| = |M|$ müssen alle Schlüssel gleichwahrscheinlich sein; die resultierenden Schlüsseltexte treten ebenfalls mit gleicher Wahrscheinlichkeit auf.
- Die Schlüssel zur Verschlüsselung verschiedener Nachrichten müssen jeweils zufällig gewählt werden; bei Stromchiffren muss eine Zufallsfolge von Schlüsseln entsprechend der Länge der Nachricht verwendet werden.

Systeme, die nur ein und denselben Schlüssel wiederholt zur Verschlüsselung verschiedener Nachrichten verwenden, können demzufolge nicht informationstheoretisch sicher sein. Dies betrifft alle Blockchiffren wie DES, AES, RSA oder ElGamal; wobei asymmetrische Systeme durch die Existenz der öffentlichen Funktion ohnehin nicht informationstheoretisch sicher sein können, wie wir bereits festgestellt haben. Ebenfalls können Stromchiffren keine informationstheoretische Sicherheit bieten, wenn sich die Folge von Schlüsselzeichen wiederholt. Dies ist bei der Vigenère-Chiffre der Fall, aber auch bei Stromchiffren, welche einen Pseudozufallszahlengenerator zur Generierung des Schlüsselstroms verwenden.

Das Besondere an informationstheoretischer Sicherheit ist die Tatsache, dass nur minimale Annahmen getroffen werden müssen, was natürlich für die Konstruktion eines Systems sehr positiv ist. Es wird ein Angreifer mit unbeschränkten Ressourcen vorausgesetzt, und es werden keine Annahmen über die zu verarbeitenden Nachrichten getroffen. Auch wenn die Anzahl möglicher Nachrichten gering ist, stellt dies keinen Angriffspunkt auf ein informationstheoretisch sicheres System dar.

Informationstheoretische Sicherheit wurde im Hinblick auf einen passiven reinen Schlüsseltext-Angriff eingeführt. Ein informationstheoretisch sicheres System bietet jedoch auch Sicherheit gegen stärkere Angreifer: Selbst wenn ein aktiver Angreifer Informationen über den zur Verschlüsselung der von ihm gewählten Daten benutzten Schlüssel ableiten kann, nutzt ihm das nichts für zukünftige Angriffe, da dieser Schlüssel ja nicht noch einmal verwendet wird.

4.4.4 Nachrichten- und Schlüsseläquivokation

Zur Beschreibung der Informationen, welche ein Angreifer aus der Beobachtung von Schlüsseltext ziehen kann, bietet sich die Betrachtung bedingter Entropien an. Insbesondere sind dabei interessant:

- Die *Nachrichtenäquivokation* $H(M|C)$, welche die verbleibende Unbestimmtheit über die Nachricht nach Beobachtung des Schlüsseltextes beschreibt, und
- die *Schlüsseläquivokation* $H(K|C)$, welche die verbleibende Unbestimmtheit über den Schlüssel nach Beobachtung des Schlüsseltextes angibt.

Entsprechend Bedingung (4.8), aus der die stochastische Unabhängigkeit der Quellen M und C folgt, verringert sich bei informationstheoretisch sicheren Systemen die Nachrichtenäquivokation nicht durch die Beobachtung von Schlüsseltexten, d. h. mit (4.7) folgt $H(M|C) = H(M)$.

Bei einem informationstheoretisch sicheren System erhält der Angreifer auch keine zusätzliche Information über den verwendeten Schlüssel. Betrachten wir nun noch den Zusammenhang zwischen Nachrichten- und Schlüsseläquivokation. Zunächst gilt, dass die

Abb. 4.10 Ableitung der bedingten Entropie $H(M, K|C)$ aus den Diagrammen

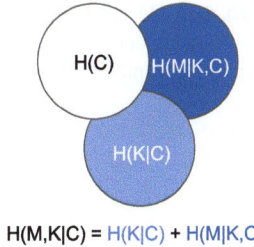

Ungewissheit über Nachricht *und* Schlüssel nach Beobachtung des Schlüsseltextes mindestens so groß ist wie die Nachrichtenäquivokation:

$$H(M|C) \leq H(M, K|C).$$

Die rechte Seite der Ungleichung soll durch einen Ausdruck ersetzt werden, der die Schlüsseläquivokation enthält. Laut (4.7) gilt $H(M, K) = H(K) + H(M|K)$, die Erweiterung aller Terme um die Kenntnis des Schlüsseltextes („$|C$") liefert

$$H(M, K|C) = H(K|C) + H(M|K, C).$$

▶ **Anmerkung** Diese Beziehung kann leicht aus der grafischen Darstellung der Entropien abgelesen werden (Abb. 4.10). Die gesuchte Unbestimmtheit über Nachricht und Schlüssel bei Kenntnis des Schlüsseltexts entspricht der Summe der farbig hinterlegten Flächen.

Bei Kenntnis von Schlüsseltext und Schlüssel ist die Nachricht eindeutig bestimmt, d. h. $H(M|K, C) = 0$. Dies spiegelt die Tatsache wider, dass ein berechtigter Benutzer in der Lage sein muss, eine verschlüsselte Nachricht wieder zu entschlüsseln. Damit ergibt sich insgesamt, dass die Ungewissheit über den Schlüssel nach Beobachtung eines Schlüsseltextes mindestens so groß sein muss wie die Ungewissheit über die Nachricht:

$$H(M|C) \leq H(K|C). \tag{4.14}$$

Für die weiterführenden Betrachtungen in Abschn. 4.4.5 ist die Berechnung der Schlüsseläquivokation hilfreich:

$$H(K|C) = H(K, C) - H(C).$$

Die Ungewissheit über Schlüssel und Schlüsseltext $H(K, C)$ kann aus den folgenden Beziehungen abgeleitet werden (Abb. 4.11):

$$H(M, K, C) = H(K, C) + \underbrace{H(M|K, C)}_{=0} = H(K, C)$$

$$H(M, K, C) = H(M, K) + \underbrace{H(C|M, K)}_{=0} = H(M, K).$$

Abb. 4.11 Möglichkeiten der Bestimmung der Verbundentropie $H(M, K, C)$

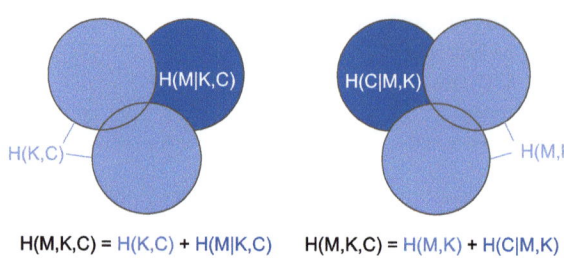

Da der Schlüsseltext bei Kenntnis von Nachricht und Schlüssel eindeutig bestimmt ist, gilt $H(C|K, M) = 0$. Durch die Unabhängigkeit der Wahl der Schlüssel von der Nachricht gilt weiterhin $H(M, K) = H(M) + H(K)$. Aus den beiden resultierenden Gleichungen folgt $H(K, C) = H(M) + H(K)$ und damit ergibt sich insgesamt für die Schlüsseläquivokation

$$H(K|C) = H(M) + H(K) - H(C). \qquad (4.15)$$

4.4.5 Eindeutigkeitsdistanz

Für Systeme, die keine informationstheoretische Sicherheit bieten, kann man mit Hilfe der Entropien bzw. der Redundanz ermitteln, wie viele Schlüsseltextzeichen ein Angreifer beobachten muss, bis er bei uneingeschränkten Computerressourcen eindeutig den verwendeten Schlüssel bestimmen kann. Diese Anzahl benötigter Zeichen n_0 soll nun bestimmt werden.

Ausgangspunkt der Überlegungen bildet die Schlüsseläquivokation (4.15) nach Beobachtung von n Schlüsseltextzeichen, welche sich aus der Verschlüsselung von n Klartextzeichen ergeben:

$$H(K|C^n) = H(M^n) + H(K) - H(C^n). \qquad (4.16)$$

Um die Entropie von Klartextfolgen der Länge n zu bestimmen, geht man von der Verschlüsselung sinnvoller Nachrichten aus. Basierend auf der mittleren Redundanz pro Zeichen (4.4) einer natürlichen Sprache mit dem Alphabet $\mathcal{A}_M$ kann $H(M^n)$ für hinreichend großes n mit

$$H(M^n) \approx n H_L = n\left(\operatorname{ld}|\mathcal{A}_M| - R_L\right) \qquad (4.17)$$

abgeschätzt werden. Die Entropie der Schlüsseltextfolgen der Länge n beträgt bei Gleichverteilung der einzelnen Zeichen und Unabhängigkeit zwischen den Schlüsseltextzeichen $n \operatorname{ld}|\mathcal{A}_C|$, für $|\mathcal{A}_M| = |\mathcal{A}_C|$ ergibt sich demzufolge

$$H(C^n) \leq \operatorname{ld}|C^n| \leq \operatorname{ld}|\mathcal{A}_C|^n = n \operatorname{ld}|\mathcal{A}_C| = n \operatorname{ld}|\mathcal{A}_M|, \quad \text{also}$$
$$H(C^n) \leq n \operatorname{ld}|\mathcal{A}_M|. \qquad (4.18)$$

4.4 Informationstheoretische Sicherheit nach SHANNON

Setzt man diese Abschätzungen für $H(M^n)$ und $H(C^n)$ in (4.16) ein, erhält man als Abschätzung für die Schlüsseläquivokation für hinreichend großes n

$$\begin{aligned} H(K|C^n) &= H(M^n) + H(K) - H(C^n) \\ &\geq n(\text{ld}\,|\mathcal{A}_M| - R_L) + H(K) - n\,\text{ld}\,|\mathcal{A}_M| \\ &\geq H(K) - nR_L. \end{aligned}$$

Nach Beobachtung von n_0 Schlüsseltextzeichen liegt beim Angreifer keine Unsicherheit mehr über den verwendeten Schlüssel vor, d. h., $H(K|C^{n_0}) = 0$. Mit dieser Beziehung kann die Anzahl zu beobachtender Zeichen abgeschätzt werden.

Definition 4.2 *Die **Eindeutigkeitsdistanz** n_0 gibt die Anzahl von Zeichen an, welche ein Angreifer beobachten muss, um den verwendeten Schlüssel mit Hilfe eines passiven Schlüsseltext-Angriffs zu bestimmen.*

Die Eindeutigkeitsdistanz kann näherungsweise wie folgt berechnet werden (die Abschätzung gilt, wie oben erwähnt, für hinreichend großes n):

$$n_0 = \left\lceil \frac{H(K)}{R_L} \right\rceil. \tag{4.19}$$

Der Wert n_0 illustriert sehr gut die geringe Sicherheit historischer Chiffren und gibt Hinweise darüber, wie die Sicherheit erhöht werden könnte. Allerdings liefert die Berechnung der theoretisch notwendigen Zeichen keinen Anhaltspunkt über einen effizienten Algorithmus, der für eine entsprechende Analyse verwendet werden kann.

Beispiel 4.9 Bei einer allgemeinen MM-Substitution (Kap. 2) gibt es für ein Alphabet mit 26 unterschiedlichen Zeichen 26! mögliche Schlüssel. Damit gilt

$$H(K) = \text{ld}\,|K| = \text{ld}\,26! = 88{,}4\,\frac{\text{bit}}{\text{Zeichen}}.$$

Verwendet man für die Redundanz von (deutschsprachigen) Texten den in [60] ermittelten Schätzwert $R_L = 3{,}4\,\frac{\text{bit}}{\text{Zeichen}}$, ergibt sich eine sehr geringe Eindeutigkeitsdistanz von

$$n_0 = \left\lceil \frac{H(K)}{R_L} \right\rceil = \left\lceil \frac{88{,}4\,\frac{\text{bit}}{\text{Zeichen}}}{3{,}4\,\frac{\text{bit}}{\text{Zeichen}}} \right\rceil = 26.$$

Bereits nach ungefähr 26 Schlüsseltextzeichen ist es im Allgemeinen also möglich, den für eine MM-Substitution benutzten Schlüssel eindeutig zu ermitteln.

Hätte der Angreifer lediglich Kenntnisse über die Wahrscheinlichkeiten einzelner Buchstaben, würde die Redundanz der Klartexte $R_L = 0{,}637\,\frac{\text{bit}}{\text{Zeichen}}$ betragen (S. 74), und für eine erfolgreiche Analyse wären

$$n_0 = \left\lceil \frac{H(K)}{R_L} \right\rceil = \left\lceil \frac{88{,}4 \frac{\text{bit}}{\text{Zeichen}}}{0{,}637 \frac{\text{bit}}{\text{Zeichen}}} \right\rceil = 139.$$

Schlüsseltextzeichen erforderlich – mehr Wissen über die Struktur der Sprache vereinfacht die Analysen. Natürlich handelt es sich bei den hier angegebenen Abschätzungen um theoretische Werte, der tatsächliche Aufwand ist von den zur Analyse vorliegenden Texten und den Analysemöglichkeiten abhängig.

Die Eindeutigkeitsdistanz ist offensichtlich von der Redundanz der verschlüsselten Texte sowie von der Unbestimmtheit des Schlüssels abhängig. Daraus können folgende Schlussfolgerungen abgeleitet werden: Erfolgreiche Analysen mittels reiner Schlüsseltextangriffe werden erschwert

- durch zunehmende Unbestimmtheit des Schlüssel und
- durch abnehmende Redundanz – sprich größere Zufälligkeit – der Nachrichten.

Der erste Aspekt hängt von der Größe des Schlüsselraums ab, der zweite kann durch eine Kompression und damit Redundanzreduktion der Nachrichten beeinflusst werden.

4.5 Grundsätzliches über Systeme mit geringerer Sicherheit

Unter dem Gesichtspunkt der Sicherheit des kryptographischen Systems wird man, wenn möglich, *informationstheoretisch sichere* Systeme verwenden, also das in Abschn. 7.2.1 beschriebene symmetrische Konzelationssystem **Vernam-Chiffre** (*one-time pad*) oder die in Abschn. 7.2.2 beschriebenen symmetrischen Authentikationscodes. Dann kann ein Angreifer so viel rechnen wie er will – es wird ihm nichts nützen. Die Sicherheit ist also (soweit es die algorithmischen Teile des Systems betrifft) absolut.

Drei Gründe können erzwingen, auf lediglich *komplexitätstheoretisch sichere* kryptographische Systeme auszuweichen:

- Das entsprechende Schutzziel ist durch informationstheoretisch sichere kryptographische Systeme nicht durchzusetzen, etwa eine digitale Signatur im strengen Sinn (Abschn. 3.5): Digitale Signaturen erfordern die Nutzung asymmetrischer Systeme, und diese können nicht informationstheoretisch sicher sein (Abschn. 4.4.3).
- Das Risiko der unbefugten Kenntnisnahme der ausgetauschten Schlüssel ist höher als die zusätzliche Sicherheit eines informationstheoretisch sicheren kryptographischen Systems gegenüber einem alternativen asymmetrischen (und damit zwangsläufig nur komplexitätstheoretisch sicheren).
- Der Aufwand des Austauschs der für informationstheoretisch sichere kryptographische Systeme nötigen, mit der Gesamtlänge der zu schützenden Nachrichten unbegrenzt wachsenden Schlüssel ist zu groß.

4.5 Grundsätzliches über Systeme mit geringerer Sicherheit

Für Systeme, die nicht informationstheoretisch sicher sind, kann man, unabhängig vom Systemtyp, schon einige allgemeine Aussagen bzgl. ihrer Sicherheit treffen:

(1) **Sie sind im Prinzip brechbar.**

Wenn Schlüssel der festen Länge l verwendet werden, und genügend Information zur Verfügung steht, dass der Schlüssel im Prinzip eindeutig ist, kann ein Angreiferalgorithmus theoretisch immer alle 2^l Schlüssel durchprobieren und damit das System vollständig brechen. Dies betrifft die meisten asymmetrischen Systeme, sowohl bzgl. Konzelation als auch Authentikation, weil i. Allg. bei bekanntem k_e bzw. k_t nur ein k_d bzw. k_s möglich ist, und außer der Vernam-Chiffre auch symmetrische Konzelationssysteme bei Klartext-Schlüsseltext-Angriff mit genügend viel „Material". Bei asymmetrischen Systemen ist zudem ein nachrichtenbezogenes Brechen möglich, da der Angreifer die öffentlichen Funktionen für sein vollständiges Durchsuchen nutzen kann (Abschn. 4.4.3).

Dieses erschöpfende Durchprobieren erfordert aber *exponentiell* viele Operationen, ist also z. B. für $l > 100$ nicht realistisch.

Es bedeutet aber, dass das Beste im Sinne der Komplexitätstheorie, was der Entwerfer kryptographischer Systeme erhoffen kann, ein für den Angreiferalgorithmus in l exponentieller Aufwand ist.

▶ **Anmerkung** „Im Prinzip brechbar" bezieht sich also auf einen unbeschränkten Angreifer, der den Schlüssel- oder Nachrichtenraum vollständig durchsuchen kann.

(2) **Es genügt zur Abschätzung der Sicherheit nicht, nur asymptotische „worst-case"-Komplexität zu betrachten.**

Komplexitätstheorie liefert hauptsächlich asymptotische Resultate.
Komplexitätstheorie behandelt hauptsächlich „worst-case"-Komplexität.

Es ist schön zu wissen, wie sich die Sicherheit verhält, wenn der Sicherheitsparameter l (Verallgemeinerung der Schlüssellänge; praktisch nützlich) genügend groß ist. Beim praktischen Einsatz kryptographischer Systeme muss man die Werte aller Parameter aber konkret festlegen. Was einen dann interessiert ist: Wie sicher ist das System bei konkreten Parameterwerten? Oder anders formuliert: Wo beginnt „genügend groß"?

Die „worst-case"-Komplexität ist für Sicherheit ungenügend, ebenso „average-case"-Komplexität: Es soll ja nicht nur ein paar Schlüssel geben, die nicht gebrochen werden können, sondern die meisten sollen nicht gebrochen werden.

Man wünscht sich: Das Problem soll fast überall, d. h. bis auf einen verschwindenden Bruchteil der Fälle, schwer sein. D. h. wenn ein Benutzer seinen Schlüssel zufällig wählt, soll die Wahrscheinlichkeit überwältigend sein, dass er nicht gebrochen wird.

Ist der Sicherheitsparameter l, so verlangt man:

$$\text{Wenn } l \to \infty, \text{ dann Brechwahrscheinlichkeit} \to 0.$$

Man hofft: Die Brechwahrscheinlichkeit sinkt schnell, so dass man l nicht allzu groß machen muss.

(3) Man benötigt zwei Komplexitätsklassen für die möglichen Operationen.

Im Wesentlichen braucht man bei einem kryptographischen System zwei Komplexitätsklassen: Die Dinge, die die Benutzer tun müssen, müssen leicht gehen; hingegen muss das Brechen schwer sein. Formal fasst man dies meist durch den Unterschied zwischen polynomial und nicht polynomial, also:

Schlüsselgenerierung,
Ver-/Entschlüsseln: leicht = polynomial in l
Brechen: schwer = nicht polynomial in l ≈ exponential in l

Warum gerade diese Trennung? (Die Punkte (b) und (c) gelten ganz allgemein für die Komplexitätstheorie.)

(a) Schwerer als exponentiell geht nicht, siehe (1).
(b) Abgeschlossen: Einsetzen von Polynomen in Polynome ergibt Polynome, d. h. vernünftige Kombinationen polynomialer Algorithmen sind wieder polynomial (ohne dass man etwas Genaues rechnen muss).
(c) Vernünftige Berechnungsmodelle (Turing-, RAM-Maschine) sind polynomial äquivalent, man muss sich also nicht auf ein genaues Maschinenmodell festlegen.

Für die Praxis würde ein Polynom von hohem Grad als untere Schranke für einen Angreiferalgorithmus auf einer RAM-Maschine reichen. Und die leichten Algorithmen gehen in der Praxis meist höchstens bis l^3.

▶ **Anmerkung** Dass das Brechen schwer sein soll, wird mit

„nicht polynomial in l ≈ exponentiell in l"

beschrieben. Hier steht kein Gleichheitszeichen, da es zwischen polynomial (l^k mit festem k) und exponentiell (2^l) weitere Funktionen gibt, z. B. $2^{\sqrt{l}}$.

(4) Es sind komplexitätstheoretische Annahmen notwendig.

Komplexitätstheoretische Annahmen wie z. B. „Faktorisierung ist schwer" (Abschn. 8.3.1) sind notwendig, da in der Komplexitätstheorie keine brauchbaren unteren Schranken bewiesen worden sind.

Für Kenner: Genauer liegt das Brechen bei vielen solchen Systemen offensichtlich innerhalb von NP. Im Prinzip heißt NP gerade: Wenn man eine Lösung geraten hat, kann man schnell testen, ob sie richtig ist. Das trifft z. B. in (1) bzgl. der Fälschung einer Signatur zu. Damit ist für solche Fälle klar, dass ein Beweis, dass das Brechen eines solchen Systems exponentiell ist, $P \neq NP$ implizieren würde. Mit solch einem Beweis ist also zunächst nicht zu rechnen, da seit vielen Jahren viele Wissenschaftler $P \neq NP$ zu beweisen oder zu widerlegen versuchen.

Innerhalb von NP sind keine passenden unteren Schranken bekannt, also würde es auch hier nichts nützen, wenn man sich z. B. mit einer unteren Schranke l^{100} zufriedengäbe.

(5) **Die Vertrauenswürdigkeit bislang ungebrochener Systeme nimmt mit der Zeit zu.**
Je kompakter und je länger (und von je mehr Leuten) untersucht, desto vertrauenswürdiger. In gewisser Hinsicht werden also kryptographische Systeme, wenn sie nicht informationstheoretisch sicher sind, mit zunehmendem Alter entweder gebrochen oder vertrauenswürdiger. Allerdings muss man, schon wegen des Fortschritts der Rechnerleistungen, die Parameter l allmählich erhöhen. Es ist also Vorsicht geboten, wenn Sachen lange geheim bleiben sollen, oder Signaturen für Jahre gültig, also auch unfälschbar, sein sollen!

▶ **Anmerkung** Hat man nicht die Möglichkeit, die Parameter zu verändern, so kann es sein, dass ein System irgendwann nicht mehr verwendet werden sollte. Ein Beispiel dafür ist das symmetrische Konzelationssystem DES, dessen Schlüssellänge heutzutage nicht mehr ausreichend Sicherheit gegen eine vollständige Suche bietet (Abschn. 7.4).

Ein NP-vollständiges Problem wäre natürlich besonders nett, aber man hat bisher keins entdeckt, das auch im Sinne von (2) hart wäre.

Im Folgenden werden einige ausgewählte Begriffe vorgestellt, mit denen die erreichte Sicherheit von nicht informationstheoretisch sicheren Kryptosystemen genauer beschrieben werden kann.

4.6 Weitere Sicherheitsbegriffe

4.6.1 Beschränkungen der „beweisbaren Sicherheit"

Der Begriff „beweisbare Sicherheit" (*provable security*) wurde im Zusammenhang mit asymmetrischen Systemen geprägt. Die hier einzuordnenden Beweise gehen aber nicht, wie in Abschn. 4.1 gefordert, von einer Definition des zu erreichenden Schutzziels aus. Man sollte sich aus diesem Grund unbedingt bewusst machen, was der Begriff „beweisbar sicher" tatsächlich über die Sicherheit des Systems aussagt.

Asymmetrische Systeme beruhen auf schwierigen mathematischen Problemen. Die öffentliche Funktion muss „leicht" berechenbar sein, während die Umkehroperation ohne Kenntnis der geheimen Parameter „schwierig" auszuführen sein soll, d. h. für einen komplexitätstheoretisch beschränkten Angreifer nicht in vertretbarer Zeit realisierbar. Das Ziel von Untersuchungen zur beweisbaren Sicherheit besteht darin, folgende Aussage zu beweisen:

„Wenn der Angreifer das kryptographische System brechen kann, kann er das schwierige mathematische Problem lösen."

▶ **Anmerkung** Ziel eines solchen Beweises ist es damit zu zeigen, dass Brechen des Systems und Lösen des mathematischen Problems äquivalent schwer sind. Ein solcher Beweis kann nicht für alle asymmetrischen Systeme erbracht werden – während es leicht zu zeigen ist, dass ein Angreifer in der Lage ist, das System zu brechen, wenn er eine Lösung für das mathematische Problem gefunden hat, kann die andere, vom Beweisziel geforderte Richtung oftmals nicht nachgewiesen werden. Das ist beispielsweise bei so bekannten Systemen wie RSA oder ElGamal der Fall (Abschn. 8.3.2 und 8.4.3).

Doch selbst wenn ein entsprechender Beweis möglich ist, ist die Sicherheit des Systems keineswegs garantiert – und dies gilt hier nicht nur für die Implementierung und im Hinblick auf teilweise noch unbekannte, implizite Annahmen, sondern im Hinblick auf den Algorithmus bzw. das Protokoll, das dessen Verwendung beschreibt.

Wesentliche Probleme der beweisbaren Sicherheit sind [4, 54, 55]:

- Der Beweis betrachtet nur Angriffe, welche die Einwegfunktion ausnutzen – es werden keine Aussagen über mögliche weitere Angriffe getroffen.
- Die Beweise setzen voraus, dass es niemandem gelingt, eine Möglichkeit zur Lösung des zugrunde liegenden schwierigen Problems zu finden.

In Abschn. 4.1 haben wir kurz umrissen, wie ein Sicherheitsbeweis aussehen sollte – er sollte nicht auf der Untersuchung der Sicherheit gegen konkrete Angriffe beruhen, wie dies hier aber der Fall ist. Untersuchungen der Einwegfunktion arbeiten immer auf Ebene der kryptographischen Primitive und betrachten damit keine Angriffsmöglichkeiten auf Ebene des Protokolls, speziell keine aktiven Angriffe, die erst ins Spiel kommen, wenn das System zur Sicherung von Nachrichten eingesetzt wird.

Beispiel 4.10 Praktische Beispiele bestätigen die Relevanz dieses Aspekts. So gelingt es, das erste „beweisbar sichere" asymmetrische Kryptosystem, Rabin, mittels eines aktiven Angriffs zu brechen. Sicherheit gegen den aktiven Angriff auf Rabin wird jedoch durch eine von BONEH vorgeschlagene Modifikation des Protokolls erreicht [13].

Wir können also zusammenfassend feststellen, dass es für asymmetrische Systeme notwendig ist, zunächst die Eignung der mathematischen Funktion zu untersuchen, wie dies etwa bei Untersuchungen zur „beweisbaren Sicherheit" erfolgt. Aussagen über die Sicherheit des kryptographischen Systems erfordern aber weitere Untersuchungen und müssen insbesondere auch aktive Angriffe in Betracht ziehen.

4.6.2 Semantische Sicherheit und probabilistische Verschlüsselung

Der Begriff der semantischen Sicherheit wurde 1984 von GOLDWASSER und MICALI eingeführt [43]. Betrachtet wird Sicherheit gegen einen passiven Angreifer.

Definition 4.3 *Ein System heißt **semantisch sicher**, wenn alles, was bei Kenntnis des zugehörigen Schlüsseltextes effizient über den Klartext berechnet werden kann, auch effizient ohne Kenntnis des Schlüsseltextes berechnet werden kann.*

4.6 Weitere Sicherheitsbegriffe

Diese Definition ähnelt der Definition der informationstheoretischen Sicherheit: Der Angreifer darf durch seine Beobachtung keine Informationen gewinnen. Der wesentliche Unterschied steckt in der Forderung, dass sich keine Informationen *effizient* berechnen lassen dürfen – es werden Einschränkungen bzgl. des Angreifers getroffen und damit handelt es sich um komplexitätstheoretische Sicherheit: Der notwendige Aufwand muss so hoch sein, dass er von einem Angreifer mit beschränkten Ressourcen nicht erbracht werden kann. Als realisierbar wird polynomieller Aufwand betrachtet. Natürlich kann ein passiver Angreifer bei einem asymmetrischen System durch probeweise Verschlüsselung aller möglichen Nachrichten immer den zu einem Schlüsseltext gehörigen Klartext ermitteln; in der Praxis muss dies aber polynomiellen Aufwand übersteigen und damit zu aufwendig sein.

Für die Untersuchung der Sicherheit eines konkreten Systems benötigt man nun noch eine überprüfbare Bedingung (in [6] als Charakterisierung von semantischer Sicherheit bezeichnet). GOLDWASSER und MICALI haben hier den Begriff der polynomiellen Sicherheit eingeführt, der später treffend als *(polynomielle) Ununterscheidbarkeit* bezeichnet wurde: Der Angreifer ist nicht in der Lage, in polynomieller Zeit zwei beliebige Nachrichten zu finden, so dass er die Verschlüsselung einer dieser beiden Nachrichten in polynomieller Zeit korrekt der Nachricht zuordnen kann.

Für einen passiven Angreifer kann man dies entsprechend [83] auch folgendermaßen beschreiben (Abb. 4.12): Zunächst werden die Parameter des Kryptosystems festgelegt, der Angreifer erhält den öffentlichen Schlüssel. Danach wählt der Angreifer zwei Nachrichten m_0 und m_1 und gibt diese dem Besitzer der geheimen Parameter (die „gute" Teilnehmerin Alice). Alice wählt zufällig eine der Nachrichten aus, verschlüsselt sie und gibt den resultierenden Schlüsseltext dem Angreifer, der entscheiden muss, welche der beiden von ihm gewählten Nachrichten verschlüsselt wurde.

Der Zusammenhang zwischen Ununterscheidbarkeit und semantischer Sicherheit ist intuitiv klar: Wenn ein Angreifer *irgendeine* Information aus der Beobachtung des Schlüsseltextes ableiten könnte, könnte er entscheiden, welche der beiden ihm bekannten Nachrichten zuzuordnen ist.

Nur *probabilistisch* arbeitende asymmetrische Kryptosysteme können semantische Sicherheit bieten: Angenommen, der Schlüsseltext hängt deterministisch von Nachricht und Schlüssel ab. Der Angreifer braucht in diesem Fall nur die beiden ihm bekannten Nachrichten probeweise mit der ihm ebenfalls bekannten öffentlichen Verschlüsselungsfunktion zu verschlüsseln und das Ergebnis mit seiner Beobachtung zu vergleichen. Besonders kritisch ist das Problem also im Allgemeinen, falls die Anzahl der möglichen Nachrichten nur gering ist. Bei einem probabilistischen System dagegen hängt die Verschlüsselung auch von einem zufälligen Anteil ab, der das erfolgreiche Durchprobieren in polynomieller Zeit verhindert.

▶ **Anmerkung** GOLDWASSER und MICALI beschreiben in [43] ein semantisch sicheres Konzelationssystem, das auf dem Quadratische-Reste-Problem beruht. Der Nachteil des Systems ist die große Nachrichtenexpansion: Jedes einzelne Bit der Nachricht wird entweder

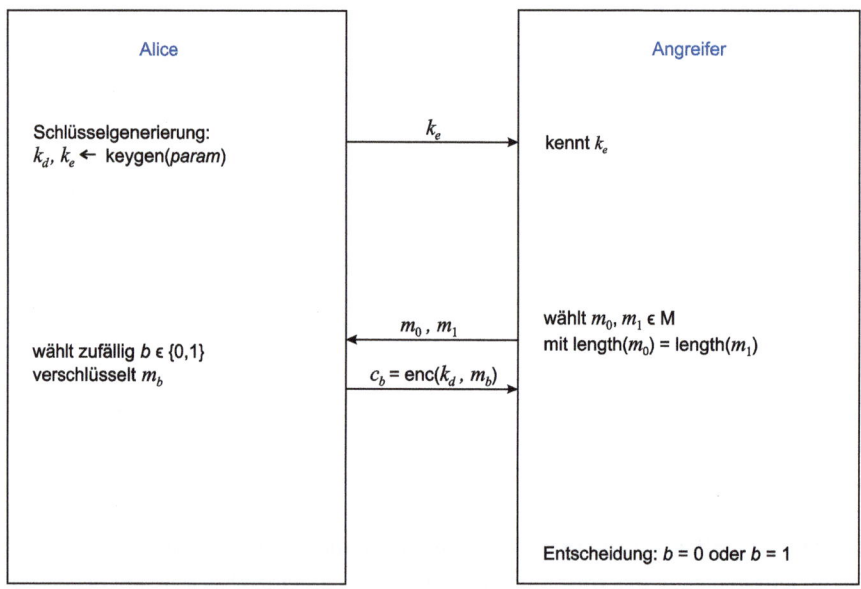

Abb. 4.12 Semantische Sicherheit: Ununterscheidbarkeit von Nachrichten für einen passiven Angreifer

als quadratischer Rest oder quadratischer Nichtrest dargestellt, die Länge dieser Zahlen hängt von dem gewählten Sicherheitsparameter ab.

4.6.3 Sicherheit gegen aktive Angriffe: Non-Malleability

Betrachtet man aktive Angriffe, ist semantische Sicherheit nicht ausreichend. Das Ziel des Angreifers kann auch darin bestehen, einen abgefangenen Schlüsseltext in seinem Sinn zu ändern – ohne dabei Informationen über den Klartext ableiten zu können.

▶ **Anmerkung** DOLEV, DWORK und NAOR illustrieren dies in [30] mit folgendem, als *contract bidding* bezeichneten Angriff:

Firmen sollen für eine Ausschreibung Angebote einreichen, verschlüsselt mit dem öffentlichen Schlüssel k_e des Auftraggebers. Ist das Kryptosystem nicht immun gegen mögliche Manipulationen, kann eine der Firmen ein verschlüsseltes Angebot eines Konkurrenten

$$c = \text{enc}(k_e, m)$$

abfangen und daraus – ohne Informationen über den Inhalt ableiten zu können oder für den Angriff zu benötigen – ein neues verschlüsseltes Angebot generieren, welches ein tieferes Gebot enthält:

$$c' = \text{enc}(k_e, m') \quad \text{mit } m' < m.$$

4.6 Weitere Sicherheitsbegriffe

Diese Möglichkeit der Manipulation ist für aktive Angriffe relevant. Ein aktiver Angreifer lässt von dem Angegriffenen selbst gewählte Daten mit Hilfe der geheimen Operation verarbeiten, um die ihn interessierenden Daten zu erhalten bzw. zu manipulieren. Um die Ergebnisse für seinen Angriff nutzen zu können, stehen die von ihm gewählten Daten in irgendeiner Relation zu den ihn interessierenden Daten. Um welche Relation es sich handelt, hängt vom tatsächlichen Angriff ab. Sicherheit gegen adaptive aktive Angriffe wird als *Non-Malleability* bezeichnet.

Definition 4.4 *Ein System bietet Sicherheit gegen adaptive aktive Angriffe (**Non-Malleability**), falls es folgende Bedingung erfüllt: Es ist nicht einfacher, bei Kenntnis eines Schlüsseltextes effizient einen weiteren Schlüsseltext zu generieren, so dass die zugehörigen Klartexte in Relation zueinander stehen, als ohne Kenntnis dieses Schlüsseltextes.*

Nach [83] kann diese Eigenschaft mit folgendem Szenario beschrieben werden (Abb. 4.13): Nach Wahl der öffentlichen Parameter hat der Angreifer zunächst die Möglichkeit, sich selbst gewählte Schlüsseltexte entschlüsseln zu lassen. Danach wählt er wieder zwei Nachrichten m_0 und m_1 und gibt sie dem Besitzer der geheimen Parameter, der geheim entscheidet, welche der beiden er zu c_i verschlüsselt und dem Angreifer gibt. Anschließend hat der Angreifer nochmals die Möglichkeit, sich beliebig viele selbst gewählte Schlüsseltexte – natürlich außer c_i – entschlüsseln zu lassen, bevor er entscheiden muss, welche der beiden von ihm gewählten Nachrichten – m_0 oder m_1 – der Angegriffene verschlüsselt hat.

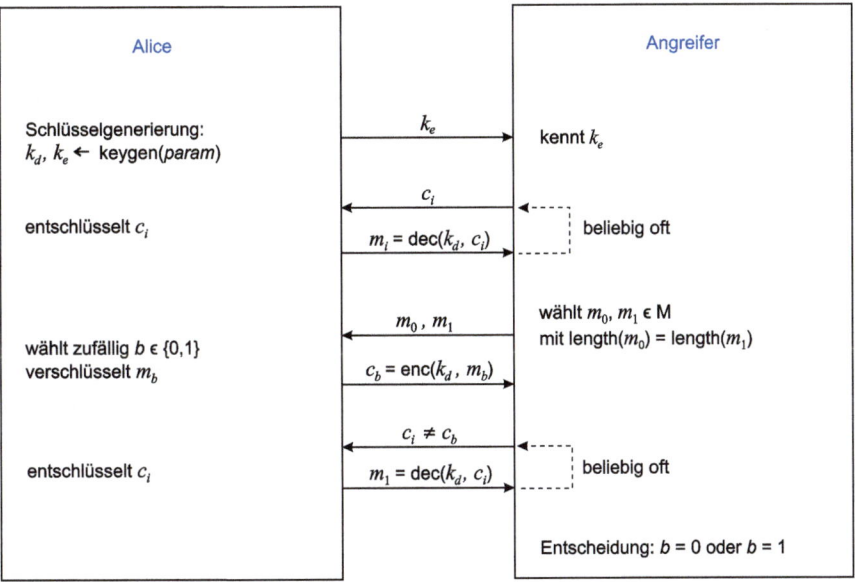

Abb. 4.13 Non-Malleability: Ununterscheidbarkeit von Nachrichten für einen aktiven Angreifer

Beispiel 4.11 Ein Beispiel für ein System, das Non-Malleability bietet, ist das von CRAMER und SHOUP vorgeschlagene Konzelationssystem [23], welches eine Verbesserung des ElGamal-Systems darstellt (Abschn. 8.4.3). Das Cramer-Shoup-System basiert allerdings auf dem Diffie-Hellman-Entscheidungsproblem, also auf einer stärkeren Annahme als das ElGamal-System.

4.7 Anforderungen an sichere Verschlüsselungsoperationen

Der Entwurf sicherer kryptographischer Algorithmen stellt eine große Herausforderung dar. Die aufgeführten Sicherheitsbegriffe dienen als möglicher Anhaltspunkt; die Möglichkeit weiterer Angriffe kann jedoch nicht ausgeschlossen werden.

Grundlegende Anforderungen wurden bereits von SHANNON aus der Analyse der historischen Chiffren abgeleitet [82]: *Diffusion* und *Konfusion*. Diese Anforderungen zielten auf die Vereitelung der bei historischen Verfahren erfolgreichen statistischen Angriffe ab. Das Prinzip der Diffusion besagt, dass die im Klartext enthaltene Redundanz im Schlüsseltext „verteilt" werden soll. Eine gute Diffusion wird erreicht, wenn ein Klartextzeichen möglichst viele Schlüsseltextzeichen beeinflusst. Das Prinzip der Konfusion fordert möglichst komplexe Zusammenhänge zwischen den Schlüsseltextzeichen und dem Schlüssel.

▶ **Anmerkung** Diffusion bewirkt, dass die charakteristischen Eigenschaften der natürlichen Sprache, welche im Klartext enthalten sind, im Schlüsseltext „zerstreut" werden – die Unterschiede zwischen den Wahrscheinlichkeiten der analysierten Zeichenketten werden geringer. Demzufolge braucht ein Angreifer mehr Schlüsseltext als Material für seine Analysen, und die Auswertungen werden aufwändiger.
Konfusion erhöht ebenfalls den Aufwand des Angreifers: Die statistischen Werte, die der Angreifer aus dem zu analysierenden Schlüsseltext berechnen kann, hängen von möglichst vielen der Parameter ab, die den Schlüssel bestimmen.

Transpositionen tragen zur Diffusion bei, Substitutionen zur Konfusion. In modernen Verfahren findet man darum oftmals die kombinierte Anwendung dieser beiden Grundbausteine. Vorgeschlagen wurde eine solche Kombination bereits von SHANNON in Form der *Produktchiffre* (siehe dazu auch Abschn. 5.2).

Später wurden die informell beschriebenen Eigenschaften Diffusion und Konfusion in weiteren Eigenschaften, welche die Beziehungen zwischen Klartext, Schlüssel und Schlüsseltext formal beschreiben, konkretisiert. Zu diesen Eigenschaften zählen beispielsweise Vollständigkeit, das Avalanche-Kriterium oder Nichtlinearität.

Die *Vollständigkeit* beschreibt die Abhängigkeit der Outputzeichen von den Inputzeichen. Eine Verschlüsselungsfunktion heißt vollständig, wenn es für jedes Inputzeichen x_i und jedes Outputzeichen y_j mindestens eine Belegung des Inputs gibt, bei der eine Änderung von x_i eine Änderung von y_j bedingt. Der Grad der Vollständigkeit wird mit $\frac{k}{n}$ angegeben: Im Mittel hängen k Outputzeichen von den n Inputzeichen ab.

Abb. 4.14 Permutation von 5 Bits

$\pi = (2,0,3,4,1)$:

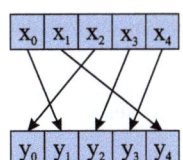

$y_0 = x_2$
$y_1 = x_0$
$y_2 = x_3$
$y_3 = x_4$
$y_4 = x_1$

Das *Avalanche-Kriterium* beschreibt ebenfalls Auswirkungen von Änderungen des Inputs auf den Output: Eine Verschlüsselungsfunktion erfüllt das Avalanche-Kriterium, wenn die Änderung eines Inputzeichens im Mittel die Hälfte der Outputzeichen ändert. Das *strikte Avalanche-Kriterium* wird erfüllt, wenn die Änderung eines Inputzeichens dazu führt, dass sich jedes Outputzeichen mit einer Wahrscheinlichkeit von 50 % ändert. Diese Eigenschaft ist auch für Authentikationssysteme interessant, bei denen ein Angreifer versucht, die übertragene Nachricht zu modifizieren.

Nichtlinearität beschreibt die Art der Abhängigkeiten der Outputzeichen von den Inputzeichen. Ist die Verschlüsselungsfunktion linear, so können die Outputzeichen y_j als lineare Kombination der Inputzeichen x_i beschrieben werden:

$$y_j = a_{j,0}x_0 + a_{j,1}x_1 + \ldots + a_{j,n-1}x_{n-1} + b_j.$$

Um eine lineare Verschlüsselungsfunktion zu brechen, kann ein Gleichungssystem aufgestellt und gelöst werden. Auch die lineare Abhängigkeit einzelner Outputzeichen ist eine unerwünschte Eigenschaft von Verschlüsselungsfunktionen. Nichtlinearität ist demzufolge eine wichtige Eigenschaft, welche von modernen kryptographischen Algorithmen geboten wird.

Beispiel 4.12 Eine lineare Abbildung ist die Permutation. Abbildung 4.14 zeigt ein Beispiel für eine Permutation von 5 Bits sowie die linearen Gleichungen zur Bestimmung der Ausgabebits y_j aus den Eingabebits x_i.

Es ist zwar intuitiv klar, dass die einzelnen Eigenschaften wichtig für die erreichbare Sicherheit sind, allerdings sind sie nicht hinreichend, wie man mit Gegenbeispielen zeigen kann. Eine umfangreiche Diskussion dieser Aspekte ist in [41] zu finden.

4.8 Anforderungen an die Sicherheit kryptographischer Systeme

Als Abschluss der allgemeinen Sicherheitsbetrachtungen wollen wir nun noch einen Blick auf die sichere Verwendung kryptographischer Systeme werfen und damit die Aussagen zu möglichen Angriffen, zu erwartender Sicherheit und zu Sicherheitsbegriffen noch einmal zusammenfassen.

Anforderungen, die allgemein an die Phasen der Etablierung kryptographischer Systeme (Abschn. 4.2) geknüpft werden können, fasst Tab. 4.3 zusammen.

Bei informationstheoretisch sicheren Systemen kann der kryptographische Algorithmus nicht gebrochen werden. Zu beachten ist, wie bereits erwähnt, die sichere Verwen-

Tab. 4.3 Anforderungen bzgl. der Phasen der Etablierung kryptographischer Systeme

Phase	Anforderung
1. Definition des Systems	Sicherheit des Algorithmus
	bei asymmetrischen Systemen: Eignung des mathematischen Problems
	Protokoll: Einsatz des Systems unter Beachtung von semantischer Sicherheit und Non-Malleability
2. Wahl des Sicherheitsparameters	Dimensionierung im Hinblick auf die Verhinderung von Brute-Force-Angriffen
	bei asymmetrischen Systemen: Dimensionierung im Hinblick auf Algorithmen zur Lösung der zugrunde liegenden mathematischen Probleme
3. Wahl des Schlüssel(paare)s	keine Verwendung unsicherer Schlüssel
	bei asymmetrischen Systemen: Beachtung von Anforderungen an die Parameter, die sich aus Algorithmen zur Lösung der zugrunde liegenden mathematischen Probleme ergeben
4. Bearbeitung von Nachrichten	Implementierung, die keine Schwachstellen einfügt
	Beachtung von Attributen, die erst durch die Implementierung eingeführt wurden
	organisatorische Sicherheit, z. B. Schlüsselmanagement

dung des Systems – die Implementierung darf keine Angriffsmöglichkeiten bieten (z. B. durch Seitenkanalangriffe), und natürlich muss die organisatorische Sicherheit wie z. B. ein sicheres Schlüsselmanagement gewährleistet sein.

Bei Systemen, die nicht informationstheoretisch sicher sind, müssen weitere Sicherheitsaspekte wie semantische Sicherheit oder Non-Malleability beachtet werden. Dies erfordert z. B. indeterministische Verschlüsselung, d. h. den Klartexten muss ein zufälliger Anteil beigefügt werden. Wie das genau geschehen soll, wird im Protokoll beschrieben. Außerdem ist die ausreichende Dimensionierung der Sicherheitsparameter zu beachten – ein Angriff mittels vollständiger Suche darf für einen komplexitätstheoretisch beschränkten Angreifer nicht möglich sein.

Bei asymmetrischen Systemen spielt das zugrunde liegende mathematische Problem noch eine wichtige Rolle. Zunächst muss es überhaupt geeignet sein, d. h. das Lösen des Problems muss für einen beschränkten Angreifer zu aufwändig sein. Des Weiteren sind Algorithmen zur Lösung der Probleme wie z. B. Faktorisierungsalgorithmen zu beachten. Diese beeinflussen zum einen die Wahl des Sicherheitsparameters, da es Algorithmen gibt, die bis zu einer gewissen Größe des geheimen Wertes effizient sind. Zum anderen beeinflussen sie auch die Wahl des Schlüssels bzw. für die Schlüsselwahl notwendiger Parameter selbst. Beispiele hierfür sind Anforderungen an die Primzahlen, die bei RSA oder ElGamal für die Ermittlung der Schlüssel zu stellen sind.

Und schließlich kommt der sicheren Verwendung des Systems bei der Bearbeitung von Nachrichten große Bedeutung zu. Die Implementierung muss sicher sein, und natürlich

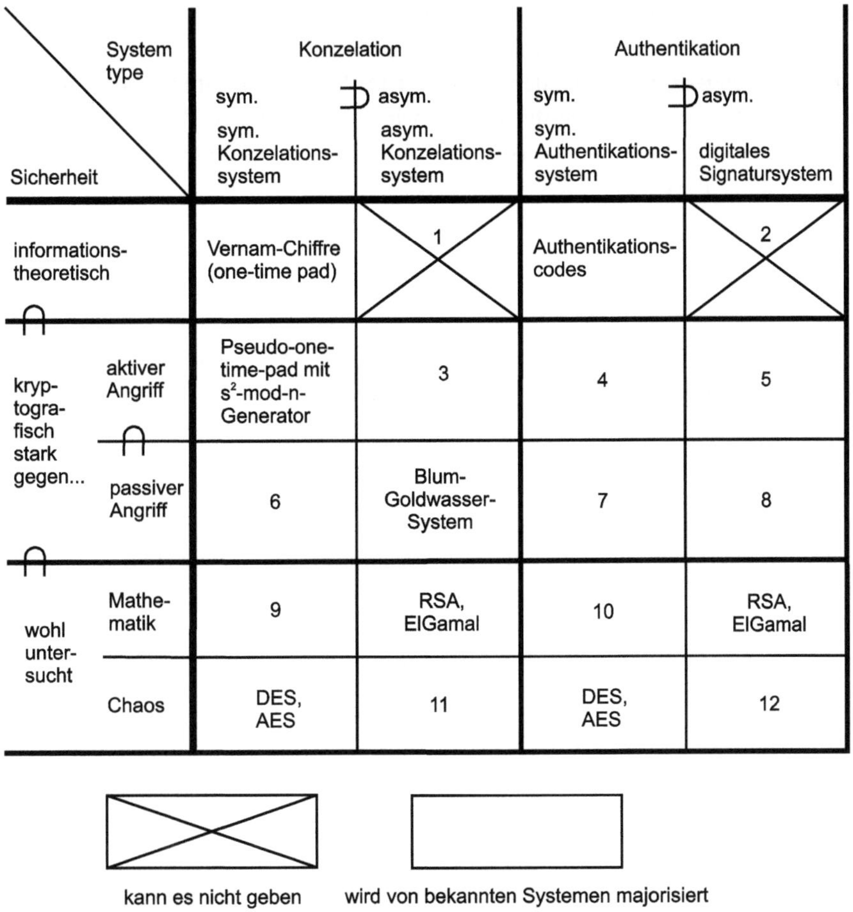

Sicherheit \ System type		Konzelation sym.	Konzelation asym.	Authentikation sym.	Authentikation asym.
		sym. Konzelationssystem	asym. Konzelationssystem	sym. Authentikationssystem	digitales Signatursystem
informationstheoretisch		Vernam-Chiffre (one-time pad)	1 ✗	Authentikationscodes	2 ✗
kryptografisch stark gegen...	aktiver Angriff	Pseudo-one-time-pad mit s^2-mod-n-Generator	3	4	5
	passiver Angriff	6	Blum-Goldwasser-System	7	8
wohl untersucht	Mathematik	9	RSA, ElGamal	10	RSA, ElGamal
	Chaos	DES, AES	11	DES, AES	12

✗ kann es nicht geben   ☐ wird von bekannten Systemen majorisiert

Abb. 4.15 Übersicht über die vorgestellten kryptographischen Systeme

müssen die Vorgaben des Protokolls – z. B. die Wahl einer neuen Zufallszahl für jede Anwendung des Algorithmus – korrekt umgesetzt werden.

4.9 Überblick über die hier vorgestellten kryptographischen Systeme

Die im Folgenden vorgestellten Systeme sind in Abb. 4.15 nach ihrer Sicherheit eingeordnet. Dabei unterscheiden wir die nicht informationstheoretisch sicheren Systeme in „kryptographisch stark" und „wohluntersucht". Für Systeme der ersten dieser beiden Kategorien existieren Sicherheitsbeweise, für die zweite nicht, die Sicherheit dieser Systeme wurde aber intensiv untersucht. Kryptographische Systeme, die nicht einmal wohluntersucht sind, wurden nicht aufgenommen. Noch weniger Vertrauen kann man kryptographischen Systemen entgegenbringen, die nicht einmal veröffentlicht wurden, sondern die nur der Erfinder selbst und seine „Vertrauten" untersucht haben.

Zu den durchgestrichenen Feldern in Abb. 4.15: Mit den Spezifikationen aus Abb. 3.7 bzw. Abb. 3.11 gibt es solche Systeme nicht, wie in diesem Kapitel begründet wurde.

Ein Beispiel für ein System, das in Feld 3 gehört, ist das 1998 von Ronald Cramer und Victor Shoup veröffentlichte System [23]. Dieses System ist allerdings nicht als äquivalent zu einem reinrassigen Standardproblem wie dem Faktorisieren großer Zahlen (Abschn. 8.3.1) oder dem Ziehen diskreter Logarithmen (Abschn. 8.4.1) bewiesen. Seine Sicherheit ist nur so stark wie das Diffie-Hellman-Entscheidungsproblem schwierig ist. Zwar ist auch diese Annahme nicht unüblich, sie ist aber eine stärkere Annahme als die Diffie-Hellman-Annahme und diese ist eine stärkere Annahme als die Diskreter-Logarithmus-Annahme.

In Feld 5 könnte z. B. Das GMR-System eingeordnet werden, benannt nach den ersten Buchstaben der Nachnamen seiner Erfinder SHAFI GOLDWASSER, SILVIO MICALI und RONALD L. RIVEST. Es ist historisch das erste praktikable, kryptographisch starke Signatursystem. Man kann zeigen, dass es selbst bei einem adaptiven aktiven Angriff unmöglich ist, auch nur eine neue Signatur zu fälschen (egal unter was für eine sinnlose Nachricht), wenn die Faktorisierungsannahme gilt.

Die Felder 10 und 11 sind leer, weil man keine solchen Systeme kennt. Im Gegensatz zu Feld 1 und 2 ist eine Erfindung aber nicht ausgeschlossen.

Zu den Teilmengenzeichen:

Horizontal: Jedes asymmetrische System lässt sich (theoretisch) auch als symmetrisches nutzen, indem der Erzeuger des geheimen Schlüssels diesen seinem Partner mitteilt.

Vertikal: Jedes informationstheoretisch sichere System ist auch kryptographisch stark, und letztere sind automatisch wohluntersucht. Auch ist, was gegen aktive Angriffe sicher ist, erst recht gegen passive sicher. Aber Vorsicht: Es gilt nicht, dass jedes *einzelne* kryptographisch starke System besser als jedes einzelne wohluntersuchte sein muss; z. B. ist denkbar, dass der s^2-mod-n-Generator gebrochen wird und das auf einer vollkommen anderen Annahme beruhende DES nicht.

Dies erklärt die restlichen leeren Felder: Dort kann man das rechts davon bzw. darüberstehende System nehmen, z. B. RSA für 9 und 11. Allerdings gibt es bei schwächeren Anforderungen manchmal effizientere Systeme. Nur deshalb kann sich z. B. ein Pseudo-one-time-pad anstelle eines echten One-time-pads oder AES statt eines Authentikationscodes lohnen.

4.10 Zusammenfassung

Prinzipiell ist bzgl. der **Sicherheit** kryptographischer Systeme zu sagen, dass absolute, uneingeschränkte Sicherheit praktisch nicht möglich ist – dies wäre nur in einem geschlossenen System zu erreichen, in dem alle möglichen Einflüsse vollständig bekannt sind.

Angriffsziele auf kryptographische Systeme sind das Brechen des Systems (totales Brechen) oder das Brechen bezogen auf einzelne Nachrichten (selektives oder existentielles Brechen). Man unterscheidet **passive** und **aktive** Angriffe.

Das Beste, was man bzgl. der Sicherheit eines kryptographischen Systems erreichen kann, ist **informationstheoretische Sicherheit**: Selbst einem unbeschränkten Angreifer gelingt es nicht, zusätzliche Informationen über Nachricht oder Schlüssel zu erhalten.

Die grundlegende **Bedingung** für informationstheoretische Sicherheit ist die *stochastische Unabhängigkeit von Nachrichten und Schlüsseltexten*. Damit diese Bedingung erfüllt werden kann, sind Anforderungen bzgl. der *Anzahl und der Wahrscheinlichkeit der Schlüssel* zu beachten; und für jede Anwendung des Kryptosystems muss der Schlüssel *neu und zufällig gewählt* werden.

Asymmetrische Systeme können generell nicht informationstheoretisch sicher sein, da ein Angreifer mit Hilfe der öffentlichen Operationen immer den Erfolg seiner Versuche überprüfen kann, d. h. es besteht immer die Möglichkeit der vollständigen Suche. Dieser Aufwand muss für einen komplexitätstheoretisch beschränkten Angreifer zu hoch sein.

Begriffe zur Beschreibung der Sicherheit von Systemen, die keine informationstheoretische Sicherheit bieten, sind z. B. **semantische Sicherheit** und **Non-Malleability**. Semantische Sicherheit betrachtet einen passiven Angreifer, während Non-Malleability adaptive aktive Angriffe zulässt. In der Praxis sollte man ein System verwenden, bei dem ein Angreifer auch bei adaptiven aktiven Angriffen keinen – auch keinen partiellen – Vorteil im Vergleich zu bloßem Raten hat.

4.11 Übungen

4.1 Berechnen Sie die a posteriori Wahrscheinlichkeiten für die Verschiebechiffre (Kap. 2) unter der Annahme, dass die möglichen Schlüssel mit gleicher Wahrscheinlichkeit verwendet werden und Einzelbuchstaben verschlüsselt werden! Kann unter diesen Bedingungen informationstheoretische Sicherheit erreicht werden?

4.2 Vervollständigen Sie die folgenden Kryptosysteme mit $|K| \geq |C| \geq |M|$ so, dass sie informationstheoretisch sicher sind!

(a) $M = \{a, b\}; C = \{w, x, y, z\}; K = \{1, 2, 3, 4, 5\}$

k_i	$enc(k_i, a)$
1	w
2	x
3	y
4	y
5	z

Geben Sie enc(k_i, $m = b$) für alle möglichen Schlüssel sowie die Wahrscheinlichkeiten der Schlüssel $p(k_i)$ so an, dass die resultierenden Schlüsseltexte gleichwahrscheinlich sind! (Hinweis: Mehrere Lösungen sind möglich.)

(b) $M = \{a, b\}$; $C = \{x, y, z\}$; $K = \{1, 2, 3, 4, 5, 6\}$; $p(k_i) = p(k) = \frac{1}{|K|}$

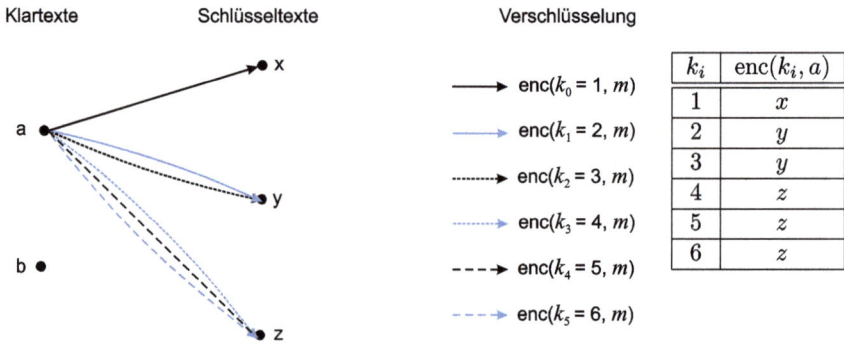

Geben Sie enc(k_i, $m = b$) für alle möglichen Schlüssel sowie die Wahrscheinlichkeiten der Schlüsseltexte $p(c_j)$ an! (Hinweis: Mehrere Lösungen sind möglich.)

(c) $M = \{a, b\}$; $C = \{x, y, z\}$, $K = \{1, 2, 3, 4, 5\}$; $p(1) = 0{,}4$; $p(2) = p(5) = 0{,}1$; $p(3) = p(4) = 0{,}2$

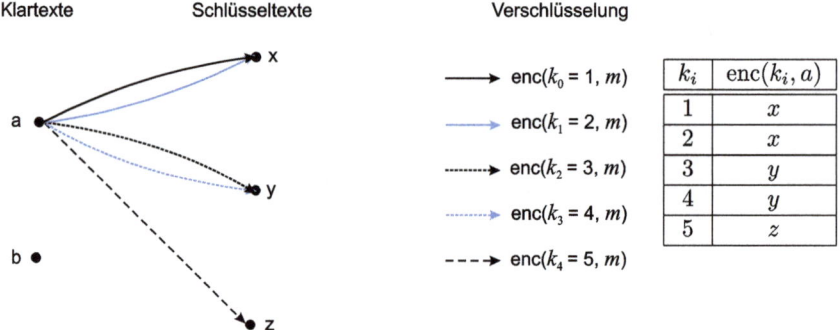

Geben Sie enc(k_i, $m = b$) für alle möglichen Schlüssel sowie die Wahrscheinlichkeiten der Schlüsseltexte $p(c_j)$ an!

4.3 Gegeben sei das Kryptosystem aus Beispiel 4.8. Die möglichen Klartexte sollen nun jedoch mit gleicher Wahrscheinlichkeit auftreten, d. h.,

$$p(m_0) = p(m_1) = p(m_2) = p(m_3) = 0{,}25.$$

Berechnen Sie die a posteriori Wahrscheinlichkeiten nach Beobachtung der Schlüsseltexte

4.11 Übungen

    (a) $c_1 c_3$ und

    (b) $c_1 c_3 c_2$!

Was können Sie aus dem Ergebnis schlussfolgern?

4.4 Bestimmen Sie die Eindeutigkeitsdistanz für

    (a) die **Vernam-Chiffre**,

    (b) die **Vigenère-Chiffre** bei Verwendung eines Schlüsselwortes der Länge 10 und

    (c) die **Vigenère-Chiffre** bei Verwendung einer zufälligen Zeichenfolge derselben Länge als Schlüsselwort!

Vergleichen Sie die Ergebnisse!

4.5 Bestimmen Sie die Eindeutigkeitsdistanz für die Verschlüsselung mit der **Vigenère-Chiffre** bei Verwendung einer zufälligen Zeichenfolge der Länge 10 als Schlüsselwort (wie in Aufgabe 4.4(b)), wenn die Klartexte vorher komprimiert wurden! Gehen Sie davon aus, dass mit dem verwendeten Kompressionsverfahren eine Redundanz von

    (a) $0{,}5 \frac{\text{bit}}{\text{Zeichen}}$,

    (b) $0{,}1 \frac{\text{bit}}{\text{Zeichen}}$ und

    (c) $0{,}001 \frac{\text{bit}}{\text{Zeichen}}$

erreicht werden kann! Interpretieren Sie die Ergebnisse!

Praktischer Betrieb kryptographischer Systeme 5

5.1 Schutz gegen zufällige Fehler

In Abschn. 3.1.1 haben wir Kryptographie als einen Schutzmechanismus gegen zielgerichtete Angriffe eingeführt. Genügt Kryptographie jedoch, um die Integrität von Daten zu schützen?

Bei der Übertragung über einen unsicheren Kanal (oder bei der Speicherung von Daten) kann es neben beabsichtigten Angriffen auch zur Verfälschung von Bits durch zufällige Fehler kommen. Je nach der Charakteristik des Übertragungskanals können neben zufälligen Einzelfehlern auch Burstfehler auftreten, wie beispielsweise bei der Übertragung im Mobilfunk.

Wird eine verschlüsselte Nachricht während der Übertragung verfälscht, so ist sie für den Empfänger nutzlos: Aufgrund des Avalanche-Effekts (Abschn. 4.7) haben selbst geringe Änderungen des Schlüsseltextes große Auswirkungen auf das Ergebnis der Entschlüsselung. Erfüllt die Verschlüsselungsfunktion das strikte Avalanche-Kriterium, ist bei Verfälschung eines Bits des Schlüsseltextes jedes Bit der entschlüsselten Nachricht mit einer Wahrscheinlichkeit von 0,5 verfälscht. Da der Empfänger nicht erkennen kann, ob die erhaltenen verschlüsselten Daten verfälscht sind, und diese Verfälschungen demzufolge auch nicht korrigieren kann, sind weitere Maßnahmen unbedingt erforderlich.

Schutz gegen zufällige Verfälschung während der Übertragung oder Speicherung von Informationen wird üblicherweise mit fehlerkorrigierender Kodierung (Kanalkodierung) erreicht. Dabei wird den Informationen gezielt Redundanz hinzugefügt, welche das Erkennen von Verfälschungen während der Übertragung erlaubt. Können die Fehler lokalisiert werden, ist eine Korrektur der Daten möglich. Die Kodes werden so konstruiert, dass sie gewünschte Fehlererkennungs- bzw. Fehlerkorrektureigenschaften aufweisen. Detaillierte Informationen über konkrete Verfahren werden beispielsweise in [79] beschrieben und sollen hier nicht näher betrachtet werden.

Relevant ist jedoch die Reihenfolge, in der die Mechanismen angewendet werden: Zuerst muss die Nachricht verschlüsselt werden, ehe mit Hilfe der Kanalkodierung Redun-

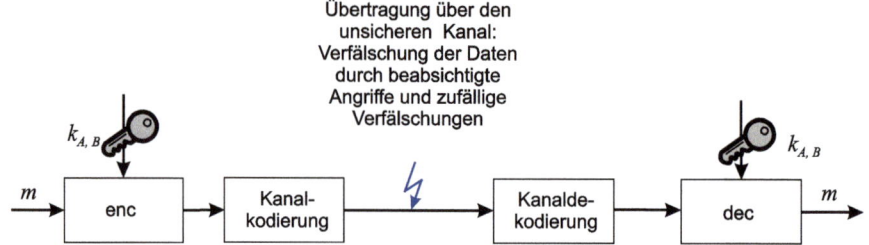

Abb. 5.1 Reihenfolge der Anwendung von Verschlüsselung und Kanalkodierung

danz hinzugefügt wird (Abb. 5.1). Damit kann der Empfänger zunächst die zufälligen Fehler erkennen und korrigieren, um so den korrekten Schlüsseltext zu erhalten, den er entschlüsseln kann.

Kanalkodierung ist notwendig, da die zufälligen Übertragungsfehler nicht ausgeschlossen werden können. Allerdings genügt Kanalkodierung nicht als Schutz gegen beabsichtigte Angriffe: Die Kodierung hängt nicht von geheimen Informationen, d. h. einem Schlüssel ab. Ein Angreifer könnte übertragene Daten fälschen und die redundanten Bits leicht neu berechnen, wenn er das verwendete Kodierungsverfahren kennt (wovon wir ausgehen).

Wir werden im Folgenden die notwendige fehlerkorrigierende Kodierung nicht explizit erwähnen, gehen jedoch davon aus, dass diese vor der Übertragung über den unsicheren Kanal angewendet wird.

5.2 Verwendung mehrerer kryptographischer Systeme

In Kap. 3 haben wir die verschiedenen Typen kryptographischer Systeme vorgestellt, die zum Schutz von Vertraulichkeit, Integrität bzw. Zurechenbarkeit eingesetzt werden können. Wie sieht es nun aus, wenn man mehrere dieser Systeme verwenden will? Ein Grund dafür kann sein, dass man die Sicherheit des Gesamtsystems steigern will.

Wir gehen davon aus, dass wir verschiedene kryptographische Systeme haben, die auf unterschiedlichen Sicherheitsannahmen beruhen. Wie können diese Systeme kombiniert werden, um die Sicherheit zu steigern, wenn man keiner der Sicherheitsannahmen ganz traut?

Konzelationssysteme können **in Serie** verwendet werden, d. h. der Klartext wird mit dem Konzelationssystem 1 verschlüsselt, danach der resultierende Schlüsseltext mit Konzelationssystem 2 usw. (Abb. 5.2):

$$c := \text{enc}(k_n, \ldots \text{enc}(k_2, \text{enc}(k_1, m)) \ldots).$$

Man muss natürlich für jedes System einen unabhängigen Schlüssel gewählt und die Reihenfolge festgelegt haben.

5.2 Verwendung mehrerer kryptographischer Systeme

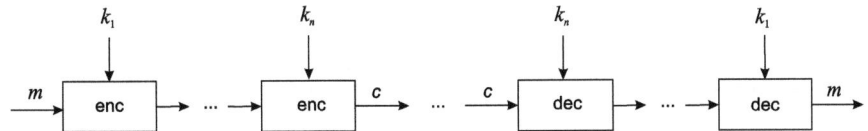

Abb. 5.2 Benutzung mehrerer Konzelationssysteme

Entschlüsselt wird in umgekehrter Reihenfolge, d. h. zuletzt mit Konzelationssystem 1, was wieder den Klartext liefert:

$$m := \text{dec}(k_1, \text{dec}(k_2, \ldots \text{dec}(k_n, c) \ldots)).$$

Natürlich können auch asymmetrische Konzelationssysteme auf diese Weise verwendet werden. Auch ein gemischter Einsatz von symmetrischen und asymmetrischen Konzelationssystemen ist möglich.

Die beschriebene Konstruktion setzt voraus, dass der Schlüsseltextraum von Konzelationssystem i ein Teilraum des Klartextraumes des Konzelationssystems $i+1$ ist. Dies lässt sich in der Praxis meist problemlos erreichen. Haben Klartext und Schlüsseltexte bei allen n Systemen die gleiche Länge, verändert diese Maßnahme den Speicher- bzw. Übertragungsaufwand nicht; meistens wird er aber wegen Blockung ein bisschen wachsen. Der *Berechnungsaufwand* ist die *Summe aller Berechnungsaufwände* der einzelnen Konzelationssysteme (allerdings auf den evtl. etwas verlängerten Nachrichten).

▶ **Anmerkung** Die aufeinanderfolgende Anwendung mehrerer Konzelationssysteme entspricht der von SHANNON in [82] vorgeschlagenen **Produktchiffre** (Abschn. 4.7).

Beim Schutzziel **Authentikation** kann man die kryptographischen Systeme **parallel** verwenden, d. h. mit jedem System wird ein Authentikator der ursprünglichen Nachricht m gebildet, und alle werden hintereinander an m gehängt (Abb. 5.3):

$$m, \text{auth}(k_1, m), \text{auth}(k_2, m), \ldots, \text{auth}(k_n, m).$$

Der Empfänger prüft jeden Authentikator getrennt mit dem passenden System; alle müssen stimmen. Natürlich können auch digitale Signatursysteme auf diese Weise verwendet werden, ebenso ist ein gemischter Einsatz möglich.

Auch hier müssen die verwendeten Schlüssel unabhängig voneinander gewählt werden. *Berechnungsaufwand* und *Speicher- und Übertragungsaufwand* für den Authentikator sind *genau die Summe* derer aus den einzelnen Systemen. Die Berechnung kann problemlos parallel erfolgen, so dass bei geeigneter Implementierung das Gesamtsystem fast so schnell wie das langsamste verwendete Authentikationssystem arbeitet.

Sowohl beim Schutzziel Konzelation als auch beim Schutzziel Authentikation ist bei Softwareimplementierung der kryptographischen Systeme natürlich noch zusätzlich Speicheraufwand für die jeweiligen Programme nötig.

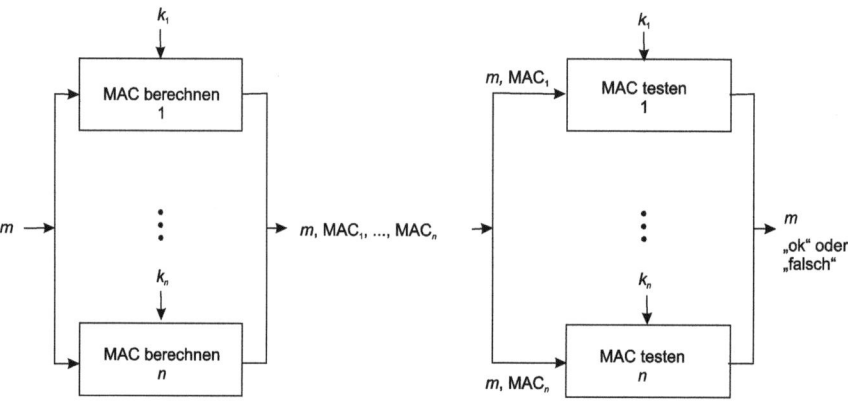

Abb. 5.3 Benutzung mehrerer Authentikationssysteme

Diskussion *falscher* Lösungsvorschläge:

Um die Nachricht mit mehreren Konzelationssystemen zu verschlüsseln und so den Klartext vertraulich zu halten, obwohl einzelne Konzelationssysteme unsicher sind, wird die Nachricht in so viele Abschnitte aufgeteilt, wie Konzelationssysteme zur Verfügung stehen, und jeder Abschnitt mit einem anderen Konzelationssystem verschlüsselt. *Nachteil*: Die Wahrscheinlichkeit, dass ein Angreifer zumindest Abschnitte der Nachricht entschlüsseln kann, wird durch dieses Vorgehen eher erhöht als verringert.

Um die Nachricht mit mehreren Authentikationssystemen zu authentizieren, wird mit dem ersten Authentikationssystem zur Nachricht ein 1. Prüfteil gebildet. Mit dem zweiten Authentikationssystem wird dieser 1. Prüfteil authentiziert, und so der 2. Prüfteil gebildet. Mit dem dritten Authentikationssystem wird der 2. Prüfteil authentiziert, usw. *Nachteil*: Kann ein Angreifer das erste Authentikationssystem brechen, indem er zum 1. Prüfteil eine andere passende Nachricht findet, sind alle anderen Authentikationssysteme hiergegen wirkungslos (denn der 1. Prüfteil wird für die andere passende Nachricht ja nicht geändert, der ganze Rest kann also unverändert bleiben). Außerdem lässt sich die Berechnung der Prüfteile hier nicht parallelisieren.

Um Schlüsselaustauschaufwand zu sparen, wird, sofern möglich, der gleiche Schlüssel für mehrere kryptographische Systeme genommen. *Nachteil*: In vielen Fällen ist das resultierende System nicht stärker, manchmal sogar schwächer als das schwächste der verwendeten Systeme. Dies ist besonders leicht bzgl. Authentikation zu zeigen: Nehmen wir an, alle Systeme verwenden den gleichen Schlüssel. Dann ist klar, dass ein vollständiges Brechen auch nur eines Systems das vollständige Brechen des Gesamtsystems ermöglicht. Erlauben manche Systeme das effektive Gewinnen von Information über den Schlüssel, so kann, obwohl keines für sich allein genug Information für einen erfolgreichen Angriff zu gewinnen erlaubt, die Summe der einzelnen Informationen hierfür ausreichen.

> Diskussion eines *ungeschickten* Lösungsvorschlags:
> Es wird mit Authentikationssystem i ein Authentikator nicht nur unter die Nachricht m gebildet, sondern auch unter die Prüfteile 1 bis $i - 1$. Diese Lösung ist zwar sicher, aber unnötig aufwendig:
>
> 1. Die Berechnung der Prüfteile erfordert in der Regel umso mehr Rechenaufwand, je länger die zu authentizierende Zeichenkette ist.
> 2. Die Berechnung der Prüfteile ist nicht mehr einfach parallelisierbar, da Prüfteil i von Prüfteil $i - 1$ abhängt.

Ein weiterer Grund für die Verwendung verschiedener Kryptosysteme könnte das Ziel sein, mehrere Schutzziele durchzusetzen. Da man dieses Ziel auch mit geeigneten Betriebsarten (Abschn. 5.4.9) erreichen kann, gehen wir hier nicht detailliert darauf ein.

5.3 Blockchiffren und Stromchiffren

Zum praktischen Betrieb kryptographischer Systeme ist es nützlich,

- Begriffe wie Blockchiffre vs. Stromchiffre, synchron vs. selbstsynchronisierend und
- Betriebsarten von Blockchiffren, d. h. die wichtigen Konstruktionen von selbstsynchronisierenden und synchronen Stromchiffren aus Blockchiffren

zu kennen. In diesem Kapitel führen wir zunächst die benötigten Begriffe ein.

Bei einem gegebenen endlichen Alphabet ver-/entschlüsselt eine

- **Blockchiffre** nur Zeichenketten *fester* Länge, während eine
- **Stromchiffre** Zeichenketten *variabler* Länge bearbeiten kann.

Die in Kap. 2 eingeführten MM-Substitutionen sind Stromchiffren: die Nachrichten werden zeichenweise verarbeitet, das zugrundeliegende Alphabet der Klartexte sind die Buchstaben von A bis Z. Die Permutationschiffren sind dagegen Blockchiffren, welche jeweils einen Block von Zeichen der Nachricht verarbeiten. Ein Beispiel für eine moderne Blockchiffre ist der Data Encryption Standard (DES, Abschn. 7.4), der Nachrichtenblöcke von 64 Bit verarbeitet. Die Unterscheidung zwischen Block- und Stromchiffren ist jedoch nicht immer eindeutig: Legt man beim DES als Alphabet $\{0, 1, 2, 3, \ldots, 2^{64} - 1\}$ zugrunde und unterstellt, dass mehrere Zeichen jeweils unabhängig voneinander verschlüsselt werden, dann ist DES nach obiger Definition eine Stromchiffre. Die Unterscheidung Blockchiffre – Stromchiffre nach obiger Definition hängt also wesentlich vom unterstellten Alphabet ab. Bei vielen Anwendungen ist das Alphabet aber vorgegeben (oder zumindest kanonisch) und damit die Unterscheidung präzise.

Bei einer Stromchiffre werden Nachrichten als eine Folge von *Zeichen* kodiert, so dass einzelne Zeichen des Alphabets verschlüsselt werden. Diese Zeichen werden jedoch nicht notwendigerweise unabhängig voneinander verschlüsselt, sondern ihre Verschlüsselung kann auch entweder

1. von ihrer Position innerhalb der Nachrichten oder allgemeiner von allen vorhergehenden Klartext- und/oder Schlüsseltextzeichen abhängen oder
2. nur von einer beschränkten Anzahl direkt vorhergehender Schlüsseltextzeichen.

Im ersten Fall spricht man von **synchronen** *Stromchiffren* (synchronous stream ciphers), da Ver- und Entschlüsselung streng synchron erfolgen muss: bei Verlust oder Hinzufügen eines Schlüsseltextzeichens, d. h. bei Verlust der Synchronisation, kann nicht mehr ohne weiteres entschlüsselt werden, Ver- und Entschlüsseler müssen sich neu synchronisieren. Sofern Ver- und Entschlüsselung nicht nur von der Position innerhalb der Nachrichten abhängt, sondern auch von allen vorhergehenden Klartext- und/oder Schlüsseltextzeichen, müssen Ver- und Entschlüsseler sich auch bei Verfälschung eines Schlüsseltextzeichens neu synchronisieren.

Im zweiten Fall spricht man von **selbstsynchronisierenden** *Stromchiffren* (self-synchronous stream ciphers), da sich bei ihnen der Entschlüsseler auch bei Verlust oder Hinzufügen beliebig vieler zusätzlicher Schlüsseltextzeichen spätestens nach Entschlüsselung der oben erwähnten beschränkten Anzahl Schlüsseltextzeichen wieder auf den Verschlüsseler synchronisiert hat.

▶ **Anmerkung** Nach obigen Definitionen ist jede Stromchiffre entweder synchron oder selbstsynchronisierend. Um auch die Möglichkeit zuzulassen, dass jeweils zeichenweise unabhängig verschlüsselt wird, kann im zweiten Fall die Anzahl direkt vorhergehender Schlüsseltextzeichen, von denen die Verschlüsselung abhängt, auf 0 beschränkt werden. Dann ist auch das erwähnte Beispiel abgedeckt, bei dem DES als Stromchiffre auf dem Alphabet $\{0, 1, 2, 3, \ldots, 2^{64} - 1\}$ betrachtet wird.

Für jede symmetrische bzw. asymmetrische deterministische Stromchiffre und beliebige nichtleere Texte m_1, m_2 und Schlüsselpaare (k_e, k_d) bzw. Schlüssel k gilt demnach:

Werden zwei Texte separat, aber direkt hintereinander verschlüsselt, so ist das Gesamtergebnis das gleiche, wie wenn die zwei Texte erst konkateniert $(m_1|m_2)$ und dann verschlüsselt werden. In der eingeführten Notation und bei kollateraler (d. h. paralleler, sich gegenseitig nicht beeinflussender) Auswertung beider Seiten der Gleichungen jeweils von links lautet dies:

$$\text{enc}(k, m_1) | \text{enc}(k, m_2) = \text{enc}(k, m_c|m_2) \quad \text{bzw.}$$
$$\text{enc}(k_e, m_1) | \text{enc}(k_e, m_2) = \text{enc}(k_e, m_1|m_2).$$

Werden zwischen den separat verschlüsselten Texten noch weitere verschlüsselt oder wird nach den beiden separaten Verschlüsselungen die der konkatenierten Texte als dritte ausgeführt (also nicht kollateral!), so gelten die obigen Gleichungen mit sehr großer Wahrscheinlichkeit nicht.

5.4 Betriebsarten von Blockchiffren

5.4.1 Überblick

Wie in Abschn. 5.3 beschrieben, verarbeiten Blockchiffren Nachrichten fester Länge. Die zu verschlüsselnden Nachrichten sind jedoch im Allgemeinen länger als die Blocklänge des Verschlüsselungsverfahrens – die Blocklänge des DES von 64 Bit entspricht beispielsweise gerade mal 8 ASCII-Zeichen. Es muss also noch geklärt werden, ob und wie längere Nachrichten verarbeitet werden können. Eine weitere Frage ist, ob man eine Blockchiffre, welche die Konzelation von Nachrichten erlaubt, auch zur Authentikation von Nachrichten verwenden kann.

Um diese Fragen zu beantworten, stellen wir in diesem Kapitel in der Literatur beschriebene Betriebsarten vor. Ganz allgemein betrachtet, erlauben Betriebsarten die Konstruktion von synchronen oder selbstsynchronisierenden Stromchiffren aus Blockchiffren. Um tatsächlich von einer Stromchiffre reden zu können, ist ggf. ein Wechsel des zugrunde liegenden Alphabets erforderlich.

Aktuell werden vom NIST[1] folgende Betriebsarten empfohlen:

- Konzelation:
  - Electronic Codebook (ECB) [67],
  - Cipher Block Chaining (CBC) [67],
  - Cipher Feedback (CFB) [67],
  - Output Feedback (OFB) [67],
  - Counter Mode (CTR) [67],
  - XEX Tweakable Block Cipher with Ciphertext Stealing (XTS-AES) [71];
- Authentikation:
  - Cipher-Based Message Authentication Code (CMAC) [68];
- Konzelation und Authentikation („*authenticated encryption*"):
  - Counter with Cipher Block Chaining-Message Authentication Code (CCM) [69] und
  - Galois/Counter Mode (GCM) bzw. GMAC [70].

Im Folgenden sollen ECB, CBC, CFB, OFB und CTR näher betrachtet werden, über die Betriebsarten zur Authentikation bzw. zur Authentikation und Konzelation wird nur ein kurzer Überblick gegeben.

Die Betriebarten ECB, CBC, CFB und OFB wurden bereits 1981 als Betriebsarten für den DES standardisiert [36]. CTR war zu dieser Zeit zwar bereits publiziert [28], wurde jedoch erst später in die Empfehlungen aufgenommen.

Aus jeder symmetrischen oder asymmetrischen deterministischen Blockchiffre kann mittels der Konstruktionen ECB, CBC und CFB eine *selbstsynchronisierende* Stromchif-

---

[1] National Institute of Standards and Technology; http://csrc.nist.gov/groups/ST/toolkit/BCM/current_modes.html.

fre gewonnen werden. Hierbei wird bei ECB und CBC das den Begriffen Block- bzw. Stromchiffre zugrundeliegende Alphabet gewechselt – bei CFB kann es gewechselt werden. Mit Hilfe der Konstruktionen OFB und CTR kann aus jeder symmetrischen oder asymmetrischen deterministischen Blockchiffre eine *synchrone* Stromchiffre gewonnen werden.

Bei der Betrachtung von Betriebsarten zur Konzelation ist von Interesse, wie sich Fehler bzw. gezielte Manipulationen, also aktive Angriffe, auswirken – daraus ergibt sich auch die mögliche Verwendung zur Authentikation. Wie in Abschn. 5.3 bereits gesagt, erfordern synchrone Konstruktionen nach Verlust oder Hinzufügen von Schlüsseltextzeichen (hier also: Blöcken) die erneute Synchronisation von Sender und Empfänger, während bei selbstsynchronisierenden Konstruktionen die Weiterarbeit nach Verarbeitung der entsprechenden Anzahl von Blöcken möglich ist.

In den folgenden Kapiteln werden wir jeweils genauer die Auswirkungen möglicher Fehler bzw. Manipulationen betrachten, wobei wir der Einfachheit halber nur von „Fehlern" sprechen. Den Auswirkungen nach unterscheiden wir zwei Arten von Fehlern:

- *Synchronisationsfehler*: Die bereits angesprochenen Fehler bzgl. des Einfügens oder Löschens ganzer Blöcke. Des Weiteren können auch Synchronisationsfehler bzgl. einzelner Bits auftreten.
- *Additive Fehler*: Einzelne Bits eines Blockes werden verfälscht; man könnte dies – wie in der Kanalkodierung üblich – mit der Addition eines Fehlermusters beschreiben (das Fehlermuster hat dieselbe Länge wie der übertragene Block, an den verfälschten Stellen befindet sich eine 1, an den übrigen eine 0, so dass die Addition modulo 2 den verfälschten Block ergibt).

Neben der Art des Fehlers ist auch zu unterscheiden, wann der Fehler bzw. die Manipulation auftritt:

- *Übertragungsfehler* treten während der Übertragung bzw. Speicherung der Blöcke auf.
- *Transiente Fehler* treten während der Ver- bzw. Entschlüsselung auf.

In den folgenden Kapiteln werden die Betriebsarten vorgestellt, ihre Eigenschaften besprochen und die Auswirkungen der verschiedenen Fehler betrachtet.

5.4.2 Electronic Codebook (ECB)

Die einfachste Betriebsart einer Blockchiffre ist, lange Nachrichten so in Blöcke aufzuspalten, dass jeder Block *unabhängig* von allen andern mit der Blockchiffre ver- und entschlüsselt werden kann (Abb. 5.4). Diese Betriebsart wird Electronic Codebook genannt, abgekürzt ECB.

5.4 Betriebsarten von Blockchiffren

Abb. 5.4 Electronic Codebook (ECB)

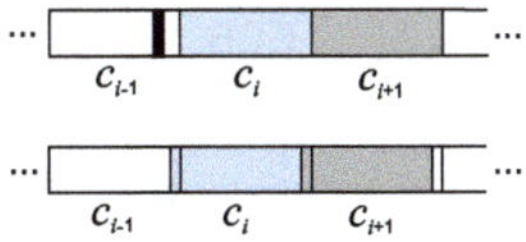

Abb. 5.5 Auswirkungen von Bitsynchronisationsfehlern bei ECB

> **Electronic Codebook (ECB)**
>
> Verschlüsselung der Klartextblöcke m_i, $i = 0, 1, \ldots, n$:
>
> $$c_i = \text{enc}(k, m_i) \quad \text{bzw.} \quad c_i = \text{enc}(k_e, m_i).$$
>
> Entschlüsselung der Schlüsseltextblöcke c_i, $i = 0, 1, \ldots, n$:
>
> $$m_i = \text{dec}(k, c_i) \quad \text{bzw.} \quad m_i = \text{dec}(k_d, c_i).$$

Die Länge der verschlüsselbaren Einheiten ist durch die *Blocklänge* der verwendeten Blockchiffre bestimmt und kann deshalb nicht einfach auf die Einheiten des Übertragungs- oder Speichersystems abgestimmt werden.

Da die Blöcke unabhängig voneinander verarbeitet werden, wirken sich sowohl additive als auch Synchronisationsfehler nur auf den jeweils betroffenen Block aus, weitere Blöcke sind jedoch nicht betroffen. Bei Synchronisationsfehler bzgl. einzelner Bits gehen jedoch die Blockgrenzen verloren (Abb. 5.5), was eine erneute Synchronisation von Sender und Empfänger erfordert, falls die Blockgrenzen nicht gesondert kenntlich gemacht wurden.

Nachteilig ist, dass bei deterministischen Blockchiffren Muster im Klartext, die ganze Blöcke umfassen, auf entsprechende Muster im Schlüsseltext abgebildet werden (Abb. 5.6). Muster, die Blockgrenzen überschreiten, werden i. Allg. auf andere Muster im Schlüsseltext abgebildet.

Dies erlaubt die in Abschn. 7.1 besprochenen Kodebuchangriffe. Auch bei indeterministischen Blockchiffren werden Muster im Klartext auf entsprechende Muster im Schlüsseltext abgebildet, aber dies dürfte in der Praxis so gut wie nie vorkommen, während regelmäßige Muster in nicht komprimierten Klartexten durchaus häufig sind und deshalb ins Kalkül gezogen werden müssen.

Beispiel 5.1 Nehmen wir an, ein Telefax wird mit einer 64-Bit-Blockchiffre mit ECB verschlüsselt. Wir nehmen an, dass die häufigste Kombination von Pixeln „alle weiß" bedeutet und ordnen also dem häufigsten Schlüsseltextblock 64 weiße Pixel und allen anderen Schlüsseltextblöcken 64 schwarze Pixel zu. Nehmen wir an, unser Faxgerät hat eine Auflösung von 300 dpi, also rund 12 Pixel pro mm. Dann vergröbert Verschlüsselung mit

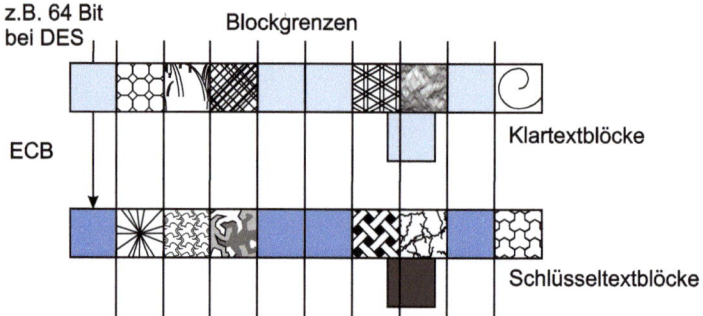

Abb. 5.6 Blockmuster bei ECB

Abb. 5.7 Cipher Block Chaining (CBC)

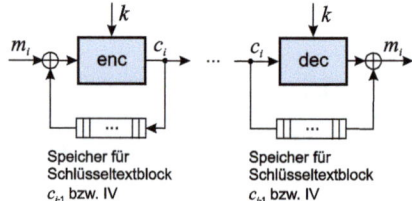

64-Bit-ECB die horizontale Auflösung des Faxes lediglich von 0,08 auf 5,3 mm – zumindest große Schriften dürften problemlos lesbar bleiben. Werden die Pixel nicht horizontal, sondern etwa quadratweise mit $8 \cdot 8$ Pixel kodiert, dann ergibt sich für das Beispiel eine Vergröberung der Auflösung des Faxes horizontal wie vertikal von 0,08 auf 0,67 mm. Da dürften auch kleinere Schriften noch zu entziffern sein.

5.4.3 Cipher Block Chaining (CBC)

Das Prinzip der Betriebsart Cipher Block Chaining (CBC) ist in Abb. 5.7 gezeigt: Vor dem Verschlüsseln jedes (außer des ersten) Blocks wird zu seinem Klartext der Schlüsseltext des vorherigen modular addiert und entsprechend nach dem Entschlüsseln jedes Blocks der Schlüsseltext des vorherigen von seinem „Klartext" modular subtrahiert.

Zur Verarbeitung des ersten Klartext- bzw. Schlüsseltextblockes muss der Zwischenspeicher mit einem Initialisierungsvektor IV initialisiert werden.

Cipher Block Chaining (CBC)
Verschlüsselung der Klartextblöcke m_i, $i = 0, 1, \ldots, n$:

$$c_0 = \mathrm{enc}(k, m_0 \oplus \mathrm{IV})$$
$$c_i = \mathrm{enc}(k, m_i \oplus c_{i-1})$$

bzw.

$$c_0 = \mathrm{enc}(k_e, m_0 \oplus \mathrm{IV})$$
$$c_i = \mathrm{enc}(k_e, m_i \oplus c_{i-1}).$$

5.4 Betriebsarten von Blockchiffren

Entschlüsselung der Schlüsseltextblöcke c_i, $i = 0, 1, \ldots, n$:

$$m_0 = \text{dec}(k, c_0) \oplus \text{IV}$$
$$m_i = \text{dec}(k, c_i) \oplus c_{i-1}$$

bzw.

$$m_0 = \text{dec}(k_d, c_0) \oplus \text{IV}$$
$$m_i = \text{dec}(k_d, c_i) \oplus c_{i-1}.$$

Die Klartextblöcke m_i, $i = 0, 1, \ldots, n$ wurden mit CBC verschlüsselt. Der Empfänger initialisiert den Zwischenspeicher mit IV und erhält bei Entschlüsselung des ersten Schlüsseltextblockes c_0:

$$\text{dec}(k, c_0) \oplus \text{IV} = \text{dec}\bigl(k, \text{enc}(k, m_0 \oplus \text{IV})\bigr) \oplus \text{IV} = m_0 \oplus \underbrace{\text{IV} \oplus \text{IV}}_{=0} = m_0.$$

Das heißt, dass die Entschlüsselung jeweils die XOR-Verknüpfung des entsprechenden Klartextblocks mit dem Inhalt des Zwischenspeichers bei der Verschlüsselung liefert, und genau dieser Inhalt des Zwischenspeichers mit diesem Ergebnis XOR-verknüpft werden muss, um wieder den Klartextblock zu erhalten.

Die Verwendung einer *indeterministischen Blockchiffre* ist möglich. Da bei einer indeterministischen Blockchiffre Schlüsseltextblöcke länger als Klartextblöcke sind, muss dann vor der Addition bzw. Subtraktion eine geeignete Auswahl getroffen werden. Wird eine *asymmetrische Blockchiffre* verwendet, so ist die entstehende Stromchiffre ebenfalls *asymmetrisch*.

Die Länge der verschlüsselbaren Einheiten ist wiederum durch die *Blocklänge* der verwendeten Blockchiffre bestimmt und kann deshalb nicht einfach auf die Einheiten des Übertragungs- oder Speichersystems abgestimmt werden. Deshalb müssen die Blockgrenzen für die Selbstsynchronisation ggf. gesondert kenntlich gemacht werden.

Durch die Verknüpfung mit dem jeweils vorhergehenden Schlüsseltextblock breiten sich Fehler nun auch auf den Folgeblock aus. Bei einer noch so kleinen (additiven) Verfälschung einer einem Block entsprechenden Einheit des Schlüsseltextstromes sind alle Zeichen des Klartextes dieser Einheit jeweils mit der Wahrscheinlichkeit von 50 % gestört, wenn die Chiffre das strikte Avalanche-Kriterium erfüllt (Abschn. 4.7). Zusätzlich ist die der Verfälschung entsprechende Stelle im nächsten Klartextblock gestört, da die Verfälschung im Schlüsseltextstrom gespeichert und in der folgenden Runde nochmals, allerdings anders, verwendet wird. Danach kann sich die Verfälschung nicht weiter auswirken, die folgenden Klartextblöcke werden richtig entschlüsselt, der Entschlüsseler hat sich aufgrund seiner beschränkten Speichertiefe automatisch auf den Verschlüsseler synchronisiert. Synchronisationsfehler bzgl. ganzer Blöcke wirken sich ebenfalls auf den Folgeblock aus (dies wird in den Übungen erarbeitet).

Beispiel 5.2 Bei der Übertragung der Schlüsseltextblöcke c_i ($i = 0, 1, \ldots, n$) wird der Block c_i verfälscht: $c_i \to c_i'$. Wir nehmen an, dass genau ein Bit verfälscht wurde.

Der Empfänger entschlüsselt die erhaltenen Blöcke und erhält die korrekten Klartextblöcke $m_0, m_1, \ldots, m_{i-1}$. Die Entschlüsselung des Blocks c_i' liefert einen fehlerhaften Klartextblock, bei dem jedes Zeichen mit der Wahrscheinlichkeit 50 % gestört ist:

$$\text{dec}(k, c_i') \oplus c_{i-1} \neq m_i.$$

Block c_i' wird außerdem mit dem Ergebnis der Entschlüsselung des nächsten Blockes verknüpft:

$$\text{dec}(k, c_{i+1}) \oplus c_i' = \text{dec}(k, \text{enc}(k, m_{i+1} \oplus c_i)) \oplus c_i' = m_{i+1} \oplus \underbrace{c_i \oplus c_i'}_{\neq 0} \neq m_{i+1}.$$

Die Verknüpfung führt dazu, dass genau das Bit, welches verfälscht wurde, auch im nächsten Klartextblock verfälscht ist. Die nachfolgenden Blöcke sind jedoch nicht mehr von dem Fehler betroffen:

$$\text{dec}(k, c_{i+2}) \oplus c_{i+1} = \text{dec}(k, \text{enc}(k, m_{i+2} \oplus c_{i+1})) \oplus c_{i+1}$$
$$= m_{i+2} \oplus \underbrace{c_{i+1} \oplus c_{i+1}}_{=0} = m_{i+2}.$$

Dies ist auch dann der Fall, wenn es sich nicht um einen Übermittlungsfehler außerhalb des Verschlüsselungsprozesses handelt, sondern um einen transienten Fehler bei der Verschlüsselung. Dies ist deshalb bemerkenswert, weil dann ab der Fehlerstelle ein ganz anderer Schlüsseltext erzeugt wird: Die Fehlerauswirkungen beim Verschlüsseler werden von Schlüsseltextblock zu Schlüsseltextblock gespeichert und führen durch die Addition auf dem nächsten Klartextblock wieder zu einer verfälschten Eingabe an die Blockchiffre und damit zu einem völlig unterschiedlichem Schlüsseltextblock. Trotzdem erhält der Entschlüsseler bereits einen Block nach Ende des transienten Fehlers wieder den richtigen Klartext. Entsprechendes gilt bei transienten Fehlern im Entschlüsseler. Sowohl bei transienten Fehlern im Ver- wie Entschlüsseler ist in obigen Beispielen natürlich jeweils unterstellt, dass der Schlüssel der Blockchiffre durch den transienten Fehler nicht verfälscht wird. In diesem Falle wäre der beim Entschlüsseler ab diesem Zeitpunkt erhaltene Klartext jeweils pseudozufällig und damit unbrauchbar.

Da es für das Ergebnis der Addition in Abb. 5.7 egal ist, ob der Klar- oder Schlüsseltextblock verfälscht ist, gilt Gleiches (wie gerade beschrieben) für den Fall einer noch so kleinen Verfälschung des Klartextstromes. Dies motiviert die Verwendung des linken Teiles der **Konstruktion zur Authentikation** (Abb. 5.8):

- Der einen Klartext Authentizierende verschlüsselt ihn mit CBC und hängt lediglich den letzten Schlüsseltextblock an den Klartext, d. h. der letzte Schlüsseltextblock ist der MAC gemäß Abb. 3.6. Der die Authentizität Prüfende verschlüsselt den Klartext eben-

5.4 Betriebsarten von Blockchiffren

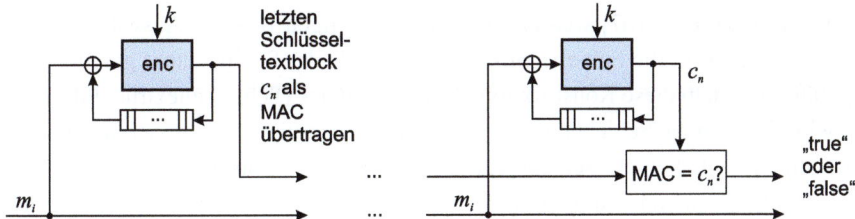

Abb. 5.8 CBC zur Authentikation

falls mit CBC und vergleicht den von ihm berechneten letzten Schlüsseltextblock mit dem übertragenen. Bei Übereinstimmung ist der Klartext authentisch. Hält man einen kürzeren Authentikator als einen ganzen Schlüsseltextblock für hinreichend, kann man Anhängen und Vergleich auf einen Teil des letzten Schlüsseltextblocks beschränken.

- Die verwendete Blockchiffre muss *deterministisch* sein.
- Die Länge der authentizierbaren Einheiten ist durch die *Blocklänge* der verwendeten Blockchiffre bestimmt.
- Der Zwischenspeicher wird bei der Verwendung des CBC zur Authentikation mit Nullen initialisiert.

Da diese Konstruktion jedoch nur für eine feste Anzahl von Nachrichtenblöcken sicher ist (existientielles Brechen ist möglich), wurde mit CMAC (siehe Abschn. 5.4.8) eine auf CMAC aufbauende verbesserte Betriebsart zur Authentikation eingeführt.

5.4.4 Cipher Feedback (CFB)

Cipher Feedback (CFB) ist in Abb. 5.9 gezeigt: Es wird nicht der Klartext, sondern der Inhalt eines Schieberegisters mit der Blockchiffre verschlüsselt und ein Teil des Ergebnisses vom Verschlüsseler zum Klartext modular addiert (wodurch der Schlüsseltext entsteht) und vom Entschlüsseler vom Schlüsseltext „modular subtrahiert" (wodurch wiederum der

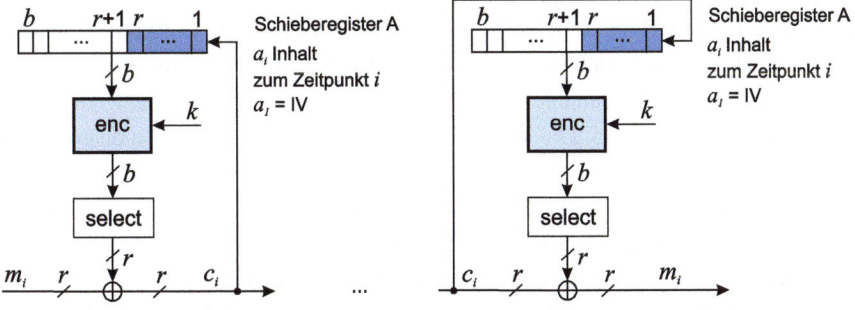

Abb. 5.9 Cipher Feedback (CFB)

Klartext entsteht). Laut [67] werden die r höchstwertigen Bits der Ausgabe der Blockchiffre ausgewählt. In die Schieberegister wird jeweils der Schlüsseltext geschoben, also rückgeführt, weshalb diese Konstruktion *Cipher Feedback* (Schlüsseltextrückführung) genannt wird. Werden die Schieberegister gleich initialisiert und wird der Schlüsseltext richtig übermittelt, enthalten die Schieberegister beim Ver- und Entschlüsseler jeweils dieselben Werte. Dann (und nur dann) ergibt sich beim Entschlüsseler wieder der ursprüngliche Klartext.

Cipher Feedback (CFB)

Die Blocklänge der verwendeten Blockchiffre betrage b Bit, die Länge der verschlüsselbaren Einheiten r Bit. $\text{select}_r(x)$ wählt r Bit aus x aus, $\text{LSB}_y(x)$ liefert die y niederwertigsten Bits von x.

Verschlüsselung der Klartextblöcke $m_i, i = 0, 1, \ldots, n$:

$$c_i = m_i \oplus \text{select}_r\big(\text{enc}(k, a_i)\big) \quad \text{bzw.} \quad c_i = m_i \oplus \text{select}_r\big(\text{enc}(k_e, a_i)\big).$$

Entschlüsselung der Schlüsseltextblöcke $c_i, i = 0, 1, \ldots, n$:

$$m_i = c_i \oplus \text{select}_r\big(\text{enc}(k, a_i)\big) \quad \text{bzw.} \quad m_i = c_i \oplus \text{select}_r\big(\text{enc}(k_e, a_i)\big).$$

Dabei bezeichnet a_i jeweils den Inhalt des Schieberegisters A zum Zeitpunkt i:

$$a_1 = \text{IV}$$
$$a_i = \text{LSB}_{b-r}(a_{i-1}) | c_{i-1}.$$

Mit CFB können *kleinere Einheiten* als die durch die Blocklänge der verwendeten Blockchiffre bestimmten ver- und entschlüsselt werden. Wird die elementare Einheit des Übertragungs- oder Speichersystems als Verschlüsselungseinheit verwendet, so können Bitsynchronisationsfehler auch ohne Kenntlichmachen der „Blockgrenzen" erkannt werden.

Im Vergleich zu ECB und CBC fällt auf, dass die Entschlüsselungsfunktion der Blockchiffre bei CFB überhaupt nicht verwendet wird. Das bedeutet, dass immer eine *symmetrische* Stromchiffre entsteht – unabhängig davon, ob eine symmetrische oder asymmetrische Blockchiffre verwendet wird. Die verwendete Blockchiffre muss wieder deterministisch sein.

Durch die Rückführung der Schlüsseltextblöcke in das Schieberegister entsteht wieder eine Abhängigkeit zwischen den Blöcken, und Fehler wirken sich solange auf das Ergebnis aus, wie sich der fehlerhafte Block im Schieberegister befindet.

Aus den bei CBC erläuterten Gründen kann der linke Teil von CFB **zur Authentikation** verwendet werden:

5.4 Betriebsarten von Blockchiffren

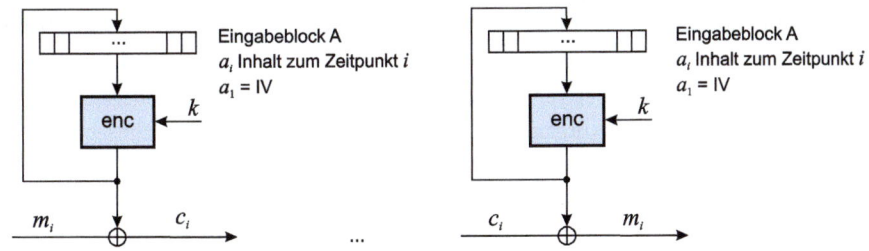

Abb. 5.10 Output Feedback (OFB)

Der einen Klartext Authentizierende verschlüsselt ihn mit CFB. Den Inhalt des Schieberegisters verschlüsselt er noch einmal zusätzlich mit der Blockchiffre und hängt die Ausgabe der Blockchiffre an den Klartext. Würde der Inhalt des Schieberegisters nicht noch einmal zusätzlich mit der Blockchiffre verschlüsselt, sondern direkt als Authentikator an die Nachricht gehängt, könnte ein Angreifer die letzte Ausgabeeinheit unerkannt ändern, indem er zum Authentikator die Differenz zwischen gefälschter Einheit und Originaleinheit hinzuaddiert (siehe Übung). Der die Authentizität Prüfende verschlüsselt in gleicher Weise und vergleicht. Bei Übereinstimmung ist der Klartext authentisch.

5.4.5 Output Feedback (OFB)

Im Gegensatz zu CFB wird bei Output Feedback (OFB) nicht der Schlüsseltext, sondern das Ergebnis (output) der Blockverschlüsselung in das Schieberegister rückgeführt (Abb. 5.10). Daher der Name *Output Feedback* (Ergebnisrückführung). Eine andere Erklärung der Konstruktion OFB wäre: Im oberen Teil wird aus einer Blockchiffre ein *Pseudozufallsgenerator* konstruiert, dessen *Pseudozufallsfolge* im unteren Teil zum Klartextstrom addiert bzw. vom Schlüsseltextstrom subtrahiert wird.

Output Feedback (OFB)
Verschlüsselung der Klartextblöcke m_i, $i = 0, 1, \ldots, n$:

$$c_i = m_i \oplus \text{enc}(k, a_i) \quad \text{bzw.} \quad c_i = m_i \oplus \text{enc}(k_e, a_i).$$

Entschlüsselung der Schlüsseltextblöcke c_i, $i = 0, 1, \ldots, n$:

$$m_i = c_i \oplus \text{enc}(k, a_i) \quad \text{bzw.} \quad m_i = c_i \oplus \text{enc}(k_e, a_i).$$

Dabei bezeichnet a_i jeweils den Eingabeblock für die Blockchiffre zum Zeitpunkt i:

$$a_1 = \text{IV}$$
$$a_i = \text{enc}(k, a_{i-1}).$$

Während in [36] auch bei OFB r Bits zur Verknüpfung mit den Klartext- bzw. Schlüsseltextblöcken ausgewählt wurden, ist eine solche Auswahl in [67] nicht mehr vorgesehen. In diesem Fall ist die Länge der ver- und entschlüsselbaren Einheiten wiederum durch die Blocklänge der Blockchiffre vorgegeben. Die Blockchiffre muss auch in dieser Konstruktion deterministisch sein.

Unabhängig davon, ob eine symmetrische oder asymmetrische Blockchiffre verwendet wird, entsteht auch bei OFB eine *symmetrische* Stromchiffre, da die bei einer asymmetrischen Blockchiffre von der Verschlüsselungsfunktion verschiedene Entschlüsselungsfunktion bei der Konstruktion überhaupt nicht verwendet wird.

Bei der additiven Verfälschung von Schlüsseltextblöcken ist immer nur der entsprechende Klartextblock gestört, es findet also *keine Fehlererweiterung* statt, da das Ergebnis der Verschlüsselung nicht in die Verarbeitung nachfolgender Blöcke einfließt. Je nach Anwendung kann dies günstig, z. B. bezüglich Konzelation, oder ungünstig, z. B. bezüglich Integrität, sein.

Anders jedoch bei Synchronisationsfehlern: Da der pseudozufällige Strom von „Schlüsselblöcken" $\text{enc}(k, a_{i-1})$ unabhängig von der Verarbeitung der Klartext- bzw. Schlüsseltextblöcke erzeugt wird, werden bis zur Wiederherstellung der Synchronisation alle folgenden Blöcke verfälscht.

Beispiel 5.3 Bei der Übertragung der Schlüsseltextblöcke c_i, $i = 0, 1, \ldots, n$ wird der Block c_i gelöscht. Der Empfänger erhält also $c_0, c_1, \ldots, c_{i-1}, c_{i+1}, \ldots, c_n$.

Der Empfänger entschlüsselt die erhaltenen Blöcke und erhält die korrekten Klartextblöcke $m_0, m_1, \ldots, m_{i-1}$. Ab dieser Stelle erhält er ohne erneute Synchronisation nur noch verfälschte Blöcke, denn die Schlüsseltextblöcke werden mit den falschen Schlüsselblöcken verknüpft:

$$c_{i+1} \oplus \text{enc}(k, a_{i-1}) \neq m_i$$
$$c_{i+2} \oplus \text{enc}(k, a_i) \neq m_{i+1}$$
$$\ldots$$

5.4.6 Counter Mode (CTR)

Der Counter Mode (CTR) ist ähnlich aufgebaut wie OFB und liefert wie diese Konstruktion eine synchrone Stromchiffre (Abb. 5.11). Im oberen Teil wird wiederum eine Folge von Schlüsselblöcken erzeugt, die zur Verschlüsselung zu den Klartextblöcken modular addiert wird und bei der Entschlüsselung von den Schlüsseltextblöcken modular subtrahiert wird. Die Eingabe der Blockchiffre ist bei CTR allerdings ein Zähler, der für jeden Ver- bzw. Entschlüsselungsschritt aus einem Startwert und einer Inkrementierungsfunktion berechnet werden kann.

5.4 Betriebsarten von Blockchiffren

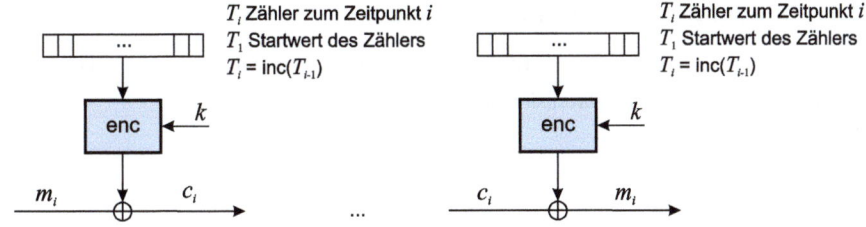

Abb. 5.11 Counter Mode (CTR)

> **Counter Mode (CTR)**
>
> Verschlüsselung der Klartextblöcke m_i, $i = 0, 1, \ldots, n$:
>
> $$c_i = m_i \oplus \text{enc}(k, T_i) \quad \text{bzw.} \quad c_i = m_i \oplus \text{enc}(k_e, T_i).$$
>
> Entschlüsselung der Schlüsseltextblöcke c_i, $i = 0, 1, \ldots, n$:
>
> $$m_i = c_i \oplus \text{enc}(k, T_i) \quad \text{bzw.} \quad m_i = c_i \oplus \text{enc}(k_e, T_i).$$
>
> Dabei bezeichnet T_i jeweils den Wert des Zählers zum Zeitpunkt i und damit die Eingabe der Blockchiffre zu diesem Zeitpunkt. Der Inhalt des Zählers wird mit Hilfe eines Startwertes und einer Inkrementierungsfunktion geeignet definiert. Die Inkrementierungsfunktion kann auf den gesamten Inhalt des Zählers oder nur auf einen Teil davon angewendet werden.

Die Eigenschaften von CTR sind ähnlich zu OFB: Unabhängig davon, ob eine symmetrische oder asymmetrische Blockchiffre verwendet wird, entsteht eine *symmetrische* Stromchiffre. Die verwendete Blockchiffre muss deterministisch sein.

Die Fehlerauswirkungen entsprechen ebenfalls OFB, da es sich auch bei CTR um die Konstruktion einer synchronen Stromchiffre handelt: Additive Fehler wirken sich nicht auf Folgeblöcke aus, während (Block-)Synchronisationsfehler eine erneute Synchronisation zwischen Sender und Empfänger erfordern.

CTR bietet insbesondere Effizienzvorteile. Der Inhalt des Zählers kann unabhängig von der Verarbeitung vorheriger Blöcke und somit vorab ermittelt werden; die eigentliche Ver- bzw. Entschlüsselung besteht dann nur aus einer XOR-Verknüpfung.

5.4.7 Zusammenfassung der Eigenschaften der Betriebsarten zur Konzelation

Tabelle 5.1 gibt eine Zusammenfassung der Eigenschaften der beschriebenen Betriebsarten für Blockchiffren zur Konzelation. Dabei sind die Betriebsarten nach ihrer Verwandtschaft in zwei Gruppen geordnet.

Tab. 5.1 Eigenschaften der Betriebsarten zur Konzelation

	ECB	CBC	CFB	OFB	CTR
Enstehende Stromchiffre		selbstsynchronisierend		synchron	
Verwendung indeterministischer Blockchiffre	möglich		nicht möglich		
Bei asymmetrischer Blockchiffre entsteht		asymmetrische Stromchiffre	symmetrische Stromchiffre		
Auswirkung additiver Fehler	nur innerhalb eines Blocks	2 Blöcke	$1+\lceil \frac{b-\sigma}{r} \rceil$ Blöcke	nur innerhalb eines Blocks	
Auswirkung von (Block-)Synchronisationsfehlern				potentiell unbegrenzt	
Wahlfreier Zugriff / Parallelisierbarkeit	ja	bei Entschlüsselung	bei Entschlüsselung	nein	ja
Vorausberechnung der Blockchiffre	nein		jeweils für einen Block	ja	

In der linken Gruppe werden Ver- und Entschlüsselungsfunktion der Blockchiffre benutzt, und die Blockchiffre liegt direkt im Transformationsweg vom Klartext über den Schlüsseltext zum Klartext. In der rechten Gruppe wird die Verschlüsselungsfunktion der Blockchiffre zur Generierung einer Pseudozufallsfolge benutzt. Die Entschlüsselungsfunktion der Blockchiffre wird nicht verwendet. Im direkten Transformationsweg vom Klartext über den Schlüsseltext zum Klartext liegen dann nur die XOR-Verknüpfung. Diese Gruppenspezifika bedingen die zweite und dritte Eigenschaft.

Die in den nächsten beiden Zeilen angegebenen Fehlerauswirkungen sind dadurch bestimmt, von wie vielen vorhergehenden Blöcken die Verarbeitung eines Klartext- bzw. Schlüsseltextblocks jeweils abhängt.

Zusätzlich zu diesen Eigenschaften sind für den praktischen Betrieb, d. h. Nutzung oder Implementierung, folgende drei Eigenschaften der Betriebsarten interessant und nützlich:

Wahlfreier Zugriff: Kann wahlfrei auf einzelne Teile des Schlüsseltextes und/oder Klartextes zugegriffen werden, d. h. kann aus wahlfrei herausgegriffenen Teilen des Klartextes der entsprechende Teil des Schlüsseltextes errechnet werden und/oder aus wahlfrei herausgegriffenen Teilen des Schlüsseltextes der entsprechende Teil des Klartextes? Oder muss Schlüsseltext bzw. Klartext jeweils von Beginn der Nachricht an berechnet werden?

Parallelisierbarkeit: Kann die Ent- und/oder Verschlüsselung parallelisiert werden? Oder muß sie streng sequentiell durchgeführt werden?

Vorausberechnung der Blockchiffre: Kann die Blockchiffre vorausberechnet werden oder kann auch dieser, bei weitem rechenaufwendigste Teil erst ausgeführt werden, wenn der Klartext bzw. Schlüsseltext vorliegt?

Zwischen den bisher diskutierten Eigenschaften der Betriebsarten und diesen drei weiteren bestehen folgende Zusammenhänge:

Aus *selbstsynchronisierend* folgt *wahlfreier Zugriff bei der Entschlüsselung*, denn zumindest nach dem für die Selbstsynchronisation nötigen Stück Schlüsseltext kann der folgende Teil entschlüsselt werden.
Aus *wahlfreiem Zugriff* folgt *Parallelisierbarkeit*, denn wenn Teile unabhängig vom Rest bearbeitet werden können, dann kann dies auch parallel geschehen.

Liegt die Blockchiffre direkt im Transformationsweg vom Klartext über den Schlüsseltext zum Klartext, ist keine Vorausberechnung der Blockchiffre möglich. Andernfalls kann zumindest jeweils ein Block vorausberechnet werden.
Insgesamt ergeben sich die Einträge der beiden unteren Zeilen von Tab. 5.1.

5.4.8 Cipher-Based Message Authentication Code (CMAC)

Wie in Abschn. 5.4.3 bereits diskutiert, kann CBC zur Authentikation eingesetzt werden – allerdings ist die resultierende Konstruktion existentiell brechbar für Nachrichten beliebiger Länge (Details können in [64] nachgelesen werden). Zur Verbesserung der Sicherheit wurde deswegen Cipher-Based Message Authentication Code (CMAC) vorgeschlagen, eine Konstruktion, die diese Schwäche behebt.

Aus dem externen Schlüssel werden in Abhängigkeit von der Blocklänge zwei Schlüssel k_1, k_2 abgeleitet; da diese fest sind für einen externen Schlüssel, kann dies vorab einmal geschehen. Die Berechnung des MAC erfolgt ähnlich zu der Konstruktion mit CBC ($IV = 0$). Der wesentliche Unterschied besteht in der Behandlung des letzten Blockes: Handelt es sich um einen kompletten Block, wird er mit dem Schlüssel k_1 XOR-verknüpft, ansonsten wird der letzte Block mit 10...0 aufgefüllt und mit k_2 XOR-verknüpft.

5.4.9 Betriebsarten zur Konzelation und Authentikation

In der Praxis sind oftmals sowohl Vertraulichkeit als auch Integrität erforderlich. Beide Schutzziele können mit den Betriebsarten zur Konzelation und Authentikation (*authenticated encryption*) umgesetzt werden.

Die Konstruktion *Counter with CBC-MAC* (CCM) bietet Vertraulichkeit und Integrität für die Nutznachricht (*payload P*) sowie Integrität für zusätzliche Daten (*assigned data A*, z. B. Adressinformationen, die unverschlüsselt vorliegen müssen). Eine weitere Eingabe ist eine Zufallszahl (*nonce N*).

Zunächst wird der MAC für P, A und N mit Hilfe der Konstruktion CBC-MAC berechnet ($IV = 0$), dann erfolgt die Verschlüsselung von N, P und MAC mittels CTR. Der Empfänger entschlüsselt zunächst mittels CTR und erhält N, P und MAC. Anschließend berechnet er den MAC für P, A und N mittels CBC-MAC und vergleicht mit dem entschlüsselten MAC.

Das Problem dieser Konstruktion besteht darin, dass der auf CBC basierende CBC-MAC nicht parallelisierbar ist (siehe Tab. 5.1), diese Eigenschaft aber für eine hohe Effizienz der Verarbeitung wünschenswert ist.

Um die Effizienz verbessern zu können, erfolgt deshalb in der Betriebsart *Galois/Counter Mode* (GCM bzw. GMAC, falls es nur um Integritätssicherung geht) die Berechnung des MAC durch die Anwendung einer Hashfunktion. Wiederum werden Integrität und Vertraulichkeit der Nachricht sowie Integrität der zusätzlichen Daten gesichert. Bei GMAC ist die Länge der zu verschlüsselnden Nachricht 0.

Zum Schutz der Vertraulichkeit wird CTR mit einer speziellen Inkrementierungsfunktion verwendet (nur ein Teil des Zählers wird inkrementiert), wobei der erste Wert des Zählers vom Initialisierungsvektor abgeleitet wird. Zur Berechnung des MAC wird eine Hashfunktion GHASH eingesetzt, bei der eine Multiplikation mit einem festen Parameter H (hash subkey) in einem endlichen Körper erfolgt.

5.5 Zusammenfassung

Kryptographie ist ein Schutzmechanismus gegen beabsichtigte Angriffe, genügt jedoch nicht zum Schutz gegen zufällige Verfälschungen während der Übertragung oder Speicherung. Um die Integrität der Daten gegen zufällige Fehler zu schützen, ist zusätzlich **Kanalkodierung** einzusetzen. Dabei ist zuerst Kryptographie und anschließend Kanalkodierung zu verwenden, um einen wirkungsvollen Schutz zu erreichen.

Um die Sicherheit zu erhöhen, können mehrere Kryptosysteme verwendet werden, die auf verschiedenen Annahmen beruhen. Für Konzelation sollten diese Systeme in Reihe verwendet werden (*Produktchiffre*), für Authentikation parallel.

Kryptosysteme können in **Blockchiffren** und **Stromchiffren** unterteilt werden, welche Zeichenketten fester bzw. variabler Länge verarbeiten. Die Unterteilung ist jedoch nicht immer eindeutig, sondern kann davon abhängen, wie das zu Grunde liegende Alphabet definiert wird. Stromchiffren lassen sich in **synchrone** und **selbstsynchronisierende** Chiffren einteilen. Bei ersteren führen Synchronisationsfehler dazu, dass sich Sender und Empfänger neu synchronisieren müssen, während sich Sender und Empfänger bei letzteren nach der Verarbeitung einer gewissen Anzahl Zeichen automatisch wieder synchronisiert haben.

Für die praktische Verwendung von Blockchiffren – insbesondere bei der Verarbeitung längerer Nachrichten oder der Verwendung von Blockchiffren zur Authentikation – gibt es verschiedene **Betriebsarten** zur Konzelation, Authentikation oder zur Konzelation *und* Authentikation. Mit den Betriebsarten ECB, CBC und CFB können aus symmetrischen oder asymmetrischen Blockchiffren selbstsynchronisierende Stromchiffren konstruiert werden, mit den Betriebsarten OFB und CTR dagegen synchrone Stromchiffren.

CBC kann auch zur Authentikation eingesetzt werden (CBC-MAC), wobei der letzte Schlüsseltextblock als MAC dient. Diese Konstruktion kann jedoch bei einer variablen

Anzahl von Nachrichtenblöcken existentiell gebrochen werden. Die auf CBC-MAC basierende Betriebsart CMAC behebt diese Schwäche.

Gleichzeitige Konzelation und Authentikation erlaubt die auf CBC-MAC und CTR basierende Betriebsart CCM. Bessere Performanz bietet die Betriebsart GCM (bzw. GMAC), weil hier statt CBC-MAC eine Hashfunktion zur Berechnung des MAC eingesetzt wird.

5.6 Übungen

5.1 Für die Verschlüsselung wird der Modus CBC verwendet. Der Sender verschlüsselt die Nachrichtenblöcke

$$m_1 m_2 \ldots m_{i-1} m_i m_{i+1} \ldots m_n$$

und sendet die resultierenden Schlüsseltextblöcke

$$c_1 c_2 \ldots c_{i-1} c_i c_{i+1} \ldots c_n$$

an den Empfänger. Während der Übertragung der Schlüsseltextblöcke wird der Block c_i gelöscht.

Geben Sie an, welche der vom Sender verschlüsselten Klartextblöcke der Empfänger korrekt entschlüsseln kann und welche nicht bzw. nicht korrekt entschlüsselt werden! Geben Sie als Begründung die entsprechenden Entschlüsselungsschritte für die nicht korrekt entschlüsselten Blöcke an!

5.2 Bei Verschlüsselung im Modus CFB wird eine Blockchiffre mit Blocklänge $b = 64$ eingesetzt, es wird mit $r = 8$ Bit gearbeitet. Während der Übertragung wird der Schlüsseltextblock c_i zu c_i' verfälscht. Welche der vom Empfänger entschlüsselten Blöcke sind von der Verfälschung betroffen? In welchem Umfang sind Verfälschungen der betroffenen Blöcke zu erwarten, wenn genau ein Bit von c_i gekippt wurde?

5.3 Beim Modus CBC wird ein Initialisierungsvektor IV verwendet, welcher den Inhalt des Speichers bei Verarbeitung des ersten Blocks festlegt. Dieser Initialisierungsvektor kann verschlüsselt als erster Block übermittelt werden.
- Könnten Sender und Empfänger auch ohne Vereinbarung eines Initialisierungsvektors arbeiten? Beachten Sie dabei, dass Nachrichten mit gleichen Anfangsblöcken trotzdem unterschiedliche Schlüsseltextblöcke liefern sollen.
- Wäre die von Ihnen vorgeschlagene Lösung auch für die Betriebsart OFB anwendbar?

5.4 Ein Direktzugriff auf verschlüsselte Blöcke ist in den Betriebsarten CBC und OFB nicht bzw. nicht uneingeschränkt möglich. Welche Operationen wären in diesen Betriebsarten erforderlich, um einen verschlüsselten Block zu
- lesen bzw.
- zu lesen und zu modifizieren?

Algebraische Grundlagen

6.1 Algebraische Strukturen

6.1.1 Gruppen, Ringe, Körper

Definition 6.1 *Eine (binäre)* **Operation** *auf einer nichtleeren Menge M ist eine Abbildung $\circ : M \times M \to M$.*

In dieser Definition haben wir festgelegt, dass für beliebige Elemente $x, y \in M$ gilt:

- $x \circ y$ ist wieder ein Element von M.
- $x \circ y$ ist eindeutig bestimmt.

Dabei gilt $x \circ y := \circ(x, y)$.

Definition 6.2 *Sei $\circ$ eine Operation auf der nichtleeren Menge M.*

(1) *Für alle $x, y, z \in M$ gelte $x \circ (y \circ z) = (x \circ y) \circ z$. ($\circ$ ist eine assoziative Operation.)*
(2) *Es gibt ein $e \in M$ mit $x \circ e = e \circ x = x$ für alle $x \in M$. (e wird neutrales Element genannt.)*
(3) *Zu jedem $x \in M$ existiert ein $x^{-1} \in M$ mit $x^{-1} \circ x = x \circ x^{-1} = e$. ($x^{-1}$ wird zu x inverses Element genannt.)*

Dann nennt man $(M, \circ)$ eine **Gruppe**. *Eine Gruppe heißt kommutativ (oder abelsch), wenn außerdem*

(4) *Für alle $x, y \in M$ gilt $x \circ y = y \circ x$.*

erfüllt ist.

In dieser Definition bezeichnet e das neutrale Element bezüglich der Operation $\circ$.

Man nennt $(U, \circ)$ eine **Untergruppe** der Gruppe $(M, \circ)$, wenn U eine nichtleere Teilmenge von M ist und mit der auf M erklärten Operation $\circ$ selbst eine Gruppe bildet.

Für endliche Gruppen kann man das Rechnen in der Gruppe wie folgt durch eine Verknüpfungstafel beschreiben:

$\circ$	x_1	x_2	x_3	...	e	...
x_1	$x_1 \circ x_1$	$x_1 \circ x_2$	$x_1 \circ x_3$	...	x_1	...
x_2	$x_2 \circ x_1$	$x_2 \circ x_2$	$x_2 \circ x_3$	...	x_2	...
x_3	$x_3 \circ x_1$	$x_3 \circ x_2$	$x_3 \circ x_3$	...	x_3	...
$\vdots$	$\vdots$	$\vdots$	$\vdots$		$\vdots$	
e	x_1	x_2	x_3	...	e	...
$\vdots$	$\vdots$	$\vdots$	$\vdots$		$\vdots$	

Eine endliche Gruppe $(M, \circ)$ ist genau dann abelsch, wenn die Verknüpfungstafel symmetrisch bezüglich der Hauptdiagonalen ist.

Bekannte Beispiele für abelsche Gruppen sind $(\mathbb{Z}, +)$, $(\mathbb{R}, +)$, $(\mathbb{C}, +)$, $(\mathbb{R} \setminus \{0\}, \cdot)$, $(\mathbb{C} \setminus \{0\}, \cdot)$. Es gibt aber auch endliche abelsche Gruppen, die wir später im Kapitel zur modularen Arithmetik (siehe Abschn. 6.2) vorstellen werden.

Sucht man Untergruppen einer gegebenen Gruppe, dann kann man im Falle endlicher Gruppen den folgenden Satz von LAGRANGE zu Hilfe nehmen. Die Anzahl der Elemente einer endlichen Gruppe nennt man auch die *Gruppenordnung* dieser Gruppe.

Satz 6.1 *Für jede Untergruppe einer endlichen Gruppe gilt, dass die Ordnung der Untergruppe ein Teiler der Ordnung der Gruppe ist.*

Es ist aber nicht so, dass für beliebige Gruppen zu jedem Teiler der Gruppenordnung tatsächlich eine Untergruppe dieser Ordnung existiert. Im allgemeinen ist es schwierig, sämtliche Untergruppen einer gegebenen Gruppe zu finden. Spezielle Untergruppen einer Gruppe kann man aber wie folgt sehr leicht konstruieren:

Satz 6.2 *Ist $(M, \circ)$ eine Gruppe mit $|M| = m \in \mathbb{N}$ und $x \in M$, dann bildet die Menge der Elemente x^i mit $i \in \mathbb{N}$ eine Untergruppe von $(M, \circ)$.*

Diese Untergruppe kann natürlich auch nur endlich viele Elemente enthalten und die Anzahl n ihrer Elemente muss ein Teiler der Gruppenordnung m sein:

$$\{x^0, x^1, \ldots, x^{n-1}\}.$$

Dabei ist $x^i := \underbrace{x \circ x \circ \ldots \circ x}_{i\text{-mal}}$.

Es gilt $x^n = e$, $x^{n+1} = x^n \circ x = e \circ x$ usw. (dabei ist e das neutrale Element), so dass sich außer den in der Menge aufgezählten keine neuen Gruppenelemente ergeben.

Man nennt diese Untergruppe der Gruppe $(M, \circ)$ die von x erzeugte Untergruppe und ihre Ordnung n die *Ordnung des Elements x* in der Gruppe $(M, \circ)$. Die Ordnung n von x wird auch mit $\text{ord}(x)$ bezeichnet. Man kann die Ordnung eines Elements x auch als die kleinste natürliche Zahl $n > 0$, für die $x^n = e$ gilt, charakterisieren.

6.1 Algebraische Strukturen

Damit gilt für jedes Gruppenelement x, dass ord(x) ein Teiler der Gruppenordnung ist, d. h. es gibt eine natürliche Zahl k mit ord$(x) \cdot k = m$. Es gilt also $x^m = x^{\text{ord}(x) \cdot k} = (x^{\text{ord}(x)})^k = e^k = e$, wobei e das neutrale Element der Gruppe bezeichnet.

Eine weitere wichtige Klasse von algebraischen Strukturen bilden die Ringe. Im Unterschied zu den Gruppen handelt es sich um algebraische Strukturen mit zwei Operationen. Die Menge der Ringelemente bildet mit einer der Operationen – man bezeichnet sie als Addition – eine Gruppe.

Wichtige Beispiele für Ringe sind die Resklassenringe modulo n (siehe Abschn. 6.2.2). Wir kommen nun zur Definition des Begriffs Ring.

Definition 6.3 *Eine nichtleere Menge M mit zwei binären Operationen $+$ und $\cdot$ und heißt Ring, wenn folgende Eigenschaften erfüllt sind:*

(1) *$(M, +, \cdot)$ ist eine abelsche Gruppe.*
(2) *Für alle $x, y, z \in M$ gilt $x \cdot (y \cdot z) = (x \cdot y) \cdot z$.*
(3) *Für alle $x, y, z \in M$ gilt $a \cdot (b + c) = a \cdot b + a \cdot c$ und $(b + c) \cdot a = (b \cdot a) + (c \cdot a)$.*

Ein Ring wird kommutativer Ring genannt, wenn

(4) *Für alle $x, y \in M$ gilt $x \cdot y = y \cdot x$.*

erfüllt ist.

Die schon erwähnten Restklassenringe modulo n sind kommutative Ringe. Sie haben sogar ein neutrales Element bezüglich der Multiplikation (nämlich 1) und werden deshalb auch Ringe mit Einselement genannt. Es gibt zahlreiche andere Strukturen, die ebenfalls diese Eigenschaften erfüllen. Dazu gehören auch Polynomringe, mit denen in der Kodierungstheorie gearbeitet wird, und die außerdem zur Konstruktion von endlichen Körpern benutzt werden können.

▶ **Anmerkung** $M[x]$ bezeichne die Menge aller Polynome in der Unbestimmten x mit Koeffizienten aus einem Ring $(M, +, \cdot)$:

$$M[x] := \{\underbrace{a_0 + a_1 x + \ldots + a_m x^m + \ldots}_{\text{endlich viele Summanden}} \mid a_i \in M \text{ für alle } i\}.$$

In Polynomringen $(M[x], \oplus, \otimes)$ wird wie folgt gerechnet:

- Addition von Polynomen

$$a(x) \oplus b(x) = (a_0 + a_1 x + \ldots + a_m x^m) \oplus (b_0 + b_1 x + \ldots + b_m x^m)$$
$$= (a_0 + b_0) + (a_1 + b_1) x + \ldots + (a_m + b_m) x^m$$

- Multiplikation von Polynomen

$$a(x) \otimes b(x) = (a_0 + a_1 x + \ldots + a_m x^m) \otimes (b_0 + b_1 x + \ldots + b_m x^m)$$
$$= (a_0 \cdot b_0) + (a_1 \cdot b_0 + a_0 \cdot b_1) x + \ldots + \left(\sum_{i=0}^{k} a_i \cdot b_{k-i}\right) x^k + \ldots$$

Endliche Körper sind ebenso wie die Ringe algebraische Strukturen mit zwei Operationen. In der Kryptographie sind traditionell Restklassenkörper modulo p, wobei p eine Primzahl ist, besonders wichtig. Beim AES-Kryptosystem werden aber auch andere endliche Körper benutzt.

Definition 6.4 *Ein Ring $(M, +, \cdot)$ wird ein Körper genannt, wenn $(M \setminus \{0\}, \cdot)$ eine abelsche Gruppe ist.*

In dieser Definition bezeichnet 0 das neutrale Element bezüglich der Addition.

Definition 6.5 *Endliche Körper $(\mathrm{GF}(q), +, \cdot)$ (kurz: $\mathrm{GF}(q)$) sind Körper mit q Elementen.*

Endliche Körper $\mathrm{GF}(q)$ sind nach ÉVARISTE GALOIS (1811–1832) benannt; die Abkürzung GF steht für G̲alois F̲ield.

Satz 6.3 *Ein endlicher Körper $\mathrm{GF}(q)$ mit q Elementen existiert genau dann, wenn q eine Primzahlpotenz ist. Gilt $q = p^k$ (p prim, $k \in \mathbb{N}$, $k \geq 1$), dann gibt es bis auf Isomorphie genau einen Körper mit q Elementen.*

Diesen Satz werden wir hier nicht beweisen. Wir werden aber zeigen, wie man zu jeder Primzahlpotenz p^k den bis auf Isomorphie eindeutig bestimmten endlichen Körper mit p^k Elementen konstruieren kann.

Zur Konstruktion endlicher Körper benutzt man Polynomringe in einer Unbestimmten über schon bekannten Körpern, zum Beispiel den Restklassenkörpern modulo p, wobei p eine Primzahl ist. Die folgende Konstruktion liest man am besten, nachdem man sich bereits mit Teilern, Restklassen und modularer Arithmetik beschäftigt hat (siehe Abschn. 6.2). Man geht so vor, dass man zunächst von einem Polynomring mit Koeffizienten aus einem schon bekannten Körper beginnt, die Menge der Reste dieser Polynome beim Dividieren durch ein Polynom $p(x)$ betrachtet und Regeln für die Addition und Multiplikation dieser Reste angibt. Hat man ein geeignetes Polynom $p(x)$ gewählt, erhält man als neue Struktur einen Körper (andernfalls wieder nur einen Ring).

▶ **Anmerkung** Sei K ein Körper und $f(x) \in K[x]$ mit $\mathrm{grad}(f(x)) = n$ (dabei bezeichnet $\deg(f(x))$ den Grad des Polynoms $f(x)$).

$$K[x]/f(x) := \{r(x) \in K[x] \mid \deg(r(x)) < n\}$$
$$= \{r_0 + r_1 x + \ldots + r_{n-1} x^{n-1} \mid r_i \in K \text{ für } i = 0, \ldots, n-1\}.$$

Wenn in der neuen Struktur $(K[x]/f(x), \oplus, \odot)$ wie folgt gerechnet wird, erhält man einen Ring:

6.1 Algebraische Strukturen

- Addition $\oplus$:

$$a(x) \oplus b(x) = \left(a_0 + a_1 x + \ldots + a_{n-1} x^{n-1}\right) \oplus \left(b_0 + b_1 x + \ldots + b_{n-1} x^{n-1}\right)$$
$$= (a_0 + b_0) + (a_1 + b_1)x + \ldots + (a_{n-1} + b_{n-1}) x^{n-1}$$

- Multiplikation $\odot$:

$$a(x) \odot b(x) = a(x) \otimes b(x) \bmod f(x)$$
$$= \ldots + \left(\sum_{i=0}^{k} a_i \cdot b_{k-i}\right) x^k + \ldots \bmod f(x)$$

Der folgende Satz beschreibt, wann die in der Anmerkung beschriebene Konstruktion tatsächlich einen Körper liefert.

Satz 6.4 *($K[x]/f(x), \oplus, \odot$) ist genau dann ein Körper, wenn $f(x) \in K[x]$ ein irreduzibles Polynom über K ist.*

▶ **Anmerkung** Die irreduziblen Polynome entsprechen den Primzahlen im Ring der ganzen Zahlen. Ein Polynom $f(x) \in K[x]$ heißt irreduzibel über dem Körper K, wenn es keine Zerlegung $f(x) = a(x) \otimes b(x)$ von $f(x)$ in Faktoren $a(x), b(x)$ kleineren Grades als $f(x)$ in $K[x]$ gibt.

Zum Beispiel sind $x^4 + x^3 + x^2 + x + 1$, $x^4 + x^3 + 1$ und $x^4 + x + 1$ die einzigen irreduziblen Polynome vom Grad 4 über GF(2). Der Nachweis ist eine Übungsaufgabe für den Leser.

Das Polynom $1 + x + x^3$ ist irreduzibel über GF(2), denn andernfalls müsste es in der Produktdarstellung des Polynoms mindestens einen Faktor $x + a$ vom Grad 2 geben, das Polynom müsste also $a = 0$ oder $a = 1$ als Nullstelle haben, was beides nicht zutrifft. Mit diesem Polynom ist es nun möglich, den Körper GF(2^3) zu konstruieren.

Beispiel 6.1

$$\text{GF}(2^3) = \text{GF}(2)[x]/\underbrace{1 + x + x^3}_{\text{irreduzibel}}$$
$$= \{0, 1, x, 1+x, x^2, 1+x^2, x+x^2, 1+x+x^2\}.$$

Seien $a(x) \in \text{GF}(2)[x]/1+x+x^3$ und $b(x) \in \text{GF}(2)[x]/1+x+x^3$.
Z. B. $a(x) = 1+x$, $b(x) = 1+x+x^2$

$$a(x) \oplus b(x) = x^2$$
$$a(x) \odot b(x) = (1+x) \otimes (1+x+x^2) \bmod 1+x+x^3$$
$$= 1 + x^3 \bmod 1+x+x^3$$
$$= x.$$

Zur Konstruktion endlicher Körper kann man auch spezielle irreduzible Polynome, nämlich primitive Polynome verwenden. Dann ist das Multiplizieren im konstruierten Körper und die Berechnung inverser Elemente besonders einfach.

Definition 6.6 *Ein irreduzibles Polynom $f(x) \in \text{GF}(p)[x]$ vom Grad n heißt primitiv, wenn*

$$\min\{\ell \in \mathbb{N} \setminus \{0\} \mid f(x) \text{ ist ein Teiler von } x^\ell - 1 \text{ in GF}(p)[x]\} = p^n - 1$$

gilt.

Da $f(x)$ ein Teiler von $x^\ell - 1$ in $\text{GF}(p)[x]$ ist, gilt $x^\ell - 1 \equiv 0 \pmod{f(x)}$ bzw.

$$x^\ell \equiv 1 \pmod{f(x)}.$$

Für primitive Polynome $f(x)$ ist der kleinste Exponent $\ell > 0$ mit $x^\ell \equiv 1 \pmod{f(x)}$ gleich $p^n - 1$. Die Elemente x^i mit $i = 1, 2, \ldots, p^n - 1$ sind also paarweise verschieden.

Die Polynome $x^4 + x^3 + 1$ und $x^4 + x + 1$ sind die einzigen primitiven Polynome vom Grad 4 – das zu zeigen überlassen wir wieder dem Leser als Übungsaufgabe.

Für Anwender stehen Tabellen mit primitiven Polynomen zur Verfügung, die zur Konstruktion endlicher Körper benutzt werden können.

Beispiel 6.2 Primitive Polynome über $\text{GF}(p)$:

$p = 2$: $x^2 + x + 1$
$x^3 + x + 1$
$x^4 + x + 1$
$x^5 + x^2 + 1$
$x^6 + x + 1$
$x^7 + x^3 + 1$
$x^8 + x^4 + x^3 + x^2 + 1$
$x^9 + x^4 + 1$
$x^{10} + x^3 + 1$
$x^{11} + x^2 + 1$
$x^{12} + x^6 + x^4 + x + 1$
$x^{13} + x^4 + x^3 + x + 1$
$x^{14} + x^{10} + x^6 + x + 1$
$x^{15} + x + 1$
$x^{16} + x^{12} + x^3 + x + 1$
$x^{17} + x^3 + 1$
$x^{18} + x^7 + 1$
$x^{19} + x^5 + x^2 + x + 1$
$x^{20} + x^3 + 1$
$x^{24} + x^7 + x^2 + x + 1$
$x^{32} + x^{22} + x^2 + x + 1$

$p = 3$: $x^2 + x + 2$
$x^3 + 2x + 1$
$x^4 + x + 2$
$x^5 + 2x + 1$
$x^6 + x + 2$
$x^7 + x^2 + 2x + 1$

$p = 5$: $x^2 + x + 2$
$x^3 + 3x + 2$
$x^4 + x^2 + 2x + 2$
$x^5 + 4x + 2$

$p = 7$: $x^2 + x + 3$
$x^3 + 3x + 2$
$x^5 + x^2 + 3x + 5$

6.1 Algebraische Strukturen

Man kann beweisen, dass es für jeden Grad n primitive Polynome vom Grad n über GF(p) gibt. Daher lassen sich nun endliche Körper stets in der Form

$$\mathrm{GF}(q) = \mathrm{GF}(p^n) = \mathrm{GF}(p)[x]/f(x)$$

(p prim) für ein *primitives* Polynom $f(x) \in \mathrm{GF}(p)[x]$ vom Grad n darstellen.

Für ein primitives Polynom $f(x)$ gilt dann:

$$\mathrm{GF}(p^n) \setminus \{0\} = \{x^i \bmod f(x) \mid i = 0, 1, \ldots, p^n - 2\}.$$

Dagegen lassen sich für irreduzible Polynome $f(x)$, die nicht primitiv sind, nicht alle von Null verschiedenen Körperelemente in der Form $x^i \bmod f(x)$ darstellen.

Diese Menge $\mathrm{GF}(p^n) \setminus \{0\}$ bildet eine multiplikative Gruppe der Ordnung $p^n - 1$.

▶ **Anmerkung** Die Menge der Körperelemente unterscheidet sich bei Verwendung primitiver Polynome nicht von der Darstellung des endlichen Körpers mit Hilfe eines irreduziblen Polynoms, das nicht primitiv ist. Aber das Rechnen im Körper wird bei Verwendung primitiver Polynome besonders einfach.

Multiplikation in $\mathrm{GF}(p)[x]/f(x)$ ($f(x)$ *primitiv*):

$$\boxed{(x^i \bmod f(x)) \odot (x^j \bmod f(x)) = x^{i+j \bmod p^n - 1} \bmod f(x)}$$

Inverse Elemente:

$$\boxed{(x^i \bmod f(x))^{-1} = x^{p^n - 1 - i} \bmod f(x)}$$

6.1.2 Zyklische Gruppen

Zyklische Gruppen sind Gruppen einfachster Struktur. Es gibt zahlreiche kryptographische Verfahren, die zyklische Gruppen verwenden. Zum Beispiel werden sie im ElGamal-Kryptosystem verwendet. Darüber hinaus wird die Theorie der zyklischen Gruppen auch sehr oft zur Begründung von Fakten benutzt, die in der Kryptographie ihre Anwendung finden. Deshalb geben wir hier eine Einführung in die Theorie, die sich mit den zyklischen Gruppen beschäftigt. Dabei beschränken wir uns auf den Fall der endlichen Gruppen, d. h. die Anzahl der Gruppenelemente ist stets eine natürliche Zahl. Das ist für alle kryptographischen Betrachtungen ausreichend, weil auch mit endlichen Mengen von Klartexten, Schlüsseltexten und Schlüsseln gearbeitet wird.

Wir werden, wenn nicht anders gesagt, die multiplikative Schreibweise verwenden. Das heißt, wir betrachten Gruppen $(G, \cdot)$ mit der Operation $\cdot$ als Verknüpfung und schreiben für ein „Produkt" $a \cdot b$ von Elementen a, b aus G auch kurz ab. Ist keine Verwechslung möglich, dann wird auch kurz von der Gruppe G gesprochen.

Ist G eine Gruppe und x ein Element von G, dann bildet die Menge aller Potenzen von x (das ist die Menge aller Elemente von G, die die Form

$$x^n := \underbrace{x \cdot x \cdot \ldots \cdot x}_{n \text{ Faktoren}} \quad (n \in \mathbb{N})$$

haben) eine Untergruppe von G. Diese Untergruppe wird mit $\langle x \rangle$ bezeichnet und die *von x erzeugte Untergruppe* genannt.

Definition 6.7 *Eine Gruppe G heißt zyklisch, wenn es in G ein Element g mit $G = \langle g \rangle$ gibt. Das Gruppenelement g wird dann ein erzeugendes Element (oder Generator) von G genannt.*

Hat die Gruppe G die Ordnung n und ist g ein erzeugendes Element der Gruppe, dann ist $\{e, g, g^2, \ldots, g^{n-1}\}$ die Menge aller Gruppenelemente von G, wobei e das neutrale Element bezeichnet.

Beispiel 6.3

1. Die Elemente von $\mathbb{Z}_9^* := \{x \in \{0, 1, \ldots, 8\} \mid \mathrm{ggT}(x, 9) = 1\} = \{1, 2, 4, 5, 7, 8\}$ bilden eine multiplikative zyklische Gruppe: Es gilt $\langle 1 \rangle = \{1\}$, $\langle 2 \rangle = \{1, 2, 4, 5, 7, 8, 7\}$, $\langle 4 \rangle = \{1, 4, 7\}$, $\langle 5 \rangle = \{1, 2, 4, 5, 7, 8\}$, $\langle 7 \rangle = \{1, 4, 7\}$, $\langle 8 \rangle = \{1, 8\}$. Also ist $\mathbb{Z}_9^*$ zyklisch und 2 bzw. 5 sind die erzeugende Elemente. Die Gruppe $\mathbb{Z}_9^*$ hat Untergruppen der Ordnungen 1, 2, 3 und 6 – diese Zahlen sind die Teiler der Gruppenordnung 6 von $\mathbb{Z}_9^*$. Auch allgemein gilt, dass es in endlichen zyklischen Gruppen zu jedem Teiler t der Gruppenordnung eine Untergruppe der Ordnung t gibt, wie in einem folgenden Satz noch formuliert wird.
2. Die Elemente von $\mathbb{Z}_p^* := \{1, 2, \ldots, p-1\}$ bilden eine multiplikative zyklische Gruppe genau dann, wenn p eine Primzahl ist.
3. Die Elemente von $\mathbb{Z}_n^* := \{x \in \{0, 1, \ldots, n-1\} \mid \mathrm{ggT}(x, n) = 1\}$ bilden eine zyklische Gruppe genau dann, wenn $n = 2$, $n = 4$, $n = p^k$ bzw. $n = 2p^k$ ($k \in \mathbb{N}, k > 0$) für eine ungerade Primzahl gilt.
4. In jedem endlichen Körper $(K, +, \cdot)$ ist die multiplikative Gruppe $(K \setminus \{0\}, \cdot)$ zyklisch.

Zyklische prime Restklassengruppen kommen in vielen Beweisen zahlentheoretischer Ergebnisse vor, die in der Kryptographie genutzt werden.

Der folgende Satz beschäftigt sich mit Eigenschaften von Untergruppen zyklischer Gruppen. Kennt man die Ordnung der zyklischen Gruppe, dann kennt man auch die Ordnung und die Struktur aller Untergruppen dieser Gruppe.

Satz 6.5

(1) *Sämtliche Untergruppen einer zyklischen Gruppe $G = \langle g \rangle$ sind zyklisch.*
(2) *Jede Untergruppe von G lässt sich in der Form $\langle g^d \mid d \in \mathbb{N} \rangle$ darstellen, so dass d ein Teiler von $|G|$ ist.*

6.1 Algebraische Strukturen

(3) *Zu jedem Teiler t von $|G|$ gibt es genau eine Untergruppe von G, die die Ordnung t hat; diese Untergruppe hat $g^{|G|/t}$ als erzeugendes Element.*

Zwei Untergruppen $\langle g^k \rangle$, $\langle g^\ell \rangle$ der zyklischen Gruppe $G = \langle g \rangle$ sind genau dann gleich, wenn $\text{ggT}(k, |G|) = \text{ggT}(\ell, |G|)$ gilt. Ein Element g^k erzeugt genau dann die ganze Gruppe G, wenn $\text{ggT}(k, |G|) = 1$ gilt. Daher haben zyklische Gruppen der Ordnung m genau $\varphi(m)$ erzeugende Elemente, wobei φ die Eulersche Funktion bezeichnet.

Beispiel 6.4 Für eine zyklische Gruppe $G = \langle a \rangle$ der Ordnung 12 gibt es außer den trivialen Untergruppen (diese haben die Gruppenordnung 1 bzw. 12) noch Untergruppen der Ordnungen 2, 3, 4 und 6. Alle diese Untergruppen sind zyklisch und werden wie folgt von Potenzen des erzeugenden Elements a der Gruppe G erzeugt:

$$|\langle a^0 \rangle| = 1, \quad |\langle a^6 \rangle| = 2,$$
$$|\langle a^4 \rangle| = |\langle a^8 \rangle| = 3, \quad |\langle a^3 \rangle| = |\langle a^9 \rangle| = 4, \quad |\langle a^2 \rangle| = |\langle a^{10} \rangle| = 6,$$
$$|\langle a^1 \rangle| = |\langle a^5 \rangle| = |\langle a^7 \rangle| = |\langle a^{11} \rangle| = 12.$$

Oft wird die folgende Aussage über zyklische Gruppen benötigt.

Satz 6.6 *In einer zyklischen Gruppe $G = \langle g \rangle$ der Ordnung m mit dem neutralen Element e gibt es genau $\text{ggT}(k, m)$ Elemente x, die die Gleichung $x^k = e$ erfüllen, wobei $k > 0$ eine feste natürliche Zahl ist.*

Beweis Es gilt $G = \langle e, g, g^2, \ldots, g^{m-1} \rangle$ und $x \in G$. Ein Element $x = g^i$ erfüllt die Gleichung $x^k = e$ genau dann, wenn $g^{ik} = g^0$ gilt, also genau dann, wenn

$$ik \equiv 0 \pmod{m}$$

gilt. Diese Kongruenz ist äquivalent zu

$$i \equiv 0 \left(\text{mod } \frac{m}{\text{ggT}(k, m)} \right)$$

und hat deshalb genau $\text{ggT}(k, m)$ Lösungen modulo m, nämlich

$$i \in \left\{ 0, \frac{m}{\text{ggT}(k, m)}, \frac{2m}{\text{ggT}(k, m)}, \ldots, \frac{(\text{ggT}(k, m) - 1)m}{\text{ggT}(k, m)} \right\}.$$

Also hat auch die Gleichung $x^k = e$ genau $\text{ggT}(k, m)$ Lösungen. □

Als Beispiele haben wir bisher zyklische Gruppen mit der Multiplikation als Operation betrachtet, weil sie in kryptographischen Zusammenhängen oft vorkommen. Abschließend wollen wir noch den Zusammenhang zur Struktur von additiven Restklassengruppen

$(\mathbb{Z}_n, +)$ herstellen. Jede dieser Gruppen $(\mathbb{Z}_n, +)$ ist zyklisch, da sie vom Element 1 erzeugt werden (man beachte die additive Schreibweise):

$$Z_n = \{0, 1, \ldots, n-1\} = \langle 1 \rangle,$$

denn $\langle 1 \rangle = \{1, 1+1, 1+1+1, \ldots, \underbrace{1 + \ldots + 1}_{n-1 \text{ Summ.}}, \underbrace{1 + \ldots + 1}_{n \text{ Summ.}}\}$, wobei zu beachten ist, dass $\underbrace{1 + \ldots + 1}_{n \text{ Summ.}} = 0$ gilt. Bis auf Isomorphie stellen die additiven Restklassengruppen bereits alle endlichen zyklischen Gruppen dar:

Satz 6.7 *Es sei G eine zyklische Gruppe der Ordnung n. Dann ist G zur Gruppe $(\mathbb{Z}_n, +)$ isomorph.*

Beweis Da G zyklisch ist, gibt es ein $g \in G$ mit $G = \{g^0, g^1, \ldots, g^{n-1}\}$. Die bijektive Abbildung $f : \mathbb{Z}_n \to G : i \mapsto g^i$ ist ein Isomorphismus, denn $f(i+j) = g^{i+j} = g^i \cdot g^j = f(i) \cdot f(j)$. □

6.2 Modulare Arithmetik

6.2.1 Teiler und Division mit Rest

In diesem Abschnitt werden wir die Grundlagen für das Rechnen in Restklassenringen bereitstellen, das in zahlreichen Kryptosystemen seine Anwendung findet. Kenntnisse darüber benötigt man auch, um Ansätze für die Kryptoanalyse zu verstehen.

Wir beginnen mit einem Satz über die Division mit Rest, der aussagt, dass bei Division ganzer Zahlen durch natürliche Zahlen der Rest eindeutig bestimmt ist. Daraus folgt die Möglichkeit, den Zahlen Reste zuzuordnen und anstelle der Zahlen die Reste zum Rechnen zu verwenden.

Satz 6.8 *Sei $a \in \mathbb{Z}$, $b \in \mathbb{N} \setminus \{0\}$. Dann existieren eindeutig bestimmte Zahlen $q \in \mathbb{Z}$ und $r \in \mathbb{N}$ mit $a = q \cdot b + r$ und $0 \leq r < b$.*

Mit dem Symbol $\mathbb{N}$ bezeichnen wir die Menge der natürlichen Zahlen. In dieser Menge ist die Zahl Null enthalten. Es gibt viele Aussagen, die für alle natürlichen Zahlen außer der Null erfüllt sind. Wenn Null die einzige natürliche Zahl ist, die wir ausschließen müssen, schreiben wir anstelle von $\mathbb{N}$ dann die Menge $\mathbb{N} \setminus \{0\}$.

Beispiel 6.5 Für $a = 14$ und $b = 3$ gilt $q = 4$ und $r = 2$ wegen $14 = 4 \cdot 3 + 2$. Dagegen ergibt sich für $a = -14$ und $b = 3$, dass $q = -5$ und $r = 1$ gilt, weil $-14 = -5 \cdot 3 + 1$ mit $0 \leq 1 < 3$ erfüllt ist. Ist der Rest verschieden von Null, dann ist er in jedem Fall eine positive Zahl.

6.2 Modulare Arithmetik

Wir werden den Satz in der Regel nur auf natürliche Zahlen anwenden. Durch die Tatsache, dass bei der Division der Rest Null auftreten kann, lässt sich der Teilerbegriff definieren:

Definition 6.8 *Seien $a, b \in \mathbb{Z}$. Man nennt b einen Teiler von a in $\mathbb{Z}$ und a ein Vielfaches von b, wenn es eine Zahl $z \in \mathbb{Z}$ mit $b \cdot z = a$ gibt.*

Dafür kann man auch die folgende Schreibweise verwenden:

$$b \mid a \quad :\Longleftrightarrow \quad \exists z \in \mathbb{Z} : b \cdot z = a.$$

Dabei gilt $b \mid 0$ für alle $b \in \mathbb{Z}$, $0 \mid 0$ und $0 \nmid b$ für alle $b \in \mathbb{Z} \setminus \{0\}$.

Entsprechend ist durch

$$b \mid a \quad :\Longleftrightarrow \quad \exists n \in \mathbb{N} : b \cdot n = a$$

die Teilereigenschaft in der Menge $\mathbb{N}$ der natürlichen Zahlen definiert. Für je zwei natürliche Zahlen a_1, a_2 gibt es einen eindeutig bestimmten größten gemeinsamen Teiler $\mathrm{ggT}(a_1, a_2)$. Außerdem gibt es für je zwei natürliche Zahlen b_1, b_2 ein eindeutig bestimmtes kleinstes gemeinsames Vielfaches $\mathrm{kgV}(b_1, b_2)$.

Natürliche Zahlen $a_1, a_2, \ldots, a_n$ werden teilerfremd genannt, wenn für je zwei verschiedene dieser Zahlen $\mathrm{ggT}(a_i, a_j) = 1$ gilt.

Zwischen dem größten gemeinsamen Teiler und dem kleinsten gemeinsamen Vielfachen zweier Zahlen besteht der folgende Zusammenhang:

Satz 6.9 *Seien $a, b \in \mathbb{N}$. Dann gilt $\mathrm{ggT}(a, b) \cdot \mathrm{kgV}(a, b) = a \cdot b$.*

Beweis Für jede Primzahl p gibt es einen maximalen Exponenten $\alpha \in \mathbb{N}$, so dass p^α ein Teiler von a ist, und einen maximalen Exponenten $\beta \in \mathbb{N}$, so dass p^β ein Teiler von b ist. Für das Produkt $a \cdot b$ ist dann $\alpha + \beta$ der maximale Exponent, so dass $p^{\alpha+\beta}$ Teiler von $a \cdot b$ ist. In $\mathrm{ggT}(a, b)$ hat p den (maximalen) Exponenten $\min(a, b)$ und in $\mathrm{kgV}(a, b)$ hat p den (maximalen) Exponenten $\max(a, b)$. Wegen $p^{\min(\alpha,\beta)} \cdot p^{\max(\alpha,\beta)} = p^{\alpha+\beta}$ gilt die Behauptung. □

Beispiel 6.6 Für $a = 72 = 2^3 \cdot 3^2$ und $b = 96 = 2^5 \cdot 3^1$ gilt

$$\underbrace{\mathrm{ggT}(72, 96)}_{2^3 \cdot 3^1} \cdot \underbrace{\mathrm{kgV}(72, 96)}_{2^5 \cdot 3^2} = \underbrace{72 \cdot 96}_{2^{3+5} \cdot 3^{2+1}}.$$

▶ **Anmerkung** Die Definition des größten gemeinsamen Teilers $\mathrm{ggT}(a_1, a_2)$ ganzer Zahlen a_1, a_2 ist komplizierter – der größte gemeinsame Teiler von a_1 und a_2 in $\mathbb{Z}$ ist nicht eindeutig bestimmt: Man nennt jede ganze Zahl t mit der Eigenschaft, dass t ein gemeinsamer

Teiler von a_1 und a_2 ist und jeder gemeinsame Teiler d von a_1 und a_2 auch ein Teiler von t ist, einen größten gemeinsamen Teiler von a_1 und a_2. In $\mathbb{Z}$ ist also nur der Betrag des größten gemeinsamen Teilers zweier Zahlen eindeutig bestimmt. Analog kann man auch das kleinste gemeinsame Vielfache zweier Zahlen b_1, b_2 in $\mathbb{Z}$ als gemeinsames Vielfaches von b_1 und b_2 definieren, das jedes gemeinsame Vielfache dieser beiden Zahlen in $\mathbb{Z}$ teilt. Diese Überlegungen werden für Teilbarkeitsbetrachtungen in Ringen (zum Beispiel Restklassenringen bzw. Polynomringen über endlichen Körpern) benötigt. Deshalb haben wir sie hier der Vollständigkeit halber angegeben.

6.2.2 Der Restklassenring modulo n

Im Weiteren geht es wieder um die Teilbarkeit in $\mathbb{N}$ und Reste, die bei der Division natürlicher Zahlen durch natürliche Zahlen >1 auftreten.

Definition 6.9 *Sei $n \in \mathbb{N}$, $n > 1$. Mit a mod n (gelesen: a modulo n) wird der Rest von a bei Division durch n bezeichnet. $\mathbb{Z}_n = \{0, 1, \ldots, n-1\}$ ist die Menge aller Reste modulo n.*

Bevor wir Rechenoperationen auf der Menge $\mathbb{Z}_n$ einführen können, mit denen $\mathbb{Z}_n$ einen Ring bildet, beschäftigen wir uns mit einer Relation zwischen ganzen Zahlen, der Kongruenzrelation $\equiv$, um Struktureigenschaften von $\mathbb{Z}_n$ leicht erkennen zu können.

Definition 6.10 *Seien $a, b \in \mathbb{Z}$. Dann ist durch*

$$a \equiv b \pmod{n} \quad :\Longleftrightarrow \quad n | (a - b)$$

eine Relation $\equiv$ in $\mathbb{Z}$ erklärt, die Kongruenzrelation genannt wird.

Gilt $a \equiv b \pmod{n}$, dann sagt man, dass a zu b kongruent modulo n ist.

Beispiel 6.7 $34 \equiv 8 \pmod{26}$, denn $26 \mid (34 - 8)$, $34 \equiv 294 \pmod{26}$, denn $26 \mid (34 - 294)$, $8 \equiv -44 \pmod{26}$, denn $26 \mid (8 - (-44))$.

Die Relation $\equiv$ ist eine Äquivalenzrelation in der Menge $\mathbb{Z}$ der ganzen Zahlen. Die Äquivalenzklassen sind $[a]_n = \{b \mid a \equiv b \pmod{n}\}$ und werden auch Restklassen modulo n genannt. Die Restklasse $[r]_n$ mit $r \in \mathbb{Z}_n$ besteht aus denjenigen ganzen Zahlen, die bei Division durch n den Rest r lassen. $\mathbb{Z}_n$ besteht also den kleinsten nichtnegativen Repräsentanten dieser Restklassen.

Mit a mod n bzw. b mod n wird der Rest bezeichnet, den a bzw. b bei Division durch n lassen. Daher gilt:

$$a \equiv b \pmod{n} \quad \Longleftrightarrow \quad a \bmod n = b \bmod n.$$

6.2 Modulare Arithmetik

Beispiel 6.8 $[8]_{26} = \{8 + 26 \cdot z \mid z \in \mathbb{Z}\} = \{\ldots, -44, -18, 8, 34, 60, 86, \ldots\}$ ist eine Restklasse modulo 26. In dieser Restklasse sind alle ganzen Zahlen enthalten, die bei Division durch 26 den Rest 8 lassen. Es gilt zum Beispiel 34 mod 26 = 294 mod 26 = -44 mod 26 = 8 mod 26 = 8.

Das Rechnen mit diesen Restklassen geht auf Eigenschaften von $\equiv$ zurück. Folgende Rechenregeln ergeben sich unmittelbar aus der Definition:

(1) Sei $a \equiv b \pmod{n}$ und $c \equiv d \pmod{n}$. Dann gilt $a + c \equiv b + d \pmod{n}$.
(2) Sei $a \equiv b \pmod{n}$ und $c \equiv d \pmod{n}$. Dann gilt $a - c \equiv b - d \pmod{n}$.
(3) Sei $a \equiv b \pmod{n}$ und $c \equiv d \pmod{n}$. Dann gilt $a \cdot c \equiv b \cdot d \pmod{n}$.
(4) Kürzungsregel: Sei $a \cdot c \equiv b \cdot c \pmod{n}$ und $c \not\equiv 0 \pmod{n}$. Dann gilt

$$a \equiv b \left(\mod \frac{n}{\operatorname{ggT}(c, n)} \right).$$

Wegen $a \equiv (a \mod n)(\mod n)$ und $b \equiv (b \mod n)(\mod n)$ kann man nun wie folgt eine Addition + und eine Multiplikation · in $\mathbb{Z}_n$ definieren:

Definition 6.11 *Für $a, b \in \mathbb{Z}$, $n \in \mathbb{N}$, $n > 1$ gilt:*

$$(a + b) \mod n := \bigl((a \mod n) + (b \mod n)\bigr) \mod n$$
$$(a \cdot b) \mod n := \bigl((a \mod n) \cdot (b \mod n)\bigr) \mod n.$$

Beispiel 6.9

$$(101 + 1002) \mod 10 = \bigl((101 \mod 10) + (1002 \mod 10)\bigr) \mod 10 = 3$$
$$(101 \cdot 1002) \mod 10 = \bigl((101 \mod 10) \cdot (1002 \mod 10)\bigr) \mod 10 = 2.$$

Wegen der Eigenschaften (1) und (3) übertragen sich die Rechengesetze vom Ring der ganzen Zahlen unmittelbar auf das Rechnen in $\mathbb{Z}_n$ und es gilt der folgende Satz:

Satz 6.10 *Sei $n \in \mathbb{N}$, $n > 1$. Die Menge $\mathbb{Z}_n$ bildet mit den Operationen + und · einen Ring.*

Definition 6.12 $(\mathbb{Z}_n, +, \cdot)$ *wird Restklassenring modulo n genannt.*

▶ **Anmerkung** Zum „Rechnen von Hand" nimmt man anstelle der Repräsentanten $0, 1, \ldots, n-1$ häufig die betragsmäßig kleinsten Repräsentanten, d. h. für ungerade natürliche Zahlen $-\frac{n-1}{2}, \ldots, 0, \ldots, \frac{n-1}{2}$ und für gerade Zahlen $-\frac{n}{2} + 1, \ldots, 0, \ldots, \frac{n}{2}$.

6.2.3 Die prime Restklassengruppe modulo n

Im Restklassenring modulo n gibt es zu jedem Element $a \in \mathbb{Z}_n$ ein inverses Element $-a := 0 - a$ mit $a + (-a) = (-a) + a = 0$ in $\mathbb{Z}_n$ bezüglich der Addition (man nennt $-a$ dann auch das additive Inverse zu a). Die Subtraktion ist also in $\mathbb{Z}_n$ uneingeschränkt ausführbar.

Für die Division trifft das nicht zu. Zum Beispiel kann man im Restklassenring modulo 6 nicht durch das Element 2 dividieren, weil in $\mathbb{Z}_6$ gilt: $2 = 2 \cdot 1 = 2 \cdot 4$ – der Quotient von 2 bei Division durch 2 wäre also nicht eindeutig bestimmt.

Definition 6.13 *Sei $a \in \mathbb{Z}_n$. Ein Element $a^{-1} \in \mathbb{Z}_n$ heißt* **multiplikatives Inverses** *von a, wenn $a \cdot a^{-1} = a^{-1} \cdot a = 1$ gilt.*

Beispiel 6.10 Restklassenring $\mathbb{Z}_6$:

+	0	1	2	3	4	5
0	0	1	2	3	4	5
1	1	2	3	4	5	0
2	2	3	4	5	0	1
3	3	4	5	0	1	2
4	4	5	0	1	2	3
5	5	0	1	2	3	4

·	0	1	2	3	4	5
0	0	0	0	0	0	0
1	0	1	2	3	4	5
2	0	2	4	0	2	4
3	0	3	0	3	0	3
4	0	4	2	0	4	2
5	0	5	4	3	2	1

Inverse Elemente bezüglich der Addition:

$$-0 = 0, \quad -1 = 5, \quad -2 = 4, \quad -3 = 3, \quad -4 = 2, \quad -5 = 1$$

Inverse Elemente bezüglich der Multiplikation:

$$1^{-1} = 1, \quad 5^{-1} = 5$$

Zu 0, 2, 3, 4 existieren keine multiplikativen Inversen.

Beispiel 6.11 Restklassenring $\mathbb{Z}_5$:

+	0	1	2	3	4
0	0	1	2	3	4
1	1	2	3	4	0
2	2	3	4	0	1
3	3	4	0	1	2
4	4	0	1	2	3

·	0	1	2	3	4
0	0	0	0	0	0
1	0	1	2	3	4
2	0	2	4	1	3
3	0	3	1	4	2
4	0	4	3	2	1

Inverse Elemente bezüglich der Addition:

$$-0 = 0, \quad -1 = 4, \quad -2 = 3, \quad -3 = 2, \quad -4 = 1$$

6.2 Modulare Arithmetik

Inverse Elemente bezüglich der Multiplikation:

$$1^{-1} = 1, \quad 2^{-1} = 3, \quad 3^{-1} = 2, \quad 4^{-1} = 4$$

Zu 0 existiert kein multiplikatives Inverses.

Zur Berechnung multiplikativer Inverser (falls diese existieren) benötigt man den EUKLIDischen Algorithmus und den erweiteren EUKLIDischen Algorithmus.

> **EUKLIDischer Algorithmus** zur Berechnung von $\operatorname{ggT}(a, b)$ mit $a, b \in \mathbb{N} \setminus \{0\}$:
> Schrittweise werden die Quotienten $q_1, q_2, \ldots, q_{n+1}$ und die Reste $r_1, r_2, \ldots, r_n$ berechnet, so dass die folgenden Gleichungen erfüllt sind – r_n ist der letzte von Null verschiedene Rest und gleichzeitig der gesuchte größte gemeinsame Teiler:
>
> $$\begin{aligned} a &= q_1 b + r_1 & \text{mit } 0 \leq r_1 < b \\ b &= q_2 r_1 + r_2 & \text{mit } 0 \leq r_2 < r_1 \\ r_1 &= q_3 r_2 + r_3 & \text{mit } 0 \leq r_3 < r_2 \\ &\vdots \\ r_{n-2} &= q_n r_{n-1} + \underline{r_n} & \text{mit } 0 \leq r_n < r_{n-1} \\ r_{n-1} &= q_{n+1} r_n. \end{aligned}$$
>
> Für den letzen von Null verschiedenen Rest r_n gilt dann, dass r_n ein Teiler von r_{n-1} ist (das folgt aus der letzten Gleichung), dass r_n ein Teiler von r_{n-2} ist (das folgt aus der vorletzten Gleichung, weil r_n sowohl r_n als auch r_{n-1} teilt) usw. Analog ergibt sich aus den restlichen Gleichungen, dass r_n ein Teiler von a und b, also ein gemeinsamer Teiler dieser beiden Zahlen ist. Jeder gemeinsame Teiler t von a und b muss aber auch ein Teiler von r_n sein (denn aus der ersten Gleichung folgt, dass t auch ein Teiler von r_1 ist; aus der zweiten Gleichung folgt, dass t auch ein Teiler von r_2 ist usw. Damit ist r_n also der größte gemeinsame Teiler von a und b und es gilt:

Satz 6.11 *Mit dem EUKLIDischen Algorithmus kann man den größten gemeinsamen Teiler zweier Zahlen $a, b \in \mathbb{N} \setminus \{0\}$ ermitteln.*

Beispiel 6.12 $\operatorname{ggT}(210, 76) = \underline{2}$, denn

$$\begin{aligned} 210 &= 2 \cdot 76 + 58 \\ 76 &= 1 \cdot 58 + 18 \\ 58 &= 3 \cdot 18 + 4 \\ 18 &= 4 \cdot 4 + 2 \\ 4 &= 2 \cdot 2. \end{aligned}$$

Erweiterer EUKLIDischer Algorithmus zur Darstellung von $\text{ggT}(a,b)$ als Linearkombination $\alpha \cdot a + \beta \cdot b$: Hier ist ein Rechenschema anwendbar, das aus der Umformung von Gleichungen entsteht und die im EUKLIDischen Algorithmus ermittelten Reste r_i und Quotienten q_i benutzt.

In dem Rechenschema wird die folgende Regel wiederholt angewendet:

$$
\begin{array}{ll}
(z_0) & a = 1 \cdot a + 0 \cdot b \quad \cdot 1 \\
(z_1) & b = 0 \cdot a + 1 \cdot b \quad \cdot(-q_1) \\
(z_2) & r_1 = 1 \cdot a + (-q_1) \cdot b
\end{array}
$$

Die ersten beiden Gleichungen z_0 und z_1 sind offensichtlich richtig. Man erhält die Gleichung (z_2), indem man von der Gleichung (z_0) das q_1-fache der Gleichung (z_1) subtrahiert. Damit ergibt sich auch für r_1 eine Darstellung als Linearkombination von a und b.

Dieses Verfahren kann man fortsetzen: Allgemein wird von der Gleichung (z_i) das q_i-fache der Gleichung (z_{i+1}) subtrahiert, und man erhält so aus diesen beiden Gleichungen die Gleichung (z_{i+2}). Im letzten Schritt ergibt sich eine Darstellung von $\text{ggT}(a,b)$ als Linearkombination von a und b.

In Kurzform kann man das wie folgt in Form einer Tabelle aufschreiben, indem man Gleichheitszeichen und Operationssymbole weglässt:

	a	b		
a	1	0	$\cdot 1$	
b	0	1	$\cdot(-q_1)$	$\cdot 1$
r_1	1	$-q_1$		$\cdot(-q_2)$
r_2	$-q_2$	$1 + q_1 q_2$		
$\vdots$	$\vdots$	$\vdots$		
r_n	α	β		

Aus der letzen Zeile kann man ablesen:

$$r_n = \alpha \cdot a + \beta \cdot b.$$

Wegen $r_n = \text{ggT}(a,b)$ laut EUKLIDischem Algorithmus gilt dann:

$$\text{ggT}(a,b) = \alpha \cdot a + \beta \cdot b.$$

Satz 6.12 *Mit dem erweiteren EUKLIDischen Algorithmus kann man den größten gemeinsamen Teiler $\text{ggT}(a,b)$ zweier Zahlen $a, b \in \mathbb{N} \setminus \{0\}$ in der Form $\text{ggT}(a,b) = \alpha \cdot a + \beta \cdot b$ mit $\alpha, \beta \in \mathbb{Z}$ darstellen.*

6.2 Modulare Arithmetik

Beispiel 6.13

	210	76				
210	1	0	·1			
76	0	1	·(−2)	·1		
58	1	−2		·(−1)	·1	
18	−1	3			·(−3)	·1
4	4	−11				·(−4)
2	−17	47				

$$\Rightarrow \quad \underbrace{\mathrm{ggT}(76,210)}_{2} = 47 \cdot 76 + (-17) \cdot 210.$$

Damit kann man nun die folgende Aussage über die Existenz multiplikativer Inverser im Restklassenring modulo n herleiten:

Satz 6.13 *Zu $a \in \mathbb{Z}_n$ existiert genau dann ein multiplikatives Inverses, wenn $\mathrm{ggT}(a,n) = 1$ gilt.*

Beweis Existiert ein multiplikatives Inverses a^{-1} von a in $\mathbb{Z}_n$, dann gilt $a \cdot a^{-1} \equiv 1 \pmod{n}$ und n ist ein Teiler von $1 - a \cdot a^{-1}$ in $\mathbb{Z}$. Daher gibt es eine ganze Zahl z mit $n \cdot z + a \cdot a^{-1} = 1$. Außerdem gilt, dass n und a in der Form $n = \mathrm{ggT}(a,n) \cdot n'$ bzw. $a = \mathrm{ggT}(a,n) \cdot a'$ mit natürlichen Zahlen n' und a' darstellbar sind. Damit ergibt sich $n \cdot z + a \cdot a^{-1} = \mathrm{ggT}(a,n) \cdot (n' \cdot z + a' \cdot a^{-1}) = 1$. Also ist $\mathrm{ggT}(a,n)$ ein Teiler von 1, so dass $\mathrm{ggT}(a,n) = 1$ gilt.

Ist umgekehrt $\mathrm{ggT}(a,n) = 1$, dann kann man unter Benutzung des erweiterten EUKLIDischen Algorithmus eine Darstellung von $\mathrm{ggT}(a,n)$ als Linearkombination $1 = \mathrm{ggT}(a,n) = \alpha \cdot a + \beta \cdot n$ finden. Betrachtet man diese Gleichung modulo n, dann ergibt sich $1 \equiv \alpha \cdot a + \beta \cdot 0 \equiv \alpha \cdot a \pmod{n}$. Man erhält $a^{-1} \bmod n = \alpha$, d. h. α ist das multiplikative Inverse von a in $\mathbb{Z}_n$. □

Beispiel 6.14 Es gibt in $\mathbb{Z}_{210}$ kein multiplikatives Inverses von 76, denn $\mathrm{ggT}(76,210) \neq 1$.

Beispiel 6.15 Hat 13 modulo 109 ein multiplikatives Inverses?

$$109 = 8 \cdot 13 + 5$$
$$13 = 2 \cdot 5 + 3$$
$$5 = 1 \cdot 3 + 2$$
$$3 = 1 \cdot 2 + \underline{1}$$
$$2 = 2 \cdot 1.$$

	109	13				
109	1	0	·1			
13	0	1	·(−8)	·1		
5	1	−8		·(−2)	·1	
3	−2	17			·(−1)	·1
2	3	−25				·(−1)
1	−5	42				

$$\Rightarrow \quad 1 = -5 \cdot 109 + 42 \cdot 13$$
$$\Rightarrow \quad 1 \equiv 42 \cdot 13 \pmod{109}$$
$$\Rightarrow \quad 13^{-1} \pmod{109} = 42$$
$$\Rightarrow \quad 42 \text{ ist das multiplikative Inverse von 13 in } \mathbb{Z}_{109}.$$

Die Menge $\mathbb{Z}_n^*$ derjenigen Elemente aus $\mathbb{Z}_n$, die ein multiplikatives Inverses haben, bildet bezüglich der Multiplikation eine Gruppe mit dem neutralen Element 1. Für zwei Elemente a und b, die multiplikative Inverse a^{-1} bzw. b^{-1} modulo n besitzen, gilt nämlich, dass auch $a \cdot b$ ein multiplikatives Inverses $(a \cdot b)^{-1}$ hat. Es ist $(a \cdot b)^{-1} = b^{-1} \cdot a^{-1}$, denn $(a \cdot b) \cdot (b^{-1} \cdot a^{-1}) = 1$.

Definition 6.14 *Die multiplikative Gruppe $\mathbb{Z}_n^*$ wird prime Restklassengruppe modulo n genannt. $\mathbb{Z}_n^*$ besteht aus denjenigen Elementen a von $\mathbb{Z}_n$, die ein multiplikatives Inverses haben, also $\mathrm{ggT}(a, n) = 1$ erfüllen.*

Für den Sonderfall, dass $n = p$ eine Primzahl ist, gilt

$$\mathbb{Z}_p^* = \{1, 2, \ldots, p - 1\}$$

und daher $|\mathbb{Z}_p^*| = p - 1$. Um die Gruppenordnung der primen Restklassengruppe modulo n allgemein angeben zu können, wird nun die EULERsche Funktion eingeführt.

Definition 6.15 *Die EULERsche Funktion φ gibt für jede positive natürliche Zahl die Anzahl der natürlichen Zahlen an, die kleiner als n und zu n teilerfremd sind. Sie ist eine Abbildung der Menge $\mathbb{N} \setminus \{0\}$ in die Menge $\mathbb{N}$ und es gilt:*

$$\varphi(1) := 1 \quad und \quad \varphi(n) := \left|\{x \in \mathbb{Z}_n \mid \mathrm{ggT}(x, n) = 1\}\right| = \left|\mathbb{Z}_n^*\right| \quad \text{für } n \in \mathbb{N} \setminus \{0, 1\}.$$

▶ **Anmerkung** Es gilt $\varphi(n) = |\mathbb{Z}_n^*|$ für $n \in \mathbb{N} \setminus \{0, 1\}$, d. h. die Ordnung der primen Restklassengruppe modulo n ist $\varphi(n)$.

Beispiel 6.16

n	1	2	3	4	5	6	7	8	9	10	11	12	13	14	15	⋯
$\varphi(n)$	1	1	2	2	4	2	6	4	6	4	10	4	12	6	8	⋯

6.2 Modulare Arithmetik

Die EULERsche Funktion hat folgende Eigenschaften:

(1) Ist p eine Primzahl, dann gilt $\varphi(p) = p - 1$.
(2) Ist p eine Primzahl und $\alpha > 1$ eine natürliche Zahl, dann gilt $\varphi(p^\alpha) = p^\alpha(1 - \frac{1}{p})$.
(3) Gilt $n_1, n_2 \in \mathbb{N}$ und $\mathrm{ggT}(n_1, n_2) = 1$, dann ist $\varphi(n_1 \cdot n_2) = \varphi(n_1) \cdot \varphi(n_2)$.
(4) Ist $n = p_1^{\alpha_1} \cdot p_2^{\alpha_2} \cdot \ldots \cdot p_k^{\alpha_k}$ die Primfaktorenzerlegung einer natürlichen Zahl $n > 1$, dann gilt $\varphi(n) = n \cdot \prod_{i=1}^{k}(1 - \frac{1}{p_i}) = \varphi(p_1^{\alpha_1}) \cdot \varphi(p_2^{\alpha_2}) \cdot \ldots \cdot \varphi(p_2^{\alpha_2})$.

Die erste dieser Eigenschaften ist leicht zu begründen, denn es gilt $\mathrm{ggT}(0, p) = p \neq 1$ und $\mathrm{ggT}(i, p) = 1$ für $i = 1, 2, \ldots, p - 1$. Die Begründung der anderen drei Eigenschaften ist aufwendiger, so dass wir sie hier weglassen, läuft aber auch auf das Zählen von zum Modul teilerfremden Elementen hinaus.

Wenn man diese Eigenschaften ausnutzt und die Primfaktorenzerlegung von n kennt, dann kann man $\varphi(n)$ leicht ausrechnen. Dagegen erfordert die Bestimmung von $\varphi(n)$ einen wesentlich größeren Aufwand, falls die Primfaktorenzerlegung von n unbekannt ist. Das kann man beim Entwurf von asymmetrischen Kryptosystemen ausnutzen. Wir gehen bei Sicherheitsbetrachtungen zur RSA-Verschlüsselung auf diese Frage ein.

Beispiel 6.17

$$\varphi(720) = \varphi(2^4 \cdot 3^2 \cdot 5) = 2^4 \cdot 3^2 \cdot 5 \cdot \left(1 - \frac{1}{2}\right) \cdot \left(1 - \frac{1}{3}\right) \cdot \left(1 - \frac{1}{5}\right)$$
$$= 2^4 \cdot 3^2 \cdot 5 \cdot \frac{1}{2} \cdot \frac{2}{3} \cdot \frac{4}{5} = 192.$$

6.2.4 Effizientes Potenzieren modulo n

Mit der Methode Square and Multiply kann man Potenzen a^b modulo n berechnen. Dieses Verfahren, das im Folgenden vorgestellt wird, ist effizienter als das direkte Berechnen des Produktes aus b Faktoren, die alle gleich a sind. Wir erklären die Anwendung des Verfahrens zunächst in einem Beispiel.

Beispiel 6.18 Es soll 3^{201} mod 11 berechnet werden.

Zunächst stellt man den Exponenten als Dualzahl dar: $201 = [11001001]_2$.

Es gilt also $3^{201} = 3^{2^7 + 2^6 + 2^3 + 2^0} = 3^{2^7} \cdot 3^{2^6} \cdot 3^{2^3} \cdot 3^{2^0} = (((((3^2 \cdot 3)^2)^2)^2 \cdot 3)^2)^2 \cdot 3$.

Aus der letzten Darstellung erkennt man, dass man 3^{201} (mod n) wie folgt berechnen kann (in der oberen Zeile steht die Darstellung von 201 als Dualzahl, zwischen den Spalten ist die auszuführende Rechnung angegeben und in der zweiten Zeile stehen die Zwischenergebnisse bis hin zum unterstrichenen Endergebnis – dabei geht man bei der Berechnung der Zwischenergebnisse in der Darstellung $(((((3^2 \cdot 3)^2)^2)^2 \cdot 3)^2)^2 \cdot 3$ von links nach rechts vor):

1	1	0	0	0	1	0	1
3	5	3	9	1	1	1	3

$$3^2 \cdot 3 \quad 5^2 \quad 3^2 \quad 3^2 \cdot 3 \quad 1^2 \quad 1^2 \quad 1^2 \cdot 3$$
$$\text{mod } 11 \quad \text{mod } 11 \quad \text{mod } 11 \quad \text{mod } 11 \quad \text{mod } 11 \quad \text{mod } 11 \quad \text{mod } 11$$

Als Ergebnis erhält man 3^{201} mod $11 = \underline{3}$.

Allgemein geht man zur Berechnung von a^b modulo n wie folgt vor, wenn man

$$b = [b_{\ell-1} b_{\ell-2} \ldots b_1 b_0]_2$$

als Binärdarstellung des Exponenten b erhalten hat (dabei ist $b_{\ell-1} = 1$).

Zunächst notiert man die Basis a. Wegen $b_{\ell-1} = 1$ berechnet man im ersten Schritt $c_1 := (a^2 \cdot a) \pmod{n}$.

Gilt $b_{\ell-2} = 1$, wird im zweiten Schritt $c_2 := c_1^2 \cdot a \pmod{n}$ berechnet.
Gilt $b_{\ell-2} = 0$, ist $c_2 := c_1^2 \pmod{n}$ usw.

Zur Berechnung sind also zwei Regeln anzuwenden:

Für $b_i = 1$ ist also im entsprechenden Schritt modulo n zu quadrieren und zusätzlich mit a zu multiplizieren, während für $b_i = 0$ nur modulo n zu quadrieren ist.

Dieses Verfahren setzt man fort bis zur letzten Ziffer b_0 der Binärdarstellung von b und hat damit $a^b \pmod{n}$ erhalten.

Dabei wird in jedem Schritt das Resultat modulo n reduziert, um die Berechnung zu vereinfachen.

6.2.5 Chinesischer Restsatz (CRT)

Ist die Primfaktorenzerlegung des Moduls n bekannt, dann kann man zum effizienten Berechnen von Potenzen modulo n mit großem Exponenten den Chinesischen Restsatz ausnutzen, der im Folgenden vorgestellt wird.

Sind endlich viele Kongruenzen $x \equiv a_i \pmod{m_i}$ mit paarweise teilerfremden Moduln m_i gegeben (d. h. es gilt ggT$(m_i, m_j) = 1$ für alle $i \neq j$), dann macht der Chinesische Restsatz (<u>C</u>hinese <u>R</u>emainder <u>T</u>heorem - kurz: CRT) eine Aussage über die Lösungsmenge dieses Systems von Kongruenzen.

Satz 6.14 *Es sei ein System*

$$x \equiv b_1 \pmod{m_1}, \quad x \equiv b_2 \pmod{m_2}, \quad \ldots, \quad x \equiv b_t \pmod{m_t}$$

so vorgegeben, dass $m_1, m_2, \ldots, m_t$ paarweise teilerfremd sind. Setzt man

$$m = m_1 \cdot m_2 \cdot \ldots \cdot m_t; \qquad a_1 = \frac{m}{m_1}, \quad a_2 = \frac{m}{m_2}, \quad \ldots, \quad a_t = \frac{m}{m_t}$$

6.2 Modulare Arithmetik

und wählt x_j so, dass $a_j x_j \equiv b_j \pmod{m_j}$ für $j = 1, 2, \ldots, t$ gilt, dann ist

$$x' = a_1 x_1 + a_2 x_2 + \cdots + a_t x_t$$

eine Lösung des Systems. Das System ist bis auf Kongruenz modulo m eindeutig lösbar, d. h. mit x' sind genau diejenigen Elemente x'' weitere Lösungen, für die $x' \equiv x'' \pmod{m}$ gilt.

Beweis Für jedes $j \in \{1, 2, \ldots, t\}$ gilt:

$$x' = a_1 x_1 + \ldots + a_j x_j + \ldots + a_t x_t \equiv 0 + \ldots + 0 + b_j + 0 + \ldots + 0 \equiv b_j \pmod{m_j},$$

denn $a_j x_j \equiv b_j \pmod{m_j}$ und $a_i \equiv 0 \pmod{m_j}$ für $i \in \{1, \ldots, t\} \setminus \{j\}$. Daher ist x' eine Lösung des gegebenen Systems von Kongruenzen.

Sind x' und x'' Lösungen, dann gilt $x' \equiv x'' \pmod{m_j}$ für alle j, also ist m_j für $j = 1, \ldots, t$ ein Teiler der Differenz $x' - x''$. Weil $m_1, m_2, \ldots, m_t$ paarweise teilerfremd sind, folgt daraus auch, dass das Produkt $m = m_1 \cdot m_2 \cdot \ldots \cdot m_t$ ein Teiler von $x' - x''$ ist und daher gilt $x' \equiv x'' \pmod{m}$. □

Beispiel 6.19 Zu lösen ist das System $x \equiv 1 \pmod{2}$, $x \equiv 2 \pmod{3}$, $x \equiv 4 \pmod{5}$.

Es gilt $m = 30$, $a_1 = 15$, $a_2 = 10$, $a_3 = 6$.

Die Kongruenzen $15 x_1 \equiv 1 \pmod{2}$, $10 x_2 \equiv 2 \pmod{3}$, $6 x_3 \equiv 4 \pmod{5}$ haben $x_1 = 1$, $x_2 = 2$, $x_3 = 4$ als spezielle Lösungen.

Das gegebene System ist eindeutig lösbar mit $x \equiv 15 \cdot 1 + 10 \cdot 2 + 6 \cdot 4 \pmod{30}$, d. h. $x \equiv 29 \pmod{30}$.

▶ **Anmerkung** Der Name *Chinesischer Restsatz* kommt daher, dass ein chinesischer Mathematiker vor ca. 2000 Jahren folgende Aufgabe gestellt hat, die mit Hilfe des Satzes beantwortet werden kann: „Es soll eine Anzahl von Dingen gezählt werden. Zählt man sie zu je drei, dann bleiben zwei übrig. Zählt man sie zu je fünf, dann bleiben drei übrig. Zählt man sie zu je sieben, dann bleiben zwei übrig. Wie viele sind es?"

In unserer Notation muss also das System der drei Kongruenzen $x \equiv 2 \pmod{3}$, $x \equiv 3 \pmod{5}$, $x \equiv 2 \pmod{7}$ gelöst werden. Als Resultat ergibt sich $23 \pmod{105}$.

Das folgende Beispiel zeigt, wie man den Chinesischen Restsatz bei der Berechnung von Potenzen modulo m anwenden kann.

Beispiel 6.20 Es soll $79^{13} \mod 85$ berechnet werden. Man berechne $79^{13} \mod 5$ und $79^{13} \mod 17$:

$$79^{13} \equiv 4^{13} \equiv (4^4)^3 \cdot 4 \equiv 4 \pmod{5} \quad \Rightarrow \quad x \equiv 4 \pmod{5} \quad \Rightarrow \quad 17 x_1 \equiv 4 \pmod{5}$$
$$79^{13} \equiv 11^{13} \equiv 7 \pmod{17} \quad \Rightarrow \quad x \equiv 7 \pmod{17} \quad \Rightarrow \quad 5 x_2 \equiv 7 \pmod{17}.$$

Daraus folgt $x_1 = 2$ und $x_2 = 15$. Also ist $x' = (17 \cdot 2 + 5 \cdot 15) \pmod{5 \cdot 17} = 24$ und man erhält als Ergebnis $79^{13} \bmod 85 = 24$.

Im Sonderfall $t = 2$ gibt es aber auch ein besonders einfaches Verfahren zum Lösen des Systems, das den erweiterten EUKLIDischen Algorithmus benutzt. Für viele Anwendungen in der Kryptographie, z. B. beim RSA-Kryptosystem, ist die Benutzung dieses vereinfachten Verfahrens ausreichend.

Satz 6.15 *Gegeben sei das System*

$$x \equiv b_1 \pmod{m_1}, \qquad x \equiv b_2 \pmod{m_2}$$

mit $\mathrm{ggT}(m_1, m_2) = 1 = \alpha_1 m_1 + \alpha_2 m_2$. *Setzt man*

$$x' = (b_2 \cdot \alpha_1 m_1 + b_1 \cdot \alpha_2 m_2) \pmod{m_1 m_2},$$

dann ist x' eine Lösung des Systems.

Beweis Es gilt

$$x' \equiv b_2 \cdot \alpha_1 m_1 + b_1 \cdot \alpha_2 m_2 \equiv 0 + b_1 \cdot \alpha_2 m_2 \equiv b_1 \cdot \alpha_2 m_2 \pmod{m_1}.$$

Wegen $\mathrm{ggT}(m_1, m_2) = 1 = \alpha_1 m_1 + \alpha_2 m_2$ ist

$$1 \equiv \alpha_1 m_1 + \alpha_2 m_2 \equiv 0 + \alpha_2 m_2 \equiv \alpha_2 m_2 \pmod{m_1}.$$

Also gilt

$$x' \equiv b_1 \cdot 1 \equiv b_1 \pmod{m_1}.$$

Analog ergibt sich $x' \equiv b_1 \cdot 1 \equiv b_2 \pmod{m_2}$, wenn man in den einzelnen Schritten modulo m_2 rechnet. Damit ist gezeigt, dass x' eine Lösung des gegebenen Systems aus zwei Kongruenzen ist. □

Wie bereits im allgemeinen Fall gezeigt, ist die Lösung des Systems von Kongruenzen modulo $m_1 m_2$ eindeutig bestimmt.

Sind zwei Kongruenzen

$$x \equiv b \pmod{m_1}, \qquad x \equiv b \pmod{m_2}$$

mit $\mathrm{ggT}(m_1, m_2) = 1 = \alpha_1 m_1 + \alpha_2 m_2$ gegeben, dann erhält man

$$x' \equiv (b \cdot \alpha_1 m_1 + b \cdot \alpha_2 m_2) \equiv b \cdot (\alpha_1 m_1 + \alpha_2 m_2)$$
$$\equiv b \cdot \mathrm{ggT}(m_1, m_2) \equiv b \cdot 1 \equiv b \pmod{m_1 m_2}$$

als eindeutig bestimmte Lösung des Systems.

Das folgende Beispiel zeigt, wie man den Chinesischen Restsatz bei der Berechnung von Potenzen anwenden kann. Das Reduzieren auf Rechnungen modulo m_1 und m_2 bringt Rechenvorteile, die den geringen zusätzlichen Aufwand rechtfertigen, dass der erweiterte EUKLIDische Algorithmus zur Darstellung von 1 als Linearkombination von m_1 und m_2 angewendet wird.

Beispiel 6.21 Erneut soll 79^{13} mod 85 berechnet werden.
Es gilt $85 = 5 \cdot 17$, $79^{13} \equiv 4 \bmod 5$ und $79^{13} \equiv 7 \bmod 17$.
Mit dem erweiterten EUKLIDischen Algorithmus ergibt sich ggT$(5, 17) = 7 \cdot 5 + (-2) \cdot 17$. Also ist

$$x' \equiv 7 \cdot 7 \cdot 5 + 4 \cdot (-2) \cdot 17 \pmod{85}.$$

Wie erwartet ergibt sich das Ergebnis $x' \equiv 79^{13} \equiv 24 \pmod{85}$.

6.2.6 Quadratwurzeln modulo p

Die Sicherheit verschiedener asymmetrischer Kryptosysteme baut darauf auf, dass es schwierig ist, Quadratwurzeln modulo n zu ziehen, wobei n eine natürliche Zahl ist. Deshalb beschäftigen wir uns jetzt mit den Grundlagen zu diesem Problem und betrachten zunächst Quadratwurzeln modulo p, wobei p eine Primzahl ist. Quadrate modulo p werden quadratische Reste genannt, weil sie Quadratzahlen im Restklassenring modulo p sind.

Definition 6.16 *Es sei $p > 2$ eine Primzahl und $a \in \mathbb{Z}_p^*$ (es gilt also ggT$(a, p) = 1$). Dann nennt man a einen quadratischen Rest modulo p, wenn die quadratische Kongruenz $x^2 \equiv a \pmod{p}$ in $\mathbb{Z}_p^*$ lösbar ist; andernfalls nennt man a einen Nichtrest modulo p.*

Die Lösungen x der Kongruenz $x^2 \equiv a \pmod{p}$ in $\mathbb{Z}_p^*$ (falls sie existieren) nennt man die Wurzeln (Quadratwurzeln) modulo der Primzahl p. Lösbare Kongruenzen haben genau zwei Lösungen, nämlich x und $-x$.

Beispiel 6.22 Für $p = 7$ betrachten wir alle Quadrate modulo p, das sind

$$(\pm 1)^2, (\pm 2)^2, (\pm 3)^2 \text{ modulo } 7,$$

also 1, 4, und 2. Die Zahlen 1, 4, 7 sind also quadratische Reste und die restlichen Elemente 3, 5, 6 aus $\mathbb{Z}_7 \setminus \{0\}$ sind quadratische Nichtreste modulo 7.

Allgemein gilt, dass es genau $\frac{p-1}{2}$ quadratische Reste modulo p (nämlich $\pm 1 \pmod{p}$, $\pm 2 \pmod{p}, \ldots, \pm \frac{p-1}{2} \pmod{p}$) und genau $\frac{p-1}{2}$ quadratische Nichtreste modulo p gibt.

Mit dem folgenden Kriterium von Euler kann man effizient entscheiden, ob eine Zahl quadratischer Rest oder Nichtrest modulo p ist. Zur Berechnung der Potenz $a^{\frac{p-1}{2}}$ kann man dabei die Methode *Square and Multiply* anwenden.

Satz 6.16 (EULER-Kriterium) *Es sei $p > 2$ eine Primzahl und $a \in \mathbb{Z}_p^*$. Dann ist a genau dann ein quadratischer Rest modulo p, wenn $a^{\frac{p-1}{2}} \equiv 1 \pmod{p}$ gilt.*

Beweis ($\Rightarrow$) Ist a ein quadratischer Rest modulo p, dann ist $\text{ggT}(a, p) = 1$ und es gibt ein $x_0 \in \mathbb{Z}_p^*$ mit $x_0^2 \equiv a \pmod{p}$. Dabei gilt $x_0 \neq 0$. Für ein solches x_0 muss $\text{ggT}(x_0, p) = 1$ gelten. Daher ist $x_0 \in \mathbb{Z}_p^*$ und $a^{\frac{p-1}{2}} \equiv (x_0^2)^{\frac{p-1}{2}} \equiv x_0^{p-1} \pmod{p}$. Die Ordnung des Elements x_0 von $\mathbb{Z}_p^*$ ist ein Teiler der Gruppenordnung $|\mathbb{Z}_p^*| = p - 1$. Also ist $x_0^{p-1} \equiv 1 \pmod{p}$, und damit ist $a^{\frac{p-1}{2}} \equiv 1 \pmod{p}$ gezeigt.

($\Leftarrow$) Nun sei a ein Element von $\mathbb{Z}_p^*$ und $a^{\frac{p-1}{2}} \equiv 1 \pmod{p}$. Die Gruppe $\mathbb{Z}_p^*$ ist zyklisch (siehe auch Abschn. 6.1.2), d. h. es gibt ein Element g mit $\mathbb{Z}_p^* = \{g^0 = 1, g, g^2, \ldots, g^{p-2}\}$. Also gibt es einen Exponenten i mit $g^i = a$ und wir müssen nur noch zeigen, dass i gerade ist, um eine Lösung von $x^2 \equiv a \pmod{p}$ angeben zu können, nämlich $x = g^{\frac{i}{2}}$.

Dazu betrachten wir die Potenzen $a^{\frac{p-1}{2}}$ und g^{p-1} modulo p. Es gilt

$$1 \equiv a^{\frac{p-1}{2}} \equiv (g^i)^{\frac{p-1}{2}} \equiv g^{i \cdot \frac{p-1}{2}} \pmod{p}.$$

Außerdem gilt $g^{p-1} \equiv 1 \pmod{p}$, weil $p-1$ die Gruppenordnung der zyklischen Gruppe $\mathbb{Z}_p^*$ ist. Daraus folgt, dass $p-1$ ein Teiler von $i \cdot \frac{p-1}{2}$ sein muss und somit ist $\frac{i}{2}$ eine natürliche Zahl und i gerade. Die Kongruenz $x^2 \equiv a \pmod{p}$ ist also lösbar und hat in $\mathbb{Z}_p^*$ die beiden Lösungen $x \equiv \pm g^{\frac{i}{2}} \pmod{p}$. □

Ist $\text{ggT}(a, p) = 1$ und a ein quadratischer Nichtrest modulo p, dann gilt $a^{\frac{p-1}{2}} \equiv -1 \pmod{p}$, denn $\pm 1 \pmod{p}$ sind die einzigen Lösungen von $x^2 \equiv 1 \pmod{p}$ und $a^{\frac{p-1}{2}}$ ist wegen $(a^{\frac{p-1}{2}})^2 \equiv 1 \pmod{p}$ eine Lösung dieser Kongruenz.

Quadratwurzeln modulo einer Primzahl p aus einem quadratischen Rest modulo p kann man effizient berechnen. Dabei ist es aber ein wesentlicher Unterschiede, ob die (ungerade) Primzahl p bei Division durch 4 den Rest 1 oder 3 lässt. Wir beginnen mit dem einfacheren Fall $p \equiv 3 \pmod{4}$, weil es dann eine Lösungsformel für das Lösen der quadratischen Kongruenz $x^2 \equiv a \pmod{p}$ gibt.

6.2.6.1 Quadratwurzeln modulo p, p prim, $p \equiv 3 \pmod{4}$

Satz 6.17 *Ist a ein quadratischer Rest modulo p, dann gilt:*

$$x^2 \equiv a \pmod{p} \quad \Longleftrightarrow \quad x \equiv \pm a^{\frac{p+1}{4}} \pmod{p}.$$

Beweis Wir rechnen zunächst nach, dass $\pm a^{\frac{p+1}{4}}$ Lösungen der gegebenen quadratischen Kongruenz sind. Da a ein quadratischer Rest modulo p ist, gibt es ein x_0 mit

$$x_0^2 \equiv a \pmod{p}.$$

Dabei gilt $x_0 \neq 0$ und somit $\text{ggT}(x_0, p) = 1$.

6.2 Modulare Arithmetik

Es gilt

$$\left(\pm a^{\frac{p+1}{4}}\right)^2 \equiv a^{\frac{p+1}{2}} \equiv \left(x_0^2\right)^{\frac{p+1}{2}} \equiv x_0^{p+1} \equiv x_0^{p-1} \cdot x_0^2 \pmod{p}.$$

Weil $p - 1$ die Gruppenordnung von $\mathbb{Z}_p^*$ ist, gilt $x_0^{p-1} \equiv 1 \pmod{p}$. Also ist

$$\left(\pm a^{\frac{p+1}{4}}\right)^2 \equiv 1 \cdot x_0^2 \equiv a \pmod{p}.$$

Weil die quadratische Kongruenz $x^2 \equiv a \pmod{p}$ höchstens zwei verschiedene Lösungen in $\mathbb{Z}_p^*$ haben kann, ist damit die Gültigkeit der Lösungsformel gezeigt. □

6.2.6.2 Quadratwurzeln modulo p, p prim, $p \equiv 1 \pmod{4}$

In diesem Fall gibt es keine Lösungsformel für die quadratische Kongruenz $x^2 \equiv a \pmod{p}$. Es gibt aber einen effizienten Algorithmus zur Berechnung der Quadratwurzeln modulo p.

> Sei $p \geq 3$ eine Primzahl und $a \in \mathbb{Z}_p^*$.
> Gesucht ist ein x mit $(\pm x)^2 \equiv a \pmod{p}$.
> *Algorithmus:*
>
> (1) Ermittle t, q mit $p - 1 = 2^t q$ (q ungerade, $t \geq 1$).
> (2) Durch Probieren zufälliger Werte für $h \in \{1, 2, \ldots, p - 1\}$ ermittle man ein h, das ein Nichtrest modulo p ist.
>   Setze $z := h^q \pmod{p}$.
> (3) Konstruiere Folgen (x_i) und (b_i):
>   (3.1) $b_0 := a^q \pmod{p}$ und $x_0 := a^{\frac{q+1}{2}} \pmod{p}$.
>   (3.2) Bestimme minimales $t_i \in \{0, 1, \ldots, t\}$ mit $b_i^{2^{t_i}} \equiv 1 \pmod{p}$.
>   Ist $t_i = 0$, dann ist x_i eine Lösung von $x^2 \equiv a \pmod{p}$.
>   Ist $t_i = t$, dann hat $x^2 \equiv a \pmod{p}$ keine Lösung.
>   (3.3) $x_{i+1} := x_i \cdot z^{2^{t-t_i-1}} \pmod{p}$ und $b_{i+1} := b_i \cdot z^{2^{t-t_i}} \pmod{p}$
> $i := i + 1$, gehe zu (3.2).
>   Nach endlich vielen Schritten hat man eine Lösung von $x^2 \equiv a \pmod{p}$ gefunden oder festgestellt, dass diese Kongruenz keine Lösung hat.

Zum Beweis benötigen wir die beiden folgenden Aussagen über zyklische Gruppen bzw. deren Untergruppen.

Satz 6.18 *Ist $G = \langle g \rangle$ eine zyklische Gruppe der Ordnung 2^n und gilt $\text{ord}(a) = \text{ord}(b) > 1$ für $a, b \in G$, dann gilt:*

$$\text{ord}(ab) < \text{ord}(a) = \text{ord}(b).$$

Beweis Es gilt $a = g^k$ und $b = g^\ell$ mit $0 < k, \ell < 2^n$.

Wir zeigen zunächst, dass $\operatorname{ord}(a) = \frac{2^n}{\operatorname{ggT}(k,2^n)}$ gilt: $\operatorname{ord}(a)$ ist die kleinste positive natürliche Zahl x, so dass a^x das neutrale Element e der Gruppe G ist. Es gilt also

$$a^x = g^{kx} = g^0 = e.$$

Dieses x findet man nun als Lösung der Kongruenz $kx \equiv 0 \pmod{2^n}$ – dabei ist 2^n die Ordnung der Gruppe G. Aus $kx \equiv 0 \pmod{2^n}$ folgt $x \equiv 0 \pmod{\frac{2^n}{\operatorname{ggT}(k,2^n)}}$. Also gilt $x = \frac{2^n}{\operatorname{ggT}(k,2^n)}$.

Analog ergibt sich, dass $\operatorname{ord}(b) = \frac{2^n}{\operatorname{ggT}(\ell,2^n)}$ und dass $\operatorname{ord}(ab) = \frac{2^n}{\operatorname{ggT}(k+\ell,2^n)}$ gilt.

Wegen $\operatorname{ord}(a) = \frac{2^n}{\operatorname{ggT}(k,2^n)}$, $\operatorname{ord}(b) = \frac{2^n}{\operatorname{ggT}(\ell,2^n)}$ und $\operatorname{ord}(a) = \operatorname{ord}(b) > 1$ gibt es eine Zweierpotenz 2^j, so dass $\operatorname{ggT}(k, 2^n) = \operatorname{ggT}(\ell, 2^n) = 2^j$ gilt. Also ist k in der Form $k = 2^j u$ mit ungeradem u und ℓ in der Form $\ell = 2^j v$ mit ungeradem v darstellbar. Damit ist

$$\operatorname{ord}(ab) = \operatorname{ord}(g^{k+\ell}) = \frac{2^n}{\operatorname{ggT}(k+\ell, 2^n)} = \frac{2^n}{\operatorname{ggT}(2^j(u+v), 2^n)} < \frac{2^n}{2^j} = \operatorname{ord}(a) = \operatorname{ord}(b),$$

denn $u + v$ ist gerade und somit $\operatorname{ggT}(2^j(u+v), 2^n) > 2^j$. □

$\mathbb{Z}_p^* = \langle g \rangle$ ist eine zyklische Gruppe der Ordnung $p - 1 = 2^t q$ (q ungerade).

Über die Gruppe $\mathbb{Z}_p^*$ ist bekannt, dass es genau eine Untergruppe der Ordnung 2^t gibt (den Beweis dafür lassen wir hier weg); diese Untergruppe ist ebenfalls zyklisch, wir bezeichnen sie mit G.

Satz 6.19 *Sei h ein quadratischer Nichtrest modulo p mit $p - 1 = 2^t q$ (q ungerade) und $z := h^q \pmod{p}$. Dann ist z ein erzeugendes Element der zyklischen Untergruppe G (der Ordnung 2^t) von $\mathbb{Z}_p^*$.*

Beweis Es gilt, dass $\operatorname{ord}_p(z)$ ein Teiler von 2^t ist, denn $z^{2^t} = (h^q)^{2^t} = h^{p-1} \equiv 1 \pmod{p}$.

Sei $\operatorname{ord}_p(z) = 2^j$; dann ist $\langle z \rangle$ die einzige Untergruppe der Ordnung 2^j von G. Weil G eine zyklische Gruppe ist, gibt es ein $g \in G$ mit $G = \langle g \rangle$ und eine natürliche Zahl k mit $z = g^k$.

$G = \langle g \rangle = \langle z \rangle$ gilt genau dann, wenn $\operatorname{ggT}(k, 2^t) = 1$ erfüllt ist, also genau dann, wenn k ungerade ist. Daher gilt $G = \langle z \rangle$ genau dann, wenn z kein Quadrat ist, und wegen $z = h^q \pmod{p}$ mit ungeradem q genau dann, wenn h kein Quadrat ist (also h ein quadratischer Nichtrest modulo p ist). Aber so wurde h gewählt. □

Wir kommen nun zurück zum oben angegebenen Algorithmus. Offensichtlich gilt $x_0 \in \mathbb{Z}_p^*$.

Wegen $b_0^{2^t} \equiv (a^q)^{2^t} = a^{p-1} \equiv 1 \pmod{p}$ ist die Ordnung von b_0 ein Teiler von 2^t und daher b_0 ein Element von G.

6.2 Modulare Arithmetik

Weil q ungerade ist, gilt $ab_0 \equiv a \cdot a^q = (a^{\frac{q+1}{2}})^2 \equiv x_0^2 \pmod{p}$.

Es sei $x_i \in \mathbb{Z}_p^*$, $b_i \in G$ (also $\operatorname{ord}(b_i)/2^t$), $ab_i \equiv x_i^2 \pmod{p}$.

Ist $t_i = 0$, also $b_i \equiv 1 \pmod{p}$, dann ist $ab_i \equiv a \cdot 1 \equiv a \equiv x_i^2 \pmod{p}$, und $\pm x_i \pmod{p}$ sind die gesuchten Lösungen der Kongruenz.

Ist $t_i = t$, dann ist $G = \langle b_i \rangle$, und daher ist b kein Quadrat mod p (denn $z = b_i^d$ mit ggT$(2^t, d) = 1$ wegen $G = \langle z \rangle = \langle b_i \rangle$ und z ist kein Quadrat mod p). Wegen $ab_i \equiv x_i^2 \pmod{p}$ ist dann auch a kein Quadrat mod p, und die Kongruenz hat keine Lösung.

Andernfalls gilt:

$$x_{i+1} \in \mathbb{Z}_p^*,$$
$$b_{i+1} = \underbrace{b_i}_{\in G} \cdot \underbrace{z^{2^{t-t_i}}}_{\in G} \in G \quad (\text{also } \operatorname{ord}(b_{i+1})/2^t),$$
$$ab_{i+1} \equiv ab_i \cdot z^{2^{t-t_i}} \equiv x_i^2 \cdot \left(z^{2^{t-t_i-1}}\right)^2 \equiv \left(x_i \cdot z^{2^{t-t_i-1}}\right)^2 \equiv x_{i+1}^2 \pmod{p}.$$

Wir zeigen noch, dass der Algorithmus nach endlich vielen Schritten endet (mit der Angabe einer Lösung bzw. der Feststellung, dass die Kongruenz keine Lösung hat): Es gilt $\operatorname{ord}(b_i) = 2^{t_i}$ und $\operatorname{ord}(z^{2^{t-t_i}}) = \frac{2^t}{\operatorname{ggT}(2^{t-t_i},2^t)} = \frac{2^t}{2^{t-t_i}} = 2^{t_i}$, also $\operatorname{ord}(b_i) = \operatorname{ord}(z^{2^{t-t_i}})$ für die beiden Elemente $b_i, z^{2^{t-t_i}}$ der zyklischen Gruppe G der Ordnung 2^t. Ist diese gemeinsame Ordnung größer als 1, dann folgt $\operatorname{ord}(b_{i+1}) < \operatorname{ord}(b_i) = \operatorname{ord}(z^{2^{t-t_i}})$ aus dem obigen Satz. Also erhält man nach endlich vielen Schritten eine Entscheidung.

▶ **Anmerkung** Dieser gerade vorgestellte Algorithmus ist für alle Primzahlen $p > 2$ anwendbar, nicht nur für diejenigen, die kongruent 1 modulo 4 sind. Im Fall $p \equiv 3 \pmod{p}$ wird man natürlich die Anwendung der Lösungsformel vorziehen. Ein Test, ob die gegebene Zahl a ein quadratischer Rest modulo p ist, ist ebenfalls nicht erforderlich.

6.2.7 Quadratwurzeln modulo pq

Da bei Anwendungen in der Kryptographie der Sonderfall $n = pq$, wobei p und q zwei verschiedene ungerade Primzahlen sind, häufig vorkommt, werden wir uns nun diesem Sonderfall für n ausführlicher zuwenden.

Satz 6.20 *Es sei $n = pq$ mit ungeraden Primzahlen p, q und $p \neq q$ und $a \in \mathbb{Z}_n$. Kennt man die Primfaktoren p und q, dann kann man effizient entscheiden, ob $x^2 \equiv a \pmod{n}$ eine Lösung hat, und die Lösungen ermitteln.*

Beweis Laut Chinesischem Restsatz gilt $x^2 \equiv a \pmod{n}$ genau dann, wenn $x^2 \equiv a \pmod{p}$ und $x^2 \equiv a \pmod{q}$ erfüllt sind.

Es seien $x \equiv x_p \pmod{p}$ und $x \equiv x_q \pmod{q}$ Lösungen der beiden Kongruenzen modulo p bzw. q. Dann gilt $x_p^2 \equiv a \pmod{p}$ und $x_q^2 \equiv a \pmod{q}$ und außer $\pm x_p$ sowie $\pm x_q$ gibt es keine weiteren Lösungen dieser beiden Kongruenzen.

Da p und q zwei verschiedene Primzahlen sind, ist $\mathrm{ggT}(p,q) = 1$. Diesen größten gemeinsamen Teiler kann man auch mit dem Euklidischen Algorithmus ermitteln und ihn als Linearkombination von p und q darstellen:

$$1 = \mathrm{ggT}(p,q) = \alpha_p p + \alpha_q q.$$

Dann ist

$$x = x_q \cdot \alpha_p p + x_p \cdot \alpha_q q$$

die zugehörige Lösung von $x^2 \equiv a \pmod{pq}$, denn wegen $x_q \cdot \alpha_p p \equiv 0 \pmod{p}$ und $1 = \alpha_p p + \alpha_q q \equiv \alpha_q q \pmod{p}$ sowie $x_p \cdot \alpha_q q \equiv 0 \pmod{q}$ und $1 = \alpha_p p + \alpha_q q \equiv \alpha_p p \pmod{q}$ gilt:

$$(x_q \cdot \alpha_p p + x_p \cdot \alpha_q q)^2 \equiv (x_p \cdot \alpha_q q)^2 \equiv x_p^2 (\alpha_q q)^2 \equiv x_p^2 \equiv a \pmod{p}$$

und

$$(x_q \cdot \alpha_p p + x_p \cdot \alpha_q q)^2 \equiv (x_q \cdot \alpha_p p)^2 \equiv x_q^2 (\alpha_p p)^2 \equiv x_q^2 \equiv a \pmod{q}.$$

Ist eine der beiden quadratischen Kongruenzen modulo p bzw. q nicht lösbar, dann ist auch die quadratische Kongruenz modulo pq nicht lösbar. □

Nun ergibt sich die Frage, ob es umgekehrt auch möglich ist, den Modul n zu faktorisieren (d. h. die Primfaktoren $p_1, \ldots, p_k$ und deren Exponenten $\alpha_1, \ldots, \alpha_k$ zu ermitteln, so dass $n = p_1^{\alpha_1} p_2^{\alpha_2} \ldots p_k^{\alpha_k}$ gilt), wenn man ein Verfahren zum Berechnen von Quadratwurzeln modulo n kennt. Für beliebiges k ist für diese Frage noch keine Antwort bekannt, aber wir werden für den Fall $k = 2$ ein solches Faktorisierungsverfahren für n angeben können. Dazu benutzen wir die folgende Aussage.

Satz 6.21 *Es seien p, q zwei verschiedene ungerade Primzahlen, $n = pq$ und $a \in \mathbb{Z}_n^*$.*

Ist die quadratische Kongruenz $x^2 \equiv a \pmod{n}$ lösbar, dann gibt es genau vier Lösungen in $\mathbb{Z}_n^*$. Diese Lösungen x_1, x_2, x_3, x_4 können so nummeriert werden, dass

$$\mathrm{ggT}(x_1 - x_1, n) = n, \qquad \mathrm{ggT}(x_1 - x_2, n) = p,$$
$$\mathrm{ggT}(x_1 - x_3, n) = q, \qquad \mathrm{ggT}(x_1 - x_4, n) = 1$$

gilt.

Beweis Wiederum gilt $x^2 \equiv a \pmod{n}$ genau dann, wenn

$$x^2 \equiv a \pmod{p} \quad \text{und} \quad x^2 \equiv a \pmod{q}$$

6.2 Modulare Arithmetik

erfüllt ist. Seien $\pm x_p$ und $\pm x_q$ die Lösungen der quadratischen Kongruenzen modulo p bzw. modulo q:

$$(\pm x_p)^2 \equiv a \pmod{p} \quad \text{und} \quad (\pm x_q)^2 \equiv a \pmod{q}.$$

Dann gibt es nach dem Chinesischen Restsatz genau vier Lösungen modulo n, nämlich x_1 mit

$$x_1 \equiv x_p \pmod{p} \quad \text{und} \quad x_1 \equiv x_q \pmod{q},$$

x_2 mit

$$x_2 \equiv x_p \pmod{p} \quad \text{und} \quad x_2 \equiv -x_q \pmod{q},$$

x_3 mit

$$x_3 \equiv -x_p \pmod{p} \quad \text{und} \quad x_3 \equiv x_q \pmod{q},$$

x_4 mit

$$x_4 \equiv -x_p \pmod{p} \quad \text{und} \quad x_4 \equiv -x_q \pmod{q}.$$

Offensichtlich gilt $\text{ggT}(x_1 - x_1, n) = n$.

Nun wird $\text{ggT}(x_1 - x_2, n) = \text{ggT}(x_1 - x_2, pq) = p$ gezeigt. Zunächst ist klar, dass $\text{ggT}(x_1 - x_2, pq) \in \{1, p, q, pq\}$ gelten muss.

Es ist $x_1 - x_2 \equiv x_p - x_p \equiv 0 \pmod{p}$. Also muss der betrachtete größte gemeinsame Teiler durch p teilbar sein. Daraus folgt $\text{ggT}(x_1 - x_2, pq) \in \{p, pq\}$.

Weiterhin gilt $x_1 - x_2 \equiv 2x_q \pmod{q}$. Wäre $2x_q \equiv 0 \pmod{q}$, dann müsste q wegen $\text{ggT}(q, 2) = 1$ ein Teiler von x_q sein. Wegen $x_q^2 \equiv a \pmod{q}$ ist q dann aber auch ein Teiler von a im Widerspruch zu $a \in \mathbb{Z}_n^*$. Also ist der betrachtete größte gemeinsame Teiler nicht durch q teilbar und es gilt $\text{ggT}(x_1 - x_2, n) = p$.

Analog kann man zeigen, dass $\text{ggT}(x_1 - x_3, n) = q$ ist, denn $x_1 - x_3 \equiv 0 \pmod{q}$ und $x_1 - x_3 \equiv 2x_p \not\equiv 0 \pmod{p}$.

Außerdem gilt $x_1 - x_4 \equiv 2x_p \not\equiv 0 \pmod{p}$ und $x_1 - x_4 \equiv 2x_q \not\equiv 0 \pmod{q}$ und daraus folgt $\text{ggT}(x_1 - x_4, n) = 1$. □

Ist x_0 eine beliebige Lösung der Kongruenz $x^2 \equiv a \pmod{n}$ mit $a \in \mathbb{Z}_n^*$, dann treten also die Fälle $\text{ggT}(x_1 - x_0, n) \in \{1, n\}$ und $\text{ggT}(x_1 - x_0, n) \in \{p, q\}$ mit gleicher Wahrscheinlichkeit auf. Nun lässt sich die Frage beantworten, wie man bei Kenntnis eines Verfahrens zum Quadratwurzelziehen modulo pq die Primfaktoren des Moduls herausfinden kann.

Satz 6.22 *Es sei $n = pq$ mit ungeraden Primzahlen p, q und $p \neq q$ und $a \in \mathbb{Z}_n$. Kennt man ein effizientes Verfahren zur Ermittlung einer Lösung von $x^2 \equiv a \pmod{n}$, dann kann man effizient die Primfaktoren p und q von n ermitteln.*

Beweis Man wähle zunächst ein $b \in \mathbb{Z}_n \setminus \{0\}$ zufällig aus.

Gilt $\text{ggT}(b, n) \neq 1$, dann gilt $\text{ggT}(b, n) \in \{p, q\}$ und damit hat man die Primfaktorenzerlegung von n schon gefunden:

$$n = \text{ggT}(b, n) \cdot \frac{n}{\text{ggT}(b, n)}.$$

Andernfalls ist $\text{ggT}(b, n) = 1$. Man berechne $a := b^2 \pmod{n}$. Dann gilt auch $\text{ggT}(a, n) = 1$. Mit dem als bekannt vorausgesetzten effizienten Verfahren ermittle man eine Lösung x_0 von $x^2 \equiv a \pmod{n}$. Laut obigem Satz ist $\text{ggT}(b - x_0, n)$ mit Wahrscheinlichkeit $\frac{1}{2}$ ein nichttrivialer Teiler von n (d. h. in der Menge $\{p, q\}$ enthalten). Man setzt nun das Auswählen von b so lange fort, bis man einen nichttrivialen Teiler von n gefunden hat. Die Wahrscheinlichkeit, dass man nach t Versuchen noch keinen Teiler von n gefunden hat, beträgt höchstens $(\frac{1}{2})^t = \frac{1}{2^t}$, so dass man damit also ein effizientes Verfahren zur Ermittlung der Primfaktoren von n gefunden hat. □

Für Anwendungen (zum Beispiel im Blum-Goldwasser-Kryptosystem) ist es wichtig, weitere Eigenschaften der vier Quadratwurzeln von $a \in \mathbb{Z}_n^*$ modulo pq zu kennen. Dabei ist der Fall, dass beide Primfaktoren p und q kongruent 3 modulo 4 sind, besonders interessant. Nur in diesem Fall gibt es genau eine Quadratwurzel von a die selbst ein Quadrat modulo pq ist. Die Begründung dafür liefert der folgende Satz:

Satz 6.23 *Es seien p, q zwei verschiedene ungerade Primzahlen, $p \equiv q \equiv 3 \pmod{4}$, $n = pq$ und $a \in \mathbb{Z}_n^*$.*

Ist die quadratische Kongruenz $x^2 \equiv a \pmod{n}$ lösbar, dann gibt es genau eine Lösung x_0, die selbst ein Quadrat modulo n ist.

Für diese Lösung x_0 gilt:

$$x_0 \equiv a^{\frac{p+1}{4}} \pmod{p} \quad und \quad x_0 \equiv a^{\frac{q+1}{4}} \pmod{q}.$$

Beweis Zunächst betrachten wir die Lösungen von $x^2 \equiv a \pmod{n}$ modulo p, nämlich $\pm x_{w_p}$, und modulo q, nämlich $\pm x_{w_q}$.

Wegen $p \equiv 3 \pmod{4}$ ist $\frac{p-1}{2}$ eine ungerade natürliche Zahl und es gilt

$$(-x_{w_p})^{\frac{p-1}{2}} \equiv (-1)^{\frac{p-1}{2}} (x_{w_p})^{\frac{p-1}{2}} \equiv -(x_{w_p})^{\frac{p-1}{2}} \pmod{p}.$$

Wegen $q \equiv 3 \pmod{4}$ ist $\frac{q-1}{2}$ eine ungerade natürliche Zahl und es gilt

$$(-x_{w_q})^{\frac{q-1}{2}} \equiv (-1)^{\frac{q-1}{2}} (x_{w_q})^{\frac{q-1}{2}} \equiv -(x_{w_q})^{\frac{q-1}{2}} \pmod{q}.$$

Aus dem EULER-Kriterium folgt, dass

$$(x_{w_p})^{\frac{p-1}{2}} \equiv 1 \pmod{p} \quad \text{oder} \quad (x_{w_p})^{\frac{p-1}{2}} \equiv -1 \pmod{p}$$

gilt. Im zweiten Fall gilt dann laut obiger Rechnung $(-x_{w_p})^{\frac{p-1}{2}} \equiv 1 \pmod{p}$.

6.2 Modulare Arithmetik

Wir betrachten nun weiter eine Lösung x_p von $x^2 \equiv a \pmod{p}$, die $x_p^{\frac{p-1}{2}} \equiv 1 \pmod{p}$ erfüllt (also x_{w_p} oder $-x_{w_p}$ entsprechen dem Ergebnis obiger Rechnung).

Analog betrachten wir eine Lösung x_q von $x^2 \equiv a \pmod{q}$, die $x_q^{\frac{q-1}{2}} \equiv 1 \pmod{q}$ erfüllt (nämlich x_{w_q} oder $-x_{w_q}$).

Die vier Lösungen von $x^2 \equiv a \pmod{pq}$ sind laut Chinesischem Restsatz durch

(1) $x_1 \equiv x_p \pmod{p}$, $x_1 \equiv x_q \pmod{q}$,
(2) $x_2 \equiv x_p \pmod{p}$, $x_2 \equiv -x_q \pmod{q}$,
(3) $x_3 \equiv -x_p \pmod{p}$, $x_3 \equiv x_q \pmod{q}$,
(4) $x_4 \equiv -x_p \pmod{p}$, $x_4 \equiv -x_q \pmod{q}$,

eindeutig bestimmt.

Dabei gilt, dass x_1 ein Quadrat modulo pq ist, denn $x^2 \equiv x_1 \pmod{p}$ ist lösbar wegen $x_1^{\frac{p-1}{2}} \equiv x_p^{\frac{p-1}{2}} \equiv 1 \pmod{p}$ und $x^2 \equiv x_1 \pmod{q}$ ist lösbar wegen $x_1^{\frac{q-1}{2}} \equiv x_q^{\frac{q-1}{2}} \equiv 1 \pmod{q}$.

Aber x_2, x_3, x_4 sind keine Quadrate modulo pq. Wenn x_2, x_3, x_4 Quadrate wären, dann müsste laut Euler-Kriterium insbesondere

$$x_2^{\frac{q-1}{2}} \equiv 1 \pmod{q}, \qquad x_3^{\frac{p-1}{2}} \equiv 1 \pmod{p}, \qquad x_4^{\frac{p-1}{2}} \equiv 1 \pmod{p}$$

gelten. Es ist aber

$$x_2^{\frac{q-1}{2}} \equiv (-x_q)^{\frac{q-1}{2}} \equiv -1 \pmod{q},$$
$$x_3^{\frac{p-1}{2}} \equiv (-x_p)^{\frac{p-1}{2}} \equiv -1 \pmod{p},$$
$$x_4^{\frac{p-1}{2}} \equiv (-x_p)^{\frac{p-1}{2}} \equiv -1 \pmod{p}.$$

Man kann speziell

$$x_p := a^{\frac{p+1}{4}} \pmod{p} \quad \text{und} \quad x_q := a^{\frac{q+1}{4}} \pmod{q}$$

wählen, denn es gilt

$$\left(a^{\frac{p+1}{4}}\right)^{\frac{p-1}{2}} = \left(a^{\frac{p-1}{2}}\right)^{\frac{p+1}{4}} \equiv 1^{\frac{p+1}{4}} \equiv 1 \pmod{p}$$

und

$$\left(a^{\frac{q+1}{4}}\right)^{\frac{q-1}{2}} = \left(a^{\frac{q-1}{2}}\right)^{\frac{q+1}{4}} \equiv 1^{\frac{q+1}{4}} \equiv 1 \pmod{q}.$$

Damit ist die Behauptung gezeigt. □

▶ **Anmerkung** Es seien p, q zwei verschiedene ungerade Primzahlen mit $p \equiv q \equiv 1 \pmod 4$ und es gelte $n = pq$ sowie $a \in \mathbb{Z}_n^*$. Ist die quadratische Kongruenz $x^2 \equiv a \pmod n$ lösbar, dann gibt es genau vier Lösungen dieser Kongruenz, die selbst ein Quadrat modulo n sind.

Der Beweis dieser Anmerkung kann analog zum Beweis des entsprechenden Satzes für den Fall $p \equiv q \equiv 3 \pmod 4$ geführt werden und soll dem Leser als Übungsaufgabe überlassen werden.

Beispiel 6.23 Die quadratische Kongruenz $x^2 \equiv 16 \pmod{65}$ hat genau vier Lösungen, nämlich 4, 9, 56, 61. Diese vier Lösungen sind Quadrate modulo 65: es gilt $2^2 \equiv 4 \pmod{65}$, $3^2 \equiv 9 \pmod{65}$, $41^2 \equiv 56 \pmod{65}$, $16^2 \equiv 61 \pmod{65}$.

▶ **Anmerkung** Es seien p, q zwei verschiedene ungerade Primzahlen mit $p \equiv 1 \pmod 4$ und $q \equiv 3 \pmod 4$ und es gelte $n = pq$ sowie $a \in \mathbb{Z}_n^*$. Ist die quadratische Kongruenz $x^2 \equiv a \pmod n$ lösbar, dann gibt es genau zwei Lösungen dieser Kongruenz, die selbst ein Quadrat modulo n sind.

Der Beweis soll auch für diese Anmerkung eine Übungsaufgabe für den Leser sein.

Beispiel 6.24 Die quadratische Kongruenz $x^2 \equiv 16 \pmod{35}$ hat genau vier Lösungen, nämlich 4, 11, 24, 31. Unter diesen vier Lösungen sind nur zwei Quadrate modulo 35: es gilt $2^2 \equiv 4 \pmod{35}$, $9^2 \equiv 11 \pmod{35}$.

6.3 Primzahlen und Primzahltests

6.3.1 Grundlagen

Natürliche Zahlen $p > 1$, die in $\mathbb{N}$ nur 1 und p als Teiler haben, sind Primzahlen. Jede natürliche Zahl $n > 1$ lässt sich eindeutig bis auf Reihenfolge der Faktoren als Produkt von Primzahlen darstellen. Die Darstellung $n = p_1^{\alpha_1} \cdot p_2^{\alpha_2} \cdot \ldots \cdot p_k^{\alpha_k}$ (p_i prim, $\alpha_i \in \mathbb{N}$ für $i = 1, 2, \ldots, k$) nennt man **Primfaktorenzerlegung** von n. Natürliche Zahlen $n > 1$, die keine Primzahlen sind, werden zusammengesetzte Zahlen genannt.

Bei asymmetrischen kryptographischen Verfahren werden große Primzahlen verwendet. Daher ist es sinnvoll, sich zunächst mit der Frage zu beschäftigen, ob es genügend viele Primzahlen, ausreichend große Primzahlen gibt und wie man sie findet.

Schon EUKLID hat gezeigt, dass es unendlich viele Primzahlen gibt.

Satz 6.24 *Es gibt unendlich viele Primzahlen.*

Beweis Angenommen, $p_1, p_2, \ldots, p_k$ sind die einzigen Primzahlen. Bilde $n := p_1 p_2 \cdot \ldots \cdot p_k + 1$. Dann ist $n \in \mathbb{N}$ und n ist durch keine der Primzahlen $p_1, p_2, \ldots, p_k$ teilbar, hat aber (wie jede natürliche Zahl) eine Primzahl als Teiler. Das steht im Widerspruch zur Annahme. Also ist die Behauptung bewiesen. □

6.3 Primzahlen und Primzahltests

Diese Beweisidee lässt sich nicht dazu verwenden, um Zahlen zu konstruieren, die mit Sicherheit Primzahlen sind. Das wird aus folgenden Beispielen ersichtlich: $2 \cdot 3 + 1 = 7$, $2 \cdot 3 \cdot 5 + 1 = 31$, $2 \cdot 3 \cdot 5 \cdot 7 + 1 = 211$, $2 \cdot 3 \cdot 5 \cdot 7 \cdot 11 + 1 = 2311$ sind Primzahlen, $2 \cdot 3 \cdot 5 \cdot 7 \cdot 11 \cdot 13 + 1 = 30031 = 59 \cdot 509$, $2 \cdot 3 \cdot 5 \cdot 7 \cdot 11 \cdot 13 \cdot 17 + 1 = 510511 = 19 \cdot 97 \cdot 277$ sind keine Primzahlen, $\ldots$, $2 \cdot 3 \cdot 5 \cdot 7 \cdot 11 \cdot 13 \cdot 17 \cdot 19 \cdot 23 \cdot 27 + 1$ ist eine Primzahl, $\ldots$

Aus der analytischen Zahlentheorie ist bekannt, dass es genügend große Primzahlen gibt:

Satz 6.25 *Sei $x \in \mathbb{R}$, $x > 0$ und $\pi(x)$ die Anzahl aller Primzahlen, die $\leq x$ sind. Dann gilt:*

$$\lim_{n \to \infty} \pi(x)/(x/\ln(x)) = 1.$$

Die Funktionen $\pi(x)$ und $x/\ln(x)$ sind also asymptotisch äquivalent. Vermutet wurde das schon von GAUSS (1783) und LEGENDRE (1798). Beweise des Satzes führten 1896 unabhängig HADAMARD und DE LA VALLÉE POUSSIN. Ein weiterer Beweis aus dem Jahr 1949, zu dem Ideen von SELBERG und ERDÖS führten, kommt ohne die Nutzung von Techniken aus der Funktionentheorie aus, ist aber ebenso kompliziert und lang wie seine Vorgänger.

Im Jahr 2008 wurde nachgewiesen, dass $2^{43.112.609} - 1$ eine Primzahl ist. Das ist die größte bisher bekannte Primzahlen. Den aktuellen Stand findet man jeweils im Internet auf der Seite `The Prime Pages`:

http://primes.utm.edu

Die größten bisher bekannten Primzahlen sind in der Form $2^p - 1$ darstellbar - man nennt solche Primzahlen MERSENNE-Primzahlen. Bei der Suche nach MERSENNE-Primzahlen muss man beachten, dass auch der Exponent p eine Primzahl sein muss, wenn $2^p - 1$ eine Primzahl ist (denn Zahlen der Form $2^{ab} - 1$ haben $2^a - 1$ und $2^b - 1$ in $\mathbb{N}$ als Teiler).

$2^2 - 1$, $2^3 - 1$, $2^5 - 1$, $2^7 - 1$, $2^{13} - 1$ sind Primzahlen, aber $2^{11} - 1 = 2047 = 23 \cdot 89$ ist keine Primzahl, obwohl 11 eine Primzahl ist. Primzahlrekorde werden deshalb in der Regel mit Mersenne-Primzahlen aufgestellt, weil der folgende Satz ein übersichtliches Kriterium für den Nachweis der Primzahleigenschaft für Zahlen der Form $2^n - 1$ liefert.

Satz 6.26 (Satz von LUCAS-LEHMER) *Sei $p > 2$ eine Primzahl und (s_i) eine durch $s_1 := 4$, $s_{i+1} := s_i^2 - 2$ $(i \geq 1)$ definierte Folge. Dann gilt:*

$$s_{p-1} \equiv 0 \pmod{2^p - 1} \quad \Longleftrightarrow \quad 2^p - 1 \text{ Primzahl}.$$

Der Beweis des Satzes ist zu aufwendig, um ihn hier vorzustellen, zumal in der Kryptographie kein besonders Interesse an MERSENNE-Primzahlen besteht, weil man möglichst viele Primzahlen in der gewünschten Größenordnung zur Verfügung haben möchte und nicht nur die speziellen MERSENNE-Primzahlen. Den Primzahltest auf Grundlage des obigen Satzes nennt man LUCAS-LEHMER-Test. Er ist ein *deterministischer Primzahltest* (im Unterschied zu *stochastischen Primzahltests*, die im Folgenden vorgestellt werden sollen).

Wir beschäftigen uns weiter mit Primzahltests, weil kein effizientes Verfahren zum Generieren großer Primzahlen bekannt ist. Deshalb testet man in der Praxis einfach Zahlen der gewünschten Größenordnung auf die Primzahleigenschaft. Ein wesentliches Unterscheidungskriterium zwischen solchen Tests ist es, ob man dabei Primzahlen mit Sicherheit erkennen kann oder nur mit einer möglichst großen Wahrscheinlichkeit.

Primzahltests sind Entscheidungsprobleme zur Frage:

Ist n eine zusammengesetzte Zahl?

Bei deterministischen Primzahltests ist das Testergebnis eine wahre Aussage. Beispiele sind:

- Probedivision (Sieb des ERATHOSTENES)
- der Primzahltest auf Grundlage des Satzes von WILSON
- der AKS-Primzahltest[1]

Bei stochastischen Primzahltests wird immer eine Entscheidung getroffen, die Antwort ja korrekt gegeben, aber die Antwort nein kann mit einer Wahrscheinlichkeit $\varepsilon > 0$ (Irrtumswahrscheinlichkeit) falsch sein. Beispiele sind:

- der FERMAT-Primzahltest
- der RABIN-MILLER-Primzahltest

Eine Grundlage für das Verständnis der Tests bilden die folgenden Sätze aus der elementaren Zahlentheorie. Der folgende Satz wird auch Kleiner Satz von FERMAT genannt - im Unterschied zum Großen Satz von FERMAT, der zwar im 17. Jahrhundert von FERMAT formuliert wurde, aber erst 1995 bewiesen worden ist.

Satz 6.27 (Satz von FERMAT) *Ist p eine Primzahl und $a \in \mathbb{Z} \setminus \{0\}$, dann gilt $a^{p-1} \equiv 1 \pmod{p}$.*

Beweisidee Gilt $\{a_1, a_2, \ldots, a_{\varphi(p)}\} = \{1, 2, \ldots, p-1\}$ und ggT$(a, p) = 1$, dann kann man zeigen, dass auch $\{a \cdot a_1, a \cdot a_2, \ldots, a \cdot a_{\varphi(p)}\} = \{1, 2, \ldots, p-1\}$ gilt. Daraus folgt

$$a_1 \cdot a_2 \cdot \ldots \cdot a_{p-1} \equiv a \cdot a_1 \cdot a \cdot a_2 \cdot \ldots \cdot a \cdot a_{p-1} \equiv a^{p-1} \cdot a_1 \cdot a_2 \cdot \ldots \cdot a_{p-1} \pmod{p}.$$

Benutzt man Rechenregeln für lineare Kongruenzen, dann kann man daraus $a^{p-1} \equiv 1 \pmod{p}$ herleiten. □

---

[1] auch unter dem Namen AGRAWAL-KAYAL-SAXENA-Primzahltest bekannt

6.3 Primzahlen und Primzahltests

Beispiel 6.25 Es gilt $3^{10} \equiv 1 \pmod{11}$ laut Satz von FERMAT.

Zur Berechnung von $3^{201} \pmod{11}$ wird der Exponent 201 so zerlegt, dass man zur Vereinfachung der Rechnung den Satz von FERMAT benutzen kann:

$$3^{201} = \left(3^{10}\right)^{20} \cdot 3 \equiv 1^{20} \cdot 3 \equiv 3 \pmod{11}.$$

Satz 6.28 (Satz von EULER) *Ist $n \in \mathbb{N} \setminus \{0,1\}$ und $a \in \mathbb{Z}$ mit $\mathrm{ggT}(a,n) = 1$, dann gilt $a^{\varphi(n)} \equiv 1 \pmod n$. Dabei bezeichnet φ die EULERsche Funktion.*

Beweisidee Gilt $\{a_1, a_2, \ldots, a_{\varphi(n)}\} = \mathbb{Z}_n^*$, dann kann man zeigen, dass auch $\{a \cdot a_1, a \cdot a_2, \ldots, a \cdot a_{\varphi(n)}\} = \mathbb{Z}_n^*$ erfüllt ist. Also gilt

$$a_1 \cdot a_2 \cdot \ldots \cdot a_{\varphi(n)} \equiv a \cdot a_1 \cdot a \cdot a_2 \cdot \ldots \cdot a \cdot a_{\varphi(n)} \equiv a^{\varphi(n)} \cdot a_1 \cdot a_2 \cdot \ldots \cdot a_{\varphi(n)} \pmod n$$

und daraus folgt unter Benutzung von Rechenregeln für lineare Kongruenzen $a^{\varphi(n)} \equiv 1 \pmod n$. □

In den folgenden Abschnitten werden wir die oben genannten Primzahltests ausführlich vorstellen – dabei wird es sich herausstellen, welche der Verfahren für die Kryptographie geeignet sind.

6.3.2 Probedivision

> **Verfahren der Probedivision**
> Man testet für alle Primzahlen $p \leq \sqrt{n}$, ob die natürliche Zahl n durch p teilbar ist.
> Wird dabei ein Teiler von n gefunden, ist n eine zusammengesetzte Zahl.
> Andernfalls ist n eine Primzahl.

Dieser Primzahltest ist für die Praxis zu aufwendig. Es lohnt sich aber vor Anwendung anderer Primzahltests, zumindest eine Probedivision durch Primzahlen durchzuführen, die kleiner als 10^6 sind. Diese obere Schranke für Zahlen, die auf die Teilereigenschaft zu testen sind, ist nicht willkürlich gewählt. Einerseits ist sie klein genug, um in kurzer Rechenzeit zu einer Entscheidung zu kommen. Andererseits kann man herleiten, dass der Anteil der Zahlen, die eine Primzahl $<10^6$ als Teiler haben, sehr hoch ist (er beträgt $\approx$95 % – das werden wir in Folgendem begründen). Auf diese Weise wird also der größte Teil der Nichtprimzahlen mit vergleichsweise geringem Aufwand erkannt.

Satz 6.29 *Es seien $p_1 = 2$, $p_2 = 3, \ldots, p_r$ die ersten r Primzahlen. Ist n eine natürliche Zahl und $\ell := p_1 \cdot p_2 \cdot \ldots \cdot p_r$, dann sind unter den ℓ aufeinanderfolgenden Zahlen $n+1$, $n+2, \ldots, n+\ell$ genau*

$$\ell - \varphi(\ell) = \ell \cdot \left(1 - \prod_{i=1}^{r}\left(1 - \frac{1}{p_i}\right)\right).$$

Zahlen durch eine der Primzahlen $p_1, p_2, \ldots, p_r$ teilbar.

Beweis Es gilt $\mathbb{Z}_\ell = \{(n+1) \bmod \ell, (n+2) \bmod \ell, \ldots, (n+\ell) \bmod \ell\}$. Daher gibt es unter den Zahlen $n+1, n+2, \ldots, n+\ell$ genau $\varphi(\ell)$ Zahlen $n+i$ mit $i \in \{1, 2, \ldots, \ell\}$ der Eigenschaft, dass $\text{ggT}(n+i, \ell) = 1$ ist. Gilt $\text{ggT}(n+i, \ell) = \text{ggT}(n+i, p_1 \cdot p_2 \cdot \ldots \cdot p_r) \neq 1$, dann ist $n+i$ durch eine der Primzahlen $p_1, p_2, \ldots, p_r$ teilbar. □

Der Anteil aller Zahlen, die einen Primteiler $\leq p_r$ besitzen, beträgt also

$$\frac{\ell - \varphi(\ell)}{\ell} = 1 - \prod_{i=1}^{r}\left(1 - \frac{1}{p_i}\right).$$

Beispiel 6.26 Für $r = 4$ gilt $p_1 = 2, p_2 = 3, p_3 = 5, p_4 = 7$ und $\ell = 2 \cdot 3 \cdot 5 \cdot 7 = 210$. Damit ergibt sich $\frac{210-\varphi(210)}{210} = \frac{210-48}{210} = \frac{27}{35} \approx 77\,\%$.

Analog kann man diese Berechnung für $r = 9592$ ausführen: Es gibt genau 9592 Primzahlen, die kleiner als 10^6 sind. Der Anteil der Zahlen, die eine Primzahl $<10^6$ als Teiler haben, beträgt also $\approx 95\,\%$.

Daher ist eine Probedivision durch Primzahlen $>10^6$ beim Testen großer Zahlen sinnvoll.

6.3.3 Satz von WILSON

Gilt $(n-1)! \equiv -1 \pmod{n}$ für eine natürliche Zahl $n > 1$, dann ist n eine Primzahl.

Dieser Primzahltest folgt aus dem Satz von WILSON der elementaren Zahlentheorie, der sich sogar als Äquivalenz formulieren lässt.

Satz 6.30 (Satz von WILSON) *Es sei $n \in \mathbb{N}$ und $n > 1$. Dann ist n eine Primzahl genau dann, wenn $(n-1)! \equiv -1 \pmod{n}$ erfüllt ist.*

Den Beweis dieses Satzes lassen wir hier weg, weil das Berechnen von $(n-1)!$ für große Zahlen n zu aufwendig ist, um natürliche Zahlen effizient auf die Primzahleigenschaft testen zu können. Deshalb steht dieser Satz nur als Beispiel dafür, wie ein deterministischer Primzahltest aussehen könnte.

6.3.4 AKS-Primzahltest

Der AKS-Test ist ein effizienter deterministischer Primzahltest. Er wurde nach den indischen Mathematikern AGRAWAL, KAYAL und SAXENA benannt, die den Test im Jahr

6.3 Primzahlen und Primzahltests

2002 gefunden haben. Grundlage dafür ist der folgende Satz, der sogar eine Äquivalenz darstellt.

Satz 6.31 *Es sei $n \geq 2$ eine natürliche Zahl und a eine ganze Zahl mit $\mathrm{ggT}(a,n) = 1$. Dann gilt: n ist genau dann eine Primzahl, wenn $(X+a)^n = X^n + a$ im Ring $\mathbb{Z}_n[X]$ aller Polynome in der Unbestimmten X mit Koeffizienten aus $\mathbb{Z}_n$ erfüllt ist.*

Beweis Es gilt

$$(X+a)^n - (X^n+a) = \left(\sum_{i=0}^{n}\binom{n}{i}X^i a^{n-i}\right) - X^n - a^n$$

$$= \left(X^n + a + \sum_{i=1}^{n-1}\binom{n}{i}X^i a^{n-i}\right) - X^n - a^n.$$

Laut Satz von FERMAT gilt $a^{n-1} \equiv 1 \pmod{n}$ und damit auch $a^n \equiv a \pmod{n}$, so dass sich insgesamt

$$(X+a)^n - (X^n+a) = \sum_{i=1}^{n-1}\binom{n}{i}X^i a^{n-i} = \sum_{i=1}^{n-1}\binom{n}{i}a^{n-i}X^i$$

ergibt.

($\Rightarrow$) Ist n eine Primzahl und $i \in \{1, 2, \ldots, n-1\}$, dann gilt $\binom{n}{i} = 0$ und somit $\binom{n}{i}X^i a^{n-i} = 0$. Also ist jeder Summand gleich Null und daher auch die Summe gleich Null, d. h. $(X+a)^n - (X^n+a) = 0$ und $(X+a)^n = X^n + a$.

($\Leftarrow$) Nun wird vorausgesetzt, dass

$$(X+a)^n - (X^n+a) = \sum_{i=1}^{n-1}\binom{n}{i}X^i a^{n-i} = \sum_{i=1}^{n-1}\binom{n}{i}a^{n-i}X^i = 0$$

gilt. Wir beweisen die Behauptung indirekt und nehmen an, dass n keine Primzahl ist. Es gibt dann aber eine Primzahl q, die ein Teiler von n ist. Wir bezeichnen mit k die größte natürliche Zahl, für die q^k ebenfalls n teilt. Nun wollen wir zeigen, dass der Koeffizient $\binom{n}{q}a^{n-q}$ von X^q im Polynom $(X+a)^n - (X^n+a)$ dann von Null verschieden ist und somit $(X+a)^n \neq X^n + a$ im Widerspruch zu unserer Voraussetzung gilt: Aus $\binom{n}{q}a^{n-q} \equiv 0 \pmod{n}$ würde $\binom{n}{q} \equiv 0 \pmod{q^k}$ folgen, weil q^k ein Teiler von n und $\mathrm{ggT}(a,n) = \mathrm{ggT}(a,q^k) = 1$ ist. Nun kann man sich wie folgt überlegen, dass $\binom{n}{q} = \frac{n(n-1)\cdot\ldots\cdot(n-q+1)}{1\cdot 2\cdot\ldots\cdot q}$ nicht durch q^k teilbar ist: Von den q aufeinanderfolgenden natürlichen Zahlen, deren Produkt im Zähler steht, ist nur eine durch q teilbar, nämlich n. Die Zahl n ist sogar durch q^k teilbar, aber nicht durch q^{k+1}. Es gilt daher $n = q^k \cdot n'$ mit $\mathrm{ggT}(n',q) = 1$. Durch Kürzen ergibt sich $\binom{n}{q} = \frac{q^{k-1}n'(n-1)\cdot\ldots\cdot(n-q+1)}{1\cdot 2\cdot\ldots\cdot(q-1)}$, wobei keiner der Faktoren n', $n-1$, ..., $n-q+1$ im Zähler durch q teilbar ist. Also ergibt sich $\binom{n}{q} \not\equiv 0 \pmod{q^k}$ im Widerspruch zur obigen Feststellung. Die Annahme ist also falsch und n eine Primzahl. □

Natürlich kann ein Primzahltest nicht effizient sein, bei dem alle Koeffizienten von $(X+a)^n$ berechnet werden müssen. Deshalb sucht man nach einer geeigneten natürlichen Zahl r, so dass aus der Gültigkeit der Kongruenzen $(X+a)^n \equiv X^n + a \pmod{X^r - 1}$ und $(X+a)^n \equiv X^n + a \pmod{n}$ (wir schreiben dafür kurz $(X+a)^n \equiv X^n + a \pmod{X^r - 1, n}$) folgt, dass n eine Primzahl ist. Der Grad der Polynome und damit die Anzahl der zu berechnenden Koeffizienten soll also reduziert werden. Damit man dennoch eine verlässliche Aussage erhält (wie sie für einen deterministischen Test erforderlich ist), muss die Anzahl der zu betrachtenden Werte für a größer werden. Dabei muss r „genügend klein" sein und es dürfen andererseits „nicht zu viele" Werte für a erforderlich sein. Solche Werte für r und a findet man tatsächlich, wenn man sich im Test darauf beschränkt zu zeigen, dass n eine Primzahlpotenz ist. Der Test, ob n eine Primzahl ist, muss dann zusätzlich erfolgen, was aber effizient möglich ist.

Von AGRAWAL, KAYAL, SAXENA wurde der folgende Satz bewiesen, den wir hier nur ohne Beweis angeben können.

Satz 6.32 *Es sei $n > 1$ eine natürliche Zahl und r eine Primzahl, so dass folgende Bedingungen erfüllt sind:*

(i) *n ist nicht durch Primzahlen $\leq r$ teilbar.*
(ii) *Es sei $\mathrm{ord}_r(n) > (\log_2 n)^2$.*
(iii) *Es gelte $(X+a)^n \equiv X^n + a \pmod{X^r - 1, n}$ für alle $a \in \{1, 2, \ldots, \lfloor \sqrt{r} \log_2 n \rfloor\}$.*

Dann ist n eine Primzahlpotenz.

Darauf baut der folgende Primzahltest auf.

▶ **Test** *Gegeben sei eine ungerade natürliche Zahl $n > 1$.*

1. *Entscheide, ob es $a, b \in \mathbb{N}$, $b > 1$ mit $n = a^b$ gilt. Wenn ja, gehe zu 7.*
2. *Finde die kleinste Primzahl r mit $\mathrm{ord}_r(n) > (\log_2 n)^2$. Existiert ein solches r nicht, gehe zu 7.*
3. *Teste, ob es ein $a \leq r$ mit $1 < \gcd(a, n) < n$ gibt. Wenn ja, gehe zu 7.*
4. *Wenn $n \leq r$ gilt, gehe zu 6.*
5. *Teste für alle $a \leq \lfloor \sqrt{t} \log_2 n \rfloor$, ob $(X+a)^n \equiv X^n + a \pmod{X^r - 1, n}$ gilt. Falls ja, gehe zu 6.; andernfalls gehe zu 7.*
6. *n ist eine Primzahl. Ende.*
7. *n ist eine zusammengesetzte Zahl. Ende.*

Der AKS-Algorithmus liefert genau dann den Output, dass n eine Primzahl ist, wenn n tatsächlich eine Primzahl ist. Deshalb handelt es sich um einen deterministischen Primzahltest. Bemerkenswert ist, dass es sich beim AKS-Primzahltest um einen polynomialen

Algorithmus handelt. Dennoch wird für praktische Zwecke weiterhin der vorher bekannte RABIN-MILLER-Primzahltest verwendet.

6.3.5 FERMAT-Primzahltest

▶ **Test** *Gegeben sei eine ungerade natürliche Zahl $n > 1$.*
Wähle $a \in \mathbb{Z}_n \setminus \{0\}$.

- *Gilt $\mathrm{ggT}(a, n) > 1$, dann ist n keine Primzahl.*
- *Es sei $\mathrm{ggT}(a, n) = 1$.*
  Gilt $a^{n-1} \not\equiv 1 \pmod{n}$, dann hat n den Test zur Basis a nicht bestanden. Ende.
  Gilt $a^{n-1} \equiv 1 \pmod{n}$, dann hat n den Test zur Basis a bestanden.

Hat n den Test zur Basis a bestanden, dann teste n mit weiteren Werten für a.

Hat n den Test zu einer Basis a nicht bestanden, dann ist n keine Primzahl. Hat n den Test zu einer Basis a bestanden, dann kann noch keine Entscheidung getroffen werden. Tests mit weiteren Werten für a sind erforderlich, um zu erkennen, dass n keine Primzahl oder mit einer gewissen Irrtumswahrscheinlichkeit >0 eine Primzahl ist. Auf die Frage nach der Größenordnung der Irrtumswahrscheinlichkeit werden wir nach dem folgenden Beispiel und einer Betrachtung zu Sonderfällen beim FERMAT-Test, den CARMICHAEL-Zahlen, eingehen.

Beispiel 6.27 Für die Zahl $n = 15$ ergibt der Test mit $a = 4$ wegen $4^{14} \equiv 1 \pmod{15}$, dass n mit einer gewissen Irrtumswahrscheinlichkeit eine Primzahl ist. Testet man diese Zahl n mit $a = 7$, dann erhält man $7^{14} \equiv 4 \not\equiv 1 \pmod{15}$ – also ist 15 keine Primzahl.

Ergibt der FERMAT-Test, dass eine natürliche Zahl n keine Primzahl ist, dann kennt man im Allgemeinen noch keine Primzahl, die ein Teiler von n ist, und somit auch nicht die Primfaktorenzerlegung von n. Die Lösung dieses Problems ist wesentlich schwieriger als ein Primzahltest.

Beispiel 6.28 Testet man $n = 561$ mit beliebigen $a \in \mathbb{Z}_{561} \setminus \{0\}$, die $\mathrm{ggT}(a, 561) = 1$ erfüllen, dann ergibt sich jeweils $a^{560} \equiv 1 \pmod{561}$. Dennoch ist $561 = 3 \cdot 11 \cdot 17$ keine Primzahl, d. h. der Fermat-Test versagt in diesem Fall. Das liegt daran, dass es sich bei 561 um eine CARMICHAEL-Zahl handelt.

Die CARMICHAEL-Zahlen stellen Ausnahmen beim Fermat-Test dar und zeigen, dass er Schwächen hat, die es nahelegen, für praktische Zwecke in der Kryptographie nach einem anderen stochastischen Primzahltest zu suchen. Im Folgenden beschäftigen wir uns noch kurz mit der Charakterisierung und Eigenschaften von CARMICHAEL-Zahlen.

Definition 6.17 *Eine zusammengesetzte Zahl n mit $a^{n-1} \equiv 1 \pmod{n}$ für alle $a \in \mathbb{Z}_n \setminus \{0\}$ mit $\mathrm{ggT}(a, n) = 1$ heißt* CARMICHAEL*-Zahl.*

CARMICHAEL-Zahlen sind immer ungerade.

Beispiel 6.29 $561 = 3 \cdot 11 \cdot 17$ ist die kleinste CARMICHAEL-Zahl, $1105 = 5 \cdot 13 \cdot 17$ ist nie nächste CARMICHAEL-Zahl und $75361 = 11 \cdot 13 \cdot 17 \cdot 31$ ist die größte fünfstellige CARMICHAEL-Zahl.

R.D. CARMICHAEL stellte 1910 die Existenz solcher Zahlen fest, berechnete die ersten 15 Beispiele und vermutete, dass unendlich viele existieren. Der Beweis dafür wurde 1994 von W.R. ALFORD, A. GRANVILLE und C. POMERANCE erbracht.

Der folgende Satz gibt Eigenschaften von CARMICHAEL-Zahlen und beschreibt, wie man sie erkennen kann.

Satz 6.33 *Es sei $n \geq 2$ eine zusammengesetzte natürliche Zahl und $n = p_1^{\alpha_1} \cdot \ldots \cdot p_k^{\alpha_k}$ die Primfaktorenzerlegung von n. Dann sind die folgenden Bedingungen äquivalent:*

(1) *n ist eine* CARMICHAEL-*Zahl.*
(2) $\alpha_i = 1$ *und* $n - 1 \equiv 0 \pmod{p_i - 1}$ *für* $i = 1, 2, \ldots, k$ $(k \geq 2)$

Aus diesem Satz, den wir ohne Beweis angeben, kann man folgern, dass die Primfaktorenzerlegung von CARMICHAEL-Zahlen immer von der Form $n = p_1 \cdot \ldots \cdot p_k$ sein muss, wobei $p_1, \ldots, p_k$ paarweise verschiedene Primzahlen mit $k > 2$ sind:

▶ **Anmerkung** Jede CARMICHAEL-Zahl ist als Produkt von mindestens drei verschiedenen Primfaktoren darstellbar.

Beweis Es sei n eine CARMICHAEL-Zahl. Aus dem obigen Satz ist bekannt, dass $n = p_1 \cdot \ldots \cdot p_k$ die Primfaktorenzerlegung von n ist und $k > 1$ gilt. Angenommen, es gilt $n = p_1 p_2$, wobei p_1, p_2 zwei Primzahlen mit $p_1 > p_2$ sind.

Es ist $n - 1 = p_1 p_2 - 1 = (p_1 - 1)p_2 + p_2 - 1$ und daher gilt $n - 1 \equiv p_2 - 1 \pmod{p_1 - 1}$. Weil $p_1 > p_2$ gilt, kann $p_1 - 1$ kein Teiler von $p_2 - 1$ sein. Daher ist $n_1 \not\equiv 0 \pmod{p_1 - 1}$ im Widerspruch zur Voraussetzung, dass n eine CARMICHAEL-Zahl ist. Die Annahme ist also falsch, und daher muss die Primfaktorenzerlegung von n mindestens drei verschiedene Primfaktoren besitzen. □

Wir werden nun untersuchen, zu wie vielen Basen $a \in \mathbb{Z}_n$ mit $\mathrm{ggT}(a, n) = 1$ die Zahl n getestet werden muss, um sie mit geringer Irrtumswahrscheinlichkeit für eine Primzahl halten zu können, falls es sich bei n nicht um den Sonderfall einer CARMICHAEL-Zahl handelt.

Satz 6.34 *Es sei n eine natürliche Zahl, die keine* CARMICHAEL-*Zahl ist. Hat man k verschiedene Zahlen in $\mathbb{Z}_n$ zufällig und unabhängig ausgewählt und hat n für diese Zahlen*

6.3 Primzahlen und Primzahltests

jeweils den Test zur Basis a bestanden, dann ist n mit Irrtumswahrscheinlichkeit $\leq \frac{1}{2^k}$ eine Primzahl.

Beweis Falls n eine zusammengesetzte Zahl und keine CARMICHAEL-Zahl ist, gibt es ein $\overline{a}$ in $\mathbb{Z}_n$ mit ggT$(\overline{a}, n) = 1$, so dass $\overline{a}^{n-1} \not\equiv 1 \pmod{n}$ gilt.

Es seien $a_1, \ldots, a_s$ Zahlen aus $\mathbb{Z}_n$ mit ggT$(a_i, n) = 1$ und $a_i^{n-1} \equiv 1 \pmod{n}$. Dann sind auch $\overline{a}a_1, \ldots, \overline{a}a_s$ in dieser Menge enthalten, denn es gilt ggT$(\overline{a}a_i, n) = 1$ und $(\overline{a}a_i)^{n-1} \equiv \overline{a}^{n-1} \cdot a_i^{n-1} \equiv \overline{a}^{n-1} \cdot 1 \not\equiv 1 \pmod{n}$. Für mindestens die Hälfte der Elemente a aus $\mathbb{Z}_n$ mit ggT$(a, n) = 1$ gilt also $a^{n-1} \not\equiv 1 \pmod{n}$). Damit ist die Irrtumswahrscheinlichkeit für den Test eines Wertes $\leq \frac{1}{2}$ und für k unabhängige Tests $\leq \frac{1}{2^k}$. □

Der Primzahltest nach Fermat ist besonders einfach zu beschreiben und zu erklären. Weil es die CARMICHAEL-Zahlen gibt, verwendet man den folgenden Rabin-Miller-Test für zuverlässigere Testergebnisse.

6.3.6 RABIN-MILLER-Primzahltest

Grundlage für den RABIN-MILLER-Test ist der folgende Satz. Auch dieser Test beruht auf dem Satz von FERMAT aus der elementaren Zahlentheorie.

Satz 6.35 *Sei $p > 2$ eine Primzahl, $p - 1 = 2^t u$ (u ungerade), ggT$(a, p) = 1$. Dann gilt:*

$$a^u \equiv 1 \pmod{p} \quad oder \quad a^{2^j u} \equiv -1 \pmod{p} \quad \text{für ein } j \in \{0, 1, \ldots, t - 1\}$$

Beweis Laut Satz von FERMAT gilt $a^{p-1} = a^{2^t u} \equiv 1 \pmod{p}$, d. h. $(a^{2^{t-1} u})^2 \equiv 1^2 \pmod{p}$.

Da p eine Primzahl ist, gilt:

$$\begin{aligned} x^2 \equiv 1^2 \pmod{p} &\Rightarrow x^2 - 1^2 = (x-1)(x+1) \equiv 0 \pmod{p} \\ &\Rightarrow p \mid (x-1)(x+1) \\ &\Rightarrow p \mid (x-1) \vee p \mid (x+1) \\ &\Rightarrow x - 1 \equiv 0 \pmod{p} \vee x + 1 \equiv 0 \pmod{p} \\ &\Rightarrow x \equiv 1 \pmod{p} \vee x \equiv -1 \pmod{p}. \end{aligned}$$

Also kann man aus $(a^{2^{t-1} u})^2 \equiv 1^2 \pmod{p}$ darauf schließen, dass $a^{2^{t-1} u} \equiv 1 \pmod{p}$ oder $a^{2^{t-1} u} \equiv -1 \pmod{p}$ gilt.

Analog folgt aus $a^{2^{t-1} u} \equiv 1 \pmod{p}$, dass $a^{2^{t-2} u} \equiv 1 \pmod{p}$ oder $a^{2^{t-2} u} \equiv -1 \pmod{p}$ erfüllt ist usw. Schließlich folgt $a^u \equiv 1 \pmod{p}$ oder $a^u \equiv -1 \pmod{p}$ aus $a^{2u} \equiv 1 \pmod{p}$. □

▶ **Test** *Gegeben sei eine ungerade natürliche Zahl $n > 1$.*
Wähle $a \in \mathbb{Z}_n \setminus \{0\}$ aus und stelle $n - 1$ in der Form $n - 1 = 2^t u$ ($t > 0$, u ungerade) dar.

- Gilt ggT$(a, n) > 1$, dann ist n ist keine Primzahl.
- Gilt ggT$(a, n) = 1$, dann berechne man

$$a^u \pmod{n}, \quad (a^u)^2 \pmod{n}, \quad (a^{2u})^2 \pmod{n}, \quad \ldots, \quad (a^{2^{t-2}u})^2 \pmod{n},$$
$$\text{also} \quad a^u \pmod{n}, \quad a^{2u} \pmod{n}, \quad a^{2^2 u} \pmod{n}, \quad \ldots, \quad a^{2^{t-1}u} \pmod{n},$$

bis man einen Wert erhalten hat, der die Bedingung aus dem Satz erfüllt.
Gibt es einen solchen Wert nicht, dann ist n keine Primzahl. Ende.
Hat n den Test zur Basis a bestanden, dann teste n mit weiteren Werten für a.

Teste n mit verschiedenen Werten für a.

Ebenso wie für den FERMAT-Test gilt: Hat n den Test zu einer Basis a nicht bestanden, dann ist n keine Primzahl. Hat n den Test zu einer Basis a bestanden, dann sind Tests mit weiteren Werten für a erforderlich, um zu erkennen, dass n keine Primzahl oder mit einer gewissen Irrtumswahrscheinlichkeit >0 eine Primzahl ist. Zum effizienten Quadrieren modulo n verwendet man das Verfahren Square and Multiply.

Satz 6.36 *Wählt man k Zahlen zufällig und unabhängig aus und besteht n jeweils den Test zur Basis a, dann ist n mit einer Irrtumswahrscheinlichkeit $\leq \frac{1}{4^k}$ eine Primzahl.*

Ausnahmen wie die CARMICHAEL-Zahlen beim FERMAT-Test, gibt es beim RABIN-MILLER-Test nicht. Den Beweis des Satzes lassen wir weg, weil er viele technische Details enthält.

In der Praxis wählt man für den RABIN-MILLER-Test $k = 25$, weil dann die Irrtumswahrscheinlichkeit bereits sehr klein ist. Allerdings kann man auch bei beliebig kleiner Irrtumswahrscheinlichkeit nicht sicher sein, dass die Zahl wirklich eine Primzahl ist.

Beispiel 6.30 Wir wenden den Primzahltest auf die kleinste CARMICHAEL-Zahl $n = 561$ an. Es gilt $n - 1 = 2^4 \cdot 35$. Wir wählen $a = 2$. Es gilt $2^{35} \equiv 263 \not\equiv \pm 1 \pmod{561}$, $2^{2 \cdot 35} \equiv 166 \not\equiv -1 \pmod{561}$, $2^{2^2 \cdot 35} \equiv 67 \not\equiv -1 \pmod{561}$, $2^{2^3 \cdot 35} \equiv 421 \not\equiv -1 \pmod{561}$.

Daran erkennt man, dass die Bedingung aus dem obigen Satz nicht erfüllt und 561 keine Primzahl ist.

In diesem Beispiel wurde die Eigenschaft, keine Primzahl zu sein, schon bei Auswahl eines einzigen Wertes für a erkannt. Es gibt nur eine Zahl $\leq 2{,}5 \cdot 10^{10}$, die den Test zur Basis $a = 2, 3, 5, 7$ besteht und keine Primzahl ist. Somit ist es sinnvoll, im Unterschied zur zufälligen Auswahl zunächst kleine Werte für a zu benutzen.

▶ **Anmerkung** Diese Vorgehensweise wird auch durch die folgende Vermutung bekräftigt: *Erfüllt eine natürliche Zahl n den RABIN-MILLER-Test für alle $a \leq 2(\ln n)^2$, so ist n eine Primzahl.* Man kann beweisen, dass diese Vermutung eine wahre Aussage ist, wenn die *Verallgemeinerte RIEMANNsche Vermutung* erfüllt ist. Die Verallgemeinerte RIEMANNsche Vermutung

macht eine Aussage über Nullstellen für alle DIRICHLETschen L-Funktionen zu Charakteren modulo n.
Der Beweis dieser Vermutung gehört zu den schwierigen offenen Problemen der Mathematik.

6.3.7 Wie findet man große Primzahlen?

Um die für Anwendung in kryptographischen Verfahren benötigten großen Primzahlen zu finden, wählt man zunächst eine 0,1-Zufallsfolge aus ℓ Bits, in der das erste und das letzte Bit mit 1 belegt sind, und fasst sie als Binärdarstellung einer natürlichen Zahl n auf: $n = [1\ldots1]_2$.

Anschließend wird in der Regel ein stochastischer Primzahltest für n durchgeführt. Besteht n den Test, kann man davon ausgehen, dass n mit hoher Wahrscheinlichkeit eine Primzahl ist. Andernfalls wiederholt man den Test mit $n := n + 2$, bis man eine Primzahl (genauer: eine Zahl, die mit kleiner Irrtumswahrscheinlichkeit eine Primzahl ist) gefunden hat. Benutzt wird meist der RABIN-MILLER-Primzahltest.

Außer den stochastischen Primzahltests gibt es auch deterministische Verfahren, die genau dann die Entscheidung treffen, dass es sich um eine Primzahl handelt, wenn tatsächlich eine Primzahl untersucht wird. Neben zahlreichen leicht verständlichen Verfahren, die aber leider ineffizient sind, gibt es den AKS-Primzahltest mit polynomialer Laufzeit. Ein weiterer deterministischer Primzahltest, der hier wegen der fehlenden mathematischen Grundlagen nicht besprochen werden konnte, ist der EC-Primzahltest – ein Primzahltest, der elliptischen Kurven benutzt, aber für die Praxis nicht relevant ist.

6.4 Zusammenfassung

Gruppen, Ringe und Körper sind algebraische Strukturen, die verwendet werden, um vom Rechnen mit konkreten Zahlen zu abstrahieren. Körper sind Ringe mit zusätzlichen Eigenschaften. Eigenschaften von Gruppen werden bei der Definition von Ringen und Körpern benötigt. In der Kryptographie werden endliche Gruppen, Ringe und Körper benötigt. Wir haben das Rechnen in diesen Strukturen beschrieben.

Zyklische Gruppen sind Gruppen mit einer besonders einfachen Struktur. Wir haben Sätze über Eigenschaften zyklischer Gruppen vorgestellt, die für das Verständnis von asymmetrischen Kryptosystemen unerlässlich sind.

Restklassenringe modulo einer natürlichen Zahl n und Restklassenkörper modulo einer Primzahl p sind wichtige Beispiele für endliche Ringe und Körper. Die primen Restklassengruppen modulo n sind endliche Gruppen, die als Unterstrukturen der Restklassenringe vorkommen. Im Unterschied zur abstrakten axiomatischen Definition im vorigen Abschnitt handelt es sich hierbei um konkrete Strukturen, die auch die Anwendung konkreter Rechenregeln erfordern. Wir haben uns besonders mit dem Berechnen inverser

Elemente in primen Restklassengruppen, dem effizienten Potenzieren und dem Berechnen von Quadratwurzeln modulo n beschäftigt. Als Standardtechnik zum Vereinfachen der Rechnungen eignet sich dabei der Chinesische Restsatz.

Primzahlen spielen in der Zahlentheorie und in der Kryptographie eine besondere Rolle. Deshalb haben wir uns mit der Frage beschäftigt, woran man Primzahlen erkennt und wie man Primzahlen in der benötigten Größenordnung finden kann. Dabei ist die Anwendung effizienter Primzahltests unerlässlich. Bei den Primzahltests unterscheidet man deterministische Verfahren, die Primzahlen sicher erkennen, und stochastische Primzahltests. Stochastische Primzahltests sind in der Anwendung oft effizienter, jedoch erkennt man mit ihrer Hilfe Primzahlen nur mit einer gewissen (wenn auch sehr kleinen) Irrtumswahrscheinlichkeit.

6.5 Übungen

6.1 Berechnen Sie für die gegebenen Werte von a und b den größten gemeinsamen Teiler ggT(a, b), und stellen Sie ihn in der Form ggT$(a, b) = \alpha \cdot a + \beta \cdot b$ mit $\alpha, \beta \in \mathbb{Z}$ dar.

(a) $a = 24$, $b = 129$ (b) $a = 1970$, $b = 1066$ (c) $a = 504$, $b = -294$

Geben Sie jeweils auch das kleinste gemeinsame Vielfache kgV(a, b) von a und b an.

6.2 Berechnen Sie ggT(ggT$(a, b), c)$ für $a = 150, b = 105, c = 56$, und stellen Sie diese Zahl in der Form $\alpha \cdot a + \beta \cdot b + \gamma \cdot c$ mit $\alpha, \beta, \gamma \in \mathbb{Z}$ dar.

6.3 (a) Berechnen Sie 17^{-1} mod 101, 357^{-1} mod 1234 und 3125^{-1} mod 9987.
(b) Lösen Sie $17x \equiv 8 \pmod{101}$, $357x \equiv 4 \pmod{1234}$ und $3125x \equiv 4 \pmod{9987}$.
(c) Ermitteln Sie die Anzahl der Elemente in $\mathbb{Z}_{101}$, $\mathbb{Z}_{1234}$ und $\mathbb{Z}_{9987}$, die multiplikative Inverse besitzen.

6.4 Berechnen Sie:

(a) $37^{25} \pmod{19}$ (b) $3^{201} \pmod{11}$ (c) $17^{521} \pmod{23}$

(d) $27^{27} \pmod{39}$ (e) die letzten beiden Ziffern von 2^{333}

6.5 Eine computergesteuerte Adventsbeleuchtung steuert drei Lichterketten. Die erste Kette wird aller 6 Minuten eingeschaltet, die zweite aller 11 Minuten und die dritte aller 21 Minuten. Jede der Ketten wird nach einer Minute wieder abgeschaltet. Am ersten Advent um Mitternacht werden die Lichter erstmals alle eingeschaltet.
(a) Wie lange würde es dauern, bis wieder alle drei Lichterketten um Mitternacht angehen?
(b) Nach wie vielen Tagen gehen die Lichterketten erstmalig gemeinsam eine halbe Stunde nach Mitternacht an?

6.6 Lösen Sie die Kongruenz $x^2 \equiv 3 \pmod{5 \cdot 7 \cdot 11}$.

Finden Sie ein $a \in \mathbb{Z}_{5 \cdot 7 \cdot 11}$, so dass $x^2 \equiv a \pmod{5 \cdot 7 \cdot 11}$ genau 8 Lösungen besitzt.

6.7 Es sei $n = pq$ für Primzahlen p, q mit $p \neq q$ und $a \in \mathbb{Z}_n^*$. Gesucht ist die Anzahl der Lösungen von $x^2 \equiv a \pmod{n}$, die selbst ein Quadrat modulo n sind, für
  (a) $p \equiv q \equiv 1 \pmod{4}$
  (b) $p \equiv 1 \pmod{4}$ und $q \equiv 3 \pmod{4}$

6.8 Zeigen Sie mit dem FERMAT-Test, dass 1111 und $2047 = 2^{11} - 1$ keine Primzahlen sind.

6.9 Zeigen Sie, dass keine Zahl der Form $n = 3p$ (p prim, $p > 3$) eine Pseudoprimzahl zur Basis 2, 5 bzw. 7 sein kann.

6.10 Zeigen Sie, dass 1105 und 2821 CARMICHAEL-Zahlen sind.

6.11 Für eine positive natürliche Zahl u seien $p_1 = 6u + 1$, $p_2 = 12u + 1$ und $p_3 = 18u + 1$ Primzahlen. Beweisen Sie, dass dann $n = p_1 p_2 p_3$ eine CARMICHAEL-Zahl ist.

6.12 Zeigen Sie mit dem RABIN-MILLER-Test, dass die Zahlen 1105, 1111, 2047 und $2^{2^5} + 1$ keine Primzahlen sind.

6.13 Geben Sie alle Untergruppen einer zyklischen Gruppe $G = \langle a \rangle$ der Ordnung 50 und jeweils die erzeugenden Elemente an.

Symmetrische Verfahren

7.1 Allgemeine Grundlagen

Mit symmetrischen Systemen ist es möglich, informationstheoretische Sicherheit zu erlangen (Abschn. 4.4.2). Die entsprechenden Verfahren zur Konzelation und Authentikation werden in den Abschn. 7.2.1 und 7.2.2 vorgestellt.

Für den praktischen Einsatz sind jedoch aus den in Abschn. 4.5 dargelegten Gründen auch Systeme mit geringerer Sicherheit relevant. Die verwendeten Operationen zur Ver- und Entschlüsselung sind im Vergleich zu asymmetrischen Verfahren einfacher, symmetrische Verfahren damit effizienter.

Bei der Konstruktion von Stromchiffren ist ein (pseudo-)zufälliger Strom von Schlüsselzeichen zu erzeugen, der vom Angreifer nicht ermittelt werden kann. Für die Erzeugung von Blockchiffren gibt es verschiedene Konstruktionsprinzipien wie die **Feistel-Chiffre** (Grundlage z. B. für DES, siehe Abschn. 7.4) oder das Substitutions-Permutationsnetz (Grundlage z. B. für AES, siehe Abschn. 7.5). Dabei werden verschiedene Operationen wie Substitutionen und Permutationen in den Ver- und Entschlüsselungsschritten miteinander kombiniert.

Die modernen Blockchiffren sind im Allgemeinen *iteriert*, d. h., die Ver- bzw. Entschlüsselung beinhaltet die n-malige Anwendung einer Rundenfunktion $f(k_i, x)$:

$$c = \text{enc}(k, m) = f_n\big(k_n, f_{n-1}\big(k_{n-1}, \ldots f_2\big(k_2, f_1(k_1, m)\big)\ldots\big)\big).$$

Dabei bezeichnet f_i die Anwendung der Rundenfunktion in Runde i und k_i den in dieser Runde verwendeten zugehörigen Runden- bzw. Teilschlüssel. Das Ableiten der Rundenschlüssel aus dem externen Schlüssel k ist Teil des jeweiligen Kryptoverfahrens. Zur Entschlüsselung muss die Rundenfunktion im Allgemeinen invertierbar sein (eine Ausnahme stellt die Feistel-Chiffre dar), und die Rundenschlüssel müssen in umgekehrter Reihenfolge angewendet werden:

$$m = \text{dec}(k, c) = f_1^{-1}\big(k_1, f_2^{-1}\big(k_2, \ldots f_{n-1}^{-1}\big(k_{n-1}, f_n^{-1}(k_n, c)\big)\ldots\big)\big).$$

Unabhängig von der Struktur der Verschlüsselungsoperationen gibt es allgemeine Ansätze zur Analyse von Blockchiffren, deren Aufwand von der Komplexität des Schlüssel- oder auch Klartextraums abhängt. Im Folgenden sollen diese Angriffe kurz skizziert werden, um die Notwendigkeit eines ausreichend großen Klartext- und Schlüsseltextraums zu begründen.

Hat der Angreifer ein Klartext-Schlüsseltext-Paar (m, c), kann er eine *vollständige Schlüsselsuche* durchführen (es handelt sich hier also um einen passiven Angriff, siehe Abschn. 4.3). Dazu probiert der Angreifer alle möglichen Werte $k_i \in K$ für den ihm unbekannten Schlüssel k durch, bis die Verschlüsselung von m den bekannten Schlüsseltext c liefert (bzw. die Entschlüsselung von c den Klartext m):

$$\text{enc}(k_i, m) = c \rightarrow k = k_i.$$

Der Aufwand dieses Brute-Force-Angriffs hängt offensichtlich von der Anzahl möglicher Werte des Schlüssels, also der Komplexität des Schlüsselraums, ab.

Eine andere Variante für solch eine vollständige Suche ist die *Vorabberechnung einer Tabelle* für einen gewählten Klartextblock m. Der Angreifer berechnet für diesen Klartextblock alle möglichen Schlüsseltextblöcke c_i bei Verschlüsselung mit den möglichen Werten des Schlüssels k_i. Im eigentlichen Angriff lässt der Angreifer den Klartextblock m vom Angegriffenen verschlüsseln und erhält den Schlüsseltext c – es handelt sich also um einen aktiven Angriff mit gewähltem Klartext. Anschließend durchsucht er seine Tabelle nach dem Schlüssel k_i, welcher den Schlüsseltext c liefert. Der Aufwand liegt hier vor dem eigentlichen Angriff und beinhaltet den Berechnungsaufwand wie auch den Speicheraufwand für die Tabelle; wieder hängt der Aufwand von der Komplexität des Schlüsselraums ab.

Ein Ansatz, um mit mehr Speicher den Rechenaufwand zu reduzieren und umgekehrt, wurde 1980 von Hellman mit dem *Time-Memory Tradeoff* vorgestellt [49]. Es handelt sich ebenfalls um einen aktiven Angriff mit gewähltem Klartext.

Der Angreifer wählt zufällig und voneinander unabhängig n verschiedene Startschlüssel $k_{i,1}$, $i = 1, 2, \ldots, n$ und verschlüsselt mit diesen den gewählten Klartextblock m. Die resultierenden Schlüsseltexte $c_{i,1}$ dienen als neue Schlüssel $k_{i,2}$ für eine weitere Verschlüsselung, dabei kann eine (geringfügige) Anpassung (Transformation T) notwendig sein, wenn z. B. der Schlüssel eine geringere Bitlänge als der Schlüsseltext hat: $k_{i,2} = T(c_{i,1})$.

Insgesamt erfolgen für jeden gewählten Startschlüssel t Iterationen, d. h. es werden t Schlüsseltexte berechnet. Der letzte Schlüsseltext $c_{i,t}$ einer solchen „Kette" wird gemeinsam mit dem zugehörigen Startschlüssel $k_{i,1}$ gespeichert. Für den Angriff lässt sich der Angreifer den Klartextblock m verschlüsseln und erhält den Schlüsseltextblock c. Findet er diesen Schlüsseltext unter den abgespeicherten Endwerten $c_{i,t}$, verschlüsselt er t-mal den Klartextblock mit dem zugehörigen Startschlüssel $k_{i,1}$ dieser Kette und erhält so den gesuchten geheimen Schlüssel $k = k_{i,t}$. Findet er den Schlüsseltext nicht, berechnet er für diesen eine weitere Iteration: $c' = \text{enc}(T(c), m)$. Findet er den resultierenden Schlüsseltext c' unter den Schlüsseltexten $c_{i,t}$, kann er den gesuchten Schlüssel durch $(t-1)$-malige Verschlüsselung des Startschlüssels der entsprechenden Kette ermitteln usw.

Dieser Ansatz hat noch einige Probleme, beispielsweise das mögliche „Zusammenfallen" von Ketten, falls während der Iterationsschritte derselbe Schlüsseltext berechnet wird. Es wurden Verbesserungen wie die Rainbow-Tables [72] vorgestellt, auf die wird hier jedoch nicht weiter eingehen.

Anders als die bisher beschriebenen Ansätze hat die *Kodebuchanalyse* die Rekonstruktion des Klartextes zum Ziel. Der Angreifer sammelt bekannte Klartext-Schlüsseltext-Paare und erstellt sich daraus ein „Kodebuch". Fängt er einen Schlüsseltext ab, versucht er mit Hilfe dieses Kodebuches, den Klartext (zumindest teilweise) zu entschlüsseln. Entscheidend ist hier also die Komplexität des Klartextraums.

▶ **Anmerkung** In einem gewissen Sinne gibt es bei nichtkontextbezogener (d. h. nicht von der Vorgeschichte abhängiger) deterministischer Verschlüsselung semantischer Einheiten immer die Möglichkeit für dieses **Brechen durch Lernen**: Ein Angreifer beobachtet Nachrichten (Schlüsseltexte) und was dann in der realen Welt passiert. Wenn die gleiche Nachricht, d. h. der gleiche Schlüsseltext noch mal auftritt, liegt die Vermutung nahe, dass in der realen Welt auch das gleiche wie damals passieren wird. Dies sei an einem kleinen Beispiel veranschaulicht: Der Admiral eines Flottenverbandes gebe Kommandos an alle Schiffe wie: „Schwenk nach Steuerbord", „volle Kraft voraus", „Maschinen stoppen", etc. Werden diese Kommandos jeweils unabhängig von der Vorgeschichte, d. h. ohne Seriennummer, Zeitstempel etc. deterministisch verschlüsselt, entspricht jedem dieser Kommandos genau ein Schlüsseltext. Nach kurzer Zeit kann ein Angreifer die Bedeutung der Schlüsseltexte für die reale Welt lernen – ganz egal wie supersicher das Konzelationssystem ist und ob es symmetrisch oder asymmetrisch arbeitet. Um dieses nichtkryptographische Brechen durch Lernen zu verhindern, müssen semantische Einheiten zumindest kontextabhängig, besser aber noch indeterministisch verschlüsselt werden.

7.2 Informationstheoretisch sichere Kryptosysteme

7.2.1 Vernam-Chiffre (One-Time Pad)

Dieser Abschnitt behandelt informationstheoretisch sichere symmetrische Konzelationssysteme. Sie bestehen aus den in Abb. 3.4 gezeigten Komponenten. Es zeigt sich, dass das einfachste Beispiel, die Vernam-Chiffre, so perfekt ist, dass unter dem Aspekt der Sicherheit kein weiteres System benötigt wird. Die Vernam-Chiffre wurde 1918 von GILBERT VERNAM zum Patent angemeldet; der Nachweis der Sicherheit des Verfahrens wurde erst mit Hilfe der von SHANNON entwickelten informationstheoretischen Sicherheit möglich. Die Vernam-Chiffre ist auch unter dem Namen One-Time-Pad bekannt; dieser Name deutet darauf hin, dass jeder Schlüssel nur einmal verwendet werden darf – eine wichtige Bedingung für informationstheoretische Sicherheit (Abschn. 4.4).

Wie in Abschn. 4.4 erläutert, bedeutet informationstheoretische Sicherheit, dass ein Angreifer, der einen (beliebig langen) Schlüsseltext c sieht, dadurch nichts über den Klartext erfährt, was er nicht ohne Kenntnis des Schlüsseltextes c auch „erraten" könnte. Erreicht wird das durch die Forderung, dass es zu jedem möglichen Klartext m mindestens einen

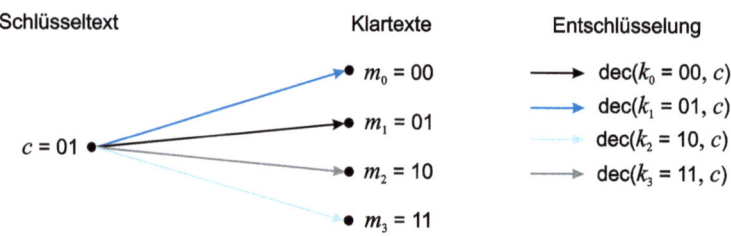

Abb. 7.1 Schlüsseltext kann allen möglichen Klartexten entsprechen

Schlüssel k mit $enc(k, m) = c$ gibt. (Das bedeutet: m ist tatsächlich ein möglicher Inhalt vom Schlüsseltext c, und zwar speziell für den geheimen Schlüssel k.) Damit die verschiedenen für c in Frage kommenden Klartexte nicht für c verschieden wahrscheinlich werden, wird im Normalfall noch verlangt, dass es zu jedem m gleich viele solcher Schlüssel k gibt, die m in c überführen, meistens genau 1.

An folgendem Beispiel sieht man, dass dieses Herangehen sehr natürlich ist.

Beispiel 7.1 Wir nehmen an, wir wollen 2 Bits verschlüsseln und haben 2 Schlüsselbits. Die Verschlüsselungsfunktion ist die bitweise Addition modulo 2 (= bitweises XOR). Nun sehe der Angreifer z. B. den Schlüsseltext $c = 01$. Grundlage dafür kann entweder der Klartext $m = 00$ mit dem Schlüssel $k = 01$ gewesen sein, oder $m = 01$ mit $k = 00$, oder $m = 10$ mit $k = 11$, oder $m = 11$ mit $k = 10$, vgl. Abb. 7.1. Alle Klartexte sind also gleich gut möglich.

Bei diesem Beispiel handelt es sich um die binäre **Vernam-Chiffre** für 2 Bit. Man kann die Vorgehensweise auf beliebig viele Bits erweitern und anstelle der Addition modulo 2 zum Beispiel für die buchstabenweise Chiffrierung von Hand auch modulo 26 addieren.

▶ **Anmerkung** Erinnert sei an die Tatsache, dass sich Aussagen zur informationstheoretischen Sicherheit nur auf den Algorithmus beziehen, eine konkrete Umsetzung des Algorithmus aber durchaus nicht sicher sein muss.
Werden die Klartextnachrichten beispielsweise *unär* kodiert, dann ist die binäre Vernam-Chiffre vollkommen wirkungslos (Abschn. 3.3). Also müsste eigentlich zusätzlich zur Beschreibung der Vernam-Chiffre auch noch die Nachrichtenlänge (genauer: die Schlüsseltextlänge) a-priori festgelegt werden, damit sie nichts über den Nachrichteninhalt verraten kann. Dann bleibt nur noch das Problem bestehen, dass für zu kurz gewählte Länge lange Nachrichten in mehrere kurze aufgeteilt werden müssen und dann die Nachrichtenhäufigkeit Information über den Nachrichteninhalt verraten könnte. Bei genügend groß gewählter Schlüsseltextlänge sollte dieses Problem aber nun wirklich ein vernachlässigbares Problem sein.

Wir kommen nun zur formalen Definition des Kryptosystems **Vernam-Chiffre** und geben dazu die Menge M der Klartexte, die Menge K der Schlüssel, die Menge C der Schlüsseltexte sowie die Chiffrierfunktion enc und die Dechiffrierfunktion dec an.

7.2 Informationstheoretisch sichere Kryptosysteme

Vernam-Chiffre

Es seien n und ℓ Elemente von $\mathbb{N} \setminus \{0\}$ und $M = K = C = (\mathbb{Z}_n)^\ell$.

Für $m \in M$ und $k \in K$ (d. h. Klartext und Schlüssel sind in der Form

$$m = m_1 m_2 \ldots m_\ell$$

mit $m_i \in \mathbb{Z}_n$ bzw.

$$k = k_1 k_2 \ldots k_\ell$$

mit $k_i \in \mathbb{Z}_n$ für $i = 1, 2, \ldots, \ell$ darstellbar) sind die Verschlüsselungsfunktion durch

$$c := \text{enc}(k, m) = c_1 c_2 \ldots c_\ell \quad \text{mit } c_i := (m_i + k_i) \pmod{n} \ (i = 1, 2, \ldots, \ell)$$

und die Entschlüsselungsfunktion durch

$$\text{dec}(k, c) = m_1 m_2 \ldots m_\ell = m \quad \text{mit } m_i := (c_i - k_i) \pmod{n} \ (i = 1, 2, \ldots, \ell)$$

definiert.

Der Schlüssel k wird dabei zufällig ausgewählt und darf nur einmal verwendet werden.

▶ **Anmerkung** Wie bereits erwähnt, kann man die Vernam-Chiffre auch anstelle von $\mathbb{Z}_n$ über einer beliebigen Gruppe $(G, +)$ der Ordnung n benutzen. Dazu definiert man die Klartexte $m = m_1 m_2 \ldots m_\ell$, Schlüssel $k = k_1 k_2 \ldots k_\ell$ und Schlüsseltexte $c_1 c_2 \ldots c_\ell$ als Wörter über dem Alphabet $G = \{g_1, g_2, \ldots, g_n\}$, verschlüsselt durch

$$c := \text{enc}(k, m) = c_1 c_2 \ldots c_\ell \quad \text{mit } c_i := m_i + k_i$$

und entschlüsselt durch

$$\text{dec}(k, c) = m_1 m_2 \ldots m_\ell = m \quad \text{mit } m_i := c_i - k_i \text{ für } i = 1, 2, \ldots, \ell.$$

Bezüglich der Berechnung ist die Vernam-Chiffre einfach und schnell. Sie verursacht auch keine Nachrichtenexpansion. Ihr einziger Nachteil ist die Länge des Schlüssels: Er ist genauso lang wie die Nachricht. Daher gilt die Vernam-Chiffre für viele Zwecke als unpraktikabel. Mit Verbesserung der Speichermedien wird sie aber immer besser einsetzbar, jedenfalls in Fällen, wo die Teilnehmer vor der Kommunikation Dateien auf sicherem Weg austauschen können.

Bei der Vernam-Chiffre wird also eine Zeichenkette der Länge ℓ verschlüsselt und vorher muss als Schlüssel ebenfalls eine Zeichenkette der Länge ℓ zufällig gewählt und vertraulich ausgetauscht werden. Dieser Schlüsselaustausch ist aber nicht mit dem Aufwand gleichwertig, Nachrichten der Länge ℓ vertraulich auszutauschen. Der Schlüssel kann zu einem beliebigen, d. h. für beide Kommunikationspartner günstigen, Zeitpunkt ausgetauscht werden, bevor die Nachricht vertraulich ausgetauscht werden soll. Wenn die Situation für vertrauliche Kommunikation günstig ist, wird die Nachricht üblicherweise noch nicht vorliegen. Also wird die günstige Situation zur vertraulichen Kommunikation „auf Vorrat" – sprich zum Schlüsselaustausch – genutzt.

Auf der Grundlage der formalen Definition der Vernam-Chiffre können wir nun leicht nachweisen, dass die Vernam-Chiffre informationstheoretisch sicher ist. Wir benötigen dazu das in dem folgenden Satz formulierte Kriterium.

Satz 7.1 *Ein Kryptosystem mit $|K| = |C| = |M| = \kappa$ bietet genau dann informationstheoretische Sicherheit, wenn es für jedes Paar (m, c) mit $m \in M$ und $c \in C$ genau einen Schlüssel $k \in K$ mit $\text{enc}(k, m) = c$ gibt und jeder Schlüssel mit der Wahrscheinlichkeit $\frac{1}{\kappa}$ verwendet wird.*

Beweis ($\Leftarrow$) Gegeben sei ein Kryptosystem, bei dem für jedes Paar (m, c) mit $m \in M$ und $c \in C$ genau ein Schlüssel $k \in K$ mit $\text{enc}(k, m) = c$ existiert und jeder Schlüssel mit der Wahrscheinlichkeit $\frac{1}{\kappa}$ verwendet wird.

Zunächst gilt $p(c|m) = \frac{1}{\kappa}$, weil m durch genau einen Schlüssel in c überführt wird und dieser Schlüssel (wie jeder andere Schlüssel auch) mit der Wahrscheinlichkeit $\frac{1}{\kappa}$ auftritt.

Außerdem ist

$$p(c) = \sum_{m \in M} p(c|m) \cdot p(m) = \sum_{m \in M} \frac{1}{\kappa} \cdot p(m) = \frac{1}{\kappa} \sum_{m \in M} p(m) = \frac{1}{\kappa} \cdot 1 = \frac{1}{\kappa}.$$

Also ist $p(c|m) = p(c)$ für alle $m \in M$ und alle $c \in C$ erfüllt und das Kryptosystem ist daher informationstheoretisch sicher.

($\Rightarrow$) Gegeben sei ein informationstheoretisch sicheres Kryptosystem, also $p(c) = p(m|c)$ für alle $m \in M$, $c \in C$.

Offenbar gibt es für alle $m \in M$ und alle $c \in C$ ein $k \in K$ mit $\text{enc}(k, m) = c$. Angenommen, es gilt $\text{enc}(k_1, m) = c$ und $\text{enc}(k_2, m) = c$ für zwei verschiedene Schlüssel k_1, k_2 und ein Paar (m, c). Dann ist $|C| = |\{\text{enc}(k, m)\}| < |K|$ im Widerspruch zur Voraussetzung. Zu jedem Paar (m, c) existiert also genau ein $k \in K$ mit $\text{enc}(k, m) = c$.

Wir zeigen noch, dass $p(k) = \frac{1}{\kappa}$ für jeden Schlüssel $k \in K$ erfüllt ist. Es sei $M = \{m_1, m_2, \ldots, m_\kappa\}$ die Menge der Klartexte und c ein fest gewähltes Element aus C. Die Schlüssel $k_i \in K$ seien so nummeriert, dass $\text{enc}(k_i, m) = c$ für $i = 1, 2, \ldots, \kappa$ erfüllt ist.

Dann gilt $p(c) = p(m_i|c) = p(k_i)$ für $i = 1, 2, \ldots, \kappa$. Da c ein fester Schlüsseltext ist, treten also alle Schlüssel mit gleicher Wahrscheinlichkeit auf. Daraus ergibt sich $p(k_i) = \frac{1}{\kappa}$. □

▶ **Anmerkung** Für jedes informationstheoretisch sichere Kryptosystem mit $|K| = |C| = |M| = \frac{1}{\kappa}$ gilt, dass alle Schlüsseltexte mit gleicher Wahrscheinlichkeit auftreten: Im Beweis des obigen Satzes wurde nämlich gezeigt, dass $p(c) = \frac{1}{\kappa}$ für alle $c \in C$ gilt.

7.2 Informationstheoretisch sichere Kryptosysteme

Damit können wir nun direkt zum Nachweis der wichtigsten Aussage kommen.

Satz 7.2 *Die* Vernam-*Chiffre ist informationstheoretisch sicher.*

Beweis Offensichtlich ist für die Vernam-Chiffre $|M| = |K| = |C|$ erfüllt. Jeder Schlüssel wird nur einmal verwendet, d. h. alle Schlüssel werden mit gleicher Wahrscheinlichkeit $\frac{1}{K}$ benutzt. Zu jedem Paar (m, c) mit $m \in M$ und $c \in C$ gibt es nach Definiton der Vernam-Chiffre genau einen Schlüssel $k \in K$ mit $\text{enc}(k, m) = c$: für $m = m_1 m_2 \ldots m_\ell$ und $c = c_1 c_2 \ldots c_\ell$ gilt $k = k_1 k_2 \ldots k_\ell$ mit $k_i = (c_i - m_i) \pmod{n}$ für $i = 1, 2, \ldots, n$. Damit folgt die Behauptung unmittelbar aus dem voranstehenden Satz. □

Man kann sich nun noch fragen, warum bei der Vernam-Chiffre (One-Time Pad) jeder Schlüssel nur einmal verwendet wird, während im obigen Satz über informationstheoretisch sichere Chiffrierungen lediglich verlangt wird, dass alle verwendeten Schlüssel gleichwahrscheinlich sind. Die Antwort auf diese Frage ergibt sich aber schon aus unseren Betrachtungen im Kap. 2: Wird ein Schlüssel ein zweites Mal verwendet und sind beide Klartexte in einer natürlichen Sprache abgefasst, dann gibt es bei hinreichender Länge des Textes bei Anwendung der Methode von FRIEDMAN erfolgversprechende Ansatzpunkte für die Kryptoanalyse.

Bemerkenswert ist auch, dass die Vernam-Chiffre völlig unabhängig von der auf der Menge der Klartexte vorliegenden Wahrscheinlichkeitsverteilung informationstheoretisch sicher ist und nicht nur bei angenommener Gleichverteilung auf der Menge der Klartexte. Diese Eigenschaft trifft sogar auf alle informationstheoretisch sicheren Chiffren zu und wir formulieren sie im folgenden Satz.

Satz 7.3 *Ist ein Kryptosystem für eine gegebene Wahrscheinlichkeitsverteilung auf der Menge M der Klartexte informationstheoretisch sicher, dann ist es für jede Wahrscheinlichkeitsverteilung auf der Menge M informationstheoretisch sicher.*

Beweis Wir betrachten ein Kryptosystem, das für eine spezielle Wahrscheinlichkeitsverteilung auf M informationstheoretisch sicher ist (z. B. für die Gleichverteilung auf M). Es sei nun c ein beliebig gewählter fester Schlüsseltext. Für dieses Kryptosystem gilt $p(c) = p(c|m)$ für alle $m \in M$ sowie

$$p(c) = \sum_{m \in M} p(c|m) \cdot p(m).$$

Dabei ergibt sich $p(c|m)$ als Summe der Wahrscheinlichkeiten der Schlüssel k, die m in c überführen:

$$p(c|m) = \sum_{\text{enc}(k,m)=c} p(k).$$

Diese Summe von Schlüsselwahrscheinlichkeiten ist also wegen $p(c) = p(c|m)$ unabhängig von m.

Sei nun eine beliebige Wahrscheinlichkeitsverteilung auf M gegeben und das Kryptosystem bleibe ansonsten unverändert. Insbesondere bleibt dann auch die Summe der Wahrscheinlichkeiten der Schlüssel k, die m in c überführen, unverändert und ist unabhängig von M. Es gilt also:

$$\tilde{p}(c) = \sum_{m \in M} \tilde{p}(c|m) \cdot \tilde{p}(m) = \sum_{m \in M} \left(\sum_{\text{enc}(k,m)=c} \tilde{p}(k) \right) \cdot \tilde{p}(m).$$

Wegen $\sum_{\text{enc}(k,m)=c} \tilde{p}(k) = \sum_{\text{enc}(k,m)=c} p(k) = p(c)$ gilt also

$$\tilde{p}(c) = \left(\sum_{\text{enc}(k,m)=c} \tilde{p}(k) \right) \cdot \sum_{m \in M} \tilde{p}(m) = \left(\sum_{\text{enc}(k,m)=c} \tilde{p}(k) \right) \cdot 1 = \tilde{p}(c|m) \cdot 1 = \tilde{p}(c|m).$$

Das Kryptosystem mit der beliebig gewählten Wahrscheinlichkeitsverteilung auf m ist also ebenfalls informationstheoretisch sicher. □

7.2.2 Informationstheoretisch sichere Authentikationskodes

Authentikationskodes sind informationstheoretisch sichere symmetrische Authentikationssysteme. Sie bestehen also aus den in Abb. 3.6 gezeigten Komponenten. Bevor wir ein Beispiel geben (Abb. 7.2), betrachten wir informell, was informationstheoretische, also absolute, Sicherheit in diesem Fall heißt.

Sicherheit heißt, dass, wenn ein Angreifer eine Nachricht unterzuschieben versucht, der Empfänger anhand des (nicht passenden) MAC bemerkt, dass sie falsch ist.

Dies kann nicht mit Wahrscheinlichkeit 1 gelten: Irgendeinen korrekten MAC muss es geben, und der Angreifer kann immer Glück haben und gerade diesen erraten. Genauer gilt, wenn der Wertebereich für die MACs W Elemente hat, dass man mit rein zufälligem Raten mit der Wahrscheinlichkeit $\frac{1}{W}$ den richtigen MAC erwischt. (Insbesondere also bei σ-bit MACs mit Wahrscheinlichkeit mindestens $2^{-\sigma}$.)

Die beste erreichbare Sicherheit ist also die, dass es für einen Angreifer keine bessere Möglichkeit gibt, als rein zufällig zu raten. Der Angreifer kann nicht lokal prüfen, ob er richtig geraten hat, d. h. es trifft nicht der Fall aus Abschn. 4.4.2 zu. Hier werden wir beweisbar erreichen, dass ein Fälschungsversuch fast sicher erkannt wird. Im Gegensatz dazu könnte ein Angreifer mit beliebig viel Berechnungsfähigkeit bei einem digitalen Signatursystem im Sinne von Abb. 3.11 lauter solche Signaturen erzeugen, die wirklich richtig aussehen, weil er ja den Test kennt, den sie bestehen müssen.

Authentikationskodes haben also einen prinzipiellen Sicherheitsvorteil gegenüber digitalen Signaturen; dafür sind sie unpraktischer durch die Anforderungen an die Schlüssel. Bevor wir die Sicherheitsaussage formalisieren, betrachten wir ein kleines Beispiel.

7.2 Informationstheoretisch sichere Kryptosysteme

Abb. 7.2 Ein kleiner Authentikationskode

		Text mit MAC			
		H,0	H,1	T,0	T,1
Schlüssel	00	H	-	T	-
	01	H	-	-	T
	10	-	H	T	-
	11	-	H	-	T

Beispiel 7.2 Abbildung 7.2 stellt einen kleinen Authentikationskode aus der Sicht des Angreifers dar. Hier soll 1 Nachrichtenbit $b \in \{H, T\}$ (von Head, Tail) authentisiert werden; der Schlüssel ist 2 Bit lang, und der MAC 1 Bit. Wie bei allen folgenden Systemen werden alle Schlüssel mit gleicher Wahrscheinlichkeit gewählt.

Die möglichen Ergebnisse stehen oben; in der Tabelle sieht man, bei welchem Klartext sich dieses Ergebnis ergibt. Wie bei der **Vernam-Chiffre** wird jeder Schlüsselabschnitt (hier jeweils die beiden Bits) nur einmal verwendet.

Anhand der MAC-Länge wissen wir, dass das Erkennen von Fälschungen in diesem Beispiel höchstens mit Wahrscheinlichkeit $\frac{1}{2}$ möglich ist. Wir wollen nun zeigen, dass tatsächlich jede Fälschung mit Wahrscheinlichkeit $\frac{1}{2}$ erkannt wird.

Wir betrachten nur den Fall, dass der Angreifer gerne die Nachricht T unterschieben würde. Wenn der richtige Absender noch gar nichts gesendet hat, sind alle 4 Schlüssel gleichwahrscheinlich, und bei je zweien hat T als MAC 0 bzw. 1. Mit Wahrscheinlichkeit $\frac{1}{2}$ wählt der Angreifer also den falschen Wert.

Das interessante an einem Authentikationskode ist aber, dass die Sicherheit auch dann noch gilt, wenn der richtige Absender die Nachricht H mit ihrem richtigen MAC sendet, und der Angreifer diese abfängt und durch T zu ersetzen versucht.

Fall 1: Der Angreifer fängt $H, 0$ ab. Dann sind noch die Schlüssel $k = 00$ und $k = 01$ möglich. Bei $k = 00$ muss der Angreifer 0 als MAC für T wählen, bei $k = 01$ hingegen 1. Wieder rät also der Angreifer mit Wahrscheinlichkeit $\frac{1}{2}$ falsch.

Fall 2: Der Angreifer fängt $H, 1$ ab. Es verbleiben nur noch zwei mögliche Schlüssel, in diesem Fall $k = 10$ und $k = 11$. Wieder rät der Angreifer mit Wahrscheinlichkeit $\frac{1}{2}$ falsch: War der verwendete Schlüssel $k = 10$, muss der Angreifer 0 als MAC für T wählen, bei $k = 11$ hingegen 1.

7.2.2.1 Genauere Sicherheitsdefinition

Eine präzisere Definition, wann ein Authentikationskode auth sicher mit Fehlerwahrscheinlichkeit ε ist, beschreibt genau das, was wir im obigen Beispiel getan haben:

Selbst wenn ein Angreifer eine richtige Nachricht (x, MAC) sieht, und diese beseitigt und statt dessen versucht, den Klartext y zu schicken, gilt, egal wie geschickt er dazu MAC' wählt: Die Fälschung wird mit Wahrscheinlichkeit $\geq 1 - \varepsilon$ erkannt, d. h. die Wahrscheinlichkeit für $MAC' = \text{auth}(k, y)$ ist höchstens ε (wobei k der korrekte geheime Schlüssel ist).

Wir müssen nur noch präzise angeben, worüber eigentlich die Wahrscheinlichkeit gebildet wird. Dies ist genau die Menge der aus Angreifersicht noch möglichen Schlüssel (im Beispiel im 1. Fall ist dies die Menge aus 00 und 01.) Die Angreifersicht besagt, dass nur noch solche Schlüssel k in Frage kommen, für die $MAC = \text{auth}(k, x)$ ist.

Ganz formal also: Ein Authentikationskode auth mit Schlüsselmenge $\mathcal{K}$ (und Wahrscheinlichkeitsverteilung W auf $\mathcal{K}$) heißt sicher mit Fehlerwahrscheinlichkeit ε, wenn gilt: $\forall x \; \forall MAC \in \text{auth}(\mathcal{K}, x) \; \forall y \neq x \; \forall MAC'$:

$$W\bigl(MAC' = \text{auth}(k, y) \bigm| MAC = \text{auth}(k, x)\bigr) \leq \varepsilon. \tag{7.1}$$

Beispiel 7.3 Verbesserung des Kodes aus Abb. 7.2: Will man die Fehlerwahrscheinlichkeit von $\frac{1}{2}$ auf $(\frac{1}{2})^\sigma$, senken, so kann man an ein Nachrichtenbit σ MACs im bisherigen Sinne hängen

$$x, MAC_1, \ldots, MAC_\sigma.$$

Man muss also vorher $2 \cdot \sigma$ Schlüsselbits ausgetauscht haben. Jeden Einzel-MAC rät der Angreifer nur mit Wahrscheinlichkeit $\frac{1}{2}$ richtig, und sie sind alle unabhängig, folglich rät er nur mit Wahrscheinlichkeit $(\frac{1}{2})^\sigma$ jedesmal richtig.

Will man den Kode auf Nachrichten der Länge l Bit anwenden, so braucht man $l \cdot 2\sigma$ Schlüsselbits, und jedes Bit wird einzeln in obigem Sinne authentisiert. (Die Gesamtfehlerwahrscheinlichkeit ändert sich etwas!)

7.2.2.2 Ausblick: Grenzen von Authentikationskodes

Wie informationstheoretisch sichere Konzelationssysteme, so brauchen auch informationstheoretisch sichere Authentikationskodes Schlüssel einer gewissen Mindestlänge.

Wir haben schon fast gezeigt, dass man für eine Fehlerwahrscheinlichkeit ε mindestens eine Schlüsselmenge mit $\lceil 1/\varepsilon \rceil$ Elementen braucht: Klar war, dass $\lceil 1/\varepsilon \rceil$ MACs für die zu fälschende Nachricht y möglich sein müssen. Zu jedem möglichen MAC muss aber auch ein möglicher Schlüssel gehören.

Es ist auch einleuchtend, dass es noch mehr Schlüssel sein müssen, denn anhand der richtigen Nachricht (x, MAC) konnte der Angreifer ja i.Allg. schon viele Schlüssel ausschließen. Man kann (nicht allzu schwierig) zeigen, dass es $\lceil 1/\varepsilon^2 \rceil$ Schlüssel sein müssen [42]. Wählt man $\varepsilon = 2^{-\sigma}$, so braucht man also mindestens Schlüssel der Länge 2σ. Dies ist lange nicht so schlimm wie die untere Schranke für Konzelationssysteme: Dort musste der Schlüssel so lang wie die Nachricht sein. Für die Fehlerwahrscheinlichkeit wird hingegen in der Praxis ein Wert von etwa 2^{-100} genügen. (Sonst wird allmählich die Wahrscheinlichkeit größer, dass der zur Prüfung des MAC benutzte Rechner unbemerkt ausfällt und gefälschte Nachrichten als gültig passieren lässt u.ä., oder überhaupt sämtliche Risiken des praktischen Lebens.)

Für 1-Bit-Nachrichten ist der Kode aus Abb. 7.2 also optimal, und auch die erste Erweiterung aus Beispiel 7.3. Allerdings bräuchte die Schlüssellänge nicht, wie in der 2. Erweiterung aus Beispiel 7.3, mit der Nachrichtenlänge zu wachsen.

In [87] wurde eine Variante vorgestellt, mit der man eine Nachricht der Länge l mit Fehlerwahrscheinlichkeit $2^{-\sigma+1}$ mit einem Schlüssel der Länge etwa $4\sigma \operatorname{ld}(l)$ authentisieren kann. Das ist zwar nicht optimal, aber praktikabel. Authentisiert man n Nachrichten hintereinander mit einem Schlüssel und will eine Fehlerwahrscheinlichkeit $\leq 2^{-\sigma}$, so gilt, dass man pro Nachricht mindestens σ Schlüsselbits braucht; man braucht also nicht mehr 2σ pro Nachricht: Es gibt ein Verfahren, das für n kurze Nachrichten mit $(n+2)\sigma$ Bit auskommt [87].

Die Idee ist folgende: Immer mit *denselben* 2σ Bits des Schlüssels wird zu jeder der kurzen Nachrichten ein *geheimzuhaltender* MAC berechnet. Diese werden aber nie direkt ausgegeben (sonst könnte ein Angreifer nach zwei beobachteten MACs beliebig fälschen), sondern jeweils nur mit einem *One-Time-Pad verschlüsselt*. Für die One-Time-Pad-Verschlüsselung der n MACs werden $n\sigma$ Schlüssel benötigt, insgesamt also $(n+2)\sigma$ Bits.

7.3 Pseudo-One-Time-Pad

7.3.1 Anforderungen an Pseudozufallsbitfolgengeneratoren

Wir wissen nun: Wenn man informationstheoretisch sichere Konzelation oder Authentikation will, kann man erstens nur ein symmetrisches Verfahren nehmen, hat also Probleme mit der Schlüsselverteilung, und zweitens müssen die Schlüssel mindestens so lang wie die Nachricht sein. Deswegen begnügt man sich in der Praxis fast immer mit kryptographischer Sicherheit.

In diesem Abschnitt betrachten wir als Beispiel für eine Stromchiffre ein symmetrisches Konzelationssystem, das auf einem kryptographisch starken Pseudozufallsbitfolgengenerator beruht. Ein solcher kryptographisch starker Pseudozufallsbitfolgengenerator (PBG) ist auch sonst von Interesse, weil die Generierung von echten Zufallszahlen in der Praxis ein beträchtliches Problem ist. Die Sicherheit dieses PBG beruht auf dem Faktorisierungsproblem.

Auf Grundlage dieses PBG lässt sich auch ein asymmetrisches Konzelationssystem definieren (Abschn. 8.3.4). Das asymmetrische System hat allerdings den Nachteil, dass es gegen aktive Angriffe definitiv unsicher ist. In der Praxis würde man daher in vielen Fällen RSA bevorzugen (Abschn. 8.3.2).

7.3.1.1 Was ist ein Pseudozufallsbitfolgengenerator (PBG)?
Ein Pseudozufallsbitfolgengenerator (PBG) erzeugt aus einem echt zufällig gewählten *kurzen* Startwert (seed) eine *lange* Pseudozufallsbitfolge. Also (siehe Abb. 7.3):

Abb. 7.3 Pseudozufallsbitfolgengenerator

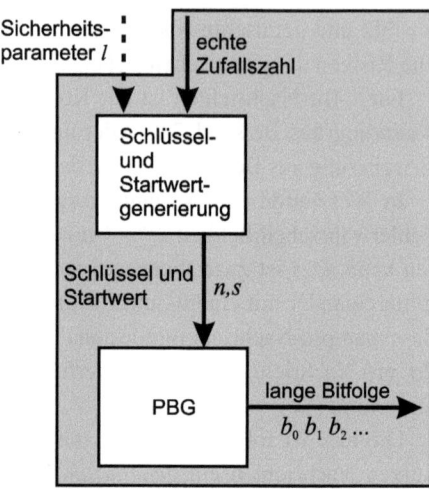

- Es gehört dazu ein Schlüssel- und Startwertgenerieralgorithmus. Er bildet aus dem Sicherheitsparameter ℓ einen Schlüssel n und einen Startwert s der Länge ℓ.
- Der eigentliche Bitfolgengenerieralgorithmus PBG ist ein Algorithmus, der mit dem Schlüssel n aus dem kurzen Startwert s eine (beliebig lange) Bitfolge $b_0 b_1 b_2 \ldots$ erzeugt. Allerdings darf nur ein polynomial (in ℓ) langes Anfangsstück dieser Folge verwendet werden.
- Ein PBG ist **deterministisch**, d. h. aus dem gleichen Startwert und Schlüssel wird jedesmal dieselbe Bitfolge.
- Ein PBG ist **effizient**, also in polynomialer Zeit berechenbar.
- Ein PBG ist **sicher**, d. h. die Ergebnisse sind durch keinen polynomialen Test von echten Zufallsfolgen unterscheidbar.

7.3.1.2 Verwendung als Pseudo-One-Time-Pad

Eine wichtige Anwendung ist die Verwendung der Folge von Pseudozufallsbits anstelle einer Zufallsfolge in einem symmetrischen Konzelationssystem analog zum One-Time-Pad (siehe Abb. 7.4): Statt einer echten Zufallsfolge wird also eine Pseudozufallsfolge bitweise zum Klartext addiert.

Dabei muss statt des langen Schlüssels beim One-Time-Pad nur noch der kurze Schlüssel und der Startwert des PBG ausgetauscht werden.

Forderung an ein Pseudo-One-Time-Pad: Für jeden polynomial beschränkten Angreifer soll das Pseudo-One-Time-Pad bis auf einen verschwindenden Anteil der Fälle so sicher wie ein One-Time-Pad sein: Wenn kein polynomialer Test (also auch kein polynomialer Angreifer) die Pseudo-One-Time-Pads und die echten One-Time-Pads unterschei-

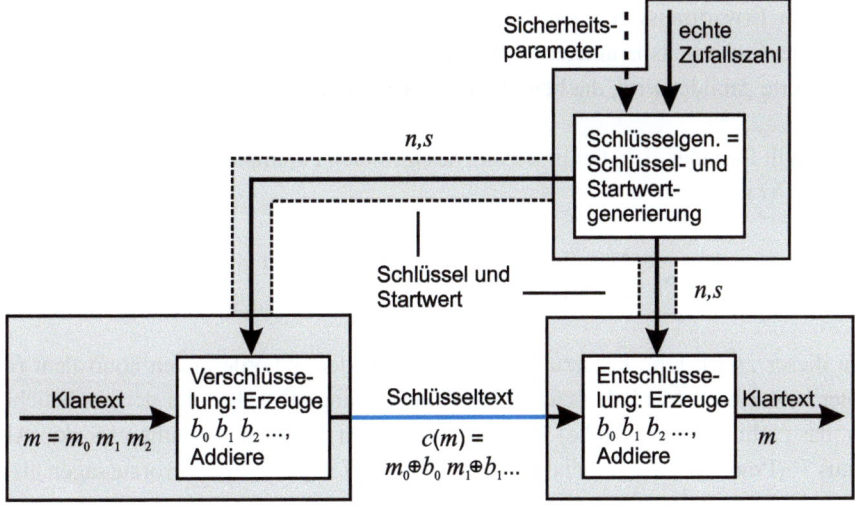

Abb. 7.4 Pseudo-One-Time-Pad

den kann, dann kann es bzgl. polynomialer Angreifer auch keinen Unterschied machen, ob man mit einem Pseudo-One-Time-Pad oder einem echten One-Time-Pad verschlüsselt.

7.3.1.3 Forderungen an einen PBG

Die „stärkste" Forderung besteht darin, dass ein PBG jeden probabilistischen Test $\mathcal{T}$ polynomialer Laufzeit *bestehen* soll.

Dabei bedeutet es, den Test zu *bestehen*, dass der Test mit einem PGB erzeugte Folgen nicht mit signifikanter Wahrscheinlichkeit von echten Zufallsbitfolgen unterscheiden kann.

Ein probabilistischer **Test** $\mathcal{T}$ polynomialer Laufzeit ist ein probabilistischer, polynomial zeitbeschränkter Algorithmus, der jeder Eingabe aus $\{0, 1\}^*$ (also jeder endlichen Bitfolge, die getestet werden soll) eine reelle Zahl aus $[0, 1]$ zuordnet. (Der Wert hängt im Allgemeinen von den Zufallsentscheidungen in $\mathcal{T}$ ab.)

Die Grundidee ist nun, den Erwartungswert des Tests für die PBG-Folgen mit dem Erwartungswert für echte Zufallsfolgen zu vergleichen. Wenn im Mittel bei beiden Sorten von Folgen dasselbe herauskommt, kann der Test nicht helfen, die PBG-Folgen von den echten Zufallsfolgen zu unterscheiden.

Sei dazu

- α_m der Erwartungswert, den $\mathcal{T}$ einer echt zufälligen m-Bit-Folge zuordnet (d. h. der Erwartungswert bei Gleichverteilung über alle m-Bit-Folgen überhaupt), und

- $\beta_{\ell,m}$ der Erwartungswert, den $\mathcal{T}$ einer vom PBG generierten m-Bit-Folge zuordnet, wenn der Sicherheitsparameter ℓ ist (wobei der Erwartungswert über die Schlüssel und Startwerte gebildet wird, die beim Sicherheitsparameter ℓ erzeugt werden).

Damit gilt formaler, d. h. bei Ersetzung des formalen Parameters m durch ein beliebiges Polynom $\mathcal{Q}(\ell)$:

PBG besteht $\mathcal{T}$ $\iff$ Für alle Polynome $\mathcal{Q}$ und alle $t > 0$ gilt:
Für alle genügend großen ℓ liegt $\beta_{\ell,\mathcal{Q}(\ell)}$ im Intervall $\alpha_{\mathcal{Q}(\ell)} \pm \frac{1}{\ell^t}$.

Zu dieser „stärksten" Forderung sind die folgenden 3 Forderungen äquivalent (aber leichter beweisbar): Für jede erzeugte endliche Anfangs-Bitfolge, bei der ein beliebiges (bzw. das rechte bzw. das linke) Bit fehlt, kann jeder polynomial zeitbeschränkte Algorithmus $\mathcal{P}$ (Prädiktor) das fehlende Bit „nur raten" (d. h. nicht besser voraussagen als mit Wahrscheinlichkeit $\frac{1}{2} \pm \frac{1}{\ell^t}$).

Wir stellen nun die Beweisideen vor.

(1) Jeder Prädiktor ist auch als Test zu verwenden: Man nimmt von der zu testenden Folge alle Bits bis auf eines, gibt sie als Eingabe in den Prädiktor und vergleicht das Ergebnis mit dem tatsächlichen Bit aus der Folge. Das Testergebnis ist 1, wenn der Prädiktor richtig geschätzt hat, und 0 sonst. Der Wert α_m ist $\frac{1}{2}$, denn bei echten Zufallsfolgen kann jeder Prädiktor nur mit Wahrscheinlichkeit $\frac{1}{2}$ richtig schätzen. Wenn der Prädiktor also auf PBG-Folgen wesentlich anders (besser) schätzt, hat der PBG diesen Test nicht bestanden.

(2) Zu zeigen ist, dass aus jeder der 3 schwächeren Forderungen die „stärkste" folgt.

Wir nehmen also an, es gebe irgendeinen Test $\mathcal{T}$, den der PBG nicht besteht, und zeigen, dass es dann auch einen Prädiktor gibt, der ein Bit von PBG zu gut voraussagt. Hier wird der Fall betrachtet, dass es um das am weitesten links stehende Bit geht.

Für ein $t > 0$, ein Polynom $\mathcal{Q}$ und unendlich viele ℓ liegt $\beta_{\ell,\mathcal{Q}(\ell)}$ außerhalb, z. B. oberhalb, des Intervalls $\alpha_{\mathcal{Q}(l)} \pm \frac{1}{\ell^t}$.

Man gibt nun $\mathcal{T}$ eine Bitfolge aus 2 Teilen mit der Gesamtlänge $\mathcal{Q}(\ell)$ vor. Dabei sei der linke Teil echt zufällig und der rechte vom PBG generiert. Man betrachtet nun folgende Typen von Folgen der Länge $\mathcal{Q}(\ell) + 1$:

$\{\underbrace{r_1 \ldots r_j \, r_{j+1}}_{\text{Zufallsfolge}} \underbrace{b_1 \ldots b_k}_{\text{PBG-Folge}}\}$ ergibt Testergebnisse näher bei $\alpha_{\mathcal{Q}(l)}$

und

$\{\underbrace{r_1 \ldots r_j}_{\text{Zufallsfolge}} \underbrace{b_0 b_1 \ldots b_k}_{\text{PBG-Folge}}\}$ ergibt Testergebnisse weiter weg von $\alpha_{\mathcal{Q}(l)}$, z. B. höher.

Daraus konstruiert man wie folgt einen Prädiktor, der zur Bitfolge $b_1 \ldots b_k$ das Bit b_0 ermittelt:

Man wählt eine echte Zufallsfolge $r_1 \ldots r_j$ und wendet zweimal den Test $\mathcal{T}$ an, nämlich

auf $\{r_1 \ldots r_j\, 0\, b_1 \ldots b_k\}$ – das Ergebnis sei α_0

und

auf $\{r_1 \ldots r_j\, 1\, b_1 \ldots b_k\}$ – das Ergebnis sei α_1.

Ist $\alpha_0 > \alpha_1$ (bzw. $\alpha_0 < \alpha_1$), dann kann man mit Wahrscheinlichkeit $> \frac{1}{2}$ auf $b_0 = 0$ (bzw. $b_0 = 1$) schließen.

7.3.2 Der s^2-mod-n-Generator

Der s^2-mod-n-Generator ist ein spezieller Pseudozufallsbitfolgengenerator, der mit Quadraten modulo n arbeitet und mit der Schwierigkeit des Quadratwurzelziehens modulo n (bzw. des Entscheidens, ob ein Element von $\mathbb{Z}_n$ ein Quadrat ist) verbunden ist

---

s^2-mod-n-Generator
- Als Schlüssel wähle eine natürliche Zahl n mit $n = pq$ für Primzahlen p, q mit $p \equiv q \equiv 3 \pmod 4$, $p \neq q$ und $|p| \approx |q|$.

  ($|x|$ bezeichnet hier die „Länge" der natürlichen Zahl x in Bits. Die Primzahlen p und q werden zufällig und unabhängig gewählt, wobei die in Abschn. 8.3.2.5 genannten Bedingungen an p und q eingehalten werden müssen – sonst kann n faktorisiert werden.)
- Wähle eine zufällige Zahl s mit $s \in \mathbb{Z}_n^* = \{a \in \{0, 1, \ldots, n-1\} \mid \mathrm{ggT}(a, n) = 1\}$ und setze $s_0 := s^2 \bmod n$.
- Generierung der Folge:
  Berechne sukzessive s_i mit

  $$s_i \equiv s_{i-1}^2 \pmod n$$

  und

  $$b_i := s_i \pmod 2$$

  für $i = 1, 2, \ldots$
  (b_i bezeichnet also das letzte Bit von s_i.)
- Ausgabefolge: $b_0, b_1, b_2 \ldots$

Beispiel 7.4 Wähle $p = 3$ und $q = 11$ sowie $s = 2$. Dann ist $n = 3 \cdot 11 = 33$ und $s_0 = 2^2 \mod 33 = 4$.

i	0	1	2	3	4	...
s_i	4	16	25	31	4	...
b_i	0	0	1	1	0	...

7.3.2.1 Sicherheitsbetrachtung

Gemäß dem obigen Absatz über Forderungen an einen PBG genügt es zu zeigen, dass es keinen Prädiktor gibt, der das erste Bit von Folgen (von links betrachtet), die der s^2-mod-n-Generator erzeugt, aus den restlichen Bits mit einer Wahrscheinlichkeit $> \frac{1}{2}$ voraussagen kann. Genauer heißt das:

(1) Ein Prädiktor $\mathcal{P}$ ist ein probabilistischer, polynomial zeitbeschränkter Algorithmus, der bei Eingabe von n und $b_1 b_2 \ldots b_k$ ($b_i \in \{0, 1\}$) den Wert 0 oder 1 ausgibt.

Wir betrachten hier einen Prädiktor für b_0, erhalten als Ausgabe also entweder $b_0 = 0$ oder $b_0 = 1$.

(2) Man sagt, $\mathcal{P}$ habe für ein gewisses n einen ε-Vorteil beim Vorhersagen nach links (also von b_0) aus einer k-Bit-Folge $b_1 b_2 \ldots b_k$ des s^2-mod-n-Generators, wenn es ein $\varepsilon > 0$ gibt, so dass $\mathcal{P}$ mit Wahrscheinlichkeit $> \frac{1}{2} + \varepsilon$ das Bit b_0 korrekt angeben kann. Diese Wahrscheinlichkeit der korrekten Ermittlung von b_0 ergibt sich für eine feste Bitfolge $b_1 b_2 \ldots b_k$, indem man den Quotienten aus der Anzahl der korrekten Ausgaben des Prädiktors, wobei s die Quadrate aus $\mathbb{Z}_n^*$ durchläuft, und der Anzahl aller Quadrate in $\mathbb{Z}_n^*$ bildet.

(3) Der s^2-mod-n-Generator ist genau dann sicher, wenn für jeden Prädiktor $\mathcal{P}$ gilt: Sofern ℓ genügend groß ist, hat $\mathcal{P}$ für fast alle Zahlen n der Länge ℓ höchstens einen $\frac{1}{\ell^t}$-Vorteil für n beim Vorhersagen von $\mathcal{Q}(l)$-Bit-Folgen nach links – dabei bezeichnet $\mathcal{Q}$ wie bisher ein beliebiges Polynom.

Auf die umfangreichen Beweisdetails verzichten wir hier. Wir weisen allerdings darauf hin, dass sich die Sicherheit des s^2-mod-n-Generator nur unter der Bedingung nachweisen lässt, dass das Zerlegen von n in die beiden Primfaktoren p und q praktisch unmöglich ist [1, 2]. Im Abschn. 8.3.4 werden wir auf den Zusammenhang zum Quadratwurzelproblem modulo pq eingehen und zeigen, wie man bei Kenntnis von p und q die mit dem s^2-mod-n-Generator erzeugte Folge rekonstruieren kann.

7.4 Data Encryption Standard (DES)

7.4.1 Grundlage: Feistel-Chiffre

Die Feistel-Chiffre, benannt nach ihrem Entwickler Horst Feistel, entstand Anfang der 70er Jahre [38] als Resultat des Forschungsprogramms „Lucifer", das in den späten 60er Jahren am Thomas J. Watson Research Center (IBM) durchgeführt wurde. Das Prinzip der

7.4 Data Encryption Standard (DES)

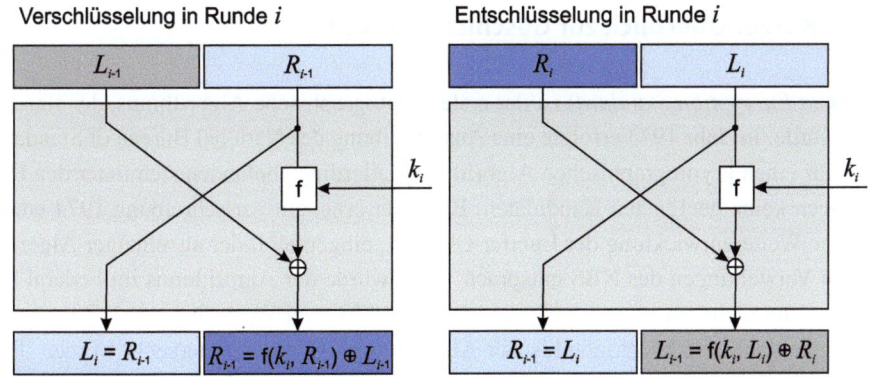

Abb. 7.5 Runde i der Feistel-Chiffre

Feistel-Chiffre ist eine grundlegende Struktur für kryptographische Algorithmen. Der wohl populärste Algorithmus, der auf diesem Prinzip beruht, ist der DES; weitere Beispiele sind die als Kandidaten für den AES (Abschn. 7.5) vorgeschlagenen Kryptosysteme Twofish oder RC6.

Die Feistel-Chiffre ist eine iterierte symmetrische Blockchiffre. Für jede der n Runden wird aus dem geheimen Schlüssel ein Rundenschlüssel k_i abgeleitet. Zu Beginn der Verschlüsselung wird der Nachrichtenblock m in zwei Hälften („links" und „rechts") eingeteilt: $m = (L_0, R_0)$. Abbildung 7.5 gibt einen Überblick über die Ver- und Entschlüsselung in Runde i.

Die Verschlüsselung in Runde i kann folgendermaßen beschrieben werden:

$$(L_i, R_i) = \text{enc}(k_i, (L_{i-1}, R_{i-1})) = (R_{i-1}, f(R_{i-1}, k_i) \oplus L_{i-1}).$$

Pro Runde wird jeweils nur eine Hälfte modifiziert. Außerdem werden die beiden Hälften vertauscht; das Vertauschen entfällt allerdings nach der letzten Runde.

Zur Entschlüsselung kann dieselbe Struktur verwendet werden, wenn die beiden Hälften vertauscht werden. Eine wesentliche Eigenschaft der Feistel-Chiffre ist die Tatsache, dass das Schema selbstinvers ist, d. h., zur Ver- und Entschlüsselung wird dieselbe Rundenfunktion $f()$ verwendet:

$$\begin{aligned}
\text{dec}(k_i, (L_i, R_i)) &= (f(L_i, k_i) \oplus R_i, L_i) \\
&= (\underbrace{f(R_{i-1}, k_i) \oplus f(R_{i-1}, k_i)}_{=0} \oplus L_{i-1}, R_{i-1}) \\
&= (L_{i-1}, R_{i-1}).
\end{aligned}$$

Wesentlich für die Sicherheit der Feistel-Chiffre ist die Wahl der Rundenfunktion. Eine mögliche Realisierung beinhaltet der Algorithmus DES (Abschn. 7.4.3).

7.4.2 Kurzer Überblick zur Geschichte des DES

DES (*Data Encryption Standard*) ist der erste kryptographische Algorithmus, der standardisiert wurde. Im Jahr 1973 erfolgte eine Ausschreibung des National Bureau of Standards (NBS) für einen kryptographischen Algorithmus; allerdings befanden sich unter den Einreichungen keine geeigneten Kandidaten. Bei einer erneuten Ausschreibung 1974 wurde DES, eine Weiterentwicklung der Lucifer-Chiffren, eingereicht, der als einziger Algorithmus den Vorstellungen des NBS entsprach. 1975 wurde der Algorithmus im Federal Register veröffentlicht; zu seiner Evaluation fanden 1976 zwei Workshops statt. Zum ersten Mal konnte damit ein kryptographischer Algorithmus öffentlich untersucht werden. Diskussionen löste allerdings die Tatsache aus, dass die Designentscheidungen nicht begründet wurden. Schließlich wurde der DES 1977 als Standard FIPS PUB 46 veröffentlicht [34]. Die Überprüfung der Sicherheit erfolgte aller 5 Jahre, um neuesten technischen Entwicklungen Stand zu halten. Es war allerdings vorauszusehen, dass die Schlüssellänge von nur 56 Bit im Laufe der Zeit nicht mehr ausreichend ist. So erfolgte 1997 eine Ausschreibung für die Einreichung eines neuen kryptographischen Algorithmus, der Nachfolger des DES werden sollte. 2001 trat der Advanced Encryption Standard (Abschn. 7.5) in Kraft.

Neben seiner Sonderrolle als erster standardisierter Algorithmus macht den DES insbesondere seine Sicherheit interessant: Trotz intensiver Analysen wurde im Lauf der Jahre keine Schwachstelle entdeckt, die ein Brechen mit wesentlich geringerem Aufwand als bei vollständiger Suche ermöglicht. Heutzutage kann er aufgrund seiner zu geringen Schlüssellänge nicht mehr genug Sicherheit bieten, aber die mehrfache Anwendung (3-DES bzw. Triple-DES (Abschn. 7.4.5), standardisiert in FIPS PUB 46-3 [35]) gilt nach wie vor als sicher.

7.4.3 Beschreibung des Algorithmus

DES ist eine Feistel-Chiffre mit 16 Runden (Abb. 7.6). Die Nachrichten- und Schlüsseltextblöcke sind jeweils 64 Bit lang. Entsprechend dem Feistel-Prinzip werden die Nachrichtenblöcke in zwei Hälften unterteilt. Der Schlüssel hat ebenfalls eine Länge von 64 Bit, allerdings sind nur 56 Bits frei wählbar, die restlichen sind Paritätsbits. Aus dem externen Schlüssel werden die 48 Bit langen Teilschlüssel k_i ($i = 1, 2, \ldots, 16$) für die einzelnen Runden erzeugt. Vor der ersten und nach der letzten Runde erfolgt eine Permutation (IP bzw. IP^{-1} als dazu inverse Rückpermutation), die jedoch kryptographisch nicht relevant sind.

Mit der Eingangspermutation wird der Nachrichtenblock auf die beiden Hälften L_0 und R_0 aufgeteilt. Da die Permutation im Standard definiert ist, kann sie problemlos nachvollzogen werden und trägt somit nichts zur Sicherheit bei.

Nach der Eingangspermutation werden die beiden Hälften in 16 identischen Runden verarbeitet. Lediglich das Vertauschen der beiden Hälften entfällt nach der letzten Runde.

7.4 Data Encryption Standard (DES)

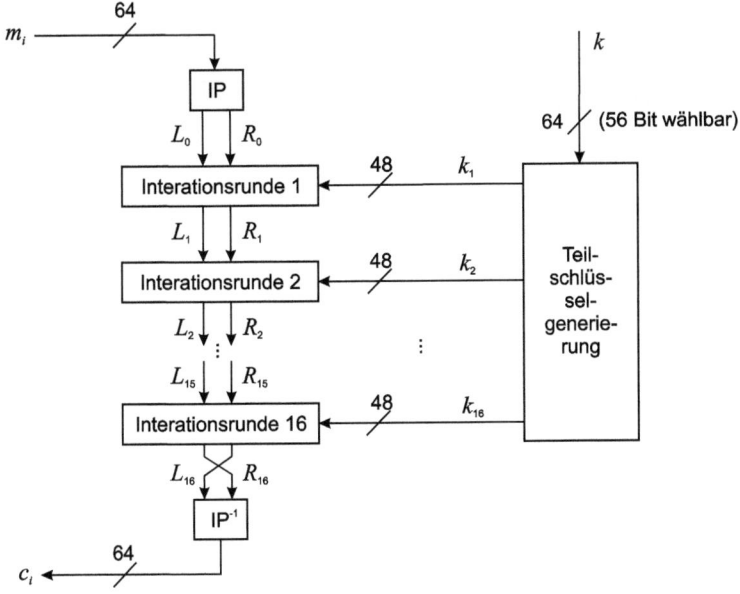

Abb. 7.6 Struktur des DES

In jeder Runde wird die Rundenfunktion, die wesentlich die Sicherheit des DES bestimmt, auf die rechte Hälfte R_{i-1} angewendet (Abb. 7.7). Die Rundenfunktion beinhaltet eine Expansion (E), die XOR-Addition des Rundenschlüssels, Substitution mit Hilfe der Substitutionsboxen (S-Boxen) S1 bis S8 sowie eine Permutation (P). Die Ausgabe der Rundenfunktion wird anschließend, wie von der Feistel-Chiffre bekannt, mit der linken Hälfte L_{i-1} XOR-verknüpft.

Mit Hilfe der Expansionsfunktion werden die 32 Bits auf 48 Bits abgebildet, indem bestimmte Bits verdoppelt werden.

Teilt man die Bits in Gruppen zu jeweils 4 Bits ein, sind dies immer die äußeren Bits. Nur die beiden inneren Bits jeder Gruppe werden nicht kopiert. Anschließend erfolgt die bitweise Addition des Rundenschlüssels.

Die resultierenden 48 Bits werden in Gruppen zu jeweils 6 Bits auf die nachfolgenden S-Boxen S1 bis S8 aufgeteilt, welche den 6 Bit langen Inputblock jeweils auf einen 4 Bit langen Outputblock abbilden. Die S-Boxen sind wesentlich für die Sicherheit, da sie der einzige nichtlineare Schritt der Rundenfunktion sind.

Jede S-Box beinhaltet vier verschiedene 4-Bit-Substitutionen, die mit Hilfe des ersten und des letzten Bits des 6-Bit-Inputblocks adressiert werden. Die inneren vier Bits werden durch die jeweilige 4-Bit-Substitution ersetzt.

Der letzte Schritt der Rundenfunktion besteht in einer Permutation der insgesamt 32 Bits. Die Bits werden u.a. so permutiert, dass der Output einer S-Box in der nächsten Runde zum Input anderer S-Boxen wird.

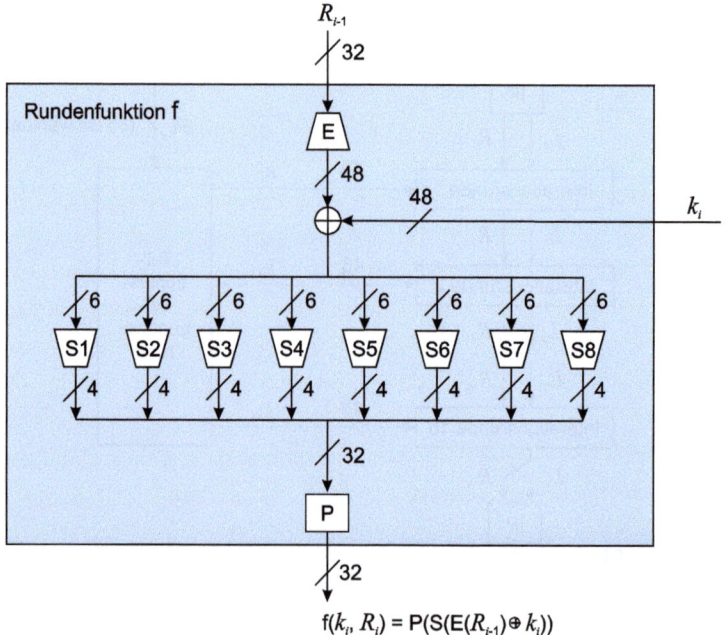

Abb. 7.7 Rundenfunktion des DES

Verbleibt noch der Algorithmus zur Generierung der Rundenschlüssel. Der externe Schlüssel k wird mit Hilfe der Funktion PC-1 (*Permuted Choice* 1) zunächst in die beiden Register C und D eingelesen. Dabei werden außerdem die Paritätsbits (jedes 8. Bit) entfernt.

Bevor der Rundenschlüssel bestimmt wird, werden die Register zyklisch um ein oder zwei Bit nach links verschoben. Anschließend werden aus jedem der Register mit Hilfe der Funktion PC-2 24 Bit ausgelesen, die permutiert den Rundenschlüssel ergeben.

Da der DES eine Feistel-Chiffre ist, erfolgt die Entschlüsselung mit demselben Algorithmus wie die Verschlüsselung. Nur die Reihenfolge der Rundenschlüssel muss invertiert werden. Um dies zu erreichen, werden die Register C und D bei der Generierung der Rundenschlüssel für die Entschlüsselung nicht nach links, sondern nach rechts rotiert. Insgesamt werden 28 Verschiebungen durchgeführt, d. h. nach der letzten Verschiebung befinden sich die Register wieder im Ausgangszustand und es können weitere Ver- bzw. Entschlüsselungen durchgeführt werden, ohne den Schlüssel k erneut einlesen zu müssen.

Bis auf wenige Ausnahmen liefert dieses Verfahren verschiedene Werte für die einzelnen Rundenschlüssel. Dies ist nicht der Fall, wenn die Register C und D nur Nullen bzw. nur Einsen enthalten: Die Auswahl der zyklisch verschobenen Werte liefert dann jeweils für alle Rundenschlüssel denselben Wert. Die zugehörigen externen Schlüssel werden als *schwache Schlüssel* bezeichnet.

7.4 Data Encryption Standard (DES)

Bei Verwendung eines schwachen Schlüssels entspricht die Verschlüsselung der Entschlüsselung, da die daraus erzeugten Rundenschlüssel für Ver- und Entschlüsselung identisch sind. Folglich liefert die erneute Verschlüsselung wieder den Klartext:

$$\text{enc}(k, \text{enc}(k, m)) = m.$$

Außerdem gibt es für jeden schwachen Schlüssel 2^{32} sogenannte Fixpunkte – Nachrichten, die durch die Verschlüsselung nicht verändert werden, d. h. $\text{enc}(k, m) = m$. Eine zweite Klasse von Schlüsseln, die nicht verwendet werden sollten, sind die *semi-schwachen Schlüssel*, welche nur zwei unterschiedliche, abwechselnd auftretende Werte für die Teilschlüssel erzeugen. Die semi-schwachen Schlüssel bilden Paare (k, k') mit der Eigenschaft:

$$\text{enc}(k, \text{enc}(k', m)) = \text{enc}(k', \text{enc}(k, m)) = m.$$

Semi-schwache Schlüssel werden dann erzeugt, wenn mindestens eines der Register mit einer alternierenden Folge von Nullen und Einsen belegt ist. Das andere Register kann entweder ebenfalls eine alternierende oder auch eine konstante Folge von Nullen und Einsen enthalten; das führt zu insgesamt 12 semi-schwachen Schlüsseln. Aufgrund der geringen Anzahl schwacher und semi-schwacher Schlüssel können diese einfach ausgeschlossen werden.

7.4.4 Eigenschaften des DES

Nach 5 Verschlüsselungsrunden hängen die Outputbits der Runden vollständig von allen Klartext- und Schlüsselbits ab. Die nichtlinearen S-Boxen sorgen für Nichtlinearität der Verschlüsselung, und auch das Avalanche-Kriterium wird erfüllt.

Eine weitere Eigenschaft des DES ist die *Invarianz gegen binäre Komplementbildung*:

$$\text{enc}(k, m) = \overline{\text{enc}(\overline{k}, \overline{m})}.$$

Expansion, Permutationen und zyklische Verschiebungen erhalten die Komplementarität: Die Ergebnisse dieser Schritte bei Verschlüsselung des Komplements $\overline{m}$ der Nachricht m mit dem Komplement $\overline{k}$ des Schlüssels k entsprechen dem Komplement der Zwischenergebnisse bei Verschlüsselung von m mit k. Vor der Substitution wird der expandierte Wert mit dem Rundenschlüssel XOR-verknüpft. Sind beide Werte komplementiert, ergibt sich dieselbe XOR-Summe, die S-Boxen erhalten also denselben Input. Die S-Boxen liefern in beiden Fällen dasselbe Ergebnis. Durch die nach der Rundenfunktion stattfindende XOR-Verknüpfung mit der linken Hälfte werden die Komplemente der Bits gebildet, so dass sich zum Schluss der komplementäre Schlüsseltext ergibt.

Liegen einem Angreifer zwei Klartext-Schlüsseltext-Paare (m, c_1) mit $c_1 = \text{enc}(k, m)$ und (m, c_2) mit $c_2 = \text{enc}(k, \overline{m})$ vor, kann er durch Ausnutzung dieser Eigenschaft den

Aufwand zum vollständigen Durchsuchen des Schlüsselraums ungefähr halbieren: Er verschlüsselt einen der beiden Klartexte, z. B. m, probeweise mit möglichen Schlüsseln $k_i \in K$: $c_i = \text{enc}(k_i, m)$. Entspricht c_i dem Schlüsseltext c_1, hat er mit k_i den geheimen Schlüssel k gefunden. Entspricht c_i dem Komplement des anderen Schlüsseltextes, entspricht der geheime Schlüssel $\overline{k_i}$: Wegen $c_2 = \text{enc}(k, \overline{m})$ gilt aufgrund der Komplementeigenschaft $\overline{c_2} = \text{enc}(\overline{k}, \overline{\overline{m}}) = \text{enc}(\overline{k}, m)$.

7.4.5 3-DES: Mehrfachverschlüsselung zur Erhöhung der Sicherheit

Aufgrund der im Hinblick auf heutige technische Möglichkeiten zu kurzen Schlüssellänge von nur 56 Bit kann der DES nicht mehr so eingesetzt werden wie er ursprünglich in [34] beschrieben wurde. Eine Möglichkeit, die Schlüssellänge effektiv zu erhöhen, bietet die mehrfache Verschlüsselung (auch als Kaskadenverschlüsselung bezeichnet). Man erhofft sich davon die Vergrößerung des Aufwands für den Angreifer, so dass eine vollständige Suche für einen in seinen Ressourcen beschränkten Angreifer nicht mehr praktikabel ist.

▶ **Anmerkung** Die mehrfache Verschlüsselung mit verschiedenen Schlüsseln k_1, k_2 trägt nur dann zur Sicherheit bei, wenn die Verschlüsselungsfunktion nicht abgeschlossen unter Hintereinanderausführung ist, d. h. es darf nicht möglich sein, einen Schlüssel k_3 zu finden mit $\text{enc}(k_3, m) = \text{enc}(k_2, (\text{enc}(k_1, m)))$. Dies wäre bei der Verschiebechiffre der Fall: Der Angreifer muss nicht die beiden verschiedenen Schlüssel finden, es genügt, den Schlüssel k_3 zu finden; der Aufwand erhöht sich nicht für den Angreifer. Diese Möglichkeit besteht bei DES nicht.

Natürlich kostet mehrfache Verschlüsselung auch mehr Zeit. Warum dann also 3-DES und nicht 2-DES? Eine doppelte Verschlüsselung führt nicht zur Verdoppelung des Aufwands für den Angreifer, sondern erhöht die effektive Schlüssellänge nur um ein Bit, wie der *Meet-in-the-Middle-Angriff* zeigt (Abb. 7.8).

Hat der Angreifer ein Klartext-Schlüsseltext-Paar (m, c) mit $c = \text{enc}(k_2, (\text{enc}(k_1, m)))$, so kann er zwei Tabellen berechnen. In der ersten speichert er die Ergebnisse $\text{enc}(k_{1,i}, m)$ der Verschlüsselungen des Klartextes mit den möglichen Schlüsseln $k_{1,i} \in K$, in der anderen die Ergebnisse $\text{dec}(k_{2,j}, c)$ der Entschlüsselungen des Schlüsseltextes mit den möglichen Schlüsseln $k_{2,j} \in K$. Übereinstimmungen $\text{enc}(k_{1,i}, m) = \text{dec}(k_{2,j}, c)$ der berechneten Werte liefern Kandidaten für die beiden Schlüssel – daher auch der Name des Angriffs. Werden mehrere passende Schlüsselpaare gefunden, kann das richtige Paar durch den Test weiterer Klartext-Schlüsseltext-Paare bestimmt werden. Der Angreifer hat also jeweils 2^{56} Ver- und Entschlüsselungen durchzuprobieren, der Aufwand beträgt somit $2^{56} + 2^{56} = 2 \cdot 2^{56} = 2^{57}$ Operationen. Natürlich entsteht auch Bedarf an Speicherplatz für die Zwischenergebnisse. Wird das Prinzip des Meet-in-the-Middle-Angriffs bei dreifacher Verschlüsselung angewendet, muss dagegen „von einer Seite her" die doppelte Schlüssel-

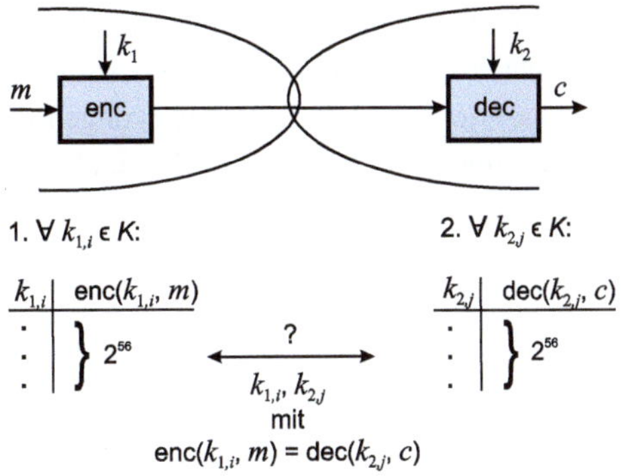

7.4 Data Encryption Standard (DES)

Abb. 7.8 Meet-in-the-Middle-Angriff

1. $\forall\, k_{1,i} \in K$:

$k_{1,i}\ |\ \text{enc}(k_{1,i}, m)$

$\left.\vphantom{\begin{matrix}a\\a\\a\end{matrix}}\right\}\ 2^{56}$

2. $\forall\, k_{2,j} \in K$:

$k_{2,j}\ |\ \text{dec}(k_{2,j}, c)$

$\left.\vphantom{\begin{matrix}a\\a\\a\end{matrix}}\right\}\ 2^{56}$

? $k_{1,i}, k_{2,j}$ mit $\text{enc}(k_{1,i}, m) = \text{dec}(k_{2,j}, c)$

länge durchprobiert werden – man erreicht also erst mit dreifacher Verschlüsselung eine effektive Verdopplung der Schlüssellänge.

Für die Dreifachverschlüsselung vorgeschlagen wurde in [35] die Verwendung von drei unterschiedlichen Schlüsseln, d. h. $c = \text{enc}(k_3, \text{enc}(k_2, \text{enc}(k_1, m)))$. Da letzten Endes jedoch nur eine Verdopplung der Schlüssellänge erreicht wird, bringt die Verwendung von drei unterschiedlichen Schlüsseln keine Vorteile. Aus diesem Grund kann 3-DES auch mit nur zwei unterschiedlichen Schlüsseln betrieben werden, wenn abwechselnd ver- und entschlüsselt wird: $c = \text{enc}(k_1, \text{dec}(k_2, \text{enc}(k_1, m)))$. Dieser Modus ist unter der Bezeichnung EDE (*Encryption-Decryption-Encryption*) bekannt.

7.4.6 Analyse des DES

Im Laufe der Jahre wurde DES intensiv untersucht. Unter den vorgestellten Angriffen sind insbesondere die differentielle und die lineare Kryptoanalyse interessant. Während sie erfolgreich auf Algorithmen angewendet werden konnten, die DES ähneln, erfordern sie beim DES selbst jedoch für die Praxis einen zu hohen Aufwand (bei der differentiellen Kryptoanalyse die Verschlüsselung von ca. 2^{47} Klartextpaaren, bei der linearen Kryptoanalyse ca. 2^{43} Verschlüsselungen). Im Jahr 1994 veröffentlichte DON COPPERSMITH, einer der Entwickler des DES, einen Artikel über die Designkriterien des DES, der die Stärke des Algorithmus gegen die differentielle Kryptoanalyse erklärte: Der Angriff war den Entwicklern bereits unter dem Namen „T-Angriff" bekannt [20]. Wir wollen hier nur die prinzipiellen Ideen der Angriffe kurz darstellen.

Die *differentielle Kryptoanalyse* wurde von BIHAM und SHAMIR entwickelt [10, 11]. Es handelt sich um einen gewählten Klartext-Schlüsseltext-Angriff. Beim DES werden während der Verschlüsselung 16 Runden durchlaufen. Die Veränderung eines Klartextblockes während diesen Iterationen nachzuverfolgen, ist ziemlich schwierig. Stattdessen untersucht man bei der differentiellen Kryptoanalyse Differenzen zwischen Klartextpaaren.

Die Grundidee der differentiellen Kryptoanalyse lässt sich folgendermaßen zusammenfassen:

- Es wird jeweils die Verschlüsselung von zwei beliebigen Klartextblöcken m, m^* untersucht, zwischen denen es eine bestimmte Differenz $m' = m \oplus m^*$ gibt.
- Analysiert werden die Auswirkungen der Differenz zwischen den Klartexten auf die Differenz zwischen den resultierenden Schlüsseltexten.
- Anhand der Differenzen können den möglichen Schlüsseln Wahrscheinlichkeiten zugeordnet werden und der wahrscheinlichste Schlüssel kann bestimmt werden.

Die *lineare Kryptoanalyse* wurde 1993 von MATSUI vorgestellt [63]. Das Ziel dieses Angriffs ist die näherungsweise Beschreibung der Verschlüsselung durch einen linearen Zusammenhang zwischen Klartextbits, Schlüsseltextbits und Schlüsselbits. Da die Substitutionsboxen des DES nichtlinear sind, kann es einen solchen linearen Zusammenhang nicht geben, so dass eine lineare Approximation der S-Boxen gefunden werden muss: Gesucht ist also eine lineare Funktion der Inputbits der S-Box, die für möglichst viele Inputwerte das korrekte Ergebnis liefert (daran wird die *Güte der Approximation* gemessen).

Um die Methode der linearen Kryptoanalyse erfolgreich anwenden zu können, muss der Angreifer über eine große Zahl von Klartext-Schlüsseltext-Paaren verfügen, die mit dem gleichen (unbekannten) Schlüssel erzeugt worden sind. Die Verschlüsselung wird mit Hilfe von linearen Gleichungen beschrieben, die mit einer gewissen Wahrscheinlichkeit $p > \frac{1}{2}$ erfüllt sind (Gleichungen, die mit einer Wahrscheinlichkeit $< \frac{1}{2}$ gelten, lassen sich durch die XOR-Verknüpfung in solche mit einer Wahrscheinlichkeit $> \frac{1}{2}$ überführen). Das Lösen des linearen Gleichungssystems erlaubt Rückschlüsse auf Teilmengen der Schlüsselbits. Die Erfolgswahrscheinlichkeit der Methode hängt von der Eignung der aufgestellten Gleichungen ab (von ihrem *linearen Potential*).

Dass für einen Angriff auf DES mittels linearer Kryptoanalyse „nur" 2^{43} Klartext-Schlüsseltext-Paare zum gleichen Schlüssel benötigt werden (im Unterschied zu 2^{47} Paaren bei differentieller Kryptoanalyse), hängt auch damit zusammen, dass Angriffe durch lineare Kryptoanalyse später als solche durch differentielle Kryptoanalyse entwickelt worden sind und somit bei Entwurf der DES-S-Boxen noch nicht zur Verfügung standen.

7.5 Advanced Encryption Standard (AES)

7.5.1 Kurzer Überblick zur Geschichte des AES

Da sich abzeichnete, dass die Sicherheit des DES den technischen Entwicklungen aufgrund der begrenzten Schlüssellänge nicht auf Dauer standhalten kann, wurde im Jahr 1997 vom NIST (National Institute of Standards and Technology) die Initiative zur Entwicklung eines neuen symmetrischen Verschlüsselungsstandards gestartet. Die Weiterentwicklungen auf dem Gebiet der Kryptographie spiegelten sich in der Zahl der eingereichten Algorithmen wieder – von den eingereichten Algorithmen erfüllten 15 die formalen Kriterien und wurden weiter begutachtet. Die Auswahl wurde in einer öffentlich geführten Diskussion getroffen. Alle fünf Finalisten des Wettberwerbs

MARS
RC6
Rijndael
Serpent
Twofish

wurden im Ergebnis dieser Diskussion als sicher angesehen. Ausgewählt wurde schließlich der Rijndael-Algorithmus, der den Namen nach seinen Entwicklern VINCENT RIJMEN und JOAN DAEMEN erhalten hat. Rijndael wurde vom NIST im Oktober 2000 als Advanced Encryption Standard (AES) und damit als Nachfolger des DES bekanntgegeben.

Den anderen Finalisten wurde der Rijndael-Algorithmus wegen seiner besonderen Kombination von

- Sicherheit
- Leistung
- Implementierbarkeit
- Flexibilität

vorgezogen. Er ist auch für den Einsatz in Smartcards hervorragend geeignet.

Während der DES nach dem Prinzip der Feistel-Chiffre aufgebaut ist, handelt es sich beim AES um ein Substitutions-Permutations-Netzwerk.

Die Entwurfskriterien für den Rijndael-Algorithmus liegen völlig offen und wurden 2002 von seinen Entwicklern VINCENT RIJMEN und JOAN DAEMEN veröffentlicht [24]. Darin wird ausführlicher, als wir es hier tun können, auf die mathematischen Grundlagen und die Methoden zum Erreichen einer guten Konfusion und Diffusion eingegangen. Darüber hinaus sind in diesem Buch auch alle bis dahin bekannten Angriffe auf den Algorithmus beschrieben worden. In kürzerer Form gewinnt man einen Überblick über den AES im Standard FIPS PUB 197 [33].

Wir stellen im Folgenden nur die wichtigsten strukturellen Schritte des Algorithmus im Überblick dar und verweisen für Details auf die ausführliche und leicht zugängliche Originalliteratur.

7.5.2 Beschreibung des Algorithmus

Beim AES handelt es sich um eine iterierte Blockchiffre mit einer variablen Anzahl von Runden (10, 12 oder 14), die Anzahl hängt von der Länge des Schlüssels ($n_k = 128$, 192 oder 256 Bit) ab (Abb. 7.9). Der Algorithmus Rijndael erlaubt auch verschiedene Längen der Klartextblöcke (ebenfalls $n_b = 128$, 192 oder 256 Bit), in den Standard wurde jedoch nur die Blocklänge von 128 Bit aufgenommen.

Alle Operationen des AES können mit Hilfe algebraischer Operationen beschrieben werden. Operationen auf Byteebene werden im endlichen Körper $GF(2^8)$ ausgeführt, der

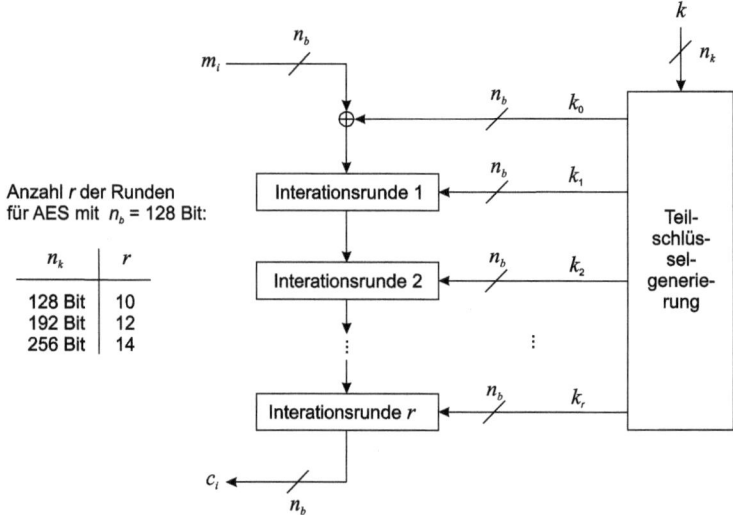

Abb. 7.9 Struktur des AES

wie folgt konstruiert ist:

$$\mathrm{GF}(2^8) \cong \mathrm{GF}(2)[x]/x^8 + x^4 + x^3 + x + 1.$$

▶ **Anmerkung** Bis auf Isomorphie gibt es nur einen endlichen Körper mit 2^8 Elementen, aber man kann solche Körper auf verschiedene Weise konstruieren. Für jedes über GF(2) irreduzible Polynom $m(x)$ vom Grad 8 ist $\mathrm{GF}(2)[x]/m(x)$ ein endlicher Körper mit 2^8 Elementen.

Das hier zur Konstruktion verwendete Polynom $m(x) = x^8 + x^4 + x^3 + x + 1$ ist irreduzibel, aber nicht primitiv. Die Addition von zwei Bytes wird als bitweise Addition ausgeführt, die Multiplikation als Multiplikation modulo $m(x)$.

Zunächst wird der 16-Byte-Klartextblock $x_0 x_1 \ldots x_{15}$ spaltenweise in eine 4×4-Matrix $(s_{i,j})_{i,j=1,2,3,4}$ (State) eingelesen:

$s_{0,0}$	$s_{0,1}$	$s_{0,2}$	$s_{0,3}$
$s_{1,0}$	$s_{1,1}$	$s_{1,2}$	$s_{1,3}$
$s_{2,0}$	$s_{2,1}$	$s_{2,2}$	$s_{2,3}$
$s_{3,0}$	$s_{3,1}$	$s_{3,2}$	$s_{3,3}$

Die Iterationsrunden sind – ausgenommen die letzte – identisch (Abb. 7.10). Im ersten Schritt SubBytes werden die Bytes der Matrix einzeln und unabhängig voneinander substituiert. Dabei wird eine 8-Bit S-Box eingesetzt, die wir mit π_S bezeichnen:

$$\pi_S : \mathrm{GF}(2^8) \to \mathrm{GF}(2^8).$$

7.5 Advanced Encryption Standard (AES)

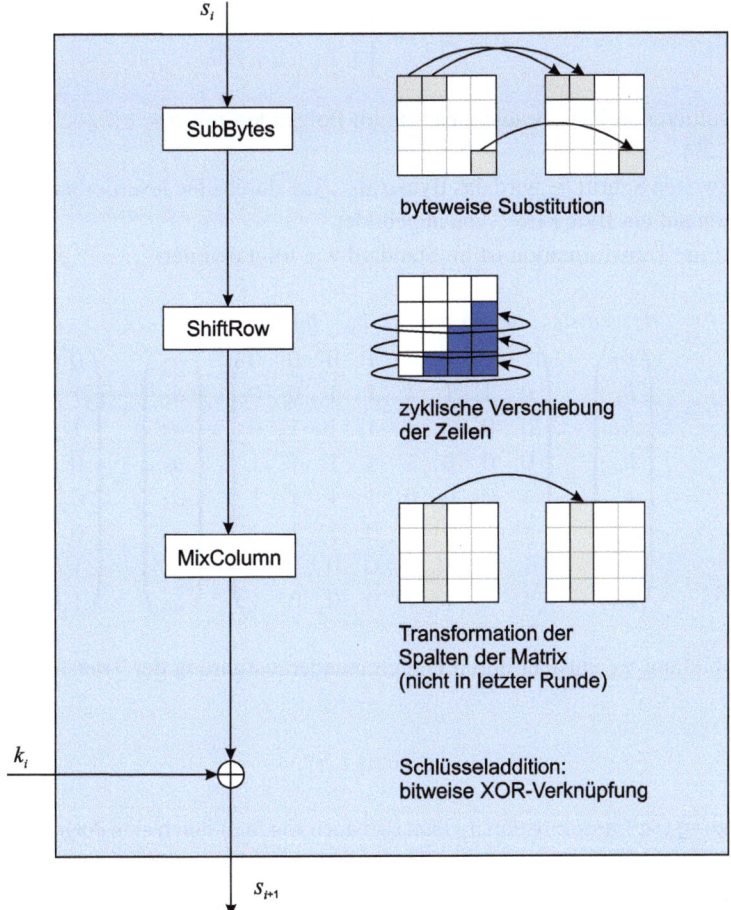

Abb. 7.10 Rundenfunktion des AES

K. NYBERG hat verschiedene Methoden zur Konstruktion von S-Boxen mit „guter Nichtlinearität" vorgeschlagen (darunter auch invertierbare S-Boxen). Eine davon (allerdings eine nichtinvertierbare) wurde für den AES ausgewählt und in der Substitution π_S verwendet.

Die Substitution erfolgt in zwei Schritten. Der erste Schritt (π_1) – die von Nyberg vorgeschlagene Substitution – ist eine sehr einfache algebraische Operation, auf die leicht Angriffe möglich wären (z. B. Interpolationsangriffe). Deshalb folgt noch ein zweiter Schritt (π_2), so dass insgesamt ein komplexerer algebraischer Ausdruck entsteht.

π_1: Das Byte $s_{i,j}$ der 4 × 4-Matrix wird als Element von $GF(2^8) \cong GF(2)[x]/x^8 + x^4 + x^3 + x + 1$ aufgefasst und durch sein multiplikatives Inverses bzw. Null ersetzt.

$$\pi_1 : s_{i,j} \mapsto \begin{cases} 0, & s_{i,j} = 0 \\ s_{i,j}^{-1}, & s_{i,j} \neq 0. \end{cases}$$

Das resultierende Byte bezeichnen wir im Folgenden mit $a = a_7 a_6 \ldots a_0$. Dabei gilt $a \in \mathrm{GF}(2^8)$.

π_2: Im zweiten Schritt π_2 wird das Byte $a_7 a_6 \ldots a_0$ durch eine invertierbare affine Transformation auf ein Byte $b_7 b_6 \ldots b_0$ abgebildet.

Diese affine Transformation ist im Standard wie folgt definiert:

$\pi_2: a_7 a_6 \ldots a_0 \mapsto b_7 b_6 \ldots b_0$ mit

$$\begin{pmatrix} b_7 \\ b_6 \\ b_5 \\ b_4 \\ b_3 \\ b_2 \\ b_1 \\ b_0 \end{pmatrix} = \begin{pmatrix} 1 & 1 & 1 & 1 & 1 & 0 & 0 & 0 \\ 0 & 1 & 1 & 1 & 1 & 1 & 0 & 0 \\ 0 & 0 & 1 & 1 & 1 & 1 & 1 & 0 \\ 0 & 0 & 0 & 1 & 1 & 1 & 1 & 1 \\ 1 & 0 & 0 & 0 & 1 & 1 & 1 & 1 \\ 1 & 1 & 0 & 0 & 0 & 1 & 1 & 1 \\ 1 & 1 & 1 & 0 & 0 & 0 & 1 & 1 \\ 1 & 1 & 1 & 1 & 0 & 0 & 0 & 1 \end{pmatrix} \cdot \begin{pmatrix} a_7 \\ a_6 \\ a_5 \\ a_4 \\ a_3 \\ a_2 \\ a_1 \\ a_0 \end{pmatrix} + \begin{pmatrix} 0 \\ 1 \\ 1 \\ 0 \\ 0 \\ 0 \\ 1 \\ 1 \end{pmatrix}.$$

Die Abbildung π_S entsteht durch Hintereinanderausführung der Transformationen π_1 und π_2:

$$\pi_S = \pi_2 \circ \pi_1.$$

▶ **Anmerkung** Die Transformation π_S lässt sich auch wie folgt durch eine Polynomfunktion über $\mathrm{GF}(2^8)$ beschreiben:

$$\pi_S(x) = 05 \cdot x^{254} + 09 \cdot x^{253} + F9 \cdot x^{251} + 25 \cdot x^{247} + F4 \cdot x^{239} + 01 \cdot x^{223} + B5 \cdot x^{191}$$
$$+ 8F \cdot x^{127} + 63.$$

Dieses Polynom kann (in einer aufwendigen Rechnung) z. B. durch Lagrange-Interpolation gefunden werden. Die Koeffizienten 05, 09, ..., 63 in diesem Polynom sind Elemente von $\mathrm{GF}(2^8)$ – sie sind hier in der Hexadezimalschreibweise angegeben, z. B.

$$F4 = \underbrace{1111}_{F} \underbrace{0100}_{4}.$$

Das Ergebnis der Anwendung von π_S auf das Byte $a = a_7 a_6 a_5 a_4 a_3 a_2 a_1 a_0$ kann auch tabellarisch dargestellt werden (Tab. 7.1). Dabei bestimmen die höherwertigen Bits $x = a_7 a_6 a_5 a_4$ die Zeile und die niederwertigen Bits $y = a_3 a_2 a_1 a_0$ die Spalte der Tabelle, in welcher das Ergebnis der Substitution $\pi_S(xy)$ zu finden ist.

Beispiel 7.5 Das Byte $s_{i,j} = 61$ soll substituiert werden. Mit Hilfe der Substitutionstabelle (Tab. 7.1) liest man in Zeile $x = 6$, Spalte $y = 1$ das Ergebnis ab: $\pi_S(61) = \mathrm{EF}$.

7.5 Advanced Encryption Standard (AES)

Tab. 7.1 Tabellarische Darstellung der 8-Bit S-Box $\pi_S(xy)$

		$y = a_3a_2a_1a_0$									
		0	1	2	3	4	5	6	7	8	...	F
$x = a_7a_6a_5a_4$	0	63	7C	77	7B	F2	6B	6F	C5	30	...	76
	1	CA	82	C9	7D	FA	59	47	F0	AD	...	C0
	2	B7	FD	93	26	36	3F	F7	CC	34	...	15
	3	04	C7	23	C3	18	96	05	9A	07	...	75
	4	09	83	2C	1A	1B	6E	5A	A0	52	...	84
	5	53	D1	00	ED	20	FC	B1	5B	6A	...	CF
	6	D0	EF	AA	FB	43	4D	33	85	45	...	A8
	...	...									...	...
	F	8C	A1	89	0D	BF	E6	42	68	41	...	16

Nach der Substitution werden die Zeilen der Matrix zyklisch nach links verschoben (ShiftRow), wobei Zeile i um $i - 1$ Zeichen rotiert wird. Da ShiftRow auf die vier Bytes einer Zeile angewendet wird, sind die Operanden dieses Schrittes keine Bytes, sondern 4-Byte-Worte. Die zyklische Rotation um i Stellen lässt sich mathematisch durch Multiplikation mit dem Polynom x^i in $GF(2^8)^4$ beschreiben:

$$a(x) \mapsto b(x) = x^i \cdot a(x) \pmod{x^4 + 1}.$$

Wichtig zum Erreichen des Diffusionseffekts ist bei der AES-Verschlüsselung die lineare Abbildung MixColumn – zwei Runden des AES sorgen schon für „volle Diffusion", d. h. jedes Bit von State hängt dann von allen Bits ab, die State zwei Runden vorher enthält. MixColumn wird auf die Spalten der Matrix angewendet. Die Operanden dieses Schrittes sind demzufolge wiederum 4-Byte-Worte. MixColumn lässt sich formal wie folgt als Abbildung μ beschreiben:

$$\mu : GF(2^8)^4 \to GF(2^8)^4 : \begin{pmatrix} a_0 \\ a_1 \\ a_2 \\ a_3 \end{pmatrix} \mapsto \begin{pmatrix} b_0 \\ b_1 \\ b_2 \\ b_3 \end{pmatrix} = \begin{pmatrix} 02 & 03 & 01 & 01 \\ 01 & 02 & 03 & 01 \\ 01 & 01 & 02 & 03 \\ 03 & 01 & 01 & 02 \end{pmatrix} \cdot \begin{pmatrix} a_0 \\ a_1 \\ a_2 \\ a_3 \end{pmatrix}$$

bzw. in Polynomschreibweise

$$a(x) \mapsto b(x) = c(x) \cdot a(x) \pmod{x^4 + 1},$$

wobei Folgendes gilt:

$$b_0 + b_1 + b_2 x^2 + b_3 x^3 \equiv (c_0 + c_1 + c_2 x^2 + c_3 x^3)(a_0 + a_1 + a_2 x^2 + a_3 x^3) \bmod(x^4 + 1)$$

$$\iff \begin{pmatrix} b_0 \\ b_1 \\ b_2 \\ b_3 \end{pmatrix} = \begin{pmatrix} c_0 & c_3 & c_2 & c_1 \\ c_1 & c_0 & c_3 & c_2 \\ c_2 & c_1 & c_0 & c_3 \\ c_3 & c_2 & c_1 & c_0 \end{pmatrix} \cdot \begin{pmatrix} a_0 \\ a_1 \\ a_2 \\ a_3 \end{pmatrix}.$$

Daher gilt $c(x) = 02 + 01x + 01x^2 + 03x^3$ und $c(x)^{-1} = 0E + 09x + 0Dx^2 + 08x^3$. Zu beachten ist dabei, dass das Inverse $c(x)^{-1}$ des Polynoms $c(x)$ deshalb existiert, weil $\text{ggT}(c(x), x^4 + 1) = \text{ggT}(c(x), (x+1)^4) = \text{ggT}(c(x), x+1) = 1$ gilt.

Im letzten Schritt der Iterationsrunden wird die Matrix Bit für Bit mit dem Rundenschlüssel XOR-verknüpft.

Da die Schlüsselabhängigkeit erst mit diesem Schritt entsteht, wird bereits vor der ersten Runde eine Schlüsseladdition mit dem Rundenschlüssel k_0 durchgeführt. In der letzten Iterationsrunde wird der Schritt MixColumn nicht ausgeführt, da die Reihenfolge der Schlüsseladdition und dieser Operation vertauscht werden kann und MixColumn in der letzten Runde somit keinen zusätzlichen Beitrag zur Sicherheit leisten würde.

Der Algorithmus zur Schlüsselgenerierung hängt von der Länge des verwendeten Schlüssels ab. Aus dem externen Schlüssel wird die benötigte Anzahl von 4-Byte-Worten generiert. Da die Teilschlüssel mit der Zustandsmatrix XOR-verknüpft werden, bestimmt die Größe der Zustandsmatrix – gegeben durch die Blocklänge des Klartextes – die Größe der Rundenschlüssel. Bei AES sind die Rundenschlüssel demzufolge 16 Byte groß, d. h. pro Rundenschlüssel werden vier 4-Byte-Worte benötigt. Die Anzahl der Runden ist durch die Schlüssellänge vorgegeben; durch die zusätzliche Schlüsseladdition vor der ersten Runde werden für r Runden also $(r + 1)$ Rundenschlüssel benötigt.

Da es sich bei AES nicht um eine selbstinverse Feistel-Chiffre handelt, müssen die Operationen zur Entschlüsselung invertiert werden. Das betrifft natürlich nur die Operationen SubBytes, ShiftRow und MixColumn – die Schlüsseladdition benötigt keine Invertierung, da es sich bei der XOR-Verknüpfung um eine involutorische Operation handelt, d. h. Operation und inverse Operation stimmen überein. Prinzipiell können nun die einzelnen Schritte in umgekehrter Reihenfolge durchlaufen werden, unter Anwendung der Rundenschlüssel in umgekehrter Reihenfolge.

Für die Entschlüsselung kann jedoch auch die äquivalente Reihenfolge der Schritte benutzt werden, natürlich unter Nutzung der inversen Funktionen. Dazu wird ausgenutzt, dass sich die Reihenfolge der Operationen SubBytes und ShiftRow sowie MixColumn und der Schlüsseladdition vertauschen lässt, wobei für Letzteres die Rundenschlüssel entsprechend anzupassen sind. Die Vertauschbarkeit der ersten beiden Schritte ist offensichtlich – es ist egal, ob zunächst byteweise substituiert wird und anschließend die Zeilen zyklisch verschoben werden, oder umgekehrt.

Für die Vertauschbarkeit der beiden letzten Schritte wird ausgenutzt, dass MixColumn wie auch MixColumn^{-1} lineare Abbildungen sind. Dann gilt:

$$\text{MixColumn}(s_i \oplus k_i) = \text{MixColumn}(s_i) \oplus \text{MixColumn}(k_i)$$

sowie

$$\text{MixColumn}^{-1}(s_i \oplus k_i) = \text{MixColumn}^{-1}(s_i) \oplus \text{MixColumn}^{-1}(k_i).$$

Um die Reihenfolge von MixColumn bzw. MixColumn^{-1} und der Schlüsseladdition zu vertauschen, muss also die Operation MixColumn bzw. MixColumn^{-1} zunächst auf die Operanden angewendet werden. Dass damit die Entschlüsselung in äquivalenter Reihenfolge möglich ist, soll in einer Übungsaufgabe gezeigt werden.

7.5.3 Analyse des AES

Dass sich die einzelnen Operationen des AES mit Hilfe algebraischer Operationen darstellen lassen, erlaubt eine elegante Beschreibung des Algorithmus. Diese Tatsache könnte aber möglicherweise eine Schwachstelle bieten. Im Jahr 2001 gelang es NIELS FERGUSON, R. SCHROEPPEL und DOUG WHITING, die AES–Verschlüsselung mit einer geschlossenen algebraischen Formel darzustellen [39]. Offen ist derzeit noch, ob sich die Darstellung für einen Angriff auf AES nutzen lässt.

Einen Ansatz zur Lösung dieses Problems mit Hilfe von quadratischen Gleichungen, den XSL-Angriff, veröffentlichten NICOLAS T. CURTOIS und JOSEF PIEPRZYK 2002 [21]. Bislang konnte jedoch noch nicht gezeigt werden, dass in der Praxis ein Brechen mit Hilfe dieses Ansatzes tatsächlich möglich ist.

Natürlich wird AES weiterhin intensiv untersucht. Die bisherigen Angriffe zielen nicht nur auf den Algorithmus ab, sondern versuchen auch Seiteninformationen zu nutzen. Eine Übersicht über Angriffe und die Anzahl Runden, auf die sie angewendet werden konnten, gibt z. B. http://www.iaik.tugraz.at/content/research/krypto/aes/.

7.6 Zusammenfassung

Für den praktischen Einsatz sind Systeme mit geringerer als informationstheoretischer Sicherheit relevant. Hier haben wir hier einen Ausblick auf die Verwendung von Stromchiffren und iterierten Blockchiffren gegeben.

Allgemeine Ansätze für die Analyse von Blockchiffren sind zum Beispiel Brute-Force-Angriffe und die Kodebuchanalyse sowie Ansätze, um den Rechenaufwand durch Nutzung einer höheren Speicherkapazität zu erhöhen.

Wir haben als einfachstes Beispiel eines informationstheoretisch sicheren symmetrischen Konzelationssystems die **Vernam-Chiffre** (auch One-Time-Pad genannt) kennengelernt und deren informationstheoretische Sicherheit bewiesen. Außerdem haben wir Authentikationskodes betrachtet, die informationstheoretisch sichere symmetrische Authentikationssysteme sind, und die Mindestlänge von Schlüsseln für Authentikationskodes untersucht.

Wir haben Sicherheitsanforderungen an Pseudozufallsbitfolgengeneratoren (PBGs) vorgestellt und sie insbesondere für einen speziellen PBG diskutiert, den s^2-mod-n-Generator. Dabei handelt es sich um einen kryptographisch starken Pseudozufallsbitfolgengenerator. Wir haben uns speziell mit dem s^2-mod-n-Generator beschäftigt, weil er auch im Kapitel über asymmetrische Kryptosysteme noch eine Rolle spielen wird, mit Quadraten modulo n arbeitet und seine Sicherheit mit der Schwierigkeit des Quadratwurzelziehens modulo n verbunden ist. Hier haben wir auf Grundlage des s^2-mod-n-Generators ein symmetrisches Konzelationssystem definiert – das Pseudo-One-Time-Pad.

Der DES (Data Encryption Standard) ist der erste kryptographische Algorithmus, der standardisiert worden ist. Er ist eine iterierte symmetrische Blockchiffre nach dem Konstruktionsprinzip der Feistel-Chiffre. Da es sich bei der Feistel-Chiffre um eine selbstinverse Chiffre handelt, wird bei Ver- und Entschlüsselung mit derselben Rundenfunktion gearbeitet. Wir haben die Struktur des DES und seine Eigenschaften beschrieben – zu deren wichtigsten gehört, dass das Avalanche-Kriterium erfüllt ist.

Trotz intensiver Untersuchung sind bis heute keine effizienten Angriffe auf den Verschlüsselungsalgorithmus bekannt – auch die Methoden der differentiellen und linearen Kryptoanalyse erfordern einen für die Praxis zu großen Aufwand. Das wesentliche Problem bzgl. der Sicherheit besteht in der zu kurzen Schlüssellänge, die heutzutage keine Sicherheit mehr gegen vollständige Suche bieten kann. Deswegen wird DES in der Variante 3-DES eingesetzt, bei der sich die Schlüssellänge durch die Mehrfachverschlüsselung erhöht.

Mit dem Advanced Encryption Standard (AES) haben wir einen neuen symmetrischen Verschlüsselungsstandard und damit den Nachfolger des DES vorgestellt. Dabei sind wir auf die wichtigsten strukturellen Schritte des Algorithmus eingegangen und haben die algebraischen Grundlagen dazu erklärt. AES beruht auf einem Substitutions-Permutations-Netzwerk und erfordert daher die Invertierung der einzelnen Operationen. Durch das Vertauschen der Reihenfolge einzelner Schritte kann die Entschlüsselung in äquivalenter Weise wie die Verschlüsselung erfolgen. Die Sicherheit von AES wird auch in Zukunft weiter intensiv untersucht werden. Wir haben auf bisher bekannte Angriffe verwiesen, die sich aus der Möglichkeit zur einfachen und eleganten Beschreibung des Algorithmus ergeben.

7.7 Übungen

7.1 Zur Demonstration wird die Vernam-Chiffre in dieser Aufgabe auf das Alphabet A..Z angewendet. Die Nachricht „GEHEIMES TREFFEN" wurde unter Nutzung des Schlüssels „NWYPRCIKSENFOLQ" verschlüsselt. Ermitteln Sie für den resultierenden Schlüsseltext den Schlüssel, der den Klartext „NACHRICHT AN ALLE" liefern würde!

   Hinweise: Lassen Sie Leerzeichen bei der Ver- bzw. Entschlüsselung weg! Für die Ver- bzw. Entschlüsselung können Sie mit dem in Abb. 2.1 angegebenen Vigenère-Tableau arbeiten!

7.2 Folgende einfache Feistel-Chiffre sei gegeben: Blocklänge = 8 Bit, 2 Runden, $k = (k1|k2)$, Rundenfunktion $f : S(R_{i-1} \oplus k_i)$. Die Substitution S ist wie folgt definiert:

x	0000	0001	0010	0011	0100	0101	0110	0111
$S(x)$	0101	1010	0001	1001	0111	1100	0000	1111

x	1000	1001	1010	1011	1100	1101	1110	1111
$S(x)$	1101	0011	1000	0100	0010	1110	0110	1011

Als Schlüssel sei gegeben: $k = 11010001$. Verschlüsseln Sie den ersten Block des Klartextes $m = 1010011011001000...$ und entschlüsseln Sie das Ergebnis wieder!

7.3 Gegeben seien die Bytes $a(x) = x^6 + x^4 + x^2 + x + 1$, $b(x) = x^7 + x + 1$. Berechnen Sie $c(x) = a(x) \oplus b(x)$, $d(x) = a(x) \odot b(x)$ und geben Sie die Ergebnisse in Binärdarstellung an!

7.4 Bei der Operation MixColumn wird mit Polynomen dritten Grades gearbeitet, deren Koeffizienten Elemente des Körpers $GF(2^8)$ sind. Gegeben seien die Polynome (Koeffizienten angegeben in hexadezimaler Schreibweise):

$$a(x) = 01 \cdot x^3 + 03 \cdot x^2 + A1 \cdot x + 02,$$
$$b(x) = 02 \cdot x^3 + 01 \cdot x + FF.$$

Berechnen Sie $c(x) = a(x) + b(x)$!

7.5 Zeigen Sie, dass durch Vertauschen der Reihenfolge von Operationen die Entschlüsselung in äquivalenter Reihenfolge zur Verschlüsselung durchgeführt werden kann!

Asymmetrische Verfahren 8

8.1 Einwegfunktionen und Trapdoor-Einwegfunktionen

Die Idee für Kryptosysteme mit öffentlichem Schlüssel geht auf DIFFIE und HELLMAN zurück, die 1976 ein Verfahren zur öffentlichen Schlüsselübertragung entwickelten [29]. Die erste Realisierung dieser Idee in einem Kryptosystem ist das noch heute populäre Verfahren RSA (1977) von RIVEST, SHAMIR und ADLEMAN. Seitdem sind noch eine Reihe von weiteren Kryptosystemen mit öffentlichem Schlüssel entwickelt worden, unter anderem das ElGamal-Kryptosystem.

Asymmetrische Verfahren beruhen auf schwierigen mathematischen Problemen. Das begründet auch, warum sie einen größeren Rechenaufwand als symmetrische Verfahren erfordern und warum man in der Praxis oft hybride Systeme verwendet. Die Einschätzung der Sicherheit asymmetrischer Verfahren beruht u.a. auf der Abschätzung der Komplexität des zugrundeliegenden algorithmischen Problems und Betrachtungen zur Wirksamkeit möglicher Angriffe. Allerdings ist dies nur ein Aspekt der Sicherheit, wie in Abschn. 4.6.1 bereits diskutiert wurde.

> An die Chiffrierfunktion enc_A mit $enc_A(m) := enc(k_{e,A}, m)$ ($m \in M$) und die Dechiffrierfunktion dec_A mit $dec_A := dec(k_{d,A}, c)$ ($c \in C$) für jeden Teilnehmer bestehen bei asymmetrischen Verfahren folgende Forderungen (analog gilt dies natürlich auch für die Signier- und die Testfunktion bei einem asymmetrischen Authentikationssystem):
>
> (1) $dec_A \circ enc_A = id$.
> (2) Für dec_A und enc_A gibt es effiziente Realisierungen.
> (3) Der private Schlüssel $k_{d,A}$ (und damit auch die Dechiffrierfunktion dec_A) ist geheim; er kann nicht effizient aus dem öffentlichen Schlüssel $k_{e,A}$ (und damit auch nicht aus der Chiffrierfunktion enc_A) abgeleitet werden.

Wie in Abschn. 4.4.2 begründet, können asymmetrische Systeme nicht informationstheoretisch sicher sein. Da es einen mathematischen Zusammenhang zwischen privatem und öffentlichem Schlüssel gibt, kann ein unbeschränkter Angreifer den privaten Schlüssel ermitteln. Aus diesem Grund wird die letzte Forderung darauf beschränkt, dass ein Angreifer mit heute und in absehbarer Zukunft zur Verfügung stehenden Möglichkeiten nicht in der Lage ist, den privaten Schlüssel effizient zu ermitteln.

Bevor wir konkrete asymmetrische Verfahren vorstellen, beschäftigen wir uns mit der Frage, welche Abbildungen die oben aufgezählten Anforderungen an asymmetrische Verfahren erfüllen können. Den Zugang dazu liefern die Begriffe der *Einwegfunktion* bzw. der *Trapdoor-Einwegfunktion*, für die wir hier eine intuitive Definition angeben werden. Für präzisere Aussagen benötigt man Begriffe aus der Komplexitätstheorie.

Definition 8.1 *Eine injektive Abbildung* $f : X \to Y$ *heißt* Einwegfunktion, *wenn folgende Eigenschaften erfüllt sind*:

(1) *Es gibt ein effizientes Verfahren zur Berechnung von* $f(x)$ *für alle* $x \in X$.
(2) *Es gibt kein effizientes Verfahren zur Bestimmung von* x *aus* $y = f(x)$ *für alle* $y \in \{f(x) \mid x \in X\}$.

Da jede Einwegfunktion f eine injektive Abbildung ist, existiert die Abbildung f^{-1}, nur deren Berechnung scheitert praktisch an dem erforderlichen Aufwand für Rechenzeit bzw. Speicherplatz. Die beiden Forderungen in der Definition bedeuten, dass es einfach sein muss, die Funktionswerte $f(x)$ auszurechnen, dass es dagegen aber für fast alle Funktionswerte $y = f(x)$ schwer sein muss, x aus $y = f(x)$ zu berechnen. Wenn man auf der Suche nach geeigneten Funktionen für f ist, dann kann sich an mathematischen Problemen orientieren, die als schwierig angesehen werden. Dazu gehören das *Faktorisierungsproblem* und das *Problem des diskreten Logarithmus*, die später noch genauer formuliert werden.

Bei einigen Problemen läuft die Berechnung von f^{-1} auf die Primfaktorenzerlegung einer sehr großen natürlichen Zahl n hinaus. Die Größenordnung der Anzahl der dafür erforderlichen Operationen kann für den Algorithmus „Allgemeines Zahlkörpersieb (GNFS)" mit $e^{(1.92+o(1))(\ln n)^{1/3}(\ln(\ln n))^{2/3}}$ angegeben werden (dabei bezeichnet $o(1)$ eine Funktion von n mit $o(1) \to 0$ für $n \to \infty$).

- Die Nichtexistenz von schnelleren Algorithmen zum Faktorisieren großer natürlicher Zahlen konnte bisher nicht bewiesen werden.
- Die Möglichkeit eines direkten Angriffes, der die Berechnung der inversen Abbildung umgeht, besteht nach wie vor.
- Bisher konnte kein Beweis dafür erbracht werden, dass es Einwegfunktionen gibt.
  Es sind aber zum Beispiel folgende „Kandidaten" für Einwegfunktionen bekannt:

  (i) $f : X \to \mathbb{N}$ mit $X = \{(x_1, x_2) \mid x_1, x_2 \in \mathbb{P}, K \leq x_1 \leq x_2\}$ und $f(x_1, x_2) = x_1 x_2$ für hinreichend großes K (dabei bezeichnet $\mathbb{P}$ die Menge aller Primzahlen und

8.1 Einwegfunktionen und Trapdoor-Einwegfunktionen

K eine hinreichend große Konstante). Dagegen kann man das Produkt $x_1 x_2$ von Primzahlen x_1, x_2 sehr leicht ausrechnen.

(ii) $f : X \to Y$ mit $X = \{0, 1, \ldots, p - 2\}$, $Y = \{1, 2, \ldots, p - 1\}$ ($p \in \mathbb{P}$) und $f(x) = a^x \bmod p$ für hinreichend große p, a, x.

Der Berechnungsaufwand für die Funktionswerte $f(x)$ bleibt auch für $p, a, x > 10^{200}$ in einem erträglichen Bereich, wenn man die Berechnung mit der Methode Square & Multiply ausführt.

(iii) $f : X \to X$ mit $X = \{0, 1, \ldots p - 1\}$, $g(x) = a_n x^n + \ldots + a_1 x + a_0$ ($n \in \mathbb{N}, a_i \in \{0, 1, \ldots, p - 1\}$) und $f(x) = g(x) \bmod p$ ($p \in \mathbb{P}$) für hinreichend große p, n.

Auf die Frage, wie groß die „hinreichend großen" natürlichen Zahlen gewählt werden sollten, gehen wir später im Zusammenhang mit konkreten Kryptosystemen ein.

(Echte) Einwegfunktionen sind für Kryptosysteme ungeeignet, denn mit dem Dechiffrieren hätte der berechtigte Empfänger die gleichen Probleme wie ein Angreifer. Dagegen eignen sie sich zum Identifizieren bzw. zum Authentifizieren.

Eine Möglichkeit, um für berechtigte Empfänger die effiziente Dechiffrierung verschlüsselter Nachrichten möglich zu machen, findet man in den *Trapdoor-Einwegfunktionen* – man spricht auch von *Einwegfunktionen mit Falltür*. Diese Bezeichnung kommt daher, dass es hier im Unterschied zu gewöhnlichen Einwegfunktionen möglich ist, unter Benutzung einer „Falltür" den Weg zur Berechnung von x aus $y = f(x)$ abzukürzen. Diese Abkürzung ist aber nur dann möglich, wenn eine Zusatzinformation zur Verfügung steht.

Definition 8.2 *Eine injektive Abbildung $f : X \to Y$ heißt* Trapdoor-Einweg-Funktion, *wenn folgende Eigenschaften erfüllt sind*:

(1) *Es gibt effiziente Verfahren zur Berechnung der Funktionswerte von f für alle $x \in X$ und von $f^{-1}(y)$ für alle $y \in \{f(x) \mid x \in X\}$.*
(2) *Das effiziente Verfahren zur Berechnung von f^{-1} kann nicht aus f gewonnen werden, sondern erfordert die Kenntnis einer geheim zu haltenden Zusatzinformation.*

Auch für Einwegfunktionen mit Falltür konnte ein Existenzbeweis noch nicht erbracht werden. Mögliche Kandidaten sind:

(i) Potenzieren modulo q

$$f : X \to X \quad \text{mit } X = \{0, 1, \ldots, q - 1\}, \quad f(x) = x^h \bmod q \quad (h \in \mathbb{N}, h \text{ fest}).$$

Sind nur h und q bekannt und gilt $q > 10^{200}$, so ist kein effektiver Algorithmus zur Bestimmung der h-ten Wurzel modulo q (öffentlich) bekannt. Ist aber q keine Primzahl und kennt man die Zerlegung von q in Primfaktoren, dann kann x aus x^h leichter bestimmen.

(ii) Ein häufig genutzter Sonderfall von (i) ist das Quadrieren modulo q.

8.2 Das Rucksack-Problem und das Merkle-Hellman-Kryptosystem

Als erstes Beispiel für ein asymmetrisches Kryptosystem stellen wir das Merkle-Hellman-Kryptosystem [66] vor, das auf einem NP-vollständigen Problem beruht, dem im Folgenden vorgestellten Rucksack-Problem. Zwar handelt es sich hierbei nicht um ein in der Praxis benutztes Kryptosystem, denn Sicherheitslücken wurden schon bald nach seiner Entwicklung entdeckt. Aber anhand dieses Verfahrens lässt es sich gut erklären, wie ein asymmetrisches Kryptosystem grundsätzlich funktioniert.

Grundlage für das Kryptosystem ist ein mathematisches Problem, von dem zum aktuellen Zeitpunkt keine effiziente Lösung bekannt ist und von dem außerdem allgemein erwartet wird, dass es auch in absehbarer Zukunft keine effiziente Lösung geben wird. In diesem konkreten Fall handelt es sich um das Rucksack-Problem.

▶ **Rucksack-Problem:** Gegeben sei eine Menge $\{v_0, v_1, \ldots, v_{k-1}\}$ von k paarweise verschiedenen positiven natürlichen Zahlen v_i, d. h. es gilt $v_i \in \mathbb{N} \setminus \{0\}$ für $i = 0, 1, \ldots, k-1$. Außerdem ist ein „Volumen" $V \in \mathbb{N} \setminus \{0\}$ gegeben.
Gesucht sind k Elemente $\lambda_i \in \{0, 1\}$ für $i = 0, 1, \ldots, k-1$, die die Bedingung

$$V = \sum_{i=0}^{k-1} \lambda_i v_i$$

erfüllen. Das heißt, gesucht ist die folgende natürliche Zahl in Binärdarstellung:

$$[\lambda_{k-1} \lambda_k \ldots \lambda_1 \lambda_0]_2 \quad \text{mit } V = \sum_{i=0}^{k-1} \lambda_i v_i.$$

Bei diesem Problem handelt es sich um ein NP-vollständiges Problem. Es kann genau eine Lösung oder mehrere Lösungen besitzen bzw. unlösbar sein.

Man spricht deshalb von einem Rucksack-Problem, weil man sich vorstellen kann, dass ein Rucksack mit dem Volumen V gepackt werden soll. Zum Packen sind Regeln einzuhalten. Einerseits soll das Volumen des Rucksacks vollständig ausgenutzt werden. Andererseits darf von jedem der k dafür wählbaren Gepäckstücke mit den Volumina v_i ($i = 0, 1, \ldots, k-1$) höchstens ein Exemplar eingepackt werden. Vorrangregeln für die Auswahl bestimmter Gepäckstücke gibt es nicht – es geht nur um die vollständige Ausfüllung des Volumens.

Wählt man geeignete Volumina v_i und ein hinreichend großes Volumen V, dann ist das Rucksackproblem (auch Teilsummenproblem genannt) praktisch nicht lösbar.

Eine Idee für die Verschlüsselung auf der Grundlage des Rucksack-Problems ist leicht zu finden: Wählt man als Nachricht die natürliche Zahl $[\lambda_{k-1} \lambda_k \ldots \lambda_1 \lambda_0]_2$ (in Binärdarstellung), dann kann diese Nachricht effizient zum Schlüsselwort $V = \sum_{i=0}^{k-1} \lambda_i v_i$ verschlüsselt werden. Ein Problem ergibt sich allerdings daraus, dass dann eine Entschlüsselung nicht mehr möglich ist. Für die Umsetzung der Idee eines Kryptosystem eignet sich das

8.2 Das Rucksack-Problem und das Merkle-Hellman-Kryptosystem

allgemeine Rucksack-Problem also nicht. Deshalb betrachten wir nun das folgende vereinfachte Rucksack-Problem.

▶ **Vereinfachtes Rucksack-Problem** Gegeben sei eine Menge $\{v_0, v_1, \ldots, v_{k-1}\}$ mit $v_i \in \mathbb{N} \setminus \{0\}$ für $i = 0, 1, \ldots, k-1$. Außerdem ist ein „Volumen" $V \in \mathbb{N} \setminus \{0\}$ gegeben. Zusätzlich gelte:

$$v_i > v_0 + v_1 + \ldots + v_{i-1} \quad (*)$$

Gesucht sind (wie im allgemeinen Rucksackproblem) k Elemente $\lambda_i \in \{0, 1\}$ für $i = 0, 1, \ldots, k-1$, die die Bedingung $V = \sum_{i=0}^{k-1} \lambda_i v_i$ erfüllen.

Beispiel 8.1 Die Menge $\{v_0, v_1, v_2, v_3, v_4\} = \{2, 3, 10, 17, 35\}$ erfüllt die Bedingung $(*)$ aus dem vereinfachten Rucksack-Problem.

Für das vorgegebene Volumen $V = 29$ lässt sich das Problem leicht lösen. Man findet $\lambda_4 = 0$ wegen $V < 35$, $\lambda_3 = 1$ (woraus sich ein freies Restvolumen von 12 ergibt), $\lambda_2 = 1$ (mit dem Restvolumen 2), $\lambda_1 = 0$ und schließlich $\lambda_0 = 1$. Eine andere Lösung gibt es nicht.

Für die Lösung des vereinfachten Rucksack-Problems sind nur zwei Fälle möglich: Entweder das Problem besitzt genau eine oder es besitzt keine Lösung. Welcher der beiden Fälle vorliegt, lässt sich leicht ermitteln, und im Falle der Lösbarkeit kann man die Lösung leicht angeben: Dazu beginnt man mit dem Index k und setzt $\lambda_{k-1} := 1$ und $V := V - v_{k-1}$, falls $v_{k-1} < V$ gilt; andernfalls ist $\lambda_{k-1} := 0$ und V bleibt unverändert. Analog geht man für jeden Index $i < k-1$ vor.

Auf diese Weise findet man alle Lösungen des vereinfachten Rucksack-Problems: Gilt $v_i < V$, dann muss offensichtlich $\lambda_i = 0$ gewählt werden. Gilt $v_i \geq V$, dann kann man wegen der Bedingung $(*)$ keine Lösung finden, wenn man $\lambda_i = 0$ setzt – also muss man wie oben beschrieben $\lambda_i = 1$ wählen und wird nach spätestens k Schritten die eindeutig bestimmte Lösung erhalten, falls das Problem lösbar ist, und andernfalls die Unlösbarkeit feststellen.

Zusammenfassend können wir feststellen:

▶ **Anmerkung** Beim vereinfachten Rucksack-Problem erhält man entweder eine Menge I von Indizes mit $\sum_{i \in I} v_i = V$ oder es gibt keine Lösung.
Man kann effizient entscheiden, welcher der beiden Fälle vorliegt.

Auf dieser Beobachtung beruht das **Merkle-Hellman-Kryptosystem**. Wir stellen es für den Fall vor, dass eine verschlüsselte Nachricht von A an B übertragen werden soll. Dabei soll der Empfänger B das vereinfachte Rucksack-Problem lösen, jeder Angreifer jedoch das (allgemeine) Rucksack-Problem.

B wählt ein k-Tupel positiver natürlicher Zahlen $(v_0, v_1, \ldots, v_{k-1})$, das die Eigenschaft (∗) erfüllt, ein $n \in \mathbb{N}$ mit $n > \sum_{i=0}^{k-1} v_i$ sowie ein $a \in \mathbb{Z}_n^*$ (insbesondere gilt dann $\mathrm{ggT}(a, n) = 1$). B berechnet die Zahlen $w_i := av_i \pmod{n}$ für $i = 0, 1, \ldots, k-1$ und gibt das k-Tupel $(w_0, w_1, \ldots, w_{k-1})$ öffentlich bekannt.

A verschlüsselt die Nachricht $m = [\varepsilon_{k-1} \ldots \varepsilon_1 \varepsilon_0]_2$ zum Schlüsseltext $c := \sum_{i=0}^{k-1} \varepsilon_i w_i$ und übermittelt c an B.

B berechnet zunächst das Inverse a^{-1} von a modulo n (das wegen $\mathrm{ggT}(a, n) = 1$ auch existiert) und anschließend

$$a^{-1} c \equiv a^{-1} \sum_{i=0}^{k-1} \varepsilon_i w_i \equiv \sum_{i=0}^{k-1} \varepsilon_i a^{-1} a v_i \equiv \sum_{i=0}^{k-1} \varepsilon_i v_i \pmod{n}.$$

Dabei gilt $\sum_{i=0}^{k-1} \varepsilon_i v_i \leq \sum_{i=0}^{k-1} v_i < n$. Somit können von B aus $\sum_{i=0}^{k-1} \varepsilon_i v_i$ durch Lösen eines vereinfachten Rucksack-Problems leicht die Koeffizienten $\varepsilon_0, \varepsilon_1, \ldots, \varepsilon_{k-1}$ ermittelt werden. Damit erhält B die ursprüngliche Nachricht $m = [\varepsilon_{k-1} \ldots \varepsilon_1 \varepsilon_0]_2$.

Das Merkle-Hellman-Kryptosystem wurde 1978 vorgeschlagen und anfangs sehr geschätzt, weil es einfach ist und im Unterschied zu anderen asymmetrischen Kryptosystemen nicht die Benutzung großer Primzahlen erfordert.

Bereits 1982 wurde das Kryptosystem jedoch durch ADLEMAN gebrochen und SHAMIR fand 1984 einen Algorithmus [80], der diesen speziellen Fall von Rucksack-Problemen löst und polynomial in k ist.

Daher ist das Merkle-Hellman-Kryptosystem nicht sicher. Eine Variante des Merkle-Hellman-Kryptosystem mit iterierter Anwendung der Verschlüsselung wurde ebenfalls gebrochen. Zwar gibt es ein ähnliches Kryptosystem von Chor-Rivest [19], das noch ungebrochen ist, aber auch höheren Rechenaufwand erfordert.

Allerdings ist das Vertrauen der Anwender in Kryptosysteme auf Grundlage des Rucksack-Problems seit Shamirs Angriff generell nicht mehr vorhanden.

Fassen wir noch einmal die wesentlichen Aspekte zusammen, die bei der Konstruktion des Merkle-Hellman-Kryptosystem eine Rolle spielen. Wie bei allen asymmetrischen Kryptosystemen muss der potentielle Empfänger der Nachrichten ein Geheimnis wählen, zu dem er gewisse (Teil)Informationen veröffentlicht. Der Sender der Nachricht kann ebenso wie jeder Angreifer die veröffentlichten Informationen benutzen. Allerdings darf es nicht möglich sein, daraus mit vertretbarem Aufwand das Geheimnis selbst wieder herzuleiten. Sind diese Bedingungen erfüllt, dann wird „nur" noch eine Idee benötigt, wie Nachrichten mit Hilfe der veröffentlichten Teilinformationen über das Geheimnis verschlüsselt werden könne, so dass sie allein der Inhaber des Geheimnisses selbst wieder entschlüsseln kann.

Dass überhaupt eine Möglichkeit zur Realisierung dieses Konzeptes gefunden wurde, kann als bahnbrechend angesehen werden. Praktischer Nutzen entsteht daraus nur, wenn auf dieser Grundlage sichere Kryptosysteme entwickelt werden können, was der Idee von MERKLE und HELLMAN nicht vergönnt war. Die Schwierigkeit zum Lösen eines mathematischen Problems sagt also längst nicht alles über die Sicherheit der Kryptsoysteme aus, die auf dieser Grundlage aufbauen.

8.3 Systeme auf der Grundlage des Faktorisierungsproblems

8.3.1 Das Faktorisierungsproblem

Neben dem schon vorgestellten Rucksack-Problem gibt es noch andere mathematische Probleme, die bei geeigneter Wahl der Parameter schwer zu lösen sind. Eines der bekanntesten Probleme ist dabei das Faktorisierungsproblem, auf dem mit dem RSA-Verfahren das bekannteste asymmetrische Kryptosystem beruht.

▶ **Faktorisierungsproblem:** Gegeben sei eine natürliche Zahl n, die als Produkt $n = pq$ von zwei (großen) Primzahlen p und q mit $p \neq q$ darstellbar ist.
Gesucht sind diese beiden natürlichen Zahlen p und q.

Hier haben wir einen Sonderfall des Faktorisierungsproblems formuliert, der besonders für Anwendungen in der Kryptographie von Bedeutung ist. Allgemeiner spricht man vom Faktorisierungsproblem, wenn es darum geht, beliebige natürliche Zahlen, die keine Primzahlen sind, als Produkt ihrer Primfaktoren darzustellen bzw. in ein Produkt kleinerer natürlicher Zahlen zu zerlegen.

Es sind verschiedene Algorithmen bekannt, die zum Lösen des Faktorisierungsproblems anwendbar sind. Neben der naiven Suche nach Teilern der Zahl n durch Ausprobieren aller Möglichkeiten sind auch einige Algorithmen mit besseren Laufzeiten untersucht worden. Dazu gehören das Quadratische Sieb und das Zahlkörpersieb sowie die ECM-Faktorisierung (ein Faktorisierungsverfahren auf der Grundlage elliptischer Kurven). Alle diese Algorithmen haben eine wesentliche Gemeinsamkeit: Sie sind für die in Kryptosystemen benutzte Größenordnung von n nicht effizient. Im Folgenden sind bekannte Aussagen zur Komplexität der genannten Faktorisierungsverfahren zusammengefasst:

Algorithmus	Laufzeitverhalten bei Faktorisierung von n
• Quadratisches Sieb (QS)	$O(e^{(1+o(1))\sqrt{\ln n \ln(\ln n)}})$
• Faktorisierungsmethode mit elliptischen Kurven (ECM)	$O(e^{(1+o(1))\sqrt{2\ln p \ln(\ln p)}})$
• Allgemeines Zahlkörpersieb (GNFS)	$O(e^{(1,92+o(1))(\ln n)^{1/3}(\ln(\ln n))^{2/3}})$

Dabei bezeichne $o(1)$ eine Funktion von n mit $o(1) \to 0$ für $n \to \infty$. Bei der ECM-Methode bezeichnet p den kleinsten Primteiler von n.

Derzeit noch nicht von praktischer Relevanz ist der Algorithmus von SHOR, der auf Quantencomputern eine polynomiale Laufzeit hat. Deshalb wird mit der Entwicklung von praxisrelevanten Quantencomputern auch eine Neubewertung der Sicherheit asymmetrischer Kryptosysteme auf der Grundlage das Faktorisierungsproblems erforderlich sein.

In den folgenden Kapiteln stellen wir zunächst kryptographische Systeme auf der Grundlage des Faktorisierungsproblems vor, ehe wir detaillierter auf Faktorisierungsalgorithmen eingehen.

8.3.2 Das RSA-Kryptosystem

8.3.2.1 Mathematische Grundlagen

RSA, benannt nach den ersten Buchstaben der Nachnamen seiner Erfinder Ronald L. Rivest, Adi Shamir und Leonard M. Adleman, wurde 1978 publiziert [77] und ist sowohl als asymmetrisches Konzelationssystem als auch als digitales Signatursystem verwendbar.

In diesem Kapitel beschreiben wir den mathematischen Zugang der Suche nach RSA. Damit wollen wir an einer Stelle zeigen, wie man überhaupt den Zugang zu einer Idee finden kann, die zu einem praktisch nutzbaren asymmetrischen Kryptosystem führt. Der weniger mathematisch interessierte Leser kann diesen Abschnitt überspringen und gleich mit dem nächsten Abschnitt fortsetzen.

Das RSA-Verfahren beruht in seiner Grundidee auf dem Satz von EULER-FERMAT. Wir wollen zunächst Ideen diskutieren, wie dieser Satz grundsätzlich zum Verschlüsseln und Entschlüsseln genutzt werden könnte, bevor wir zu einer abstrakten Formulierung eines tragfähigen Ansatzes als Kryptosystem kommen.

▶ **Anmerkung** Laut Satz von FERMAT gilt für Primzahlen p und Elemente $a \in \mathbb{Z}_p^*$, dass $a^{p-1} \equiv 1 \pmod{p}$ erfüllt ist.

Betrachtet man a als Nachricht und die Abbildung $a \mapsto a^{p-1}$ als Verschlüsselungsfunktion, dann ist offensichtlich, dass daraus kein Kryptosystem entwickelt werden kann, denn alle Nachrichten a würden zum Schlüsseltext 1 verschlüsselt und könnten daher vom Empfänger des Schlüsseltextes nicht wieder rekonstruiert werden.

Dennoch muss dieser Ansatz nicht vollständig verworfen werden, denn aus $a^{p-1} \equiv 1 \pmod{p}$ folgt auch $a^p \equiv a \pmod{p}$. Stellt man a^p in der Form $a^p = a^{k_e \cdot k_d}$ dar, dann kann man wegen $a^{k_e \cdot k_d} \equiv a^1 \pmod{p}$ mit $a \mapsto a^{k_e} \bmod p$ eine Verschlüsselungsfunktion (also $c := a^{k_e} \bmod p$) und mit $c \mapsto c^{k_d} \bmod p$ die zugehörige Entschlüsselungsfunktion angeben.

Vor Übertragung verschlüsselter Nachrichten an B müssen aber dem Absender A der Verschlüsselungsexponent k_e sowie die Primzahl p bekannt sein, wogegen der Entschlüsselungsexponent k_d ein Geheimnis des Empfängers bleiben soll. Weil jeder Angreifer mit dem erweiterten Euklidischen Algorithmus aus k_e und p auch k_d ermitteln kann (denn es gilt $k_e \cdot k_d \equiv 1 \pmod{p}$), versagt also dieser Ansatz.

Bisher wurde allerdings nur versucht, den Satz von FERMAT zu benutzen. Erweitert man die Betrachtung auf den Fall, dass der Modul das Produkt $p \cdot q$ zweier verschiedener

8.3 Systeme auf der Grundlage des Faktorisierungsproblems

Primzahlen p und q ist und zieht man den Satz von EULER heran, dann ist folgendes Vorgehen naheliegend: Für jede Nachricht a aus $\mathbb{Z}_{pq}^*$ gelten $a^{\varphi(pq)} \equiv 1 \pmod{pq}$ und $a^{\varphi(pq)+1} \equiv a \pmod{pq}$. Stellt man $a^{\varphi(pq)+1}$ in der Form $a^{\varphi(pq)+1} = a^{k_e \cdot k_d}$ dar, dann kann man wegen $a^{k_e \cdot k_d} \equiv a^1 \pmod{pq}$ mit $a \mapsto a^{k_e} \bmod pq$ eine Verschlüsselungsfunktion (also $c := a^{k_e} \bmod pq$) und mit $c \mapsto c^{k_d} \bmod pq$ die zugehörige Entschlüsselungsfunktion angeben.

Auch hier gilt: Die Parameter p, q, k_e, k_d müssen so gewählt werden, dass aus den zum Verschlüsseln benötigten Parametern $n := pq$ und k_e der zum Entschlüsseln benötigte Parameter k_d praktisch nicht ermittelt werden kann. Der Empfänger B ist allerdings mit dem erweiterten Euklidischen Algorithmus in der Lage, aus n und k_e den Entschlüsselungsexponenten k_d zu ermitteln, wenn B die beiden Faktoren p und q mit $n = pq$ kennt.

Im Folgenden wird es sich zeigen, dass die in der Anmerkung benutzte Voraussetzung $a \in \mathbb{Z}_{pq}^*$ gar nicht erforderlich ist, sondern dass man von der schwächeren Bedingung $a \in \mathbb{Z}_{pq}$ ausgehen kann.

Satz 8.1 *Es seien p und q ungerade Primzahlen mit $p \neq q$ und $n := pq$. Weiter sei $k_e \in \mathbb{Z}_{\varphi(n)}^*$ (es gilt also $1 = \mathrm{ggT}(k_e, \varphi(n)) = \mathrm{ggT}(k_e, \varphi(pq)) = \mathrm{ggT}(k_e, (p-1)(q-1))$). Dann ist $f : \mathbb{Z}_n \to \mathbb{Z}_n : x \mapsto x^{k_e}$ eine injektive Abbildung.*

Ist k_d eine natürliche Zahl mit $k_e k_d \equiv 1 \pmod{\varphi(n)}$, so ist $f^{-1} : \mathbb{Z}_n \to \mathbb{Z}_n : x \mapsto x^{k_d}$ die zu f inverse Abbildung.

Beweis f ist offensichtlich eine Abbildung (der endlichen Menge $\mathbb{Z}_n$ in sich selbst). Daher kann die Bijektivität von f gezeigt werden indem man f^{-1} angibt.

Es genügt also nachzurechnen, dass $(f^{-1} \circ f)(x) = x$ für alle $x \in \mathbb{Z}_n$ erfüllt ist. Zunächst gilt:

$$x^{k_e k_d} = x^{1+\ell \cdot \varphi(n)} = x \cdot x^{(p-1)(q-1)\ell} = x \cdot \left((x^{p-1})^{q-1}\right)^\ell = x \cdot \left((x^{q-1})^{p-1}\right)^\ell$$

für eine geeignete natürliche Zahl ℓ.

Wir berechnen $x^{k_e k_d}$ modulo p: Für $x \equiv 0 \pmod{p}$ gilt offensichtlich $x^{k_e k_d} \equiv 0 \equiv x \pmod{p}$.

Für $x \not\equiv 0 \pmod{p}$ gilt ebenso $x^{k_e k_d} \equiv x \pmod{p}$, hier allerdings laut Satz von FERMAT unter Benutzung der obigen Darstellung:

$$x^{k_e k_d} \equiv x^{1+\ell \cdot \varphi(n)} \equiv x^{1+\ell \cdot (p-1)(q-1)} \equiv x \cdot \left(1^{q-1}\right)^\ell \equiv x \pmod{p}$$

Insgesamt ergibt sich $x^{k_e k_d} \equiv x \pmod{p}$.

Analog dazu kann man auch $x^{k_e k_d} \equiv x \pmod{q}$ für die Primzahl q herleiten.

Es gilt also, dass p und q zwei verschiedene Primteiler der Differenz $x^{k_e k_d} - x$ sind. Ebenso ist dann das Produkt pq ein Teiler von $x^{k_e k_d} - x$, und daraus folgt schließlich $x^{k_e k_d} \equiv x \pmod{pq}$. □

Wir fassen unsere Vorüberlegungen nun in einer formalen Darstellung als Kryptosystem zusammen:

> **RSA-Kryptosystem**
> Es seien p und q ungerade Primzahlen mit $p \neq q$ und es gelte $n = pq$.
> Weiter sei $\mathbb{M} = \mathbb{C} = \mathbb{Z}_n$ und $\mathbb{K} = \{(n, p, q, k_e, k_d) \mid k_e k_d \equiv 1 \pmod{\varphi(n)}\}$.
> Für $k = (n, p, q, k_e, k_d) \in \mathbb{K}$ gelte
>
> $$\text{enc}(k_e, m) = m^{k_e} \quad \text{und} \quad \text{dec}(k_d, c) = c^{k_d}$$
>
> für alle $m, c \in \mathbb{Z}_n$.
> Die Werte n, k_e bilden den öffentlichen Schlüssel, die Werte p, q, k_d bilden den privaten Schlüssel des Empfängers der Nachricht.

Offensichtlich kann ein Angreifer, der faktorisieren kann, das System brechen: Wenn er die Faktoren p und q des RSA-Moduls n ermittelt hat, kann er aus dem öffentlichen Parameter k_e den geheimen Parameter $k_d = k_e^{-1} \mod \varphi(n) = k_e^{-1} \mod (p-1)(q-1)$ mit Hilfe des Euklidischen Algorithmus effizient berechnen. Wie in Abschn. 4.6.1 beschrieben, würde für den Nachweis „beweisbarer Sicherheit" auch erforderlich sein zu zeigen, dass jemand, der das System brechen kann, faktorisieren kann – dies konnte für RSA jedoch nicht gezeigt werden.

▶ **Anmerkung** Im Jahr 1977 hatte R. RIVEST eine Rätselaufgabe veröffentlicht, die im Brechen einer RSA-Verschlüsselung bestand, und die Schätzung abgegeben, dass 40 Quadrillionen Jahre zur Entschlüsselung notwendig sein werden.
Bereits nach 17 Jahren wurde aber der Klartext vorgelegt:

„*The magic words are squeamish ossifrage.*"

Unter Leitung von LENSTRA wurden eine Version des quadratischen Siebes zur Faktorisierung großer Zahlen genutzt und enorme Rechenkapazitäten über das Internet koordiniert: 600 Anwender ließen 1600 Rechner über 8 Monate verteilt arbeiten (dabei wurden 150 Milliarden Operationen ausgeführt), um das Problem schließlich zu lösen.

Wir möchten hier noch auf ein mathematisches Detail hinweisen, das wesentlich für die Verwendung der Abbildung $\text{enc}(k, m) = f$ als Verschlüsselungsfunktion ist. Bei einer Verschlüsselung von Nachrichten $x \in \mathbb{Z}_n$ mit $n = pq$ für zwei verschiedene Primzahlen p und q durch die Abbildung

$$f : \mathbb{Z}_n \to \mathbb{Z}_n : x \mapsto x^{k_e}$$

wird es immer Elemente aus $\mathbb{Z}_n$ geben, die „Fixpunkte" der Verschlüsselung sind, also durch f auf sich selbst abgebildet werden. Offensichtlich ist 1 einer dieser Fixpunkte. Aber es gibt darüber hinaus noch weitere Fixpunkte der Verschlüsslung.

Satz 8.2 *Es seien p und q ungerade Primzahlen mit $p \neq q$ und $n := pq$. Weiter sei $k_e \in \mathbb{Z}^*_{\varphi(n)}$ und $f : \mathbb{Z}_n \to \mathbb{Z}_n : x \mapsto x^{k_e}$.*

Dann ist $(1 + \text{ggT}(k_e - 1, p - 1)) \cdot (1 + \text{ggT}(k_e - 1, q - 1))$ die Anzahl der Fixpunkte von f in $\mathbb{Z}_n$.

Beweis Es gilt $x^{k_e} \equiv x \pmod{n}$ genau dann, wenn $x^{k_e} \equiv x \pmod{p}$ und $x^{k_e} \equiv x \pmod{q}$ erfüllt sind.

Wir untersuchen zunächst, für welche $x \in \mathbb{Z}_p$ die Beziehung $x^{k_e} \equiv x \pmod{p}$ gilt: Für $x = 0$ ergibt sich offensichtlich eine wahre Aussage. Sei nun $x \in \mathbb{Z}_p$ und $\text{ggT}(x, p) = 1$. Dann hat x in $\mathbb{Z}_p$ das multiplikative Inverse x^{-1}. Also ist $x^{k_e} \equiv x \pmod{p}$ äquivalent zu $x^{k_e - 1} \equiv 1 \pmod{p}$. Diese Gleichung hat in der zyklischen Gruppe $\mathbb{Z}^*_p$ der Ordnung $p - 1$ genau $\text{ggT}(k_e - 1, p - 1)$ Lösungen. Also gibt es genau $\text{ggT}(k_e - 1, p - 1) + 1$ Elemente x von $\mathbb{Z}_p$, die $x^{k_e} \equiv x \pmod{p}$ erfüllen.

Analog kann man zeigen, dass es genau $\text{ggT}(k_e - 1, q - 1) + 1$ Elemente x von $\mathbb{Z}_q$, die $x^{k_e} \equiv x \pmod{q}$ erfüllen.

Mit Hilfe des Chinesischen Restsatzes erhält man nun, dass es genau $(1 + \text{ggT}(k_e - 1, p - 1)) \cdot (1 + \text{ggT}(k_e - 1, q - 1))$ Elemente von $\mathbb{Z}_{pq}$ gibt, die $x^{k_e} \equiv x \pmod{n}$ erfüllen.

▶ **Anmerkung** Es ist sogar möglich, dass sämtliche Elemente $x \in \mathbb{Z}_{pq}$ Fixpunkte der Verschlüsslung $f : x^{k_e} \mapsto x$ sind.
Dieser Fall tritt genau dann ein, wenn

$$\left(1 + \text{ggT}(k_e - 1, p - 1)\right) \cdot \left(1 + \text{ggT}(k_e - 1, q - 1)\right) = pq$$

gilt, also genau dann, wenn $\text{ggT}(k_e - 1, p - 1) = p - 1$ und $\text{ggT}(k_e - 1, q - 1) = q - 1$ erfüllt ist. Diese Aussage ist äquivalent dazu, dass $p - 1$ ein Teiler von $k_e - 1$ und $q - 1$ ein Teiler von $k_e - 1$, also dass das kleinste gemeinsame Vielfache von $p - 1$ und $q - 1$ ein Teiler von $k_e - 1$ ist.

Eine RSA-spezifische Methode der Kryptoanalyse [25] werden wir in diesem mathematischen Kapitel besprechen. R. RIVEST hat gezeigt, dass dieser Angriff bei geeigneter Wahl von p, q im allgemeinen nicht schneller sein kann als das Zerlegen des Moduls n in Primfaktoren.

- *Es seien $c_0 := m$ der Klartextblock und $c_1 := c = m^{k_e} \bmod n$ der Schlüsseltextblock.*
  Bilde $c_{i+1} = c_i^{k_e} \bmod n$ für $i = 1, 2, 3, \ldots$.
  Das kleinste k mit $c_{k+1} = c_1$ nennt man Iterationsexponent s_m von m.
  (Dabei gibt s_m die Länge des Zyklus an, in dem sich der Klartext m befindet: $(c_1 c_2 \ldots c_k)$ mit $c_{k+1} = c_1 = c$ und $c_k = c_0 = m$.)
  Die Zahl $s_m - 1$ heißt Wiederherstellungsexponent von m.

- *Der Iterationsexponent ist ein Teiler von $\varphi(\varphi(n))$.*

  Beweis

  (i) Aus $x \equiv y \pmod{\varphi(n)}$ folgt $m^x \equiv m^y \pmod{n}$.

  Gilt $x \equiv y \pmod{\varphi(n)}$, dann gibt es eine natürliche Zahl t mit $y = x + t \cdot \varphi(n)$, und es gilt $m^y \equiv m^{x+t \cdot \varphi(n)} \equiv m^x \cdot (m^{\varphi(n)})^t \pmod{n}$.

  Wir zeigen, dass $m^{\varphi(n)} \equiv 1 \pmod{n}$ ist. Wegen $n = pq$ ($p, q \in \mathbb{P}$, $p \neq q$) gilt $m^{\varphi(n)} = m^{\varphi(pq)} = m^{(p-1)(q-1)}$.

  Es ist $m^{p-1} \equiv 1 \pmod{p}$ und deshalb auch $m^{(p-1)(q-1)} \equiv 1 \pmod{p}$.

  Entsprechend folgt aus $m^{q-1} \equiv 1 \pmod{q}$, dass $m^{(p-1)(q-1)} \equiv 1 \pmod{q}$ erfüllt ist.

  Deshalb ist $m^{\varphi(n)}$ in der Form $m^{\varphi(n)} = 1 + sp = 1 + lq$ darstellbar, und es gilt $sp = lq$. Weil p und q zwei verschiedene Primzahlen sind, muss q ein Teiler von s sein ($s = s'q$), und es ist $m^{\varphi(n)} = 1 + s'pq = 1 + s'n$ bzw. $m^{\varphi(n)} \equiv 1 \pmod{n}$.

  Daraus folgt $m^y \equiv m^x \cdot (m^{\varphi(n)})^t \equiv m^x \cdot 1^t \equiv m^x \pmod{n}$.

  (ii) Es gilt $k_e^{\varphi(\varphi(n))} \equiv 1 \pmod{\varphi(n)}$.

  Es gilt $c_i = m^{k_e^i} \bmod n$.

  Wegen (i) folgt daraus $c_i = m^{k_e^i \bmod \varphi(n)} \bmod n$.

  Man setzt nun $i := \varphi(\varphi(n))$ in die Gleichung $c_i = m^{k_e^i} \bmod n$ ein und benutzt beim Umformen die obigen Eigenschaften:

  $$c_{\varphi(\varphi(n))} \equiv m^{k_e^{\varphi(\varphi(n))}} \equiv m^{k_e^{\varphi(\varphi(n))} \bmod \varphi(n)} \equiv m^1 \equiv c_0 \pmod{n}.$$

  Allerdings muss $\varphi(\varphi(n))$ nicht der kleinste Index s_m sein, für den $c_{s_m} = c_0$ erfüllt ist. Der Iterationsexponent s_m ist aber ein Teiler von $\varphi(\varphi(n))$, denn anderenfalls würde man aus $\varphi(\varphi(n)) = t \cdot s_m + r$ mit $t, r \in \mathbb{N}$ und $0 < r < s_m$ wegen $c_0 = c_{\varphi(\varphi(n))} = c_r$ einen Widerspruch zur Minimalität von s_m erhalten. $\square$

Aus diesem Angriff folgt: Um praktische Sicherheit zu gewährleisten, muss der Iterationsexponent möglichst groß sein. Da der Iterationsexponent ein Teiler von $\varphi(\varphi(n))$ ist, folgt daraus, dass $\varphi(\varphi(n))$ ebenfalls groß sein muss. Wegen $\varphi(\varphi(n)) = \varphi(\varphi(pq)) = \varphi((p-1)(q-1))$ und

$$\varphi\left(\prod_i p_i^{\alpha_i}\right) = \prod_i p_i^{\alpha_i} \cdot \prod_i \left(1 - \frac{1}{p_i}\right)$$
$$= \prod_i p_i^{\alpha_i} \cdot \prod_i \left(\frac{p_i - 1}{p_i}\right)$$
$$= \prod_i p_i^{\alpha_i - 1} \cdot \prod_i (p_i - 1)$$

verlangt man für $p - 1$ und $q - 1$ große Primfaktoren.

Untersuchungen haben ergeben, dass sich diese Forderung mit *sicheren Primzahlen* besonders gut erfüllen lässt.

8.3 Systeme auf der Grundlage des Faktorisierungsproblems

Eine Primzahl p wird sicher *genannt, wenn mit p auch $\frac{p-1}{2}$ eine Primzahl ist.*

Zum Beispiel sind $5, 7, 11, 23, 47, 59, 83, 107, 167, 179, 227, 263, 347, 359, 383, \ldots$, $45 \cdot 2^{37} - 1$ sichere Primzahlen. Es ist noch nicht bekannt, ob unendlich viele sichere Primzahlen existieren.

8.3.2.2 Prinzip des RSA-Kryptosystems

Zusammenfassend gesagt, besteht die Kernidee von RSA darin, Nachrichten (aus einem Restklassenring) zu potenzieren, zueinander inverse Exponenten zu bestimmen und das Wissen über die Exponenten geeignet zu verteilen.

Schlüsselgenerierung für den Sicherheitsparameter ℓ:

(1) Wähle 2 Primzahlen p und q zufällig und stochastisch unabhängig aus, so dass $p \neq q$ und $|p| \approx |q| = \ell$ gilt (dabei bezeichnet $|x|$ die Länge von $x \in \mathbb{N}$ in Bits).
(2) Berechne $n := pq$.
(3) Wähle k_e mit $3 \leq k_e < \varphi(n)$ und $\text{ggT}(k_e, \varphi(n)) = 1$.
(4) Berechne k_d mittels p, q, k_e als multiplikatives Inverses von k_e modulo $\varphi(n)$ (mit dem erweiterten Euklidischen Algorithmus). Dann gilt:

$$k_e \cdot k_d \equiv 1 \pmod{\varphi(n)}.$$

Veröffentliche k_e und n als öffentlichen Schlüssel, behalte k_d, p, q als geheimen Schlüssel.

▶ **Anmerkung** Die Bedingung $p \neq q$ ist bei zufälliger und stochastisch unabhängiger Auswahl der Primzahlen nur in einem sehr kleinen Anteil aller Fälle verletzt. Dass im Fall $p = q$ die Entschlüsselung nicht immer klappt, zeigt folgendes Beispiel:
Aus $p = q = 5$ folgt $\varphi(25) = \varphi(p^2) = p(p-1) = 20$.
Zu $k_e = 7$ ergibt sich $k_d = 3$ (wegen $k_e \cdot k_d = 21 \equiv 1 \pmod{20}$).
Aber $(15^3)^7 \mod 25$ ist dann 0 statt 15.

Die **Ver-** und **Entschlüsselung** erfolgt durch Potenzieren mit k_e bzw. k_d in $\mathbb{Z}_n$.

Im vorigen Kapitel wurde schon bewiesen, dass die Ver- und Entschlüsselung injektive Abbildungen von $\mathbb{Z}_n$ auf sich und zueinander invers sind. Alternativ kann man dies folgendermaßen zeigen:

Beh. Für alle $m \in \mathbb{Z}_n$ gilt:

$$\left(m^{k_e}\right)^{k_d} \equiv m^{k_e \cdot k_d} \equiv \left(m^{k_d}\right)^{k_e} \equiv m \pmod{n}.$$

Bew. Die ersten beiden Kongruenzzeichen gelten nach den Rechenregeln für Kongruenzen. Das dritte ist zu zeigen.

$$k_e \cdot k_d \equiv 1 \;(\text{mod } \varphi(n)) \quad \Rightarrow \quad k_e \cdot k_d \equiv 1 \;(\text{mod } p - 1)$$
$$\Rightarrow \quad \exists k \in \mathbb{Z} : k_e \cdot k_d = \ell \cdot (p-1) + 1.$$

Also gilt für dieses ℓ und für alle $m \in \mathbb{Z}_n$:

$$m^{k_e \cdot k_d} \equiv m^{\ell \cdot (p-1)+1} \equiv m \cdot \left(m^{p-1}\right)^\ell \;(\text{mod } p).$$

Mittels des Satzes von FERMAT folgt für alle zu p teilerfremden m:

$$m^{p-1} \equiv 1 \;(\text{mod } p).$$

Also ist für alle zu p teilerfremden m:

$$m \cdot \left(m^{p-1}\right)^\ell \equiv m \cdot 1^\ell \equiv m \;(\text{mod } p).$$

Dies gilt trivialerweise auch für $m \equiv 0 \;(\text{mod } p)$. Zusammen gilt

$$\forall m \in \mathbb{Z}_n : m^{k_e \cdot k_d} \equiv m \;(\text{mod } p).$$

Die entsprechende Argumentation für q ergibt

$$m^{k_e \cdot k_d} \equiv m \;(\text{mod } q).$$

Wegen $m^{k_e \cdot k_d} \equiv m \;(\text{mod } p)$ ist p ein Teiler von $m^{k_e \cdot k_d} - m$ und wegen $m^{k_e \cdot k_d} \equiv m \;(\text{mod } q)$ ist q ein Teiler von $m^{k_e \cdot k_d} - m$. Weil p und q zwei verschiedene Primzahlen sind, ist dann auch $p \cdot q$ (bzw. n) ein Teiler von $m^{k_e \cdot k_d} - m$. Insgesamt ergibt sich:

$$\text{Für alle } m \in \mathbb{Z}_n \text{ gilt:} \quad m^{k_e \cdot k_d} \equiv m \;(\text{mod } n).$$

Da jedes Element von $\mathbb{Z}_n$ als Nachricht vorkommen und nach der Verschlüsselung durch modulares Potenzieren mit k_e wieder eindeutig entschlüsselt werden kann, ist das modulare Potenzieren mit k_e *injektiv*. Da alle Schlüsseltexte in $\mathbb{Z}_n$ liegen, Bild- und Urbildraum also gleich, insbesondere also gleichmächtig sind, ist das modulare Potenzieren mit k_e also auch *surjektiv*, insgesamt also eine *Permutation*. Also kann aus *jedem* Element von $\mathbb{Z}_n$ eine k_e-te Wurzel gezogen werden.

8.3.2.3 Naiver und unsicherer Einsatz von RSA

Hier wird der naive (und wie wir in Abschn. 8.3.2.4) sehen werden) unsichere Einsatz von RSA als asymmetrisches Konzelationssystem und danach der als digitales Signatursystem beschrieben. In beiden Fällen werden die (Klar-)Texte als Zahlen m mit $0 \leq m \leq n$ dargestellt. Hierzu müssen lange (Klar-)Texte in mehrere Blöcke (von jeweils maximal der Länge $n - 1$ Bits) unterteilt werden (**Blockung**).

8.3 Systeme auf der Grundlage des Faktorisierungsproblems

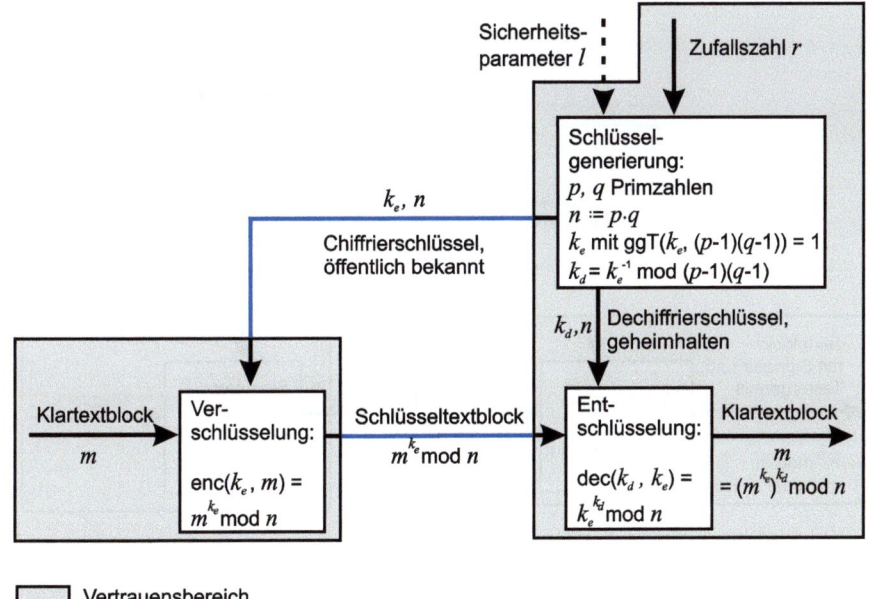

Abb. 8.1 Naiver und unsicherer Einsatz von RSA als asymmetrisches Konzelationssystem

RSA als asymmetrisches Konzelationssystem

Die bisher verwendeten Bezeichner sind schon passend gewählt:

Die **Verschlüsselung** erfolgt durch modulares Potenzieren mit k_e.
Dies ergibt für Klartextblock m: $m^{k_e} \bmod n$.

Die **Entschlüsselung** erfolgt durch modulares Potenzieren mit k_d.
Dies ergibt für den Schlüsseltextblock m^{k_e}: $(m^{k_e})^{k_d} \bmod n = m$.

Abbildung 8.1 veranschaulicht das Gesamtsystem.

Beispiel 8.2
Schlüsselgenerierung: Sei $p = 3$, $q = 17$, also $n = 51$.
Also ist $\varphi(n) = (p-1) \cdot (q-1) = 32$.
Sei $k_e = 5$; prüfe (mit Hilfe des Euklidischen Algorithmus), ob $\mathrm{ggT}(5, 32) = 1$. Dies ist hier der Fall.
Gesucht ist $k_d = k_e^{-1} \bmod \varphi(n)$, also $5^{-1} \bmod 32$. Mit dem erweiterten Euklidischen Algorithmus ergibt sich $k_d = 13$.
Verschlüsselung: Sei $m = 19$ die Klartextnachricht. Dann ist der zugehörige Schlüsseltext $c = 19^5 \equiv 19^2 \cdot 19^2 \cdot 19 \equiv 361 \cdot 361 \cdot 19 \equiv 4 \cdot 4 \cdot 19 \equiv 4 \cdot 76 \equiv 4 \cdot 25 \equiv 49 \pmod{51}$.
Entschlüsselung: Es gilt $c^{k_d} = 49^{13} \equiv (-2)^{13} \equiv 1024 \cdot (-8) \equiv 4 \cdot (-8) \equiv -32 \equiv 19 \pmod{51}$, was tatsächlich der Klartext ist.

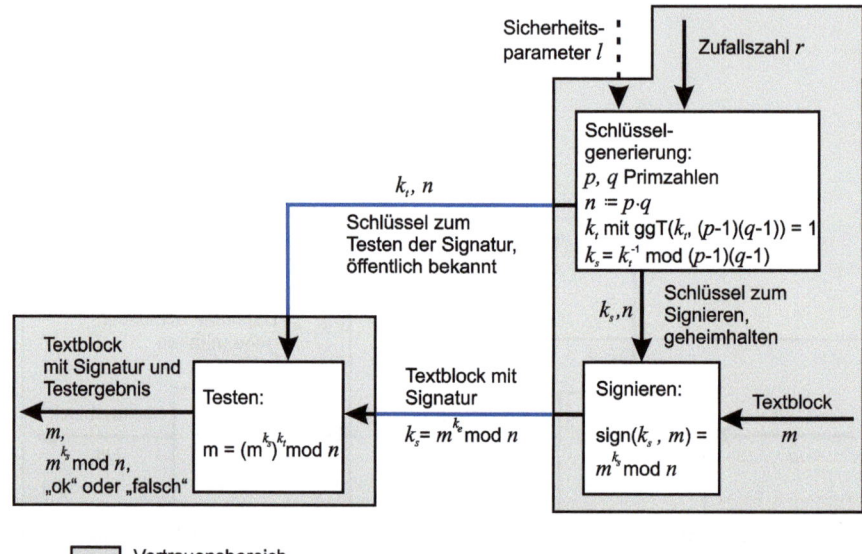

Abb. 8.2 Naiver und unsicherer Einsatz von RSA als digitales Signatursystem

RSA als digitales Signatursystem

Dafür werden die bislang verwendeten Bezeichner folgendermaßen umbenannt:

$$k_e \to k_t, \qquad k_d \to k_s.$$

Es gilt:

Signieren erfolgt durch modulares Potenzieren mit k_s.
Dies ergibt für den Textblock m: $m^{k_s} \bmod n$.

Testen erfolgt durch modulares Potenzieren der Signatur mit k_t und anschließenden Vergleich des Ergebnisses mit dem zugehörigen Textblock.
Dies ergibt für Textblock den m mit Signatur s: $(s)^{k_t} \bmod n = m$?

Abbildung 8.2 veranschaulicht das Gesamtsystem.

8.3.2.4 Angriffe, insbesondere multiplikative Angriffe von DAVIDA und MOORE

Ohne Anspruch auf Vollständigkeit betrachten wir in diesem Kapitel ausgewählte Angriffe auf RSA, die relevant für den sicheren Einsatz dieses Kryptosystems sind.

Leider ist der Einsatz von RSA, wie er in Abschn. 8.3.2.3 beschrieben wurde, zwar leicht zu verstehen, aber weitgehend unsicher. Da RSA eine multiplikative Struktur besitzt (Genaueres wird gleich erklärt), kann sowohl das Konzelationssystem als auch das Signatursystem mit einem Angriff gebrochen werden, ohne dass der Angreifer irgendetwas über den geheimen Schlüssel herausbekommen müsste.

8.3 Systeme auf der Grundlage des Faktorisierungsproblems

Da der multiplikative Angriff für RSA als Signatursystem systematischer erklärt werden kann, beginnen wir damit.

RSA als digitales Signatursystem

Jeder kann in dem in Abschn. 8.3.2.3 beschriebenen digitalen Signatursystem Signaturen fälschen, indem er rückwärts rechnet: Er wählt sich eine Signatur, potenziert sie modular mit k_t und erhält so den passenden Textblock. Dieser *passive Angriff* bricht RSA als digitales Signatursystem also *existentiell*, nicht aber selektiv. Denn der Angreifer kann nicht die Nachricht vorgeben, zu der er gerne die Signatur hätte (vgl. Abschn. 4.2. Das Mindeste, was also zusätzlich gefordert werden muss, ist, dass „sinnvolle" Textblöcke sich bei diesem Angriff nur sehr, sehr selten ergeben.

Um aktive Angriffe, die ein *selektives* Brechen des in Abschn. 8.3.2.3 beschriebenen digitalen Signatursystems erlauben, systematisch herzuleiten, wird zunächst ein einfacher passiver Angriff beschrieben. Er fälscht zwar Signaturen nicht besser als der gerade beschriebene, erläutert aber die multiplikative Struktur von RSA. Diese wird dann für die aktiven Angriffe benötigt.

Kennt ein Angreifer zwei Signaturen $m_1^{k_s}$ und $m_2^{k_s}$ für die Textblöcke m_1 und m_2, so kann er eine dritte Signatur $m_3^{k_s}$ und den passenden Textblock m_3 durch modulare Multiplikation gewinnen:

$$m_3^{k_s} = m_1^{k_s} \cdot m_2^{k_s} \mod n,$$
$$m_3 := m_1 \cdot m_2 \mod n.$$

$m_3^{k_s}$ ist tatsächlich die Signatur zu m_3. Denn es gilt: $m_1^{k_s} \cdot m_2^{k_s} = (m_1 \cdot m_2)^{k_s}$. Mit anderen Worten: RSA besitzt eine **multiplikative Struktur**, oder genauer: RSA ist ein **Homomorphismus** bezüglich der Multiplikation. Wie oben bereits erwähnt, gelingt auch mit diesem passiven Angriff nur *existentielles* Brechen.

Ist ein *aktiver* Angriff möglich, kann mittels dieser multiplikativen Struktur ein *selektives Brechen* erfolgen (Angriff von Davida [15, 27, 65]):

Der Angreifer wählt den Textblock m_3 frei nach seinen Wünschen.
Er wählt ein beliebiges $m_1 \mod n$, zu dem mod n ein multiplikatives Inverses m_1^{-1} existiert.
Er berechnet $m_2 := m_3 \cdot m_1^{-1} \mod n$.
Er lässt m_1 und m_2 signieren.
Er erhält $m_1^{k_s}$ und $m_2^{k_s}$.
Er berechnet $m_3^{k_s} := m_1^{k_s} \cdot m_2^{k_s} \mod n$.

Dieser (nichtadaptive) aktive Angriff benötigt *zwei* Signaturen des Opfers, um *eine* selektiv zu fälschen. Der folgende, von Judy Moore verbesserte Angriff [27], benötigt nur noch *eine* Signatur des Angegriffenen, um eine selektiv zu fälschen.

Der Angreifer wählt den Textblock m_3 frei nach seinen Wünschen.

Er wählt eine Zufallszahl r gleichverteilt in $\mathbb{Z}_n^*$. (Zur Erinnerung: Dies bedeutet $1 \leq r < n$ und r besitzt modulo n ein multiplikatives Inverses r^{-1}.
Er berechnet $m_2 := m_3 \cdot r^{k_t} \bmod n$.
Er lässt m_2 signieren. Der Angreifer erhält $m_2^{k_s}$.
Er weiß: $m_2^{k_s} \equiv (m_3 \cdot r^{k_t})^{k_s} \equiv m_3^{k_s} \cdot r^{k_t \cdot k_s} \equiv m_3^{k_s} \cdot r \pmod{n}$.
Er berechnet $m_3^{k_s} := m_2^{k_s} \cdot r^{-1} \bmod n$.

▶ **Anmerkung** Ist $m_3 \in \mathbb{Z}_n$, so erfährt der Angegriffene durch das Signieren von m_2 nichts über m_3, da r^{k_t} gleichverteilt in $\mathbb{Z}_n^*$ ist. Andernfalls benötigt der Angreifer die Hilfe des Angegriffenen überhaupt nicht: Für $m_3 = 0$ ist für alle n nämlich ebenfalls $m_3^{k_s} = 0$. In allen anderen Fällen ergibt $\text{ggT}(m_3, n)$ einen nichttrivialen Faktor von n, konkret also p oder q. Damit hat der Angreifer RSA vollständig gebrochen.

Die Idee dieses (nichtadaptiven) aktiven Angriffs besteht also darin, die Nachricht m_3, die der Angreifer gerne signiert hätte, so mit einer „aufbereiteten" Zufallszahl r^{k_t} zu multiplizieren, dass der Angegriffene sie **blind** (d. h. ohne zu wissen, was sich dahinter verbirgt) signiert und der Angreifer die erhaltene Signatur nur noch durch r „dividieren" muss. Als Nutzanwendung des Angriffs von Judy Moore wurden 1985 von David Chaum blinde Signaturen publiziert [17], die es erlauben, eine gültige Signatur für einen Text zu erzeugen, ohne dass der Signierer den Text erfährt.

RSA als asymmetrisches Konzelationssystem

Wird RSA wie in Abschn. 8.3.2.3 beschrieben eingesetzt, wird nur ein *deterministisches* asymmetrisches Konzelationssystem realisiert. Ein Angreifer kann also wahrscheinliche Klartextblöcke raten, sie mit dem öffentlich bekannten Schlüssel deterministisch verschlüsseln und an den Schlüsselinhaber geschickte Schlüsseltexte mit den von ihm selbst generierten vergleichen. Sind welche gleich, so kann er sie „entschlüsseln".

Da die eben beschriebenen multiplikativen Angriffe nur Eigenschaften von RSA ausnutzen, die in gleicher Weise beim naiven Einsatz als Signatursystem wie auch als Konzelationssystem bestehen, können sie alle auf den Einsatz als Konzelationssystem übertragen werden. Dies wird hier nur für den von Judy Moore verbesserten aktiven Angriff gezeigt.

Nichtadaptiver aktiver Angriff zum *selektiven* Brechen von RSA als naiv eingesetztes asymmetrisches Konzelationssystem:

Der Angreifer wählt den Schlüsseltextblock c_3 frei nach seinen Wünschen (z. B. einen Schlüsseltextblock, den er beobachtet hat).
Er wählt eine Zufallszahl r gleichverteilt in $\mathbb{Z}_n^*$. (Zur Erinnerung: Dies bedeutet $1 \leq r < n$ und r besitzt mod n ein multiplikatives Inverses r^{-1}).
Er berechnet $c_2 := c_3 \cdot r^{k_e} \bmod n$.
Er lässt c_2 entschlüsseln.
Der Angreifer erhält $c_2^{k_d}$.

8.3 Systeme auf der Grundlage des Faktorisierungsproblems

Er weiß: $c_2^{k_d} \equiv (c_3 \cdot r^{k_e})^{k_d} \equiv c_3^{k_d} \cdot r^{k_e \cdot k_d} \equiv c_3^{k_d} \cdot r \pmod{n}$.
Er berechnet $m_3 = c_3^{k_d} := c_2^{k_d} \cdot r^{-1} \bmod n$.

▶ **Anmerkung** Auch hier erfährt der Angegriffene durch die Entschlüsselung von c_2 nichts über c_3, da r^{k_e} gleichverteilt in $\mathbb{Z}_n^*$ ist. Andernfalls benötigt der Angreifer die Hilfe des Angegriffenen überhaupt nicht: Für $c_3 = 0$ ist für alle n nämlich ebenfalls $c_3^{k_d} = 0$. In allen anderen Fällen ergibt $\mathrm{ggT}(c_3, n)$ einen nichttrivialen Faktor von n, konkret also p oder q. Damit hat der Angreifer RSA vollständig gebrochen.

Die Idee dieses (nichtadaptiven) aktiven Angriffs besteht also darin, den Schlüsseltext c_3, den der Angreifer gerne entschlüsselt hätte, so mit einer „aufbereiteten" Zufallszahl r^{k_e} zu multiplizieren, dass der Angegriffene sie **blind** (d. h. ohne zu wissen, was sich dahinter verbirgt), entschlüsselt und der Angreifer den erhaltenen Klartext nur noch durch r „dividieren" muss.

Ermittlung von p und q, falls der geheime Parameter bekannt ist

Im Folgenden beschreiben wir eine weitere Angriffsmöglichkeit, die für den Einsatz von RSA als Konzelations- und Signatursystem gleichermaßen relevant ist. Der Einfachheit halber beziehen wir uns bei der Beschreibung nur auf das Konzelationssystem.

Zwar ist kein effizienter Algorithmus bekannt, der das RSA-Problem löst, also bei gegebenen Parametern n und k_e den Angreifer aus dem Schlüsseltext c effizient auf den Klartext m schließen lässt. Sollte dem Angreifer allllerdings zusätzlich noch der private Schlüssel k_d des Empfängers der Nachricht bekannt sein, dann ändert sich die Situation – er kann dann wie der autorisierte Empfänger die Nachricht entschlüsseln.

Allerdings gibt es einen stochastischen Algorithmus, mit dessen Hilfe die beiden Primzahlen p und q mit $n = pq$ effizient ermitteln können, falls der geheime Parameter k_d bekannt geworden ist. Als Konsequenz für Anwender ergibt es sich daraus, dass nach Bekanntwerden des privaten Schlüssels k_d eine sichere Kommunikation nicht mehr möglich ist, wenn man ein neues Paar (k_e, k_d) erzeugt und weiter mit den Primzahlen p und q arbeitet. Es müssen also auch neue Primzahlen verwendet werden.

Die Grundlage für diesen Schluss bildet der folgende Satz:

Satz 8.3 *Es seien p und q ungerade Primzahlen, $p \neq q$, $n := pq$, $k_e k_d \equiv 1 \pmod{\varphi(n)}$ und $k_e k_d - 1 = 2^t u$ (u ungerade) sowie $a \in \mathbb{Z}_n^*$.*

Bezeichnet $\mathrm{ord}_p(a^u)$ die Ordnung von $a^u \in \mathbb{Z}_p^*$ und $\mathrm{ord}_q(a^u)$ die Ordnung von $a^u \in \mathbb{Z}_q^*$ und gilt $\mathrm{ord}_p(a^u) \neq \mathrm{ord}_q(a^u)$, dann existiert ein $s \in \{0, 1, \ldots, t-1\}$ mit $1 < \mathrm{ggT}(a^{2^s u} - 1, n) < n$.

▶ **Anmerkung** Aus $a \in \mathbb{Z}_n^*$ folgt wegen $\mathrm{ggT}(a, n) = 1$ und $n = pq$ auch $\mathrm{ggT}(a^u, p) = 1$ und $\mathrm{ggT}(a^u, q) = 1$. Man kann also die Ordnung von a^u in den Gruppen $\mathbb{Z}_p^*$ und $\mathbb{Z}_q^*$ betrachten (wobei a^u reduziert auf Kongruenz modulo p bzw. q zu betrachten ist).

Beweis des Satzes Zunächst folgt aus dem Satz von EULER, dass $(a^u)^{2^t} = a^{k_e k_d - 1} = (a^{\varphi(n)})^k \equiv 1 \pmod{n}$ gilt und daher die Ordnung von a^u in der Gruppe $\mathbb{Z}_n^*$ ein Teiler von 2^t ist. Aus $(a^u)^{2^t} \equiv 1 \pmod{n}$ folgt wegen $n = pq$ auch $(a^u)^{2^t} \equiv 1 \pmod{p}$ und $(a^u)^{2^t} \equiv 1 \pmod{q}$. Also sind auch die Ordnungen von a^u in $\mathbb{Z}_p^*$ bzw. $\mathbb{Z}_q^*$ Teiler von 2^t.

Nach Voraussetzung gilt $\mathrm{ord}_p(a^u) \neq \mathrm{ord}_q(a^u)$. Also können wir nun $\mathrm{ord}_p(a^u) > \mathrm{ord}_q(a^u) = 2^s$ mit $s \in \{0, 1, \ldots, t-1\}$ annehmen.

Es gilt $(a^u)^{\mathrm{ord}_q(a^u)} = (a^u)^{2^s} \equiv 1 \pmod{q}$, d. h. q ist ein Teiler von $a^{2^s u} - 1$.

Außerdem gilt $(a^u)^{\mathrm{ord}_p(a^u)} = (a^u)^{2^s} \not\equiv 1 \pmod{p}$, d. h. p ist kein Teiler von $a^{2^s u} - 1$.

Wegen $n = pq$ gilt $\mathrm{ggT}(a^{2^s u} - 1, n) = q$ mit $1 < q < n$. □

Sind n, k_e, k_d gegeben und gilt $k_e k_d - 1 = 2^t u$, dann kann man wie folgt zur Faktorisierung von n vorgehen:

- Wähle zufällig ein $a \in \mathbb{Z}_n$.
- Berechne $\mathrm{ggT}(a, n)$.
- Ist $\mathrm{ggT}(a, n) > 1$, dann kennt man den echten Teiler $q = \mathrm{ggT}(a, n)$ von n und man kann n als Produkt $n = \frac{n}{q} \cdot q = pq$ darstellen.
- Ist $\mathrm{ggT}(a, n) = 1$, so berechne man $\mathrm{ggT}(a^{2^s u} - 1 \bmod n, n)$ für $s = 0, 1, \ldots, t-1$.

Findet man auf diese Weise einen echten Teiler von n, dann beendet man den Algorithmus. Andernfalls wählt man ein weiteres $a \in \mathbb{Z}_n$ und wiederholt die Schrittfolge.

Beispiel 8.3 Ist $n = 377$, $k_e = 5$, $k_d = 269$ gegeben (insbesondere gilt $k_e k_d - 1 = 1344 = 2^6 \cdot 21$ mit $t = 6$ und $u = 21$), dann kann man n auf folgende Weise in die Primfaktoren p und q zerlegen:

- Wähle z. B. $a = 5$. Wegen $\mathrm{ggT}(5, 377) = 1$ gilt $5 \in \mathbb{Z}_{377}^*$.
- Berechne $\mathrm{ggT}((5^u - 1) \bmod 377, 377) = \mathrm{ggT}(((5^u)^2 - 1) \bmod 377, 377) = \mathrm{ggT}((5^{2u} - 1) \bmod 377, 377) = 1$.
- Berechne $\mathrm{ggT}((5^{2u} - 1) \bmod 377, 377) = \mathrm{ggT}(((5^{2u})^2 - 1) \bmod 377, 377) = \mathrm{ggT}((5^{2^2 u} - 1) \bmod 377, 377) = 29$.

Damit hat man eine nichttrivialen Teiler von n und die Zerlegung von n in die beiden Primfaktoren gefunden: $n = 377 = 13 \cdot 29$.

Dass auf diese Weise ein nichttrivialer Teiler von n gefunden werden kann liegt daran, dass $\mathrm{ord}_{13}(5^{21}) = 4 \neq 2 = \mathrm{ord}_{29}(5^{21})$ gilt. Ob diese Ungleichheit zutrifft, kann man aber nicht festellen, solange die Primfaktoren p und q unbekannt sind. Es reicht wegen des gerade bewiesenen Satzes aus, $\mathrm{ggT}(a^{2^s u} - 1 \bmod n, n)$ für $s \in \{0, 1, \ldots, t-1\}$ zu berechnen. Hat man auf diese Weise keinen Primfaktor von n gefunden, muss man ein andere Werte für a wählen.

8.3 Systeme auf der Grundlage des Faktorisierungsproblems

▶ **Anmerkung** Der angegebene Algorithmus ist ein stochastischer Algorithmus. Dabei handelt es sich hier um einen sogenannten Las-Vegas-Algorithmus zur Lösung des Entscheidungsproblems, ob n einen nichttrivialen Teiler hat. Dieser Algorithmus trifft (im Unterschied zu den bei den Primzahltests vorgestellten Monte-Carlo-Algorithmen) nicht immer eine Entscheidung; allerdings ist eine getroffene Entscheidung immer korrekt (und es gibt keine Irrtumswahrscheinlichkeit > 0).

Analog zum beschriebenen Algorithmus kann man natürlich auch vorgehen, wenn man die Primfaktoren p und q von n sucht, den privaten Schlüssel k_d aber nicht kennt. Allerdings lässt sich dann nicht wie oben angegeben eine obere Schranke für s angeben, bis zu der die Werte $a^{2^s u} - 1$ getestet werden. Daher sind dann auch keine Aussagen zur Effizienz des Verfahrens möglich. In dem von uns betrachteten Fall, dass k_e und k_d bekannt sind, benötigt man die Aussage des folgenden Satzes zur Begründung der Effizienz.

Satz 8.4 *Seien p und q ungerade Primzahlen, $p \neq q$, $n := pq$, $k_e k_d \equiv 1 \pmod{\varphi(n)}$ und $k_e k_d - 1 = 2^t u$ (u ungerade). Die Anzahl der Zahlen $a \in \mathbb{Z}_n^*$ mit $\mathrm{ord}_p(a^u) \neq \mathrm{ord}_q(a^u)$ ist $\geq \frac{1}{2} |\mathbb{Z}_n^*|$.*

Beweisidee Wir gehen so vor, dass wir genügend viele Zahlen a konstruieren, die die Bedingung erfüllen.

Die Gruppen $\mathbb{Z}_p^*$ und $\mathbb{Z}_p^*$ sind zyklisch:

$$\mathbb{Z}_p^* = \langle g_p \rangle, \qquad \mathbb{Z}_q^* = \langle g_q \rangle.$$

Aus dem Chinesischen Restsatz folgt, dass es ein $g \in \mathbb{Z}_n$ gibt, das $g \equiv g_p \pmod{p}$ und $g \equiv g_q \pmod{q}$ erfüllt.

Für dieses g gilt nun genau einer der folgenden drei Fälle:

1. $\mathrm{ord}_p(g^u) > \mathrm{ord}_q(g^u)$
2. $\mathrm{ord}_p(g^u) < \mathrm{ord}_q(g^u)$
3. $\mathrm{ord}_p(g^u) = \mathrm{ord}_q(g^u)$

Im 1. Fall betrachten wir alle ungeraden x aus $\mathbb{Z}_p$ und alle $y \in \mathbb{Z}_q$. Für jedes derartige Paar (x, y) gibt es ein a in $\mathbb{Z}_n^*$ mit $a \equiv g^x \pmod{p}$ und $a \equiv g^y \pmod{q}$. Insgesamt gibt es $\frac{1}{2} |\mathbb{Z}_n^*| = \frac{p-1}{2} \cdot (q - 1)$ derartige a.

Wir berechnen nun $\mathrm{ord}_p(g^u)$ und $\mathrm{ord}_p(a^u)$.

- Zunächst gilt $\mathrm{ord}_p(g^u) \in \{2^0, 2^1, \ldots, 2^t\}$, denn:

$$(g^u)^{2^t} = g^{2^t u} = g^{k_e k_d - 1} = g^{k_e k_d - 1 \pmod{\varphi(n)}} \equiv 1 \pmod{n},$$

also gilt auch $(g^u)^{2^t} \equiv 1 \pmod{p}$.

- Weiter sei $k := \operatorname{ord}_p(g^u)$. Dann gilt:

$$(g^u)^k \equiv 1 \equiv g^0 \pmod{p}$$
$$\Rightarrow \quad uk \equiv 0 \pmod{p-1}$$
$$\Rightarrow \quad k \equiv 0 \left(\bmod \ \frac{p-1}{\operatorname{ggT}(u, p-1)}\right)$$
$$\Rightarrow \quad k = \frac{p-1}{\operatorname{ggT}(u, p-1)} \in \{2^0, 2^1, \ldots, 2^t\}.$$

- Es gilt $\operatorname{ord}_p(a^u) = \operatorname{ord}_p((g^x)^u) = \operatorname{ord}_p(g^{xu})$.
- Sei $\ell := \operatorname{ord}_p(g^{xu})$. Dann gilt:

$$(g^{xu})^\ell \equiv 1 \equiv g^0 \pmod{p}$$
$$\Rightarrow \quad xu\ell \equiv 0 \pmod{p-1}$$
$$\Rightarrow \quad x\ell \equiv 0 \left(\bmod \ \frac{p-1}{\operatorname{ggT}(u, p-1)}\right)$$
$$\Rightarrow \quad \ell \equiv 0 \left(\bmod \ \frac{p-1}{\operatorname{ggT}(u, p-1)}\right) \quad \text{(denn } x \text{ ist ungerade)}$$
$$\Rightarrow \quad \ell = \frac{p-1}{\operatorname{ggT}(u, p-1)} \in \{2^0, 2^1, \ldots, 2^t\}.$$

Also gilt:

$$\operatorname{ord}_p(a^u) = \operatorname{ord}_p(g^u).$$

Analog kann man $\operatorname{ord}_q(g^u) \geq \operatorname{ord}_q(a^u)$ zeigen. Dabei benutzt man

$$\operatorname{ord}_q(a^u) = \operatorname{ord}_q(g^{yu}) = \frac{\frac{q-1}{\operatorname{ggT}(u,q-1)}}{\operatorname{ggT}(y, \frac{q-1}{\operatorname{ggT}(u,q-1)})} \leq \frac{q-1}{\operatorname{ggT}(u, q-1)} = \operatorname{ord}_q(g^u).$$

Insgesamt gilt:

$$\operatorname{ord}_p(a^u) = \operatorname{ord}_p(g^u) > \operatorname{ord}_q(g^u) \geq \operatorname{ord}_q(a^u),$$

also $\operatorname{ord}_p(a^u) \neq \operatorname{ord}_q(a^u)$.

Im 2. Fall kann man also $\operatorname{ord}_p(a^u) \neq \operatorname{ord}_q(a^u)$ analog zum ersten Fall zeigen.

Im 3. Fall wählt man Paare (x, y) mit $x \in \mathbb{Z}_p$ und $y \in \mathbb{Z}_q$ so aus, dass entweder x oder y gerade ist. Es gibt $\frac{1}{2}|\mathbb{Z}_n|$ derartige Paare (x, y). Auch hier kann man dann für Elemente $a \in \mathbb{Z}_n^*$ mit $a \equiv g^x \pmod{p}$ und $a \equiv g^y x \pmod{q}$ zeigen, dass $\operatorname{ord}_p(a^u) \neq \operatorname{ord}_q(a^u)$ ist. $\square$

Aus diesem Satz folgt nun unmittelbar für die Wahrscheinlichkeit p, dass nach t ausgewählten Werten für a die Faktorisierung von n noch nicht gelungen ist:

$$p \leq \left(\frac{1}{2}\right)^t = \frac{1}{2^t}.$$

8.3.2.5 Sicherer Einsatz von RSA

In diesem Abschnitt wird kurz beschrieben, wie RSA sicher eingesetzt werden kann. Dazu betrachten wir zunächst Anforderungen an die Wahl der Primzahlen und anschließend, wie die zuvor diskutierten Angriffe auf RSA als Konzelationssystem bzw. Signatursystem vereitelt werden können.

Wahl der Primzahlen

Zum Gewährleisten der Sicherheit sind beim RSA-Verfahren folgende Anforderungen an die Parameter zu berücksichtigen:

(1) p und q sollen große Primzahlen sein.
(2) p und q sollen sich in ihrer Stellenanzahl (als Dezimalzahlen) um einige Stellen unterscheiden; die Differenz zwischen p und q darf aber auch nicht zu groß werden.
(3) k_e darf nicht zu klein gewählt werden.
(4) $p - 1$ und $q - 1$ sollen große Primfaktoren enthalten.

Auch mit diesen Zusatzeigenschaften gibt es immer noch genügend viele Primzahlen p und q und sie können auch effizient gewählt werden [14].

Wie folgt lassen sich die obigen Forderungen begründen.

Zu (1): Die Zahl n muss groß genug sein, damit ein Zerlegen in Primfaktoren praktisch unmöglich ist.

Zu (2): Mit der Forderung, dass sich p und q in ihrer Stellenzahl in der Dezimaldarstellung um einige Stellen unterscheiden sollen, vereitelt man die erschöpfende Suche nach einer Darstellung von n als Differenz zweier Quadrate

$$n = pq = \left(\frac{p+q}{2}\right)^2 - \left(\frac{p-q}{2}\right)^2$$

mit ab $\sqrt{n}$ laufenden Werten für $\frac{p+q}{2}$: Hat man nämlich eine Darstellung $n = a^2 - b^2$ gefunden, dann erhält man die Faktoren p und q durch Lösen des linearen Gleichungssystems

$$p + q = 2a$$
$$p - q = 2b.$$

Die Lösung ist $(p, q) = (a + b, a - b)$.

Die Differenz zwischen p und q darf aber auch nicht zu groß werden, weil ein zu klein gewählter Primfaktor durch erschöpfendes Suchen mit ab 3 laufenden Primzahlen gefunden werden kann.

▶ **Anmerkung** Diese Faktorisierung wurde bereits im 17. Jahrhundert von FERMAT beschrieben.

Zu (3): Diese Bedingung werden wir in Abschn. 8.3.2.6 begründen.
Zu (4): Die Notwendigkeit dieser Bedingung folgt aus der im Abschn. 8.3.2.1 beschriebenen Angriffsmöglichkeit durch iterative Verschlüsselung. Haben $p-1$ und $q-1$ große Primfaktoren, ist der Iterationsexponent groß und dementsprechend auch der Aufwand für diesen Angriff.

Sowohl beim Einsatz von RSA zur Konzelation, als auch von RSA zur Authentikation ist die Verwendung einer **kollisionsresistenten Hashfunktion** h nützlich. Ein Hashfunktion bildet eine beliebig lange Bitkette x auf eine Bitkette fester Länge ab. Für eine sichere Hashfunktion fordert man, dass $h(x)$ effizient berechnet werden kann, während es praktisch unmöglich sein soll, aus dem Hashwert $h(x)$ das Argument x zu berechnen. Kollisionsresistenz bedeutet, dass es nicht effizient möglich sein darf, Paare x_1, x_2 zu finden, die folgende Bedingung erfüllen:

$$x_1 \neq x_2 \wedge h(x_1) = h(x_2).$$

RSA als indeterministisches asymmetrisches Konzelationssystem

RSA wird zu einem **indeterministisch** verschlüsselnden Konzelationssystem, indem mit jedem Klartextblock m eine neue Zufallszahl (sie hat nichts zu tun mit der Zufallszahl r für die Schlüsselgenerierung, deshalb in Abb. 3.7 als Zufallszahl r' bezeichnet) verschlüsselt wird.

Aktive Angriffe werden verhindert, indem vor der Verschlüsselung jedem Klartextblock **Redundanz** zugefügt wird, die vom Entschlüsseler nach der Entschlüsselung geprüft wird. Dieses Hinzufügen von Redundanz muss so geschehen, dass das modulare Multiplizieren zweier Klartextblöcke mit Redundanz keinen dritten Klartextblock mit passender Redundanz ergibt.

Die Redundanz kann beispielsweise erzeugt werden, indem auf den Klartextblock eine kollisionsresistente Hashfunktion angewandt und das Ergebnis an den Klartextblock gehängt wird. Natürlich muss die Hashfunktion dann so gewählt werden, dass sie, falls überhaupt, eine andere multiplikative Struktur hat als das RSA, dessen multiplikative Struktur sie gerade neutralisieren soll.

Abbildung 8.3 veranschaulicht das Gesamtsystem, wenn indeterministische Verschlüsselung und Redundanz mittels kollisionsresistenter Hashfunktion kombiniert werden.

Die **Verschlüsselung** eines Klartextblocks erfolgt durch Voranstellen einer Zufallszahl, Anwenden einer kollisionsresistenten Hashfunktion h auf Zufallszahl und

8.3 Systeme auf der Grundlage des Faktorisierungsproblems

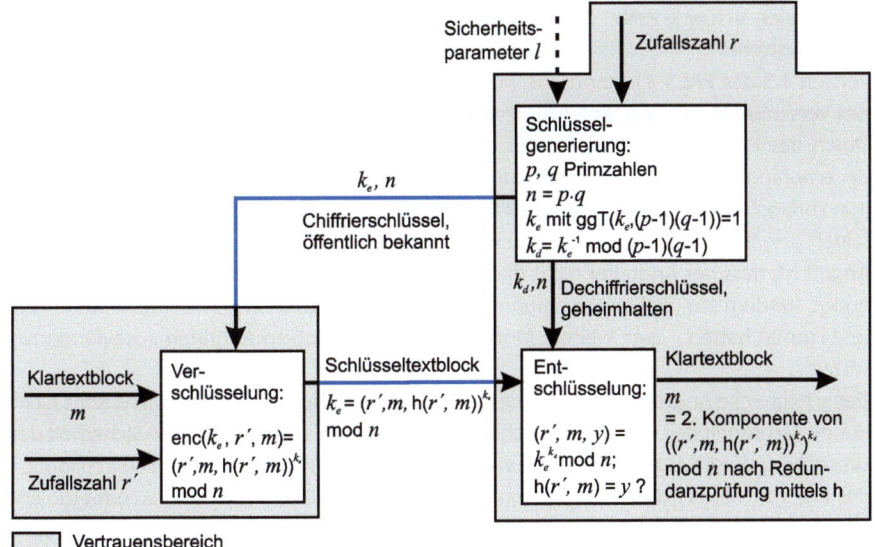

Abb. 8.3 Sicherer Einsatz von RSA als asymmetrisches Konzelationssystem: Redundanzprüfung mittels kollisionsresistenter Hashfunktion h sowie indeterministischer Verschlüsselung

Klartextblock, deren Ergebnis dahinter gehängt wird, sowie modulares Potenzieren mit k_e aller drei Komponenten gemeinsam.

Dies ergibt für einen Klartextblock m und eine Zufallszahl r':

$$c = \text{enc}(k_e, r', m) = (r', m, h(r', m))^{k_e} \bmod n.$$

Die **Entschlüsselung** erfolgt durch modulares Potenzieren mit k_d. Sie ergibt drei Komponenten. Danach wird geprüft, ob die Hashfunktion h, angewandt auf die ersten beiden Komponenten, die dritte Komponente ergibt. Nur dann wird die zweite Komponente ausgegeben.

Dies ergibt für einen Schlüsseltextblock $(r', m, y)^{k_e} \bmod n$:

$$\text{dec}(k_d, m) = ((r', m, y)^{k_e})^{k_d} \bmod n =: r', m, y.$$
$$h(r', m) = y?$$

Gegebenenfalls Ausgabe: m.

▶ **Anmerkung** Das Hinzufügen zufälliger Bits vor der Verschlüsselung (auch als „Padding" bezeichnet) muss in einem Protokoll definiert sein, damit auch der Empfänger genau weiß, welche Bits des entschlüsselten Blocks zur eigentlichen Nachricht gehören. Eine solche Umsetzung kann beispielsweise in PKCS#1 (Public Key Cryptography Standard #1: RSA) nachgelesen werden, verfügbar auf den Websites der RSA Laboratories.[1] Unter der Rubrik

---

[1] http://www.emc.com/emc-plus/rsa-labs/standards-initiatives/pkcs-rsa-cryptography-standard.htm.

PKCS finden sich eine Reihe von Empfehlungen für die Implementierung asymmetrischer Kryptosysteme.

Version 1.5 des PKCS #1-Standards wurde beispielsweise in SSL v 3.0 eingesetzt (hybrides Verschlüsselungsprotokoll für die Transportschicht zur sicheren Datenübertragung). Durch das Protokoll war das Format der Nachrichten vorgegeben, so dass ein Server, der empfangene Datenpakete entschlüsselte, im Anschluss prüfen konnte, ob dieses Format vorlag. Dieses Protokoll wurde 1998 von BLEICHENBACHER durch einen aktiven Angriff (einen gewählten Klartext-Schlüsseltext-Angriff) gebrochen [12]. Interessant bei diesem Angriff ist, dass der Angreifer nicht die tatsächlichen Ergebnisse der Verschlüsselung benötigt, sondern nur die Fehlermeldungen, falls die entschlüsselten Pakete nicht das erwartete Format hatten – eine weitere Motivation, sich mit aktiven Angriffen auseinanderzusetzen …

Der erfolgreiche Angriff zeigt auch, wie wichtig für die Sicherheit des Gesamtsystems nicht nur die Sicherheit des kryptographischen Algorithmus ist, sondern auch die Sicherheit der Umsetzung dieses Algorithmus inkl. verwendeter Protokolle. In der aktuellen Version 2.1 des PKCS #1 basiert das Einfügen von Zufallszahlen auf OAEP (Optimal Asymmetric Encryption Padding [5]). Eine weitere Möglichkeit für ein effizienteres Padding (SAEP bzw. SAEP$^+$) wird in [13] beschrieben.

RSA als digitales Signatursystem

Um das Rückwärtsrechnen zu vereiteln und auch die multiplikative Struktur von RSA zu neutralisieren, wird auf den Textblock vor dem modularen Potenzieren eine **kollisionsresistente Hashfunktion** angewandt. Wenn die Hashfunktion Argumente beliebiger Länge als Argument akzeptiert, hat dies zusätzlich den Vorteil, dass dann auch Texte beliebiger Länge in einem Stück signiert werden können. Das Blockungsproblem ist dann für das digitale Signatursystem gelöst.

Ist die Hashfunktion zusätzlich schneller zu berechnen als RSA, bringt ihre Anwendung bei längeren Nachrichten auch einen Geschwindigkeitsvorteil des Gesamtsystems gegenüber der in Abschn. 8.3.2.3 beschriebenen Anwendung von RSA.

Das **Signieren** erfolgt durch Anwenden der Hashfunktion und modulares Potenzieren des Hashwertes mit k_s.

Dies ergibt für Textblock m: $(h(m))^{k_s} \mod n$.

Das **Testen** erfolgt durch modulares Potenzieren der Signatur mit k_t und anschließenden Vergleich des Ergebnisses mit dem Hashwert des zugehörigen Textblocks.

Dies ergibt für einen Textblock m mit der Signatur $(h(m))^{k_s}$:

$$\left((h(m))^{k_s}\right)^{k_t} \mod n =: y, \qquad h(m) = y?$$

Abbildung 8.4 veranschaulicht das Gesamtsystem.

8.3 Systeme auf der Grundlage des Faktorisierungsproblems

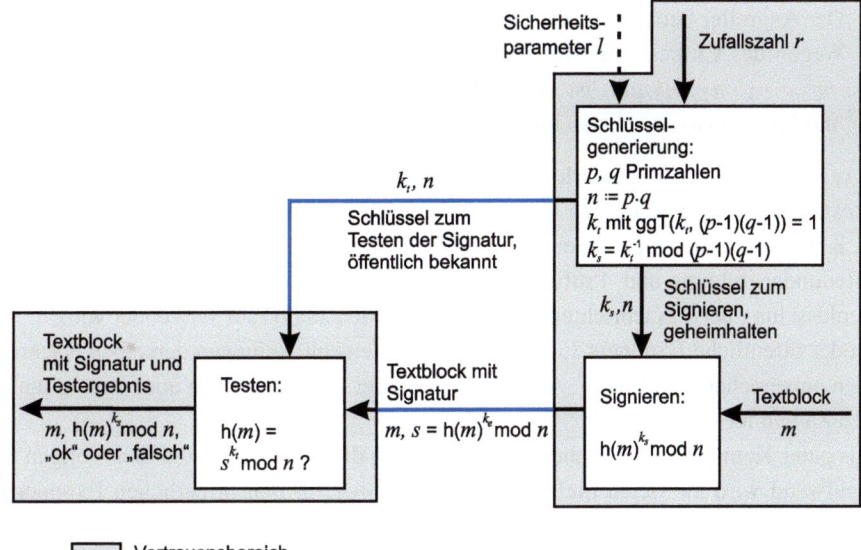

Abb. 8.4 Sicherer Einsatz von RSA als digitales Signatursystem mit kollisionsresistenter Hashfunktion h

8.3.2.6 Effiziente Implementierung von RSA

Durch geschickte Implementierung kann der Aufwand für RSA erheblich gesenkt werden. Zuerst wird dies für die Anwender eines öffentlichen Schlüssels gezeigt, danach für den Inhaber eines geheimen Schlüssels.

Öffentlicher Exponent mit fast nur Nullen

Bis auf die Bedingung, dass der öffentliche Exponent teilerfremd zu $(p-1) \cdot (q-1)$ sein muss, kann er frei gewählt werden. Dies legt nahe, ihn – bis auf führende Nullen – möglichst kurz zu wählen, damit zum Potenzieren möglichst wenige modulare Multiplikations- und Quadrierungsschritte nötig sind. Enthält er auch nach der führenden Eins fast nur Nullen, spart man auch für diese Stellen jeweils noch eine modulare Multiplikation, vgl. „Square and Multiply" in Abschn. 6.2.4. Die Primzahlen p und q müssen dann natürlich so gewählt werden, dass $p-1$ und $q-1$ zum öffentlichen Exponenten teilerfremd sind.

Da $(p-1) \cdot (q-1)$ gerade ist, ist die kleinstmögliche Wahl des öffentlichen Exponenten der Wert 3. Für RSA als digitales Signatursystem ist kein Argument bekannt, das gegen diese Wahl spricht. Für RSA als Konzelationssystem gibt es folgenden *passiven* Angriff von Johan Håstad, der RSA *nachrichtenbezogen* bricht [47, 48]:

> Ein Teilnehmer sendet die gleiche Nachricht m an drei andere, deren öffentliche Exponenten jeweils 3 und deren Moduli n_1, n_2 und n_3 sind. Die Moduli sind paarweise teilerfremd, sonst könnte der Angreifer zumindest einen faktorisieren und so m erhalten.

Der Angreifer beobachtet also: $m^3 \bmod n_1$, $m^3 \bmod n_2$, $m^3 \bmod n_3$.

Wegen des Chinesischen Restsatzes kennt er damit auch $m^3 \bmod n_1 \cdot n_2 \cdot n_3$: Da $m^3 < n_1 \cdot n_2 \cdot n_3$ gilt, ist $m^3 \bmod n_1 \cdot n_2 \cdot n_3 = m^3$. Der Angreifer kann aus $m^3 \bmod n_1 \cdot n_2 \cdot n_3 = m^3$ also in $\mathbb{Z}$ normal die dritte Wurzel ziehen und erhält so m.

Der Angriff ist leicht auf zweierlei Weise zu verallgemeinern: Da keine Suche durch den Klartextraum erfolgt und es sich um einen *passiven Angriff* handelt, vereitelt die in Abschn. 8.3.2.5 beschriebene Anwendung von RSA (indeterministische Verschlüsselung sowie Redundanzbildung und -Prüfung) diesen Angriff nicht, wenn zur indeterministischen Verschlüsselung der 3 Nachrichten jeweils die gleiche Zufallszahl verwendet wird.

Ist der öffentliche Exponent k_e, so genügen k_e Verschlüsselungen derselben Nachricht für den entsprechenden Angriff. Allerdings muss der Angreifer dann auch mit k_e mal so langen Zahlen rechnen.

Als guter Kompromiss zwischen der Vereitelung dieses Angriffs und dem nötigen Rechenaufwand wird an vielen Stellen der Wert $2^{16} + 1$ für den öffentlichen Exponenten vorgeschlagen.

Es spricht nichts dagegen, dass alle Teilnehmer dies als ihre(n) öffentliche(n) Exponenten wählen. Dann brauchen öffentliche Exponenten nicht mehr mitgeteilt zu werden. Ein öffentlicher RSA-Schlüssel besteht dann nur noch aus dem Modul.

Inhaber des geheimen Schlüssels rechnet modulo der Faktoren

Für Situationen, in denen es mehr auf die Effizienz des Inhabers des geheimen Schlüssels ankommt, ist man versucht, statt des *öffentlichen* den *geheimen* Exponenten „kurz" zu wählen. Dies ist möglich, da sich öffentlicher und geheimer Exponent in den Formeln vollkommen symmetrisch verhalten. Selbst wenn man hierbei nicht den plumpen Fehler begeht, den geheimen Exponenten als 3, $2^{16}+1$ oder sonst eine kleine Zahl zu wählen, die man durch Durchprobieren finden kann, entsteht für geheime Exponenten, die kürzer als ein Viertel der Modullänge sind, in aller Regel ein unsicheres System [88]. Vorsicht also vor dieser Art der Effizienzverbesserung!

Ohne die Wahl der Schlüssel im geringsten zu ändern – und folglich auch ohne jede Änderung der Sicherheit – kann der Inhaber des geheimen Schlüssels nahezu drei Viertel seines Rechenaufwands einsparen: Statt modulo n, rechnet er getrennt modulo der beiden Faktoren p und q. Danach berechnet er aus den beiden Ergebnissen den gesuchten Wert modulo n mit Hilfe des erweiterten Euklidischen Algorithmus. Im Einzelnen geht dies folgendermaßen:

Um k_e-te Wurzeln aus Schlüsseltextblöcken c effizient berechnen zu können, d. h. $c^{k_d} \equiv w \pmod{n}$, bestimmt der Inhaber des geheimen Schlüssels ein für allemal

$$k_{d,p} := k_e^{-1} \bmod p-1, \quad \text{so dass gilt:} \quad \left(c^{k_{d,p}}\right)^{k_e} \equiv c \pmod{p} \text{ und}$$

$$k_{d,q} := k_e^{-1} \bmod q-1, \quad \text{so dass gilt:} \quad \left(c^{k_{d,q}}\right)^{k_e} \equiv c \pmod{q}.$$

8.3 Systeme auf der Grundlage des Faktorisierungsproblems

Um aus einem konkreten c eine k_e-te Wurzel zu ziehen, berechnet er:

$$\left(c^{k_{d,p}}\right) \bmod p, \quad \left(c^{k_{d,q}}\right) \bmod q.$$

Wendet man den erweiterten Euklidischen Algorithmus auf p und q an, d. h. man findet damit eine Darstellung $1 = \lambda_p \cdot p + \lambda_q \cdot q$ (Linearkombination), dann kann man daraus $w \bmod n$ wie folgt als Linearkombination ermitteln:

$$w \equiv c^{k_{d,q}} \cdot \lambda_p \cdot p + c^{k_{d,p}} \cdot \lambda_q \cdot q \pmod{n}.$$

Dann gilt sowohl $w^{k_e} \equiv (c^{k_{d,p}})^{k_e} \equiv c \pmod{p}$ als auch $w^{k_e} \equiv (c^{k_{d,q}})^{k_e} \equiv c \pmod{q}$.

Da p und q teilerfremd sind, folgt $w^{k_e} \equiv c \pmod{n}$.

Um wie viel schneller ist dies nun? Im interessierenden Zahlenbereich des Sicherheitsparameters ℓ (der Länge von p und q) gilt:

Der Aufwand beim modularen Potenzieren wächst kubisch, der einer modularen Multiplikation quadratisch und der einer modularen Addition linear mit der Länge des Moduls.

Da $|n| = 2 \cdot \ell$, ist der Aufwand des Potenzierens modulo n also proportional zu $(2 \cdot \ell)^3 = 8 \cdot \ell^3$.

Der Aufwand von 2 Potenzierungen halber Länge (nämlich mod p bzw. mod q) ist proportional zu $2 \cdot \ell^3$.

Der Aufwand zur Darstellung als Linearkombination besteht in 2 Multiplikationen und einer Addition mod n, ist also proportional zu $2 \cdot (2 \cdot \ell)^2 + 2 \cdot \ell = 8 \cdot \ell^2 + 2 \cdot \ell$.

Da die Proportionalitätskonstanten für den kubischen Aufwand beim Potenzieren, den quadratischen Aufwand bei der Multiplikation und den linearen Aufwand bei der Addition näherungsweise gleich sind, liegt der Aufwand bereits für den kleinsten in Betracht zu ziehenden Wert von $\ell = 300$ deutlich unterhalb von 2 % des Aufwands der beiden Potenzierungen halber Länge. Also reduziert Rechnen mod p und mod q den Aufwand näherungsweise um den Faktor

$$\frac{8 \cdot \ell^3}{2 \cdot \ell^3} = 4.$$

8.3.3 Faktorisierungsalgorithmen

8.3.3.1 Das Quadratische Sieb

Das Quadratische Sieb ist ein Algorithmus zum Lösen des Faktorisierungsproblems für natürliche Zahl n und kann auch zum Faktorisieren eines RSA-Moduls angewendet werden. Die spezielle Voraussetzung, dass n das Produkt von zwei verschiedenen (großen) Primzahlen ist, benötigt man hier also gar nicht.

Wir erklären zunächst die einfache Grundidee für diesen Algorithmus, mit dem $n \in \mathbb{N}$ in zwei Faktoren zerlegt werden soll, die beide kleiner als n sind. Wenn man im nächsten

Schritt den Algorithmus auf die Faktoren anwendet usw., dann wird man schließlich eine Darstellung von n als Produkt von Primfaktoren erhalten.

- Gegeben ist eine natürliche Zahl n. Gesucht sind zwei ganze Zahlen a und b mit

$$a^2 \equiv b^2 \pmod{n} \quad \text{und} \quad a \not\equiv \pm b \pmod{n}.$$

- Hat man derartige Zahlen a und b gefunden, dann kennt man einen nichttrivialen Teiler von n:

$$1 < \text{ggT}(a \pm b, n) < n.$$

Die letzte Aussage ergibt sich daraus, dass wegen $a^2 \equiv b^2 \pmod{n}$ die natürliche Zahl n ein Teiler von $a^2 - b^2 = (a+b)(a-b)$ sein muss. Wegen $a \not\equiv \pm b \pmod{n}$ ist sie aber kein Teiler von $a+b$ und auch kein Teiler von $a-b$, so dass schließlich $1 < \text{ggT}(a \pm b, n) < n$ gelten muss.

Wenn zusätzlich bekannt ist, dass $n = pq$ das Produkt zweier verschiedener Primzahlen p und q ist, dann kann man aus $1 < \text{ggT}(a+b, n) < n$ und $1 < \text{ggT}(a-b, n) < n$ sofort auf $n = \text{ggT}(a+b, n) \cdot \text{ggT}(a-b, n)$ schließen.

Beispiel 8.4 Gesucht ist eine Lösung des Faktorisierungsproblems für $n = 105$.

Für $a = 41$ und $b = 1$ gilt $a^2 \equiv b^2 \equiv 1 \pmod{105}$.

Daher erhält man $\text{ggT}(41 + 1, 105) = 21$ und $\text{ggT}(41 - 1, 21) = 5$ und hat mit 21 und 5 zwei nichttriviale Teiler von 105 gefunden. Da 21 keine Primzahl ist, kann man mit der beschriebenen Methode versuchen, 21 weiter zu zerlegen:

Für $a = 5$ und $b = 2$ gilt $a^2 \equiv b^2 \equiv 4 \pmod{21}$.

Daher erhält man mit $\text{ggT}(5 + 2, 21) = 7$ und $\text{ggT}(5 - 2, 21) = 3$ zwei nichttriviale Teiler von 21, die beide Primzahlen sind. Also gilt $21 = 3 \cdot 7$.

Insgesamt ergibt sich $n = 105 = 3 \cdot 5 \cdot 7$ als Faktorisierung der gegebenen Zahl.

Das Quadratische Sieb ist ein Faktorbasis-Algorithmus. Ausgangspunkt ist die Wahl einer Faktorbasis $F = \{p_1, p_2, \ldots, p_k\}$, die aus „einigen" Primzahlen p_i besteht. Die Elemente dieser Faktorbasis müssen deutlich kleiner als n und die gesuchten Faktoren a und b sein. F muss hinreichend viele Elemente enthalten, aber nicht zu viele – denn bei Ausführung des Faktorbasis-Algorithmus sollen ausgewählte natürliche Zahlen als Produkt von Elementen der Faktorbasis dargestellt werden (was im Allgemeinen nicht funktioniert, wenn die Faktorbasis zu klein ist, und nicht effizient durchführbar ist, wenn die Faktorbasis zu groß ist).

- Wähle eine Faktorbasis $F = \{p_1, p_2, \ldots, p_k\}$, die aus Primzahlen $p_1, p_2, \ldots, p_k$ besteht, die im oben erklärten Sinn „klein genug" sind.
  (Es ist auch zulässig, $p_1 = -1$ zu wählen.)

8.3 Systeme auf der Grundlage des Faktorisierungsproblems

- Wähle natürliche Zahlen c_i zufällig aus und versuche, $c_i^2 \pmod n$ als Produkt von Elementen der Faktorbasis darzustellen:

$$c_i^2 \pmod n = \prod_{j=1}^{k} p_j^{\alpha_{j,i}}.$$

- Hat man $k+1$ Elemente c_i gefunden, für die $c_i^2 \pmod n$ so darstellbar ist, dann wähle man in der Menge aller dieser Elemente c_i eine Teilmenge $\{c_i \mid i \in I\}$ so aus, dass in

$$\prod_{i \in I} c_i^2 \pmod n = \prod_{j=1}^{k} p_j^{\sum_{i \in I} \alpha_{j,i}}$$

$\sum_{i \in I} \alpha_{j,i}$ für $j = 1, 2, \ldots, k$ gerade ist.
- Setze $a := (\prod_{i \in I} c_i) \pmod n$ und $b := \prod_{j=1}^{k} p_j^{\frac{1}{2} \sum_{i \in I} \alpha_{j,i}}$.
- Gilt $a \equiv \pm b \pmod n$ dann wiederhole man den letzten Schritt mit anderen Zahlen c_i. Andernfalls hat man einen nichttrivialen Teiler $\mathrm{ggT}(a \pm b, n)$ von n gefunden.

▶ **Anmerkung** Im Folgenden wird gezeigt, dass $k+1$ Elemente c_i mit den genannten Eigenschaften genügen, um die gesuchte Darstellung zu erhalten.
Dazu führen wir als Abkürzung $x_i := c_i^2 \pmod n$ für $i = 1, 2, \ldots, k+1$ ein.
Gesucht sind die Exponenten $\lambda_i \in \{0, 1\}$ für $i = 1, 2, \ldots, k+1$, so dass in

$$x_1^{\lambda_1} \cdot \ldots \cdot x_{k+1}^{\lambda_{k+1}} = p_1^{\sum_{i=1}^{k+1} \alpha_{1,i} \lambda_i} \cdot \ldots \cdot p_k^{\sum_{i=1}^{k+1} \alpha_{k,i} \lambda_i}$$

alle Exponenten der Primzahlen p_i gerade sind.
Für diese λ_i soll also das homogene lineare Gleichungssystem

$$\sum_{i=1}^{k+1} \alpha_{1,i} \lambda_i \equiv 0 \pmod 2$$

$$\vdots$$

$$\sum_{i=1}^{k+1} \alpha_{1,k} \lambda_i \equiv 0 \pmod 2$$

aus k Gleichungen in den $k+1$ Unbekannten λ_i ($i = 1, 2, \ldots, k+1$) gelten. Es besitzt eine Lösung $(\lambda_1^*, \lambda_2^*, \ldots, \lambda_{k+1}^*) \neq (0, 0, \ldots, 0)$. Die von Null verschiedenen Koordinaten dieser Lösung bestimmen eine Indexmenge I, die die Bedingung erfüllt:

$$I := \{\lambda_j^* \mid \lambda_j^* \neq 0\}.$$

Damit ist gezeigt, dass die Auswahl von $k+1$ Elementen c_i, für die $c_i^2 \pmod n$ über der Faktorbasis faktorisierbar ist, zur Lösung des Faktorisierungsproblems für n ausreichend ist.

Damit ist der Faktorbasis-Algorithmus, der die Grundlage des Quadratischen Siebs bildet, bereits vollständig beschrieben. Wir geben dazu ein Beispiel an.

Beispiel 8.5 Gesucht ist eine Faktorisierung von $n = 11111$.

- Wähle als Faktorbasis $F = \{-1\} \cup \{2, 3, 5, 7, 11, 13\}$.
- Für die natürlichen Zahlen 106, 107, 111 gilt:

$$106^2 \equiv 5^3 \pmod{11111}$$
$$107^2 \equiv 2 \cdot 13^2 \pmod{11111}$$
$$111^2 \equiv 2 \cdot 5 \cdot 11^2 \pmod{11111}.$$

Damit erhält man:

$$106^2 \cdot 107^2 \cdot 111^2 \equiv 2^2 \cdot 5^4 \cdot 11^2 \cdot 13^2 \pmod{11111}.$$

In dieser Darstellung haben alle Elemente der Faktorbasis geraden Exponenten. Wären zusätzlich zum Beispiel noch die Produktdarstellungen

$$101^2 \equiv -1 \cdot 2 \cdot 5 \cdot 7 \cdot 13 \pmod{11111}$$
$$109^2 \equiv 2 \cdot 5 \cdot 7 \cdot 11 \pmod{11111}.$$

ermittelt worden, müsste man diese beiden zusätzlichen Gleichungen nicht mit in die weitere Rechnung einbeziehen. Das wäre auch deshalb nicht sinnvoll, weil -1 mit ungeradem Exponenten in der Zerlegung von 101^2 und keiner weiteren Zerlegung vorkommt und 7 außer bei dem gerade ausgeschlossenen 101^2 nur noch in der Zerlegung von 109^2 vorkommt und dort ungeraden Exponenten hat.
- Man kann nun $a := 106 \cdot 107 \cdot 111 \equiv 3419 \pmod{11111}$ und $b := 2^1 \cdot 5^2 \cdot 11^1 \cdot 13^1 \equiv 7150 \pmod{11111}$ setzen.
- Mit $\text{ggT}(a+b, 11111) = 271$ und $\text{ggT}(a-b, 11111) = 41$ (beides sind Primzahlen) ergibt sich $n = 11111 = 41 \cdot 271$.

Das Element 3 aus der Faktorbasis F ist bei diesen Zerlegungen nicht benutzt worden. Man könnte die 3 auch von vornherein aus der Faktorbasis streichen, weil 3 kein Quadrat modulo 11111 ist:

$$11111^{\frac{3-1}{2}} \equiv 2 \neq 1 \pmod{3}.$$

Es folgt nun noch die Erklärung, warum man von einem Sieb-Algorithmus spricht.

Das Quadratische Sieb ist eine Variante des Faktorbasis-Algorithmus, bei der zur Auswahl der c_i erfolglose Probedivisionen weitgehend vermieden werden.

Man legt dazu ein „geeignet großes" Siebintervall S fest (nicht zu groß, um effizient zu bleiben – nicht zu klein, um darin genügend passende Elemente c_i zu finden), in dem nach

8.3 Systeme auf der Grundlage des Faktorisierungsproblems

Zahlen $f(s) = (\lceil\sqrt{n}\rceil + s)^2 - n$ ($s \in S$) gesucht wird, die über der Faktorbasis faktorisierbar sind. Dabei entspricht die Zahl $\lceil n \rceil + s$ jeweils einem gewählten c_i aus den obigen Betrachtungen.

Zur Abkürzung verwenden wir $p := p_i$ für eine Primzahl p_i aus der gewählten Faktorbasis F.

Zunächst ist die Kongruenz $f(s) \equiv 0 \pmod{p}$ zu lösen. Weil p eine Primzahl ist, existieren höchstens zwei Lösungen. Von diesen Nullstellen von $f(s)$ geht man in Schritten der Länge p nach links bzw. rechts durch das Siebintervall S und findet auf diese Weise alle Werte für s mit der Eigenschaft, dass $f(s)$ durch p teilbar ist (für die die Probedivision durch p also aufgeht).

Die Faktorbasis F sollte daher nur Primzahlen p enthalten, für die n ein Quadrat modulo p ist (das ist mittels des EULER-Kriteriums überprüfbar).

Zum Abschluss vervollständigen wir noch unser Beispiel.

Beispiel 8.6 Wählt man als Siebintervall $S = \{-5, -4, \ldots, 5\}$, dann wird nach der Faktorisierbarkeit der Zahlen $f(s) = (106 + s)^2 - 11111$ ($s \in S$) über der Faktorbasis $F = \{-1\} \cup \{2, 3, 5, 7, 11, 13\}$ gefragt.

„Sieb mit 2": $f(-5)$, $f(-3)$, $f(-1)$, $f(1)$, $f(3)$, $f(5)$ sind durch 2 (und eventuell auch höhere Potenzen von 2) teilbar, denn $f(s) \equiv 0 \pmod 2 \iff s \equiv 1 \pmod 2$.

„Sieb mit 5": $f(-5)$, $f(-2)$, $f(0)$, $f(3)$, $f(5)$ sind durch 5 (und eventuell auch höhere Potenzen von 5) teilbar, denn $f(s) \equiv 0 \pmod 5 \iff s \equiv a \pmod 5$ mit $a \in \{0, 3\}$.

„Sieb mit 7": $f(-5)$, $f(-4)$, $f(2)$, $f(3)$ sind durch 7 (und eventuell auch höhere Potenzen von 7) teilbar, denn $f(s) \equiv 0 \pmod 7 \iff s \equiv a \pmod 7$ mit $a \in \{2, 3\}$.

„Sieb mit 11": $f(3)$, $f(5)$ sind durch 11 (und eventuell auch höhere Potenzen von 11) teilbar, denn $f(s) \equiv 0 \pmod{11} \iff s \equiv a \pmod{11}$ mit $a \in \{3, 5\}$.

„Sieb mit 13": $f(-5)$, $f(1)$ sind durch 13 (und eventuell auch höhere Potenzen von 13) teilbar, denn $f(s) \equiv 0 \pmod{13} \iff s \equiv a \pmod{13}$ mit $a \in \{1, 8\}$.

Man erhält die folgenden Faktorisierungen:

$$f(-5) = -210 = -1 \cdot 2 \cdot 5 \cdot 7 \cdot 13$$
$$f(0) = 125 = 5^3$$
$$f(1) = 338 = 2 \cdot 13^2$$
$$f(3) = 770 = 2 \cdot 5 \cdot 7 \cdot 11$$
$$f(5) = 1210 = 2 \cdot 5 \cdot 11^2.$$

Für die fehlenden Elemente $f(s)$ gibt es keine Faktorisierung über der Faktorbasis F.

8.3.3.2 Algorithmus von Shor

Klassische Algorithmen zur Faktorisierung natürlicher Zahlen n haben exponentielle Laufzeit. SHOR entwickelte einen Quantenalgorithmus mit polynomialer (sogar quadratischer) Laufzeit zur Lösung dieses Problems.

Interessant dabei ist, dass alle Schritte des im Folgenden vorgestellten Algorithmus von SHOR außer der Berechnung der Ordnung von Elementen $a \in \mathbb{Z}_n^*$ bereits auf klassischen Computern in Polynomzeit durchführbar sind.

Gegeben sei eine natürliche Zahl n.

(1) Wähle ein $x \in \mathbb{Z}_n$.
(2) Berechne $y := \mathrm{ggT}(x, n)$.
(3) Falls $y \neq 1$ erfüllt ist: Ausgabe von y
(4) Berechne $r := \mathrm{ord}_n(x)$.
(5) Ist r ungerade, gehe zu (1).
(6) Setze $z := \max\{\mathrm{ggT}(x^{\frac{r}{2}} - 1), \mathrm{ggT}(x^{\frac{r}{2}} + 1)\}$.
(7) Gilt $z = n$, dann gehe zu (1).
(8) Ausgabe von z

Endet der Algorithmus in (3) mit der Ausgabe von y, dann hat man wegen $1 < y < n$ einen nichttrivialen Teiler von n gefunden.

Wir betrachten nun noch den Fall, dass der Algorithmus in (8) mit der Ausgabe von z endet. Zunächst überzeugen wir uns davon, dass die in (4) zu berechnende Ordnung $\mathrm{ord}_n(x)$ des Elements x der Gruppe $\mathbb{Z}_n^*$ tatsächlich existiert. Dazu genügt es zu zeigen, dass x ein Element dieser Gruppe ist – wegen $\mathrm{ggT}(x, n) = 1$ ist diese Bedingung erfüllt.

Wegen $r := \mathrm{ord}_n(x)$ gilt $x^r \equiv 1 \pmod{n}$, also $x^r - 1 = (x^{\frac{r}{2}} - 1)(x^{\frac{r}{2}} + 1) \equiv 0 \pmod{n}$ (dabei wird ausgenutzt, dass r gerade ist). Also ist n ein Teiler von $(x^{\frac{r}{2}} - 1)(x^{\frac{r}{2}} + 1)$. Wegen (6) und (7) gilt aber $\mathrm{ggT}(x^{\frac{r}{2}} - 1, n) < n$ und $\mathrm{ggT}(x^{\frac{r}{2}} + 1, n) < n$. Um zu sehen, dass $\mathrm{ggT}(x^{\frac{r}{2}} - 1, n)$ oder $\mathrm{ggT}(x^{\frac{r}{2}} + 1, n)$ ein nichttrivialer Teiler von n ist, muss man nur noch zeigen, dass nicht gleichzeitig $\mathrm{ggT}(x^{\frac{r}{2}} - 1, n) = 1$ und $\mathrm{ggT}(x^{\frac{r}{2}} + 1, n) = 1$ sein kann. Letzteres würde aber im Widerspruch dazu stehen, dass n ein Teiler von $(x^{\frac{r}{2}} - 1)(x^{\frac{r}{2}} + 1)$ ist.

8.3.4 Das Blum-Goldwasser-Kryptosystem

Die Verwendung des in Abschn. 7.3.2 besprochenen s^2-mod-n-Generators als asymmetrisches Kryptosystem ist unter dem Namen Blum-Goldwasser-Kryptosystem bekannt. Das Blum-Goldwasser-Kryptosystem beruht ebenso wie das RSA-Kryptosystem auf dem Faktorisierungsproblem. Allerdings wird man auf den ersten Blick nur sehen, dass die Sicherheit des Kryptosystems mit der Schwierigkeit der Aufgabe in Zusammenhang steht, Quadratwurzeln modulo n zu berechnen. Wir haben bereits gezeigt, dass Quadratwurzeln modulo $n = pq$ effizient berechnet werden können, wenn die Zerlegung des Moduls n in die beiden Primfaktoren p und q bekannt ist. Ebenso haben wir gezeigt, dass die Zerlegung von n in die beiden Primfaktoren p und q effizient bestimmt werden kann, wenn ein effizienter Algorithmus zum Berechnen von Quadratwurzeln modulo $n = pq$ zur Verfügung steht. Das Quadratwurzelproblem modulo n und das Faktorisierungsproblem für n sind also in dem Sonderfall äquivalent, dass n das Produkt zweier Primfaktoren p und q mit $p \neq q$ ist.

8.3 Systeme auf der Grundlage des Faktorisierungsproblems

Wir stellen nun das Quadratwurzelproblem modulo n und seine Rolle im Blum-Goldwasser-Kryptosystem vor.

▶ **Quadratwurzelproblem modulo n** Gegeben sei eine natürliche Zahl n, die Produkt von zwei (unbekannten großen) Primzahlen p und q mit $p \neq q$ ist. Außerdem sei $a \in \mathbb{Z}_n^*$. Gesucht ist ein $x \in \mathbb{Z}_n^*$ mit $x^2 \equiv a \pmod{n}$.

Um die Verschlüsselung und Entschlüsselung im Blum-Goldwasser-Kryptosystem zu verstehen, erinnert man sich am besten an die Verwendung des s^2-mod-n-Generators als (symmetrisches) Pseudo-One-Time-Pad (Abschn. 7.3). Beim asymmetrischen Blum-Goldwasser-Kryptosystem werden Nachrichten aus $(\mathbb{Z}_2)^\ell$ mit Schlüsseln aus $(\mathbb{Z}_2)^\ell$ zu Schlüsseltexten aus $(\mathbb{Z}_2)^\ell$ verschlüsselt (wie bei einer Variante der Vernam-Chiffre), aber die vertrauliche Übermittlung des Schlüssels wird geschickt umgangen. Zum Erzeugen des Schlüssels wird der s^2-mod-n-Generator verwendet, den wir in Abschn. 7.3.2 bereits eingeführt hatten. Wir notieren den Algorithmus hier noch einmal in Kurzform:

> **s^2-mod-n-Generator**
> - Wähle eine natürliche Zahl n mit $n = pq$ für Primzahlen p, q mit $p \equiv q \equiv 3 \pmod 4$ und $p \neq q$.
> - Wähle eine zufällige Zahl s mit $s \in \mathbb{Z}_n^*$ und setze $s_0 := s^2 \bmod n$.
> - Berechne s_i mit $s_i \equiv s_{i-1}^2 \pmod{n}$ und $b_i := s_i \bmod 2$ für $i = 1, 2, \ldots$
> - Ausgabefolge: $b_0, b_1, \ldots$

Für die Elemente b_i der Ausgabefolge des s^2-mod-n-Generators gilt $b_i = (s_i^{2^i} \bmod n) \bmod 2$.

Den Parameter n für den s^2-mod-n-Generator stellt der Empfänger B der verschlüsselten Nachrichten öffentlich zur Verfügung, behält die beiden Primfaktoren p und q aber geheim. Der Absender A der Nachrichten benutzt den Parameter n und einen selbstgewählten Startwert s zum Erzeugen der Ausgabefolge $(b_0, b_1, \ldots, b_{\ell-1})$ des s^2-mod-n-Generators und berechnet außerdem noch einen weiteren Wert, nämlich s_ℓ. Die Folge $(b_0, b_1, \ldots, b_{\ell-1})$ dient A als Schlüssel zur Verschlüsselung einer Nachricht $(m_0, m_1, \ldots, m_{\ell-1})$ nach dem Prinzip der Vernam-Chiffre. Der resultierende Schlüsseltext $(c_0, c_1, \ldots, c_{\ell-1})$ wird dem Empfänger B übermittelt. Allerdings benötigt B zum Entschlüsseln dann wieder den Schlüssel $(b_0, b_1, \ldots, b_{\ell-1})$, der aber nicht öffentlich an B übertragen werden kann. Dieses Problem lässt sich dadurch lösen, dass B zusätzlich zum Schlüsseltext von A den mit dem s^2-mod-n-Generator berechneten Wert s_ℓ öffentlich zur Verfügung gestellt bekommt. Daraus kann B dann nämlich durch wiederholtes Berechnen von Quadratwurzeln modulo n zunächst die Folge $(s_0, s_1, \ldots, s_{\ell-1})$ und daraus den benötigten Schlüssel $(b_0, b_1, \ldots, b_{\ell-1})$ ermitteln, während ein Angreifer an dieser Aufgabe scheitern wird.

Die Parameter für den s^2-mod-n-Generator müssen also zur Gewährleistung der Sicherheit so gewählt werden, dass das Berechnen der Quadratwurzel(n) modulo n aus s_ℓ

für den Angreifer praktisch nicht möglich ist, weil er die beiden Primfaktoren p und q mit $n = pq$ nicht kennt. Dem vorgesehenen Empfänger B der verschlüsselten Nachrichten stehen p und q allerdings zur Verfügung. B kann daher die bekannten effizienten Verfahren benutzen, um die Quadratwurzeln aus s_ℓ zunächst modulo p und modulo q zu berechnen. Bezeichnet man mit $\pm x_p$ die beiden Quadratwurzeln modulo p und mit $\pm x_q$ die beiden Quadratwurzeln modulo q, so ergeben sich mit Hilfe des Chinesischen Restsatzes genau vier Quadratwurzeln x_1, x_2, x_3, x_4 modulo n:

(1) $x_1 \equiv x_p \pmod{p}$, $x_1 \equiv x_q \pmod{q}$,
(2) $x_2 \equiv x_p \pmod{p}$, $x_2 \equiv -x_q \pmod{q}$,
(3) $x_3 \equiv -x_p \pmod{p}$, $x_3 \equiv x_q \pmod{q}$,
(4) $x_4 \equiv -x_p \pmod{p}$, $x_4 \equiv -x_q \pmod{q}$,

Wie wir bereits gezeigt hatten, gibt es unter diesen Quadratwurzeln wegen $p \equiv q \equiv 3 \pmod{4}$ nur eine, die selbst ein Quadrat modulo n (d. h. ein Quadrat modulo p und ein Quadrat modulo q) ist. Genau diese Quadratwurzel ist dann auch das Folgenelement s_ℓ der mit dem s^2-mod-n-Generator erzeugten Folge $(s_0, s_1, \ldots, s_\ell)$.

Entsprechend kann B aus s_ℓ das Folgenelement $s_{\ell-1}$ berechnen usw., bis B schließlich die gesamte Folge $(s_0, s_1, \ldots, s_{\ell-1})$ erhalten hat. Daraus ergibt sich der Schlüssel $(b_0, b_1, \ldots, b_{\ell-1}) := (s_0 \bmod 2, s_1 \bmod 2, \ldots, s_{\ell-1} \bmod 2)$ zum Entschlüsseln der Nachricht.

Wir fassen das nun noch einmal zusammen, indem wir das **Blum-Goldwasser-Kryptosystem** formal beschreiben.

Blum-Goldwasser-Kryptosystem

Es seien p, q zwei Primzahlen mit $p \equiv q \equiv 3 \pmod{4}$ und $p \neq q$. Weiter sei $n := pq$.

Der Parameter n bildet den öffentlichen Schlüssel und die Parameter p und q bilden den privaten Schlüssel des Empfängers der Nachricht.

Es sei $M = (\mathbb{Z}_2)^\ell$, $C \subseteq (\mathbb{Z}_2)^\ell \times (\mathbb{Z}_n^*)$, $K = \{(n, p, q) \mid n = pq\}$.

Für $k = (n, p, q) \in K$, $m = (m_0, m_1, \ldots, m_{\ell-1}) \in M$ und ein vom Sender der Nachricht zufällig gewähltes $s \in \mathbb{Z}_n^*$ wird wie folgt verschlüsselt:

(1) Berechne $b_0, b_1, \ldots, b_{\ell-1}$ und s_ℓ mit dem s^2-mod-n-Generator.
(2) $c_i := (m_i + b_i) \pmod{2}$ für $i = 0, 1, \ldots, \ell - 1$.
(3) $E_k(m, s) := (c_0, c_1, \ldots, c_{\ell-1}, s_\ell) = c$.

Zum Entschlüsseln sind die folgenden Schritte auszuführen:

(1) Berechne $a_p := (\frac{p+1}{4})^{\ell+1} \bmod p - 1$ und $b_p := s_\ell^{a_p} \bmod p$.
   Berechne $a_q := (\frac{q+1}{4})^{\ell+1} \bmod q - 1$ und $b_q := s_\ell^{a_q} \bmod q$.
   Berechne $s_0 \bmod pq$ aus $s_0 \equiv b_p \pmod{p}$ und $s_0 \equiv b_q \pmod{q}$.
(2) Berechne $b_0, b_1, \ldots, b_{\ell-1}$ und s_ℓ mit dem s^2-mod-n-Generator aus s_0.
(3) $D_k(c) = (m_0, m_1, \ldots, m_{\ell-1})$ mit $m_i := (c_i + b_i) \bmod 2$ für $i = 0, 1, \ldots, \ell - 1$.

8.3 Systeme auf der Grundlage des Faktorisierungsproblems

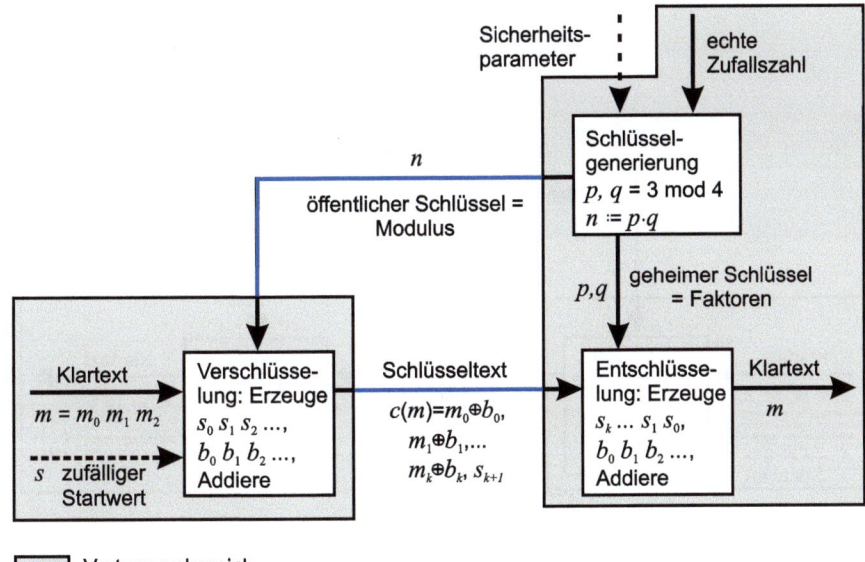

Abb. 8.5 s^2-mod-n-Generator als asymmetrisches Konzelationssystem

Das resultierende System ist in Abb. 8.5 dargestellt.

Sicher gegen passive Angriffe: Ähnlich wie oben kann man beweisen, dass das Verfahren gegen passive Angriffe sicher ist. (Man muss nur noch berücksichtigen, dass der Angreifer jeweils auch s_{k+1} sieht.)

Unsicher gegen aktive Angriffe: Ziel des aktiven Angriffs ist es, einen vom Angreifer beobachteten Schlüsseltext $x_0 \oplus b_0, x_1 \oplus b_1, \ldots, x_k \oplus b_k, s_{k+1}$ zu entschlüsseln. Hierzu erhält der Angreifer beliebige, hiervon verschiedene Schlüsseltexte entschlüsselt.

Ein einfacher *gewählter Schlüsseltext-Klartext-Angriff* kann folgendermaßen geschehen (Abb. 8.6): Der Angreifer quadriert s_{k+1} und erhält so s_{k+2}. Er schickt dem Opfer

$$x_0 \oplus b_0, x_1 \oplus b_1, \ldots, x_k \oplus b_k, 1, s_{k+2}$$

also den beobachteten Schlüsseltext bis auf den inneren Zustand s_{k+1}, danach ein eingefügtes Bit, hier 1, und danach den „nächsten" inneren Zustand s_{k+2}. Die ersten $k+1$ Bits, die der Angreifer als Antwort erhält, sind der ihn interessierende Klartext.

Dieser einfache Angriff könnte bei einer praktischen Anwendung durch Vergleich erkannt und dann durch Nichtantwort des Opfers vereitelt werden. Er kann aber in zweierlei Weise variiert und dann nur viel schwerer erkannt werden:

1. Der Angreifer ersetzt $x_0 \oplus b_0, x_1 \oplus b_1, \ldots, x_k \oplus b_k$ durch $k+1$ zufällige Bits. Aus der Antwort des Opfers kann er dann die Pseudozufallsbitfolge errechnen und damit den ursprünglichen Schlüsseltext entschlüsseln.

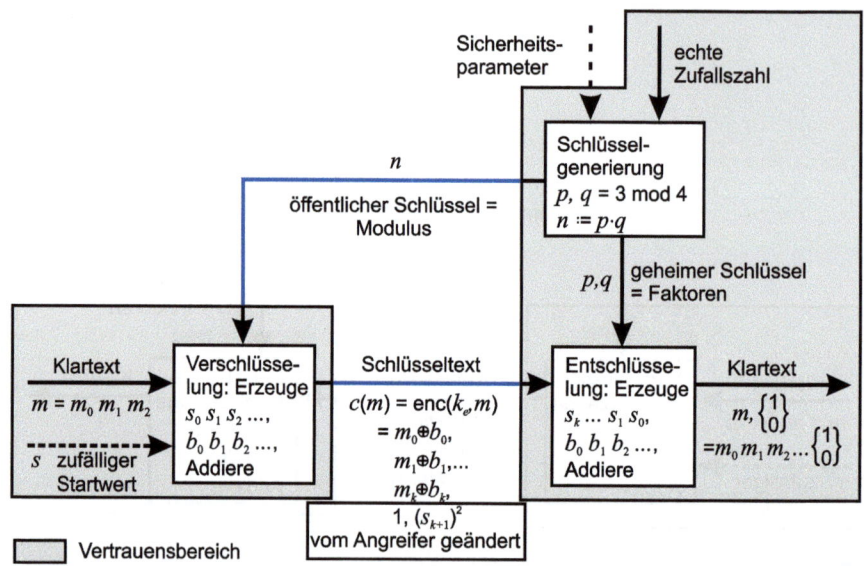

Abb. 8.6 Aktiver Angriff auf den s^2-mod-n-Generator als asymmetrisches Konzelationssystem

2. Angreifer quadriert nicht einmal, sondern j mal, berechnet also s_{k+1+j}. Er fügt entsprechend auch j Bits ein, deren Wert bei der Antwort ihn nicht interessiert. Selbst wenn Antworten jeweils nur $k + 1$-Bit-Nachrichten zulassen, muss der Angreifer nur auf die ersten $1 + j$ Bits des Klartextes verzichten.

Noch gefährlicher als diese beschriebenen *nachrichtenbezogenen* Angriffe ist, dass mittels eines aktiven Angriffs sogar ein vollständiges Brechen, d. h. das Faktorisieren des Modulus, möglich ist. Dies ist hier noch nicht zu sehen, in [44, Algorithmus 5] aber nachzulesen.

8.4 Kryptosysteme auf der Grundlage des Problems des Diskreten Logarithmus

8.4.1 Das Problem des Diskreten Logarithmus

Analog zum Faktorisierungsproblem und zum Quadratwurzelproblem modulo n gibt es ein weiteres Problem, auf dem derzeit benutzte kryptographische Systeme aufbauen. Es geht dabei um das Problem des diskreten Logarithmus. Bei diesem Problem handelt es sich um eine spezielle Fragestellung für endliche abstrakte Gruppen, die sich für einige Klassen von Gruppen als kompliziert genug erwiesen hat, dass sie in entsprechenden asymmetrischen Verschlüsselungsverfahren Verwendung finden konnte.

8.4 Kryptosysteme auf der Grundlage des DL-Problems

▶ **Problem des diskreten Logarithmus** Gegeben sei eine endliche Gruppe $(G, \cdot)$ und ein Element $\alpha \in G$. Weiter sei β ein Element der von α erzeugten zyklischen Untergruppe $\langle \alpha \rangle$ von G und es gelte $|\langle \alpha \rangle| = n$ (n ist dann auch die Ordnung ord(α) des Elements α in der Gruppe G).
Gesucht ist der kleinste Exponent $a \in \mathbb{Z}_n$ mit $\alpha^a = \beta$.

Dieses Problem wird deshalb Problem des diskreten Logarithmus (oder auch kurz DL-Problem) genannt, weil man in der Menge der reellen Zahlen gewohnt ist, statt $\alpha^a = b$ auch $a = \log_\alpha \beta$ zu schreiben. Weil es im Unterschied zur in der reellen Analysis benutzten Logarithmusfunktion hier aber um ein diskretes Problem geht, spricht man dann vom diskreten Logarithmus.

Das Problem des diskreten Logarithmus ist nicht für alle endlichen Gruppen schwer zu lösen. Daher eignen sich auch nicht alle endlichen Gruppen für Anwendungen in der asymmetrischen Kryptographie auf Grundlage des DL-Problems.

Zum Beispiel ist die endliche Gruppe $(\mathbb{Z}_p, +)$ deshalb ungeeignet, weil für jedes $\alpha \in \mathbb{Z}_p$ und jedes $\beta \in \langle \alpha \rangle$ mit Hilfe des erweiterten Euklidischen Algorithmus leicht ein a gefunden werden kann, das $a \cdot \alpha = b$ in dieser Gruppe erfüllt.

▶ **Anmerkung** Geeignete Gruppen sind:

- die (multiplikative) Gruppe $\mathbb{Z}_p^* = \langle \alpha \rangle$, wobei p eine 2048-Bit-Primzahl ist, ord$(\alpha) = p - 1$ gilt und $p - 1$ einen „großen" Primteiler enthält
- Unterguppen $\langle \tilde{\alpha} \rangle$ von $\mathbb{Z}_p^* = \langle \alpha \rangle$ für eine 2048-Bit-Primzahl p, wobei $\tilde{\alpha} := \alpha^{\frac{p-1}{q}}$ ein Element mit „großer" Ordnung q in $\mathbb{Z}_p^*$ ist
- additive Punktgruppen auf elliptischen Kurven, wobei p eine 256-Bit-Primzahl ist.

Auch für das DL-Problem ist – wie für das Faktorisierungsproblem – die Komplexität derzeit noch nicht bekannt. Für die oben erwähnten Gruppen handelt es sich aber um ein gut untersuchtes Problem. Die Forderungen an die Parameter, die in den Beispielen schon genannt wurden, ergeben sich aus der Leistungsfähigkeit bekannter Algorithmen zum Lösen des DL-Problems, von denen die bekanntesten in den folgenden Abschnitten vorgestellt werden. Zunächst werden wir jedoch Beispiele für Kryptosysteme betrachten, die auf dem DL-Problem beruhen.

8.4.2 Der Diffie-Hellman-Schlüsselaustausch

Die Idee für Kryptosysteme mit öffentlichem Schlüssel geht auf DIFFIE und HELLMAN zurück, die 1976 ein Verfahren zur öffentlichen Schlüsselgenerierung entwickelten [29]. Dieser Diffie-Hellman-Schlüsselaustausch beruht auf dem Problem des diskreten Logarithmus, stellt aber selbst noch kein asymmetrisches Kryptosystem dar. Dennoch wollen wir es an dieser Stelle kurz vorstellen.

Diffie-Hellman-Schlüsselaustausch

Es sei p eine Primzahl und $g \in \mathbb{Z}_p \setminus \{0\}$.

A wählt einen Exponenten a, berechnet $\alpha := g^a \mod p$ und sendet α an B.

B wählt einen Exponenten b, berechnet $\beta := g^b \mod p$ und sendet β an B.

A berechnet $\beta^a \mod p = g^{b \cdot a} \mod p$.

B berechnet $\alpha^b \mod p = g^{a \cdot b} \mod p$.

$k_{A,B} := \alpha^b \mod p = \beta^a \mod p$ ist der gemeinsame Schlüssel von A und B.

Zur Erläuterung des Verfahrens geben wir ein Beispiel an. Die hier genutzte Primzahl als Modul ist allerdings viel zu klein, um Sicherheit zu gewährleisten.

Beispiel 8.7 A und B wählen gemeinsam (öffentlich) als Primzahl $p = 13$ und $g = 2$. Dabei gilt $\mathbb{Z}_{13}^* = \langle 2 \rangle$.

A wählt als geheimen Exponenten die Zahl $a = 5$ und berechnet daraus den öffentlichen Wert $\alpha \equiv 2^5 \equiv 2^4 \cdot 2 \equiv 3 \cdot 2 \equiv 6 \pmod{13}$.

B wählt als geheimen Exponenten die Zahl $b = 8$ und berechnet daraus den öffentlichen Wert $\beta = 2^8 \equiv (2^4)^2 \equiv 3^2 \equiv 9 \pmod{13}$.

Nach dem Austausch der öffentlichen Werte α und β können beide den gemeinsamen geheimen Schlüssel $k_{A,B} = 3$ für die Kommunikation berechnen:

A berechnet $\beta^a \mod p \equiv 9^5 \equiv (9^2)^2 \cdot 9 \equiv 3^2 \cdot 9 \equiv 3 \pmod{13}$.

B berechnet $\alpha^b \mod p \equiv 6^8 \equiv (6^2)^4 \equiv ((-3)^2)^2 \equiv 3 \pmod{13}$.

Die Sicherheit dieses Verfahrens beruht auf dem Diffie-Hellman-Problem.

▶ **Diffie-Hellman-Problem** Gegeben seien eine Primzahl p sowie $g \in Z_p \setminus \{0\}$, $\alpha = g^a \mod p$ und $\beta = g^b \mod p$.
Gesucht ist $g^{ab} \mod p$.

Ein Angreifer, der das DL-Problem lösen kann, kann auch das Diffie-Hellman-Problem lösen. Er beobachtet die öffentlichen Werte α bzw. β und kann die geheimen Parameter mit Hilfe von $a = \log_g \alpha \mod p$ bzw. $b = \log_g \beta \mod p$ berechnen. Damit kann er nun $g^{ab} \mod p$ bestimmen.

Die umgekehrte Richtung konnte nicht gezeigt werden, d. h. ein Angreifer, der das Diffie-Hellman-Problem lösen kann, kann daraus nicht auf die Lösung des DL-Problems schließen. Damit ist das Diffie-Hellman-Problem eine stärkere Annahme als das DL-Problem.

Unter der Annahme, dass das Diffie-Hellman-Problem nicht gelöst werden kann, ist der beschriebene Schlüsselaustausch sicher gegen einen passiven Angreifer. Allerdings besteht diese Sicherheit nicht gegen einen aktiven Man-in-the-Middle-Angreifer. Dabei erzeugt der Angreifer ebenfalls einen geheimen Exponenten und greift in die Kommunikation zwischen A und B ein. Gegenüber A gibt er sich als B aus und umgekehrt. Das bedeutet, dass A wie auch B statt mit dem gewünschten Kommunikationspartner jeweils einen Schlüssel mit dem Angreifer austauschen, der somit alle übertragenen Nachrichten entschlüsseln, lesen und sogar modifizieren und anschließend neu verschlüsseln kann, so dass A und B von diesem Angriff überhaupt nichts mitbekommen.

8.4.3 Das ElGamal-Kryptosystem

8.4.3.1 Prinzip des ElGamal-Kryptosystems

Auch das ElGamal-Kryptosystem basiert auf dem Problem des diskreten Logarithmus. Wir beschreiben das System für den Fall, dass Teilnehmer B an Teilnehmer A eine Nachricht schicken will und dass für die Gruppe G gilt:

$$G = \mathbb{Z}_p^* = \langle \alpha \rangle \quad (p \text{ prim}).$$

Grundsätzlich funktioniert das Verfahren aber auch für jede andere Gruppen G zusammen mit einem Erzeuger α dieser Gruppe (wobei aber noch die Anforderungen an die Sicherheit zu beachten sind).

Das ElGamal-Verfahren als asymmetrisches Konzelationssystem

Es sei p eine Primzahl und $\mathbb{Z}_p^* = \langle \alpha \rangle$. Diese Parameter sind öffentlich bekannt.

Außerdem gelte $M = \mathbb{Z}_p^*$ und $C \subseteq \mathbb{Z}_p^* \times \mathbb{Z}_p^*$.

Teilnehmer A wählt zufällig den geheimen Schlüssel $k_d \in \{0, 1, \ldots, p-2\}$ und berechnet daraus den zugehörigen öffentlichen Schlüssel $k_e = \alpha^{k_d} \mod p$.

Teilnehmer B wählt eine Zufallszahl $r \in \{0, 1, \ldots, p-2\}$ und berechnet $\text{enc}(k_e, m) = (c_1, c_2) \in C$ mit

$$c_1 = \alpha^r \mod p,$$
$$c_2 = m k_e^r \mod p.$$

Teilnehmer A entschlüsselt mit $\text{dec}(k_d, c) = m = (c_1^{k_d})^{-1} c_2 \mod p$.

Man erkennt sehr leicht, dass es sich tatsächlich um ein Kryptosystem handelt:

$$\begin{aligned}
\text{dec}(k_d, \text{enc}(k_e, m)) &= \text{dec}(k_d, (c_1, c_2)) \\
&\equiv (c_1^{k_d})^{-1} c_2 \\
&\equiv ((\alpha^r)^{k_d})^{-1} \cdot m k_e^r \\
&\equiv \alpha^{-k_d r} \cdot m \cdot (\alpha^{k_d})^r \\
&\equiv \alpha^{-k_d r} \cdot m \cdot \alpha^{k_d r} \\
&\equiv m \pmod{p}.
\end{aligned}$$

Die Zufallszahl r kann unmittelbar nach der Verschlüsselung vernichtet werden. Sie wird zum Entschlüsseln nicht benötigt, sollte aber nur einmal zur Verschlüsselung benutzt werden (siehe Abschn. 8.4.3.2). Durch die Verwendung von r sind $p-1$ verschiedene Schlüsseltexte bei Verschlüsselung eines Klartextes m möglich.

Wir geben hier ein Beispiel für das Verschlüsseln und Entschlüsseln im ElGamal-Kryptosystem an, dessen Parameter für die praktische Nutzung viel zu klein sind.

Beispiel 8.8 B möchte von A verschlüsselte Nachrichten erhalten, wählt dazu die Primzahl $p = 11$, $\alpha = 2$ (es gilt $\mathbb{Z}_{11}^* = \langle 2 \rangle$) sowie den geheimen Schlüssel $k_d = 3$ aus und berechnet den öffentlichen Schlüssel $k_e = 2^3 \mod 11 = 8$. Die öffentlichen Parameter $p = 11$, $\alpha = 2$ und $k_e = 8$ übermittelt B an A, jedoch nicht den Schlüssel $k_d = 3$, den B erst wieder zum Entschlüsseln einsetzt.

A möchte an B die Nachricht $m = 4$ senden, wählt dazu die Zufallszahl $r = 5$ aus, berechnet $c_1 = \alpha^r \mod p \equiv 2^5 \equiv 32 \equiv 10 \pmod{11}$ und $c_2 = m k_e^r \mod p \equiv 4 \cdot 8^5 \equiv 4 \cdot 64^2 \cdot 8 \equiv 4 \cdot (-2)^2 \cdot (-3) \equiv 16 \cdot (-3) \equiv 5 \cdot (-3) \equiv -15 \equiv 7 \pmod{11}$ und übermittelt $(c_1, c_2) = (10, 7)$ an B.

Daraus kann B unter Nutzung des geheimen Parameters $k_d = 8$ die unverschlüsselte Nachricht $m = (c_1^{-k_d})^{-1} c_2 \mod p \equiv (10^7)^{-1} \cdot 7 \equiv 100^3 \cdot 10 \cdot 7 \equiv 70 \equiv 4 \pmod{11}$ ermitteln.

Wie RSA kann das ElGamal-Kryptosystem ebenfalls zum Erzeugen digitaler Signaturen eingesetzt werden. Wir beschreiben diese Anwendung für den Fall, dass Teilnehmer A eine Signatur erzeugen und Teilnehmer B diese Signatur überprüfen will.

Das ElGamal-Verfahren als digitales Signatursystem

Es sei p eine Primzahl und $\mathbb{Z}_p^* = \langle \alpha \rangle$. Diese Parameter sind öffentlich bekannt.

Außerdem gelte $M = \mathbb{Z}_p^*$ und $S \subseteq \mathbb{Z}_p^* \times \mathbb{Z}_p^*$.

Teilnehmer A wählt zufällig den geheimen Schlüssel $k_s \in \{0, 1, \ldots, p-2\}$ und berechnet daraus den zugehörigen öffentlichen Schlüssel $k_t = \alpha^{k_s} \mod p$.

Um die Signatur für eine Nachricht m zu berechnen, wählt A zunächst eine Zufallszahl $r \in \mathbb{Z}_{p-1}^*$ und berechnet r^{-1} mit $rr^{-1} \equiv 1 \pmod{p-1}$. Dann berechnet er $\text{sig}(k_s, m) = (s_1, s_2) \in S$ mit

$$s_1 = \alpha^r \mod p,$$
$$s_2 = r^{-1}\big(h(m) - k_s s_1\big) \mod (p-1).$$

Dabei stellt h eine Hashfunktion dar.

Teilnehmer B prüft zunächst, ob $1 \leq s_1 \leq p - 1$. Ist die Bedingung erfüllt, berechnet er

$$v_1 = k_t^{s_1} s_1^{s_2} \mod p \quad \text{und}$$
$$v_2 = \alpha^{h(m)} \mod p.$$

Gilt $v_1 = v_2$, akzeptiert er die Signatur.

8.4.3.2 Angriffe auf das ElGamal-Verfahren
Das ElGamal-Verfahren als Konzelationssystem

Wie bereits erwähnt, sollte die vom Sender gewählte Zufallszahl nur einmal verwendet werden. Ansonsten kann ein Angreifer, der ein Klartext-Schlüsseltext-Paar $(m_1, (c_{1,1}, c_{1,2}))$ kennt, aus jedem weiteren Schlüsseltext $(c_{2,1}, c_{2,2}) = \text{enc}(k_e, m_2)$, der unter Nutzung derselben Zufallszahl berechnet wurde, den zugehörigen Klartext m_2 ermitteln.

Da dieselbe Zufallszahl verwendet wurde, gilt $c_{1,1} = c_{2,1} = \alpha_e^k \mod p$. Für die zweiten Teile der Schlüsseltexte gilt jedoch $c_{1,2} \neq c_{2,2}$:

$$c_{1,2} \equiv m_1 k_e^r \pmod{p},$$
$$c_{2,2} \equiv m_2 k_e^r \pmod{p}.$$

Wie man sieht, kann man bei Kenntnis von m_1 den unbekannten Klartext m_2 berechnen, indem man die erste Kongruenz durch die zweite dividiert und das Ergebnis nach m_2 umstellt:

$$c_{1,2} c_{2,2}^{-1} \equiv m_1 m_2^{-1} \pmod{p},$$
$$m_2 \equiv m_1 c_{1,2}^{-1} c_{2,2} \pmod{p}.$$

Des Weiteren ist ein aktiver Schlüsseltext-Klartext-Angriff möglich. Dabei modifiziert der Angreifer den zweiten Teil eines abgefangenen Schlüsseltextes $c = (c_1, c_2)$ beliebig und sendet $c' = (c_1, c_2')$ an den Empfänger.

Der Empfänger entschlüsselt und erhält $m' = (c_1^{k_d})^{-1} c_2' \mod p$. Erhält der Angreifer m', kann er damit den Klartext berechnen:

$$c_1^{k_d} = c_2' (m')^{-1} \mod p,$$
$$m = c_1^{-k_d} c_2 \mod p.$$

Das ElGamal-Verfahren als digitales Signatursystem

Auch bei der Verwendung des ElGamal-Verfahrens als digitales Signatursystem darf die für die Berechnung der Signatur gewählte Zufallszahl nur einmal verwendet werden. Wird für die Berechnung der Signatur zweier verschiedener Nachrichten dieselbe Zufallszahl benutzt, kann ein Angreifer, der die Nachrichten und Signaturen $(m_1, (s_{1,1}, s_{1,2}))$ und $(m_2, (s_{2,1}, s_{2,2}))$ beobachtet hat, den geheimen Signaturschlüssel berechnen.

Die ersten Teile der Signaturen sind wiederum gleich: $s_{1,1} = s_{2,1} = \alpha^{k_s} \mod p$. Die zweiten Teile sind wiederum unterschiedlich ($s_{1,2} \neq s_{2,2}$):

$$s_{1,2} = r^{-1}\big(h(m_1) - k_s s_{1,1}\big) \mod (p-1),$$
$$s_{2,2} = r^{-1}\big(h(m_2) - k_s s_{2,1}\big) \mod (p-1).$$

Subtrahiert man die zweite von der ersten Gleichung, erhält man:

$$s_{1,2} - s_{2,2} = r^{-1}\big(h(m_1) - h(m_2)\big) \bmod (p-1).$$

Falls $s_{1,2} - s_{2,2} \neq 0$ und $\mathrm{ggT}(s_{1,2} - s_{2,2}, p-1) = 1$ kann der Angreifer zunächst die verwendete Zufallszahl und damit dann den geheimen Signierschlüssel aus einem der beiden (Klartext, Signatur)-Paare berechnen:

$$r = (s_{1,2} - s_{2,2})^{-1}\big(h(m_1) - h(m_2)\big) \bmod (p-1),$$
$$k_s = s_{1,1}^{-1}\big(h(m_1) - s_{1,2}r\big) \bmod (p-1).$$

Bereits in Abschn. 8.4.3.1 wurde beim Signatursystem eine Hashfunktion auf die Nachricht angewendet. Ohne Hashfunktion gäbe es die Möglichkeit, das System existenziell zu brechen. Auf Details zu diesem Angriff verzichten wir hier, diese können z. B. in [64] nachgelesen werden.

8.4.3.3 Sichere Verwendung von des ElGamal-Verfahrens

Für den sicheren Einsatz des ElGamal-Verfahrens sind wiederum Anforderungen an die Wahl der Parameter zu beachten: Eine entscheidende Voraussetzung für die sichere Verwendung des Kryptosystems ist die Wahl geeigneter Gruppen. Dabei handelt es sich um solche Gruppen, für die derzeit und in absehbarer Zukunft keine effizienten Algorithmen zum Lösen des DL-Problems bekannt sind. Geeignet sind große zyklische Untergruppen $\langle\alpha\rangle$ von primen Restklassengruppen $\mathbb{Z}_p^*$, wobei insbesondere darauf geachtet werden muss, dass die Gruppenordnung von $\langle\alpha\rangle$ einen großen Primteiler enthält – die Begründung dafür folgt in Abschn. 8.4.4. In Punktgruppen elliptischer Kurven über $\mathbb{Z}_p$ (p prim) scheint das Lösen des DL-Problems schwieriger als in Restklassengruppen zu sein, denn spezielle Verfahren wie das Lösen des DL-Problems mit der Indexkalkül-Methode (siehe Abschn. 8.4.4.2) sind für diese nicht bekannt. Deshalb genügen für die Anwendung des ElGamal-Verfahrens über elliptischen Kurven kleinere Primzahlen (256 Bits) als bei primen Restklassengruppen $\mathbb{Z}_p^*$ (2048 Bits), was Effizienzvorteile bei der Ver- und Entschlüsselung mit sich bringt. Für die Einschätzung der Sicherheit von auf elliptischen Kurven basierenden Verfahren wird entscheidend sein, ob effiziente spezielle Verfahren zum Lösen des DL-Problems in diesen Gruppen gefunden werden können. Die Suche danach hat bereits begonnen.

Wie in Abschn. 8.4.3.2 begründet, darf die Zufallszahl sowohl bei Konzelations- als auch bei Signatursystem nur einmal verwendet werden, um zu verhindern, dass ein Angreifer Schlüsseltexte entschlüsseln bzw. den geheimen Signaturschlüssel ermitteln kann. Die notwendige Verwendung der Hashfunktion beim Einsatz als Signatursystem wurde bereits kurz begründet.

Es verbleibt noch die Möglichkeit des aktiven Angriffs auf das ElGamal-Konzelationssystem. Ähnlich wie bei RSA verhindert auch hier das Einfügen von Redundanz vor der Verschlüsselung diesen Angriff. Dazu wird auf die Nachricht zunächst eine Hashfunktion

8.4 Kryptosysteme auf der Grundlage des DL-Problems

angewendet und es gehen sowohl die Nachricht als auch dieser Hashwert in die Berechnung von c_2 ein:

$$m^* = m, h(m),$$
$$c_1 = \alpha^r \mod p,$$
$$c_2 = m^* k_e^r \mod p.$$

Der Empfänger erhält bei der Entschlüsselung $\text{dec}(k_d, c) = m^* = m, x$ und kann zunächst prüfen, ob $x = h(m)$ gilt. Nur dann wird die Nachricht m ausgegeben.

Um den aktiven Angriff zu verhindern, genügt es nicht, unterschiedliche Zufallszahlen für die Verschlüsselung zu verwenden. Der Angreifer wäre trotzdem in der Lage, den Angriff durchzuführen, indem er c_1 „maskiert". Zunächst gehen wir davon aus, dass der Angreifer wieder einen Schlüsseltext $c = (c_1, c_2)$ abgefangen hat. Er wählt eine Zufallszahl z mit $\text{ggT}(z, p-1) = 1$ und sendet an den Empfänger

$$c' = \left(c_1^z, c_2'\right) \mod p.$$

Dabei ist c_2' wieder beliebig gewählt. Der Empfänger entschlüsselt und erhält

$$m' = \left(c_1^z\right)^{-k_d} c_2' \mod p.$$

Der Angreifer erfährt m', kennt c_2 und kann $z^{-1} \mod p - 1$ berechnen. Für z^{-1} gilt $zz^{-1} \equiv 1 \pmod{p-1}$ und damit $zz^{-1} = \ell(p-1) + 1$ für ein geeignetes $\ell \in \mathbb{N}$. Damit ist der Angreifer nun in der Lage, den „Schlüssel" (d. h. den Faktor $c_1^{k_d}$) zur Entschlüsselung des abgefangenen Schlüsseltextes zu ermitteln:

$$\left(c_1^z\right)^{k_d} = c_2'(m')^{-1} \mod p,$$
$$c_1^{k_d} = \left(c_1^{zk_d}\right)^{z^{-1}} \mod p$$
$$= \left(c_1^{k_d}\right)^{\ell(p-1)+1} \mod p$$
$$= \underbrace{\left(\left(c_1^{k_d}\right)^{(p-1)}\right)^{\ell}}_{=1} c_1^{k_d} \mod p$$
$$= c_1^{k_d} \mod p.$$

8.4.4 Verfahren zum Lösen des Problems des diskreten Logarithmus

Bei Verfahren zum Lösen das DL-Problems unterscheidet man grundsätzlich zwei Arten. Einerseits gibt es allgemeine Verfahren, die für jede abstrakte Gruppe zum Lösen des DL-Problems anwendbar sind. Andererseits gibt es spezielle Verfahren, die Eigenschaften konkreter Gruppen ausnutzen. Wir stellen aus jeder dieser beiden Klassen einen Vertreter vor.

8.4.4.1 Pohlig-Hellman-Verfahren

Das POHLIG-HELLMAN-Verfahren ist ein allgemeines Verfahren zum Lösen des DL-Problems in Gruppen $(G, \cdot)$. Wir verwenden zur Beschreibung des Verfahrens also die multiplikative Schreibweise. Es ist entsprechend auch für additiv geschriebene Gruppen wie zum Beispiel die Punktgruppen elliptischer Kurven anwendbar.

Bei der Formulierung des DL-Problems haben wir folgende Bezeichnungen verwendet: Gegeben sei eine endliche Gruppe $\langle \alpha \rangle$ der Ordnung $n = \prod_{i=1}^{k} p_i^{\lambda_i}$ ($\lambda_i \geq 1$ für $i = 1, 2, \ldots, k$) und ein Element $\beta \in \langle \alpha \rangle$.

Gesucht ist der kleinste Exponent a mit $\alpha^a = \beta$.

Zur Lösung des Problems wird statt des gesuchten Exponenten a zunächst $a \bmod p_i^{\lambda_i}$ für $i = 1, 2, \ldots, k$ berechnet und schließlich $a \bmod n$ mit Hilfe des Chinesischen Restsatzes bestimmt.

Um das Verfahren zur Berechnung von $a \bmod p_i^{\lambda_i}$ zu beschreiben, wählen wir zunächst ein festes $i \in \{1, 2, \ldots, k\}$ und führen wir die folgenden Abkürzungen ein:

$$p := p_i$$
$$\lambda := \lambda_i.$$

Gesucht ist nun:

$$z := a \bmod p^\lambda.$$

Wir verwenden zur Berechnung von z folgenden Ansatz:

$$z := z_0 + z_1 p + \ldots + z_{\lambda-1} p^{\lambda-1}$$

mit $z_j \in \{0, 1, \ldots, p-1\}$ für alle j.

Dieser Ansatz ist sinnvoll, weil $a \bmod p^\lambda$ gesucht wird und z laut Ansatz $z \leq (p-1)(1 + p + \ldots + p^\lambda - 1) = p\lambda - 1 < p^\lambda$ erfüllt.

1. Berechnung von z_0:

    Sei $\tilde{\alpha} := \alpha^{\frac{n}{p}}$.

    Dann gilt $\text{ord}(\tilde{\alpha}) = p$, gemeint ist die Ordnung des Elements $\tilde{\alpha}$ in der Gruppe $\langle \alpha \rangle$. Es gilt $\beta^{\frac{n}{p}} = (\alpha^a)^{\frac{n}{p}} = (\alpha^{\frac{n}{p}})^a = \tilde{\alpha}^a$. Wegen $z \equiv a \pmod{p^\lambda}$ und somit auch $z \equiv a \pmod p$ sowie $\text{ord}(\tilde{\alpha}) = p$ gilt:

    $$\tilde{\alpha}^a = \tilde{\alpha}^z = \tilde{\alpha}^{z_0 + z_1 p + \ldots} = \tilde{\alpha}^{z_0} \cdot \left(\tilde{\alpha}^{z_1}\right)^p \cdot \ldots = \tilde{\alpha}^{z_0} \cdot 1 = \tilde{\alpha}^{z_0}.$$

    Man kann z_0 also bestimmen, wenn man das DL-Problem in der Untergruppe $\langle \tilde{\alpha} \rangle$ der Ordnung p von $\langle \alpha \rangle$ lösen kann.

2. Berechnung von z_j, wenn $z_0, z_1, \ldots, z_{j-1}$ ($j < \lambda$) bereits bekannt sind:

8.4 Kryptosysteme auf der Grundlage des DL-Problems

Zunächst kann man

$$\beta_j := \left(\frac{\beta}{\alpha^{z_0+z_1 p+\ldots+z_{j-1}p^{j-1}}}\right)^{\frac{n}{p^{j+1}}}$$

berechnen.

Den Zähler lässt sich wie folgt vereinfachen: $\beta^{\frac{n}{p^{j+1}}} = \alpha^{a \frac{n}{p^{j+1}}}$

Wegen $z \equiv a \pmod{p^\lambda}$ kann man a in der Form $a = z + v p^\lambda$ darstellen und somit gilt

$$\alpha^{a \frac{n}{p^{j+1}}} = \alpha^{z \frac{n}{p^{j+1}}} \cdot \underbrace{\alpha^{vp^\lambda \frac{n}{p^{j+1}}}}_{1} = \alpha^{z \frac{n}{p^{j+1}}}.$$

Insgesamt gilt:

$$\beta_j = \left(\frac{\alpha^{z_0+z_1 p+\ldots+z_{\lambda-1}p^{\lambda-1}}}{\alpha^{z_0+z_1 p+\ldots+z_{j-1}p^{j-1}}}\right)^{\frac{n}{p^{j+1}}} = \left(\alpha^{z_j p^j+\ldots+z_{\lambda-1}p^{\lambda-1}}\right)^{\frac{n}{p^{j+1}}} = \alpha^{z_j \frac{n}{p}} = \left(\alpha^{\frac{n}{p}}\right)^{z_j} = \tilde{\alpha}^{z_j}.$$

Man kann nun z_j bestimmen, wenn man das DL-Problem in der Untergruppe $\langle \tilde{\alpha} \rangle$ der Ordnung p von $\langle \alpha \rangle$ lösen kann.

Offensichtlich ist das beschriebene Verfahren nur dann effizient, wenn die Primzahl p klein genug ist. Daraus ergibt sich auch die Forderung, solche Gruppen in der asymmetrischen Verschlüsselung zu verwenden, bei denen es einen Primteiler p „großer" Ordnung der Gruppenordnung von $\langle \alpha \rangle$ gibt.

Wir zeigen nun die Anwendung des Pohlig-Hellman-Verfahrens an einem Beispiel.

Beispiel 8.9 Gesucht ist der kleinste Exponent a, für den $3^a \equiv 2 \pmod{101}$ gilt – dabei ist $\mathbb{Z}_{101}^* = \langle 3 \rangle$ die betrachtete Gruppe (diese hat die Gruppenordnung 100, weil 101 eine Primzahl ist) und es gilt $2 \in \mathbb{Z}_{101}^*$.

Es gilt $101 - 1 = 100 = 2^2 \cdot 5^2$, d. h. es sind zunächst $a \bmod 2^2$ und $a \bmod 5^2$ gesucht, um daraus mit dem Chinesischen Restsatz auf $a \bmod 100$ schließen zu können.

(1) Gesucht ist $a \bmod 2^2$.

Ansatz: $z = z_0 + z_1 \cdot 2$ ($z_0, z_1 \in \{0, 1\}$)

- Ermittlung von z_0:
  Aus $\tilde{\alpha} = \alpha^{\frac{n}{p}} = 3^{\frac{100}{2}} = 3^{50} \equiv 100 \pmod{101}$ und $\beta^{\frac{n}{p}} = 2^{50} \equiv 100 \pmod{101}$
  folgt $100^{z_0} \equiv 100 \pmod{101}$ und somit $z_0 = 1$.

- Ermittlung von z_1:
  Aus $\beta_1 = \left(\frac{\beta}{\alpha^{z_0}}\right)^{\frac{n}{p^2}} = \left(\frac{2}{3^1}\right)^{\frac{100}{2^2}} = \left(\frac{2}{3}\right)^{25} \equiv (2 \cdot 3^{-1})^{25} \equiv (2 \cdot 34)^{25} \equiv 1 \pmod{101}$
  und $\beta_1 = \tilde{\alpha}^{z_1}$ folgt $1 \equiv 100^{z_1} \pmod{101}$ und somit $z_1 = 0$.

Wegen $z = z_0 + z_1 \cdot 2 = 1 + 0 \cdot 2 = 1$ gilt $a \equiv 1 \pmod{2^2}$.

(2) Gesucht ist a mod 5^2.

    Ansatz: $z = z_0 + z_1 \cdot 5$ $(z_0, z_1 \in \{0, 1, 2, 3, 4\})$.

- Ermittlung von z_0:

  Aus $\tilde{\alpha} = \alpha^{\frac{n}{p}} = 3^{\frac{100}{5}} = 3^{20} \equiv 84$ (mod 101) und $\beta^{\frac{n}{p}} = 2^{20} \equiv 95$ (mod 101) folgt $84^{z_0} \equiv 95$ (mod 101) und somit $z_0 = 4$.

- Ermittlung von z_1:

  Aus $\beta_1 = (\frac{\beta}{\alpha^{z_0}})^{\frac{n}{p^2}} = (\frac{2}{3^4})^{\frac{100}{5^2}} \equiv (2 \cdot (3^{-1})^4)^4 \equiv (2 \cdot 34^4)^4 \equiv 1$ (mod 101) und $\beta_1 = \tilde{\alpha}^{z_1}$ folgt $1 \equiv 84^{z_1}$ (mod 101) und somit $z_1 = 0$.

  Wegen $z = z_0 + z_1 \cdot 2 = 4 + 0 \cdot 0 = 1$ gilt $a \equiv 4$ (mod 2^2).

Aus $a \equiv 1$ (mod 4) und $a \equiv 4$ (mod 25) folgt nun wegen $1 = \text{ggT}(4, 25) = (-6) \cdot 4 + 1 \cdot 25$ mit dem Chinesischen Restsatz $a \equiv 4 \cdot (-6) \cdot 4 + 1 \cdot 1 \cdot 25$ (mod 100).
Also gilt $a = 29$.
Zur Probe kann man nachrechnen, dass $3^{29} \equiv 2$ (mod 101) erfüllt ist.

8.4.4.2 Indexkalkül-Methode

Die Indexkalkül-Methode ist ein spezielles Verfahren zum Lösen des DL-Problems in der Gruppe $\mathbb{Z}_p^*$. Es benutzt die Eigenschaft, dass man die Elemente dieser Gruppe (zusätzlich zur Multiplikation in $\mathbb{Z}_p^*$) auch addieren kann (in $\mathbb{Z}_p$) und ist deshalb nicht für beliebige Gruppen G anwendbar.

Dieses spezielle Verfahren zum Lösen des DL-Problems hat subexponentielle Laufzeit und ist damit für geeignete Gruppen schneller als die im vorherigen Abschnitt beschriebene Methode.

- Wähle eine Menge $F = \{p_1, p_2, \ldots, p_k\}$ von Primzahlen p_i mit $i = 1, 2, \ldots, k$.
- Ermittle für diese Primzahlen p_i den diskreten Logarithmus $\log_\alpha p_i$ zur Basis α durch Lösen eines linearen Gleichungssystems, das wie folgt aufgestellt wird:
  1. Wähle $\ell \in \{1, 2, \ldots, p-1\}$, berechne α^ℓ mod p und stelle diese Zahl – falls möglich – als Produkt von Elementen aus F dar.

$$\alpha^\ell \bmod p = \prod_{i=1}^{k} p_i^{\lambda_i} \quad \Rightarrow \quad \ell \equiv \sum_{i=1}^{k} \lambda_i \log_\alpha p_i \pmod{p-1}.$$

  2. Diesen Schritt wiederhole man so lange, bis man ein eindeutig lösbares lineares Gleichungssystem erhalten hat, und berechne daraus $\log_\alpha p_i$ für $i = 1, 2, \ldots, k$.

- Wähle $\ell \in \{1, 2, \ldots, p-1\}$, berechne $\beta\alpha^\ell$ (mod p) und stelle diese Zahl – falls möglich – als Produkt von Elementen aus F dar.

$$\beta\alpha^\ell \bmod p = \prod_{i=1}^{k} p_i^{\mu_i} \quad \Rightarrow \quad \log_\alpha \beta \equiv -\ell + \sum_{i=1}^{k} \mu_i \log_\alpha p_i \pmod{p-1}.$$

Damit hat man $a = \log_\alpha \beta$ gefunden.

Wähle andernfalls ein neues ℓ usw.

8.4 Kryptosysteme auf der Grundlage des DL-Problems

Wir wenden die beschriebene Methode in dem folgenden Beispiel an:

Beispiel 8.10 Wie im vorausgegangenen Beispiel wird der kleinste Exponent a gesucht, für den $3^a \equiv 2 \pmod{101}$ gilt.

Als Faktorbasis wählen wir $F = \{2, 3, 5\}$. Da 2 ein Element dieser Faktorbasis ist, genügt es hier, nur den ersten Schritt des Algorithmus auszuführen und die Werte $\log_3 2$, $\log_3 3$ und $\log_3 5$ durch Lösen eines geeigneten linearen Gleichungssystems zu bestimmen. Es gilt:

$$3^{12} \equiv 2^4 \cdot 5 \pmod{101}$$
$$3^{25} \equiv 2 \cdot 5 \pmod{101}$$
$$3^{26} \equiv 2 \cdot 3 \cdot 5 \pmod{101}.$$

Daraus folgt:

$$12 \equiv 4 \cdot \log_3 2 + \log_3 5 \pmod{100}$$
$$25 \equiv \log_3 2 + \log_3 5 \pmod{100}$$
$$26 \equiv \log_3 2 + \log_3 3 + \log_3 5 \pmod{100}.$$

Offensichtlich gilt $\log_3 3 \equiv 1 \pmod{100}$, andererseits folgt das durch Lösen des linearen Gleichungssystems, das aus den ersten beiden Gleichungen besteht. Damit ergibt sich:

$$12 \equiv 4 \cdot \log_3 2 + \log_3 5 \pmod{100}$$
$$25 \equiv \log_3 2 + \log_3 5 \pmod{100}.$$

bzw. $-13 \equiv 3 \cdot \log_3 2 \pmod{100}$ bzw. $\log_3 2 \equiv -13 \cdot 3^{-1} \equiv -13 \cdot 67 \equiv 29 \pmod{100}$. Daher gilt $a = 29$ – und die Probe bestätigt, dass $3^{29} \equiv 2 \pmod{100}$ gilt.

8.4.5 Elliptische Kurven in der Kryptographie

Die Idee zur Verwendung der Punktgruppe einer elliptischen Kurve geht auf KOBLITZ und MILLER zurück. Es handelt sich um die wichtigste derzeit bekannte Alternative zu RSA-basierten Verfahren. Sie weist wegen der Größenordnung der verwendeten Primzahlen (256-Bit-Primzahlen anstelle von 1024-Bit-Primzahlen bei RSA) Effizienzvorteile gegenüber der RSA-Verschlüsselung auf.

Elliptische Kurven sind Objekte aus der algebraischen Geometrie. Sie werden über einem Körper definiert. Wir stellen die derzeit in der Kryptographie benutzte elliptische Kurven vor, die über dem endlichen Körper $\mathbb{Z}_p$ (p bezeichnet dabei eine Primzahl) definiert sind.

▶ **Anmerkung** Elliptische Kurven sind keine Ellipsen, aber zur Berechnung der Bogenlängen von Ellipsen verwendet man sogenannte elliptische Integrale. Die Stammfunktionen elliptischer Integrale sind elliptische Funktionen. Diese Funktionen und deren Ableitungen erfüllen Gleichungen, die die Form der allgemeinen Gleichung einer elliptischen Kurve haben.

Definition 8.3 *Es sei $p > 3$ eine Primzahl und $a, b \in \mathbb{Z}_p$ seien Konstanten, die die Bedingung $4a^3 + 27b^2 \not\equiv 0 \pmod{p}$ erfüllen. Die elliptische Kurve $E_{a,b}(p)$ (über $\mathbb{Z}_p$) besteht aus der Menge aller Lösungen $(x, y) \in \mathbb{Z}_p \times \mathbb{Z}_p$ der Kongruenz*

$$y^2 \equiv x^3 + ax + b \pmod{p}$$

sowie einem Punkt $\mathcal{O}$, der Punkt im Unendlichen genannt wird.

Zur Berechnung der Elemente (Punkte) einer elliptischen Kurve gibt man sich $x \in \mathbb{Z}_p$ vor, berechnet $x^3 + ax + b \mod p$ und entscheidet, ob diese Zahl ein Quadrat modulo p ist. Falls ja, berechnet man die Quadratwurzel(n) modulo p mit den bekannten Verfahren und erhält die möglichen Werte für y. Weil $\mathbb{Z}_p$ ein Körper ist, gibt es für $x^3 + ax + b \equiv 0 \pmod{p}$ genau einen zugehörigen Wert für y und für $x^3 + ax + b \not\equiv 0 \pmod{p}$ genau zwei derartige Werte.

Satz 8.5 *Jede elliptische Kurve $E_{a,b}(p)$ über $\mathbb{Z}_p$ bildet mit der folgenden Verknüpfung $+$ eine abelsche Gruppe mit $\mathcal{O}$ als neutralem Element:*

(1) $\mathcal{O} + \mathcal{O} := \mathcal{O}$

(2) $(x, y) + \mathcal{O} := (x, y), \quad \mathcal{O} + (x, y) := (x, y) \quad \text{für alle } (x, y) \in E_{a,b}(p)$

(3) $(x_1, y_1) + (x_2, y_2) := \begin{cases} \mathcal{O}, & x_1 = x_2 \text{ und } y_2 = -y_1 \\ (x_3, y_3), & \text{sonst} \end{cases}$

wobei x_3 und y_3 wie folgt berechnet werden:

$$x_3 := \lambda^2 - x_1 - x_2 \pmod{p}$$
$$y_3 := \lambda(x_1 - x_3) - y_1 \pmod{p}$$

mit

$$\lambda := \begin{cases} (y_2 - y_1)(x_2 - x_1)^{-1} \pmod{p}, & (x_1, y_1) \neq (x_2, y_2) \\ (3x_1^2 + a)(2y_1)^{-1} \pmod{p}, & (x_1, y_1) = (x_2, y_2). \end{cases}$$

▶ **Anmerkung**
- In der Definition elliptischer Kurven wird $p > 3$ deshalb gefordert, weil sich dann jede Gleichung $y^2 + a_1 y x + a_3 y = x^3 + a_2 x^2 + a_4 x + a_6$ einer elliptischen Kurve in allgemeiner Form in die einfachere Form $y^2 = x^3 + ax + b$ transformieren lässt – die Transformation in

8.4 Kryptosysteme auf der Grundlage des DL-Problems

die Darstellung mit weniger von Null verschiedenen Koeffizienten gelingt nur für Körper, die keinen Teilkörper mit 2 bzw. 3 Elementen enthalten.
- Die Eigenschaft $4a^3 + 27b^2 \not\equiv 0 \pmod{p}$ wird deshalb gefordert, damit die oben definierte Verknüpfung eine Operation ist.

Wir verzichten auf den Beweis dieses Satzes, weil er durch formales Nachrechnen der Gruppeneigenschaften erfolgen kann und neben dem Rechenaufwand keine weiteren Einsichten liefert. Wir erklären aber an dieser Stelle noch, wie man auf die Idee kommen kann, die im Satz angegebenen Gruppenoperationen zu finden. Dabei hilft es, dass man elliptische Kurven mit der Gleichung $y^2 = x^3 + ax + b$ nicht nur über endlichen Körpern betrachten kann, sondern zum Beispiel auch über dem Körper der reellen Zahlen. Es gilt dann die hier nicht bewiesene, aber sofort verständliche Aussage: Schneidet eine Gerade g eine elliptische Kurve über $\mathbb{R}$ in zwei Punkten, dann gibt es noch einen dritten Schnittpunkt. Diese Eigenschaft wird zur Definition der Addition von Kurvenpunkten (x, y) der elliptischen Kurve ausgenutzt. Weiterhin wird benutzt, dass jede Tangente an die elliptische Kurve die Kurve noch in einem weiteren Punkt schneidet. Details dazu sind in der folgenden Anmerkung ausgeführt.

▶ **Anmerkung**

1. Es sei E eine elliptische Kurve über $\mathbb{R}$ mit der Gleichung $y^2 = x^3 + ax + b$ und $P = (x_1, y_1) \in E$, $Q = (x_2, y_2) \in E$ mit $x_1 \neq x_2$. Dann gilt

$$P + Q =: R = (x_3, y_3) \in E,$$

wobei die Koordinaten x_3 und y_3 wie folgt zu berechnen sind:
Durch die Punkte P und Q ist eine Gerade g mit der Gleichung $y = \lambda x + \nu$ festgelegt, die die elliptische Kurve E in einem dritten Punkt $R' = (x_3, -y_3)$ schneidet. Durch die Koordinaten von R' sind also die Koordinaten von R festgelegt.
Offensichtlich gilt für den Anstieg λ der Geraden g:

$$\lambda = \frac{y_2 - y_1}{x_2 - x_1} \quad \text{oder} \quad \lambda = (y_2 - y_1)(x_2 - x_1)^{-1}.$$

Weiter folgt aus $(\lambda x + \nu)^2 = x^3 + ax + b$, dass $x^3 - \lambda^2 x^2 + (a - 2\lambda \nu)x + b - \nu^2 = 0$ gilt, wobei mit x_1 und x_2 zwei reelle Nullstellen der linken Seite der Gleichung schon bekannt sind und somit noch eine dritte reelle Nullstelle x_3 existiert. Es gilt also auch $(x - x_1)(x - x_2)(x - x_3) = 0$ und durch Vergleich der Koeffizienten von x^2 erhält man $-(x_1 + x_2 + x_3) = -\lambda^2$ bzw. $x_3 = \lambda^2 - x_1 - x_2$.
Weil $R' = (x_3, -y_3)$ auf der Geraden g liegt, ergibt sich daraus:

$$\lambda = \frac{-y_3 - x_1}{x_3 - x_1} \quad \text{bzw.} \quad y_3 = \lambda(x_1 - x_3) - y_1.$$

2. Ist nun E eine elliptische Kurve über $\mathbb{R}$ mit der Gleichung $y^2 = x^3 + ax + b$ und $P = Q = (x_1, y_1) \in E$, dann gilt

$$P + P = Q + Q =: R = (x_3, y_3) \in E,$$

wobei die Koordinaten x_3 und y_3 wie folgt zu berechnen sind:
Es bezeichne g die Tangente an die Kurve E im Punkt (x_1, y_1). Bildet man die Ableitung von $y^2 = x^3 + ax + b$ nach x, dann erhält man:

$$\lambda = y' = \frac{3x_1^2 + a}{2y_1} \quad \text{bzw.} \quad \lambda = (3x_1^2 + a)(2y_1)^{-1}.$$

Darüber hinaus ist anzumerken, dass durch die in obigem Satz festgehaltenen Rechenregeln für die Addition von Punkten elliptischer Kurven ein besonders einfaches Berechnen des (additiven) Inversen eines Kurvenelements möglich machen. Um das Inverse zu finden, ist es nur erforderlich, das Vorzeichen in der zweiten Koordinate des entsprechenden Kurvenpunktes zu ändern – auch das ist ein zusätzlicher Effizienzvorteil, weil beim Berechnen des multiplikativen Inversen, wie es bei RSA-basierten Verfahren erforderlich ist, dazu der erweiterte Euklidische Algorithmus angewendet werden muss.

Beispiel 8.11 Sei $\mathcal{C}$ die elliptische Kurve mit der Gleichung $y^2 = x^3 + x + 6$ über $\mathbb{Z}_{11}$ (insbesondere gilt $a = 1$, $b = 6$ und $p = 11$). Diese elliptische Kurve $\mathcal{C}$ enthält 13 Elemente (außer $\mathcal{O}$ noch die Punkte $(2, 4)$, $(2, 7)$, $(3, 5)$, $(3, 6)$, $(5, 2)$, $(5, 9)$, $(7, 2)$, $(7, 9)$, $(8, 3)$, $(8, 8)$, $(10, 2)$, $(10, 9)$).

Die zugehörige (additive) abelsche Gruppe ist isomorph zur zyklischen Gruppe $\mathbb{Z}_{13}$. Das erkennt man in diesem Fall daran, dass die Gruppenordnung eine Primzahl und somit die Isomorphieklasse eindeutig bestimmt ist. Jedes von $\mathcal{O}$ verschiedene Gruppenelement α erzeugt diese Gruppe (d. h. man erhält alle Gruppenelemente als Vielfache von α). Wir wählen $\alpha = (2, 7)$ und berechnen zunächst die Vielfachen dieses Elementes:

Um $2\alpha = (2, 7) + (2, 7) = (x_3, y_3)$ zu ermitteln, wird zunächst λ bestimmt.
Wegen $P = Q = (2, 7)$ ist

$$\lambda = (3 \cdot 2^2 + 1)(2 \cdot 7)^{-1} \pmod{11} = 2 \cdot 3^{-1} \pmod{11} = 2 \cdot 4 \pmod{11} = 8.$$

Damit erhält man $x_3 = 8^2 - 2 - 2 \pmod{11} = 5$ und $y_3 = 8(2 - 5) - 7 \pmod{11} = 2$.
Also gilt $2\alpha = (2, 7) + (2, 7) = (5, 2)$.
Zur Ermittlung von $3\alpha = (5, 2) + (2, 7) = (x_3, y_3)$ bestimmt man wieder das zugehörige λ (es gilt $P = (5, 2)$, $Q = (2, 7)$ und $P \neq Q$):

$$\lambda = (7 - 2)(2 - 5)^{-1} \pmod{11} = 5 \cdot 8^{-1} \pmod{11} = 5 \cdot 7 \pmod{11} = 2.$$

Demnach ist $x_3 = 2^2 - 5 - 2 \pmod{11} = 8$ und $y^3 = 2(5 - 8) - 2 \pmod{11} = 3$.

8.4 Kryptosysteme auf der Grundlage des DL-Problems

Also ist $3\alpha = (8,3)$.

Analog kann man die übrigen Vielfachen bestimmen. Es gilt:

$$\begin{aligned}\alpha &= (2,7) & 2\alpha &= (5,2) & 3\alpha &= (8,3)\\ 4\alpha &= (10,2) & 5\alpha &= (3,6) & 6\alpha &= (7,9)\\ 7\alpha &= (7,2) & 8\alpha &= (3,5) & 9\alpha &= (10,9)\\ 10\alpha &= (8,8) & 11\alpha &= (5,9) & 12\alpha &= (2,4).\end{aligned}$$

Wir beschreiben im folgenden Beispiel die Anwendung dieser elliptischen Kurve im ElGamal-Kryptosystem.

Beispiel 8.12 Es ist $G = \mathbb{Z}_{13}$ und $\alpha = (2,7)$. Der Empfänger der Nachricht habe als (geheimen) Exponenten $a = 7$ gewählt, so dass $\beta = 7\alpha = (7,2)$ ist. Die Werte von α und β sind öffentlich bekannt.

Angenommen, es soll die Nachricht $x = (10,9)$ (das ist ein Punkt der elliptischen Kurve $\mathcal{C}$) übermittelt werden.

Dann wählt der Absender eine Zufallszahl k aus – hier gelte $k = 3$ – und berechnet

$$y_1 = 3\alpha = 3(2,7) = (8,3)$$

und

$$y_2 = (10,9) + 3\beta = (10,9) + 3(7,2) = (10,9) + 3(7\alpha) = (10,9) + 8\alpha = (10,9) + (3,5).$$

Wegen $(10,9) = 9\alpha$ und $(3,5) = 8\alpha$ gilt dann $y_2 = 4\alpha = (10,2)$.

Somit wird $y = ((8,3),(10,2))$ gesendet.

Wenn der Empfänger diesen Schlüsseltext erhalten hat, entschlüsselt er auf folgende Weise:

$$x = (10,2) - 7(8,3) = (10,2) - 7(3\alpha) = (10,2) - 8\alpha = (10,2) - (3,5).$$

Das zu $(3,5)$ inverse Element ist $(3,-5) = (3,6)$, und damit ergibt sich $x = (10,2) + (3,6) = 4\alpha + 5\alpha = 9\alpha = (10,9)$. Das ist auch der ursprüngliche Klartext.

Das ElGamal-Kryptosystem ist grundsätzlich auch für Punktgruppen elliptischer Kurven anwendbar:

$$G = E_{a,b}(p).$$

Ein wesentlicher Nachteil dabei ist jedoch, dass die Anzahl der möglichen Klartexte auf die Anzahl der Elemente in $E_{a,b}(p)$ beschränkt ist.

▶ **Anmerkung** Nach einem Satz von HASSE gilt für die Anzahl der Punkte einer elliptischen Kurve $E_{a,b}(p)$:

$$p + 1 - 2\sqrt{p} \leq |E_{a,b}(p)| \leq p + 1 + 2\sqrt{p}.$$

Dieser Nachteil wird im „Elliptic Curve Integrated Encryption Scheme" (ECIES) kompensiert, indem als Klartexte alle Elemente der Gruppe $\mathbb{Z}_p^*$ zugelassen werden. Im folgenden wird nur das im ECIES verwendete Verfahren der Ver- und Entschlüsselung beschrieben und auf die Darstellung des integrierten Signaturverfahrens verzichtet:

Sei $E_{a,b}(p)$ eine elliptische Kurve über $\mathbb{Z}_p$ ($p > 3$) und $\alpha \in E_{a,b}(p)$.

$$\mathbb{M} = \mathbb{Z}_p^*$$
$$\mathbb{C} \subseteq (\mathbb{Z}_p \times \mathbb{Z}_2) \times \mathbb{Z}_p^*$$
$$\mathbb{K} = \left\{ (E_{a,b}(p), \alpha, \tilde{a}, \beta) \mid \beta = \tilde{a}\alpha \right\}.$$

Für $k = (E_{a,b}(p), \alpha, \tilde{a}, \beta) \in \mathbb{K}$ und $\kappa \in \mathbb{Z}_{|\langle \alpha \rangle|}$ *(geheime Zufallszahl)* sei

$$E_k(m, \kappa) = (c_1, c_2)$$
$$\text{mit } (v_1, v_2) = \kappa\beta \text{ mit } v_1 \neq 0$$
$$c_1 = \text{POINTCOMPRESS}(\kappa\alpha)$$
$$c_2 = mv_1 \pmod{p}$$

und

$$D_k(c_1, c_2) = c_2(v_1)^{-1} \pmod{p}$$
$$\text{mit } (v_1, v_2) = \tilde{a} \, \text{POINTDECOMPRESS}(c_1)$$

für alle $m \in \mathbb{Z}_p^*$, $(c_1, c_2) \in (\mathbb{Z}_p \times \mathbb{Z}_2) \times \mathbb{Z}_p^*$.
Die Werte $E_{a,b}(p), \alpha, \beta$ bilden den öffentlichen Schlüssel, der Wert $\tilde{a}$ bildet den privaten Schlüssel des Empfängers der Nachricht.

In diesem Kryptosystem werden die Operationen POINTCOMPRESS und POINTDECOMPRESS benutzt, die wie folgt definiert sind.

POINTCOMPRESS:

$$E_{a,b}(p) \setminus \{0\} \to \mathbb{Z}_p \times \mathbb{Z}_2 : (x, y) \mapsto (x, y \bmod 2).$$

POINTDECOMPRESS: Dabei handelt es sich um die inverse Abbildung zu POINTCOMPRESS.

8.4 Kryptosysteme auf der Grundlage des DL-Problems

Die Rekonstruktion von $(x, y) \in E_{a,b}(p)$ aus $(x, y \bmod 2)$ ist möglich, weil für $x \in \mathbb{Z}_p$ höchstens zwei Werte $y_1, y_2 \in \mathbb{Z}_p$ existieren, so dass (x, y_1) und (x, y_2) Kurvenpunkte sind: Ist $y_1 \neq y_2$ (also auch $y_1 \neq 0$ und $y_2 \neq 0$), dann ist $y_2 \equiv -y_1 \pmod{p}$. Also ist y_1 gerade und y_2 ungerade oder y_1 ungerade und y_2 gerade. Daher ist (x, y) aus $(x, y \bmod 2)$ rekonstruierbar.

Ein wesentlicher Vorteil gegenüber der Anwendung dieses Kryptosystems in der auf $\mathbb{Z}_p^*$ basierten Version besteht darin, dass bisher keine subexponentiellen Algorithmen zum Lösen des DL-Problems in $E_{a,b}(p)$ bekannt sind. Daraus ergeben sich die erwähnten Effizienzvorteile, denn es genügen 256-Bit-Primzahlen anstelle von 2048-Bit-Primzahlen.

An dieser Stelle können wir nun auch erklären, wie bei geeigneten Parametern mit Hilfe von elliptischen Kurven das Faktorisieren natürlicher Zahlen möglich ist. Das entsprechende Verfahren heißt ECM (elliptic curve method). Die Entdeckung dieses Faktorisierungsverfahrens war ein entscheidender Grund für das wachsende Interesse der Kryptographen an elliptischen Kurven.

Gegeben sei eine ungerade natürliche Zahl n, die keine Primzahl ist (das erkennt man zum Beispiel daran, dass n einen stochastischen Primzahltest nicht bestanden hat).

Gesucht ist ein Teiler $t \in \mathbb{N}$ von n mit $1 < t < n$.

Dazu wählt man natürliche Zahlen x, y, a und berechnet eine natürliche Zahl b so, dass $y^2 = x^3 + ax + b$ gilt.

▶ **Anmerkung** Die Menge sämtlicher Paare (x, y) mit $y^2 \equiv x^3 + ax + b \pmod{n}$ für diese Parameter a, b zusammen mit dem Punkt $\mathcal{O}$ bildet keine elliptische Kurve, weil n keine Primzahl ist.

Manche der für elliptische Kurven gültigen Rechenregeln gelten aber in diesem Fall auch. Dazu gehören:

- die Punktaddition mit den expliziten Formeln, falls die Summe existiert (existiert die Summe nicht, dann existiert ein in den Formeln benötigtes multiplikatives Inverses nicht – man findet aber einen echten Teiler von n)
- für einen Punkt $P = (x, y)$ kann $kP = \underbrace{P + P + \ldots + P}_{k \text{ Summanden}}$ mit beliebiger Klammersetzung berechnet werden
- die Anzahl der Paare (x, y) mit $y^2 = x^3 + ax + b$ kann wie für elliptische Kurven mit dieser Gleichung ermittelt werden.

Zur Faktorisierung von n geht man wie folgt vor:

- Wähle ein $k \in \mathbb{N}$, berechne kP.
- Die Berechnung ist überflüssig, wenn sie erfolgreich verläuft!
- Existiert in einem Rechenschritt das benötigte multiplikative Inverse $(x_2 - x_1)^{-1} \bmod n$ bzw. $(2y_1)^{-1} \bmod n$ nicht, dann hat man einen nichttrivialen Teiler $\gcd(x_2 - x_1, n)$ bzw. $\gcd(2y_1, n)$ gefunden.

Damit ist bereits die Grundidee des Faktorisierungsverfahrens erklärt. Für Überlegungen zur Effizienz des Verfahrens kommt es darauf an, k so zu wählen, dass man mit hoher Wahrscheinlichkeit einen nichttrivialen Teiler von n findet:

$$k := \prod_{p \text{ prim}} p^{\alpha_p}$$

Dazu sind Werte für B mit $p \leq B$ und C mit $p^{\alpha_p} \leq C$ vorzugeben. Wählt man B „groß genug", dann wird die Faktorisierung mit hoher Wahrscheinlichkeit erfolgreich sein. Wählt man B „zu groß", dann dauert die Berechnung von kP zu lange. Auf Details zur Wahl von B und C verzichten wir hier, weil man dafür Grundlagen aus der Theorie der elliptischen Kurven benötigt, die hier nicht bereitgestellt worden sind.

Das vorgestellte Faktorisierungsverfahren ECM gefährdet die Sicherheit von auf dem Faktorisierungsproblem beruhenden Kryptosystemen nicht. Trotzdem stellt seine Entdeckung eine ernsthafte Warnung an diejenigen dar, die sich auf die Unangreifbarkeit des Verfahrens verlassen hatten.

8.5 Zusammenfassung

Wir haben den Kontext kennengelernt, in dem sich die Idee für asymmetrische Kryptosysteme entwickeln konnte: Asymmetrische Verfahren beruhen auf schwierigen mathematischen Problemen. Dabei spielen die Begriffe der Einwegfunktion und der Einwegfunktion mit Falltür eine Rolle. Auch wenn Beweise für die Existenz solcher Funktionen noch nicht erbracht worden sind, haben wir mögliche Kandidaten dafür angegeben und werden darauf in den folgenden Kapiteln zurückgreifen.

Mit dem Rucksack-Problem haben wir ein mathematisches Problem kennengelernt, auf dessen Grundlage eine Verschlüsselung von Nachrichten möglich ist. Um aus dieser Idee ein asymmetrisches Kryptosystem zu entwickeln, haben wir zusätzlich ein „vereinfachtes" Rucksack-Problem betrachtet, das sich in der Komplexität vom allgemeinen Rucksack-Problem unterscheidet und eine effiziente Entschlüsselung möglich macht. Realisiert ist diese Idee im **Merkle-Hellman-Kryptosystem**. Dieses Kryptosystem kann aber wegen seiner Sicherheitslücken nicht praktisch genutzt werden und seine Idee stellt daher nur einen ersten Zugang zu asymmetrischen Kryptosystemen dar.

Auf der Grundlage des Faktorisierungsproblems ist mit RSA ein bekanntes Kryptosystem entwickelt worden. Wir haben einerseits die mathematischen Grundlagen dafür bereitgestellt und andererseits die Verwendungsmöglichkeiten als asymmetrisches Konzelationssystem und als digitales Signatursystem erklärt. Außerdem haben wir Angriffe auf RSA einschließlich der Faktorisierungsverfahren vorgestellt. Das neben RSA betrachtete asymmetrische **Blum-Goldwasser-Kryptosystem** benutzt den s^2-mod-n-Generator und beruht auf dem Quadratwurzelproblem modulo n, das aber im für die Kryptographie relevanten Fall zum Faktorisierungsproblem äquivalent ist.

Wir haben das Problem des diskreten Logarithmus (kurz DL-Problem) für Gruppen kennengelernt und Gruppen betrachtet, in denen das Problem schwer zu lösen ist. Dazu gehören die schon vorher benutzten Restklassengruppen $\mathbb{Z}_n^*$ und die in diesem Kapitel neu eingeführten Punktgruppen auf elliptischen Kurven: Es wurden (in knapper Form) elliptische Kurven über endlichen Körpern $GF(p)$ definiert und eine Operation auf den Elementen der elliptischen Kurve so eingeführt, dass eine abelsche Gruppe entsteht.

Der Diffie-Hellman-Schlüsselaustausch ist nur ein erster Ansatz zur Verwendung des DL-Problems in der Kryptographie. Das hier im Mittelpunkt stehende Verfahren von El-Gamal ist als asymmetrisches Konzelationssystem geeignet. Es wurden neben Angriffen auf das ElGamal-Kryptosystem auch Algorithmen zum Lösen des DL-Problems vorgestellt. Außerdem haben wir mit ECIES ein Kryptosystem auf der Punktgruppe einer elliptischen Kurve vorgestellt. Es handelt sich dabei um die wichtigste derzeit bekannte Alternative zu RSA-basierten Verfahren. Wegen der Größenordnung der verwendeten Primzahlen gibt es Effizienzvorteile gegenüber der RSA-Verschlüsselung.

8.6 Übungen

8.1 Zeigen Sie, dass man im RSA-Kryptosystem den Entschlüsselungsexponenten k_d auch so wählen könnte, dass $k_e k_d \equiv 1 \pmod{\mathrm{kgV}(p-1, q-1)}$ gilt.

8.2 RSA soll als Signatursystem (unsichere Variante) eingesetzt werden. Dazu werden folgende Parameter gewählt: $p = 3$, $q = 17$, $k_t = 3$.
- Berechnen Sie den geheimen Signierschlüssel k_s!
- Berechnen Sie die Signatur für die Nachricht $m = 7$!
- Testen Sie zur Kontrolle die berechnete Signatur!

8.3 Beschreiben Sie formal, wie der aktive Angriff von Moore auf RSA als Konzelationssystem angewendet werden kann!

Rechnen Sie dazu ein kleines Beispiel mit folgenden öffentlichen Parametern: $n = 33$, $k_e = 3$. Der Angreifer beobachtet den Schlüsseltext $c = 5$ und verwendet die Zufallszahl $r = 20$.

(Um den Angriff bis zu Ende durchrechnen zu können, benötigen Sie noch den geheimen Dechiffrierschlüssel $k_d = 7$ – natürlich würde bei einem aktiven Angriff der Empfänger den notwendigen Schritt berechnen ...)

8.4 Das ElGamal-Verfahren soll als Konzelationssystem verwendet werden (arbeiten Sie mit der einfachen Variante, die nicht gegen aktive Angriffe sicher ist).

Die folgenden Parameter seien gegeben: $p = 17$, $\alpha = 5$, $k_d = 3$.
- Berechnen Sie den öffentlichen Schlüssel k_e!
- Verschlüsseln Sie die Nachricht $m = 4$! Verwenden Sie dafür die Zufallszahl $r = 2$.
- Entschlüsseln Sie den Schlüsseltext $c = (6, 16)$!

- Zeigen Sie, dass ein Angreifer, der den diskreten Logarithmus bestimmen kann, das System brechen kann!

8.5 Das ElGamal-Verfahren soll als Signatursystem verwendet werden (arbeiten Sie zur Vereinfachung bei der Berechnung von s_2 nicht mit $h(m)$, sondern mit m). Die folgenden Parameter seien gegeben: $p = 11$, $\alpha = 2$, $k_s = 3$.
- Berechnen Sie den öffentlichen Schlüssel k_t!
- Signieren Sie die Nachricht $m = 4$! Verwenden Sie dafür die Zufallszahl $r = 7$.
- Testen Sie die berechnete Signatur!

Musterlösungen

9.1 Musterlösungen zu Kap. 2

2.1 Zunächst ermittelt man durch Abzählen die Länge ℓ des verschlüsselten Textes. Es ergibt sich $\ell = 99$. Außer der gesuchten Zeilen- bzw. Spaltenanzahlen m und n wird auch die Anzahl b der Blöcke der Länge $m \cdot n$ benötigt, in die die Nachricht vor dem Verschlüsseln zerlegt worden ist. Es gilt $\ell = b \cdot m \cdot n$. Die Blocklänge b ist ein Teiler von ℓ. Welches Tripel (b, m, n) passend ist, findet man durch Probieren heraus. Einen Anhaltspunkt dafür erhält man in der Folge

DCSIAAEERCFEHFMIRITHES

DCSIAAEERCFEHFMIRITHES

DCSIAAEERCFEHFMIRITHES

durch die markierten Buchstaben, die auf einen sinnvollen Text hindeuten könnten, der sich über die drei markierten Zeichen hinaus aber nicht unmittelbar fortsetzen lässt.

Man kann daher vermuten, dass $m = 3$ und $n = 3$ gilt (woraus sich $b = 11$ für die Anzahl der Blöcke ergibt).

Nach dem spaltenweisen Eintragen des Textes in 11 Matrizen mit $m = 3$ Zeilen und $n = 3$ Spalten kann nun der Text durch zeilenweises Ablesen entschlüsselt werden:

DIE CAESARCHIFFRE MIT SCHLUESSEL N IST EIN EINFACHES
BEISPIEL EINER INVOLUTORISCHEN VERSCHLUESSELUNG.

2.2 Es muss herausgefunden werden, welchen Wert aus der Menge $\{0, 1, \ldots, 25\}$ (das entspricht den Buchstaben A bis Z des Alphabets) der Schlüssel k hat. Durchprobieren liefert für $k = 17$ einen sinnvollen Text:

BEI INVOLUTORISCHEN CHIFFREN SIND DIE ALGORITHMEN ZUM
VERSCHLUESSELN UND ZUM ENTSCHLUESSELN IDENTISCH

Damit hat man den Text entschlüsselt und gleichzeitig den Wert des Schlüssels k gefunden.

Wenn man nicht alle Werte für k durchprobieren will und der verschlüsselte Text lang genug ist, dann kann man auch den häufigsten Buchstaben im verschlüsselten Text heraussuchen und ihm dem Buchstaben E oder einem anderen häufigen Buchstaben zuordnen und die entsprechende Verschiebung k ermitteln. Ergibt sich bei der Anwendung auf den gesamten Text eine sinnvolle Zeichenfolge, dann hat der vermutete Schlüssel k den Test bestanden und gleichzeitig ist der Text entschlüsselt worden.

2.3 Das Lösen dieser Aufgabe erfordert Geduld und das Ausprobieren verschiedener Möglichkeiten. Als Anhaltspunkt dient zwar die Häufigkeitsverteilung für Buchstaben in deutschsprachigen Texten. Allerdings sind die verschlüsselten Texte kurz, so dass man keine annähernde Übereinstimmung mit dieser bekannten Häufigkeitsverteilung erwarten kann. Hilfreich ist es, dass die einzelnen Wortlängen bekannt sind.

(a) Zunächst kann man versuchen, für WPE verschiedene Worte der Länge 3 einzusetzen, z. B. DER, WER, ICH, MAN, IST, ... Weiterhin fällt auf, dass im ersten Wort des verschlüsselten Textes zwei aufeinanderfolgende Buchstaben BB gleich sind – dafür kommen Konsonanten in Frage, während der erste Buchstabe in XBBTI wahrscheinlich ein Vokal ist. Die Lösung ist:

ALLER ANFANG IST SCHWER.

(b) Hier stellt man am besten zunächst eine Tabelle der Buchstabenhäufigkeiten auf. Daraus erkennt man, dass C der häufigste Buchstabe ist, und man kann daher annehmen, dass bei der MM-Substitution E durch C ersetzt worden ist. Das trifft hier aber nicht zu, sondern C entspricht dem Buchstaben N. Weitere häufige Zeichen im Text sind E, M, F, G, H, B, K, A und weitere häufige Buchstaben in deutschsprachigen Texten sind E, I, S, R, A, T. Probiert man aus, bei welchen Ersetzungen sinnvolle Zeichenfolgen entstehen können, dann stellt man fest (als Hinweis geben wir noch, dass E zu M und T zu A verschlüsselt wurde), dass

AUCH IST DAS SUCHEN UND IRREN GUT DENN DURCH SUCHEN
UND IRREN LERNT MAN   (*Goethe*)

die Nachricht ist.

2.4 Man trägt den verschlüsselten Text in eine Tabelle mit zwei Spalten ein. Jede Spalte ist durch Anwendung einer Verschiebechiffre aus der Nachricht hervorgegangen. Die Verschiebung des Alphabets findet in den beiden Spalten unabhängig voneinander statt. Man kann jeweils alle Möglichkeiten ausprobieren (und hat dann $26 \cdot 26$ Fälle zu betrachten). Sinnvoller ist es, den häufigsten Buchstaben jeder Spalte zu wählen, ihn einem der häufigen Buchstaben das Alphabets zuzuordnen, die Verschiebung zu ermitteln und diese Verschiebung dann auch auf die anderen Buchstaben des Alphabets anzuwenden. Entsteht beim Ablesen ein sinnvoller Text, kann man davon ausgehen, dass man den Schlüssel gefunden hat.

Die Nachricht lautet:

DIE IDEE FUER DAS ONETIMEPAD GEHT AUF DEN AMERIKANISCHEN
KRYPTOLOGEN GILBERT VERNAM ZURUECK

Das Schlüsselwort ist GV.

9.2 Musterlösungen zu Kap. 3

3.1 (a) Es geht auch ohne Schlüssel: Für symmetrische Kryptographie müssen zwei Teilnehmer dann jeweils einen geheimen, nur ihnen bekannten (und kryptographisch guten) Algorithmus austauschen. Für asymmetrische Kryptographie müsste jeweils ein öffentlicher Algorithmus publiziert werden, aus dem dann der zugehörige geheime nicht hergeleitet werden kann.

(b) Die Nachteile sind zahlreich und viele davon sind schwerwiegend:
- Von wem erhalten die Teilnehmer gute kryptographische Algorithmen? Schließlich wollen auch Nicht-Kryptographen vertraulich und integer kommunizieren können, ohne dass jemand anderes, auch nicht der den Algorithmus oder das Algorithmenpaar erfindende Kryptograph, die Sicherheit brechen kann.
- Wie soll die Sicherheit des kryptographischen Algorithmus analysiert werden? Jeder, der einen symmetrischen Algorithmus analysiert, ist genauso ein Sicherheitsrisiko wie der Erfinder. Bei asymmetrischen Algorithmen ist zumindest jeder, der zur Überprüfung der Sicherheit auch den geheimen Algorithmus erfährt, ein Sicherheitsrisiko.
- Eine Implementierung der kryptographischen Systeme in Software, Firmware oder gar Hardware ist nur möglich, wenn der Benutzer in der Lage ist, sie selbst durchzuführen. Andernfalls wäre auch der Implementierer ein Sicherheitsrisiko.
- In öffentlichen Systemen, wo potentiell jeder mit jedem gesichert kommunizieren können möchte, wären nur Softwareimplementierungen mit Algorithmen- statt Schlüsselaustausch möglich – Firmware ist maschinenabhängig und Hardwareaustausch erfordert physischen Transport. Selbst bei Softwareimplementierungen besteht der Nachteil, dass die bei symmetrischen kryptographischen Systemen vertraulich und integer und bei asymmetrischen Systemen integer auszutauschende Bitmenge erheblich größer ist: Algorithmen (sprich: Programme) sind üblicherweise länger als Schlüssel.
- Eine Normung von kryptographischen Algorithmen wäre aus technischen Gründen unmöglich.

(c) Der Hauptvorteil der Benutzung von Schlüsseln sind: Die kryptographischen Algorithmen können öffentlich bekannt sein. Dies ermöglicht

+ eine breite öffentliche Validierung ihrer Sicherheit,
+ ihre Normung,
+ beliebige Implementierungsformen,
+ Massenproduktion sowie
+ eine Validierung auch der Sicherheit der Implementierung.

3.2 Der Einwand gegen teilnehmerautonome dezentrale Schlüsselgenerierung ist falsch (s.u.). Folglich ist der Vorschlag unnötig und – bekanntermaßen – bzgl. der Vertraulichkeit der geheimen Schlüssel sehr gefährlich.

Grundsätzlich gilt: Natürlich kann nicht völlig ausgeschlossen werden, dass bei der Erzeugung der Zufallszahl, die die Schlüsselgenerierung parametrisiert, dieselbe Zufallszahl mehrfach auftritt und dann auch der geheime Teil des Schlüsselpaares mehrfach generiert werden kann. Die Schlussfolgerung, deshalb müsse die Schlüsselgenerierung koordiniert ablaufen, ja gar von sogenannten TrustCentern durchgeführt werden, ist aber unsinnig. Tritt dieselbe Zufallszahl mehrfach auf, dann ist entweder der Zufallsgenerator schlecht oder die Zufallszahl zu kurz. In beiden Fällen hilft es nicht, die Zufallszahl nur beim ersten Mal zu verwenden und bei wiederholtem Auftreten zu verwerfen. Denn wer sollte einen Angreifer daran hindern, mit dem gleichen Zufallsgenerator Zahlen gleicher Länge zu erzeugen und zu hoffen, dass er Glück hat? Da dies nicht verhindert werden kann, hilft nur: Zufallsgenerator gut wählen und validieren sowie Zufallszahl lang genug wählen.

Außerdem: Falls überhaupt Schlüssel verglichen werden, dann genügt es, *öffentliche* Schlüssel zu vergleichen. Die Schlüsselgenerierung kann also selbst dann teilnehmerautonom bleiben – der Schlüsselvergleich erfolgt als Teil der Schlüsselzertifizierung.

3.3 Die Funktion *einer* Schlüsselverteilzentrale muss von *mehreren* gemeinsam erbracht werden. Dazu müssen entweder

- alle Schlüsselverteilzentralen direkt Schlüssel voneinander kennen, oder
- die Schlüsselverteilzentralen benötigen wiederum eine Ober-Schlüsselverteilzentrale, usw.

Im zweiten Fall müssen zunächst die zwei Schlüsselverteilzentralen einen Schlüssel austauschen, was genau wie bisher zwischen zwei Teilnehmern geht. Im Folgenden nehmen wir also an, die zwei Schlüsselverteilzentralen Z_A und Z_B, mit denen die beiden Teilnehmer A bzw. B einen Schlüssel ausgetauscht haben, hätten nun gemeinsame Schlüssel k_{Z_A,Z_B}.

Symmetrisches System: Jetzt kann eine der beiden Schlüsselverteilzentralen einen Schlüssel generieren und der anderen vertraulich mitteilen. Beispielsweise generiert die Schlüsselverteilzentrale Z_A den Schlüssel k und schickt ihn an Z_B, verschlüsselt mit k_{Z_A,Z_B}. Nun teilt jede „ihrem" Teilnehmer den Schlüssel vertraulich mit: Z_A schickt enc(k_{A,Z_A}, k) an A, und Z_B schickt enc(k_{B,Z_B}, k) an B (Abb. 9.1).

Authentikation von öffentlichen Schlüsseln: Der öffentliche Schlüssel jedes Teilnehmers wird von „seiner" Zentrale authentisiert an die Zentrale des anderen geschickt. Beispielsweise schickt Z_A den Schlüssel $k_{e,A}$ an Z_B, signiert mit k_{s,Z_A}. Die

9.2 Musterlösungen zu Kap. 3

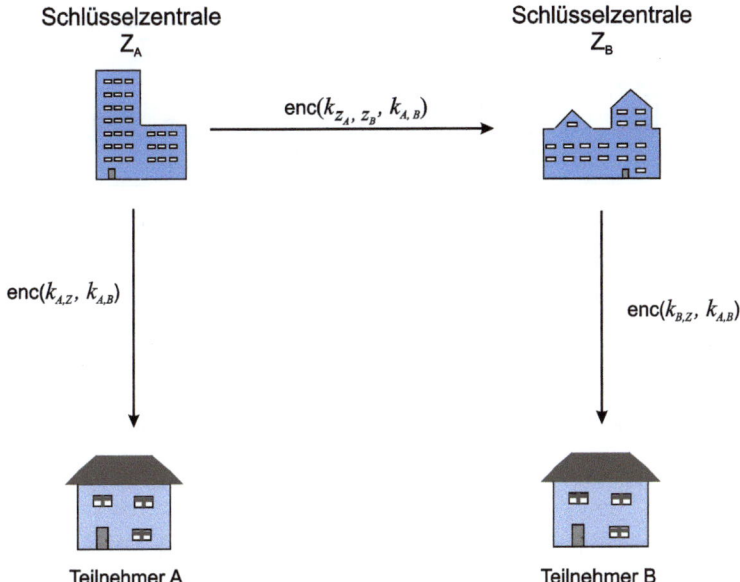

Abb. 9.1 Schlüsselaustausch mit zwei verschiedenen Zentralen für ein symmetrisches System

Zentrale des anderen prüft die Authentisierung und authentisiert den öffentlichen Schlüssel ggf. ihrerseits, damit der Empfänger diese zweite Authentisierung prüfen kann: Z_B prüft mit k_{t,Z_A}, den sie ja kennt, und signiert dann $k_{e,A}$ mit k_{s,Z_B}, was B dann mit k_{t,Z_B} prüfen kann (Abb. 9.2).

Der jeweils resultierende Schlüsselaustausch ist in allen Fällen natürlich höchstens so vertrauenswürdig wie der schwächste verwendete Schritt, d. h. das schwächste Schlüsselaustausch-Subprotokoll.

Anmerkung: Im Fall, dass die Authentisierung von öffentlichen Schlüsseln durch digitale Signatursysteme erfolgt, wäre es eine Alternative, dass die Zentrale des anderen Teilnehmers nicht den öffentlichen Schlüssel des ersten Teilnehmers, sondern den öffentlichen Schlüssel von dessen Zentrale authentisiert. Dann kann der Teilnehmer die Authentisierung des öffentlichen Schlüssels des anderen Teilnehmers selbst prüfen (Abb. 9.3).

Die Vorteile dieser Alternative sind, dass

+ sich Zentralen weniger merken müssen (in der vorherigen Alternative muss sich z. B. Z_B das Zertifikat $k_{e,A}, \text{sign}(k_{s,Z_A}, k_{e,A})$ merken, dann nur dann kann Z_B die Ausstellung des Zertifikats $k_{e,A}, \text{sign}(k_{s,Z_B}, k_{e,A})$ rechtfertigen),
+ klar ist, wer was geprüft hat (und, je nach rechtlichem Kontext, wer wofür haftet),
+ für die Teilnehmer erkennbar ist, über wie viele (und ggf. wie vertrauenswürdige und in welcher Weise haftende) Stufen die Authentisierung des öffentlichen Schlüssels erfolgte und
+ deshalb diese Alternative allgemeiner anwendbar ist, vgl. Aufgabe 3.7.

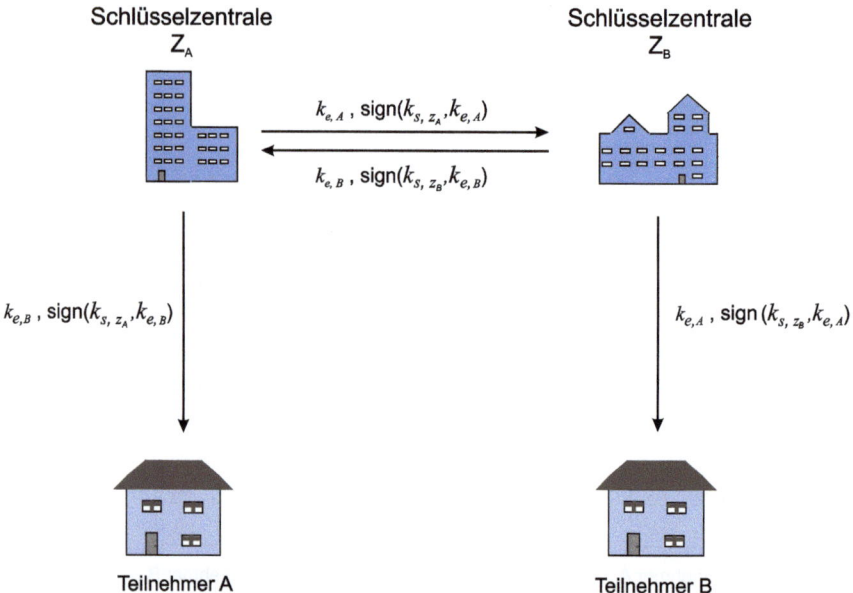

Abb. 9.2 Schlüsselaustausch mit zwei verschiedenen Zentralen für ein asymmetrisches System

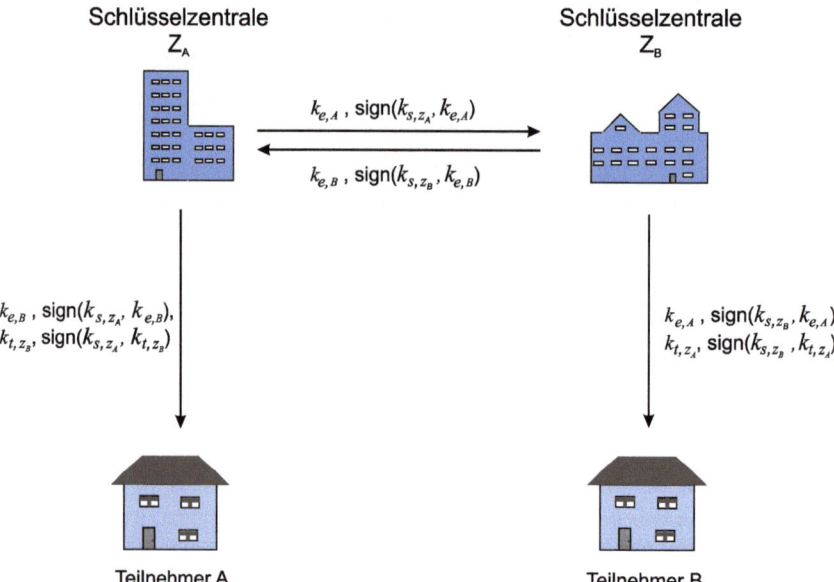

Abb. 9.3 Schlüsselaustausch mit zwei verschiedenen Zentralen, Authentisierung mit Hilfe digitaler Signaturen

Der Nachteil dieser Alternative ist, dass

- Teilnehmer mehr Signaturen überprüfen müssen, um sich von der Authentizität eines Schlüssels zu überzeugen.

Die Vorteile dieser Alternative überwiegen, und sie werden immer mehr überwiegen, je leistungsfähiger die Rechentechnik der Teilnehmer wird.

Optional: Vermutlich sieht Ihre Lösung so aus, dass mehrere Teilschlüssel jeweils über zwei Schlüsselverteilzentralen (eine in jedem Land) ausgetauscht und von den Teilnehmern modulo 2 addiert werden. Das ist besser als den Schlüssel gleich als Ganzes auszutauschen, hat aber den Nachteil, dass nicht alle Schlüsselverteilzentralen eines Landes zusammenarbeiten müssen, um den Schlüssel zu erhalten. Es genügt, wenn jeweils eine der zwei Zentralen kooperiert. Dies bedeutet nun, dass die lokale Entscheidung der Teilnehmer, welches die Schlüsselverteilzentralen in ihrem Land sind, die keinesfalls alle kooperieren, ausgehebelt wird. Wenn wir unterstellen, dass alle Schlüsselverteilzentralen untereinander Schlüssel ausgetauscht haben, dann gibt es eine bessere Lösung, die die lokalen Entscheidungen der beiden Teilnehmer respektiert:

In einer ersten Phase tauscht einer der Teilnehmer über alle seine Schlüsselverteilzentralen Teilschlüssel mit jeder Schlüsselverteilzentrale des anderen Teilnehmers aus, die der Teilnehmer und die Schlüsselverteilzentrale des anderen Teilnehmers jeweils modulo 2 addieren und so jeweils einen geheimen Schlüssel erhalten. Hat der Teilnehmer a Schlüsselverteilzentralen und der andere Teilnehmer b, dann werden also b mal jeweils a Teilschlüssel, insgesamt also $a \cdot b$ Teilschlüssel ausgetauscht und daraus b Schlüssel gewonnen.

In einer zweiten Phase werden diese b geheimen Schlüssel mit den Schlüsselverteilzentralen des anderen Teilnehmers sowie die zwischen dem anderen Teilnehmer und seinen Schlüsselverteilzentralen ausgetauschten Schlüssel verwendet, um wie in Abb. 3.5 gezeigt zwischen den Teilnehmern b Teilschlüssel auszutauschen (die natürlich nichts mit den Teilschlüsseln in der ersten Phase zu tun haben dürfen).

3.4 Ja. Wie in Abb. 9.4 gezeigt, führt man das für symmetrische und das für asymmetrische Konzelationssysteme bekannte Schlüsselverteilungsprotokoll *parallel* durch:

Ein Teilnehmer B sendet dann dem anderen noch einen Schlüssel k_4 des symmetrischen Konzelationssystems, den er mit dem ihm bekannten öffentlichen Schlüssel $k_{e,A}$ des Partners A konzeliert. Beide Partner verwenden als Schlüssel die Summe k aller ihnen im symmetrischen Schlüsselverteilprotokoll mitgeteilten Schlüssel (k_1, k_2, k_3) und des zusätzlichen Schlüssels k_4. Um diese Summe k zu erhalten, muss ein Angreifer alle Summanden erfahren, d. h. die passive Mithilfe aller Schlüsselverteilzentralen haben *und* das asymmetrische Konzelationssystem brechen.

Man muss nach dem Schlüsselaustausch *informationstheoretisch sichere* Systeme zur Konzelation und Authentikation einsetzen (*Vernam Chiffre* (Abschn. 7.2.1)

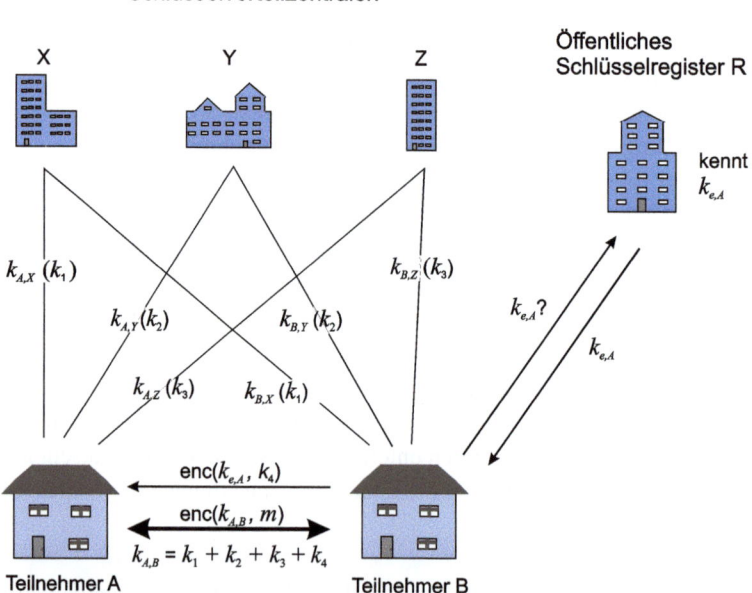

Abb. 9.4 Schlüsselaustausch: Sicherheit gegen erweiterten Angriff

für Konzelation und *informationstheoretisch sichere Authentikationscodes* (Abschn. 7.2.2) für Authentikation).

Rechnet man auch mit *aktiven* Angriffen von Schlüsselregistern, sollte das eine Schlüsselregister um weitere ergänzt werden, vgl. Aufgabe 3.5.

Anmerkung: Folgende Variation der Fragestellung kann *praktisch* bedeutsam sein: Wir nehmen nicht an, dass der Angreifer, sofern er keine passive Mithilfe der Schlüsselverteilzentralen erhält, komplexitätstheoretisch unbeschränkt ist, sondern „nur" die asymmetrischen kryptographischen Systeme brechen kann. Dann braucht man als symmetrisches Konzelationssystem nicht unbedingt eine Vernam-Chiffre und für Authentikation nicht unbedingt informationstheoretisch sichere Authentikationscodes zu verwenden.

3.5 Wird der Schlüssel in einem symmetrischen Konzelationssystem verwendet, kann der Partner jeweils nicht mehr richtig entschlüsseln. Wird der Schlüssel in einem symmetrischen Authentikationssystem verwendet, werden auch die vom Partner „richtig" authentisierten Nachrichten vom andern Partner als „gefälscht" eingestuft.

Um unbemerktes Verändern der Schlüssel auf den Leitungen zu verhindern, sollten die Schlüssel nicht nur konzeliert, sondern auch authentisiert werden (Abschn. 5.2). Stimmt die Authentisierung der zur Schlüsselverteilung verwendeten Nachrichten, dann ist der Kreis der jeweils möglichen Täter auf S chlüsselverteilzentralen und die beiden Teilnehmer beschränkt.

Die Teilnehmer sollten sich direkt nach dem Schlüsselaustausch durch ein *Testprotokoll für Schlüsselgleichheit* Gewissheit darüber verschaffen, ob sie den gleichen Schlüssel haben. Dies kann geschehen, indem sie sich gegenseitig konzelierte Zufallszahlen zuschicken und vom Partner die Zufallszahl jeweils im Klartext zurückerwarten. Dieses kleine Kryptoprotokoll ist natürlich nur sicher, wenn das verwendete symmetrische Konzelationssystem erstens mindestens einem gewählten Schlüsseltext-Klartext-Angriff (Abschn. 4.3) widersteht und zweitens ein verändernder Angreifer mit Kenntnis der inkonsistenten Schlüssel zwischen den beiden Teilnehmern ausgeschlossen wird. Zusätzlich muss noch ein möglicher Spiegelangriff verhindert werden, bei welchem jeweils nur einer der Teilnehmer Zufallszahlen schickt und erst alle Antworten abwartet, bevor er selbst Antworten generiert. Kurzum: Wir brauchen ein besseres Testprotokoll.

Als Hinführung zunächst eine *falsche* Lösung, die aber in die richtige Richtung weist:

Im Netz sei bekannt, wie eine Prüfsumme über Zeichenketten gebildet wird (Sie kennen sowas sicher unter den Namen Paritätsbit, Cyclic Redundancy Check (CRC), o. ä.). Die Teilnehmer bilden nach einem Verfahren solch eine Prüfsumme und einer schickt sein Ergebnis an den andern. Stimmen die Prüfsummen-Werte überein, so meinen die beiden Teilnehmer, dass sie mit großer Wahrscheinlichkeit den gleichen Schlüssel haben. Was ist ihr Denkfehler? Nun, Prüfsummen sind für zufällige Fehler, nicht aber für intelligente Angreifer entworfen. Bei üblichen Prüfsummen ist es leicht, viele unterschiedliche Werte zu finden, die die gleiche Prüfsumme ergeben. Also könnte dies der Angreifer tun und solche inkonsistenten Schlüssel verteilen. Dann würden dies die beiden Teilnehmer erst dann bemerken, wenn sie den Schlüssel tatsächlich brauchen. Geschickt wäre also eine Prüfsumme, deren Bildung der Angreifer nicht vorhersehen kann!

In [7, S. 30] findet sich unter Verweis auf [8] folgende nette Idee für ein *informationstheoretisch sicheres Testprotokoll für Schlüsselgleichheit*: Die Teilnehmer wählen mehrmals hintereinander, jeweils unabhängig zufällig die Hälfte aller Schlüsselbits aus und teilen sich deren bitweise Summe mod 2 mit. Stimmen die Schlüssel nicht überein, so wird dies in jedem Schritt mit der Wahrscheinlichkeit $\frac{1}{2}$ entdeckt. Damit ein Angreifer, der dies mithört, durch solch einen Schritt nichts über den zukünftig zu verwendenden Schlüssel erfährt, wird eins der Bits, über die die Summe mod 2 öffentlich kommuniziert wurde, aus dem Schlüssel entfernt, beispielsweise immer das letzte Bit. Der Schlüssel wird bei jedem Schritt also um ein Bit kürzer. Dies ist nicht schlimm, denn man braucht nur wenige Schritte: Nach n Schritten ist die Wahrscheinlichkeit, dass das Testergebnis stimmt, $1 - 2^{-n}$, also spätestens für $n = 50$ genügend groß genug. Auch bei diesem Testprotokoll für Schlüsselgleichheit muss ein verändernder Angreifer mit Kenntnis der inkonsistenten Schlüssel zwischen den beiden Teilnehmern ausgeschlossen werden: Er könnte die von den Teilnehmern geschickten Summen so ändern, dass aus Sicht der Teilnehmer alles stimmt.

Eine Schlüsselverteilzentrale: Wird beim Schlüsselaustausch nur symmetrische Authentikation verwendet, könnten aus Sicht jedes der beiden Teilnehmer jeweils der Partner oder die Schlüsselverteilzentrale lügen (dies ist im Kontext des sogenannten

Byzantinischen Übereinstimmungsproblems seit langem bewiesen [61]). Entweder geben die Teilnehmer auf oder sie wechseln, sofern möglich, die Schlüsselverteilzentrale.

Mehrere Schlüsselverteilzentralen in Serie: Werden zwischen den Teilnehmern Inkonsistenzen ihrer Schlüssel festgestellt, so sollten auch die Schlüsselverteilzentralen untereinander die Konsistenz der Schlüssel auf genau die gleiche Weise testen und, wenn möglich, verändernd angreifende Schlüsselverteilzentralen umgehen. Dies entspricht dem Wechseln der Schlüsselverteilzentrale bei „einer Schlüsselverteilzentrale".

Mehrere Schlüsselverteilzentralen parallel: Stellen die Teilnehmer eine Inkonsistenz der Summe ihrer Schlüssel fest, so wiederholen sie das Testprotokoll für Schlüsselgleichheit für jeden einzelnen der addierten Schlüssel und lassen alle inkonsistenten in der Summe weg. Bleiben nicht mehr genug zu addierende Schlüssel übrig, sollten die Teilnehmer entweder zusätzliche Schlüsselverteilzentralen verwenden oder ggf. auf ihre Kommunikation unter diesen Umständen verzichten. Sonst kann ein verändernder Angreifer zwischen den Teilnehmern die Aufnahme aller ihm unbekannten Schlüssel in die Summe verhindern.

3.6 Lösungsideen (möglicherweise nicht vollständig, weitere sind erwünscht):
(a) Schlüssel haben von Anfang an einen Teil, der ihren Verfallszeitpunkt angibt. Dann brauchen die Teilnehmer zu ihrer Sicherheit nur noch richtig gehende Uhren. Nachteil: Wird ein Schlüssel vor seinem Verfallszeitpunkt kompromittiert, dann ist seine Verwendung so nicht zu stoppen.

Eine verwandte Lösung wäre, die maximale Anzahl von Benutzungen des Schlüssels festzulegen. Dies macht allerdings nur bei symmetrischen kryptographischen Systemen Sinn, wo alle – beiden – Betroffenen jeweils mitzählen können. Sie müssen sich dann allerdings auch abgelaufene Schlüssel auf Dauer merken.

(b) Expliziter Rückruf von Schlüsseln – sei es durch den Schlüsselinhaber selbst oder die seinen öffentlichen Schlüssel zertifizierende(n) Stelle(n). Realisiert werden kann dies mittels einer digital signierten Nachricht, die neben dem zurückgerufenen öffentlichen Schlüssel bzw. Zertifikat möglichst auch den genauen Zeitpunkt des Rückrufs und natürlich den Rückrufer enthalten sollte. Bei Rückruf durch den Schlüsselinhaber selbst ist die Authentisierung dieses Rückrufs die letzte Aktion mit dem zugehörigen geheimen Signierschlüssel.

Expliziter Rückruf von Schlüsseln geht natürlich nur bezüglich der Teilnehmer, die ein verändernder Angreifer vom Rückrufer nicht abschneiden kann. Diese zusätzliche Einschränkung gegenüber dem ersten Lösungsvorschlag ist der Preis für die größere Flexibilität.

Allerdings gibt es Protokolle, mit deren Hilfe die Teilnehmer ihre Isolation schnell erkennen können: Sie senden sich spätestens nach einer jeweils zu vereinbarenden Anzahl Zeiteinheiten eine Nachricht, wobei alle Nachrichten durchnummeriert und authentisiert sind (inkl. ihrer Durchnummerierung!). Kommt dann zu lange keine Nachricht oder fehlen zwischendrin welche, dann wissen die Teilnehmer, dass sie jemand zumindest temporär zu isolieren trachtet(e).

(c) Wir kombinieren Vorschläge (a) und (b), so dass wir die Vorteile von beiden haben.

(d) Vor Verwendung eines Schlüssels wird beim Schlüsselinhaber nachgefragt, ob er noch aktuell ist. Nachteil: Wenn Teilnehmer(geräte) nicht immer online sind, entstehen möglicherweise lange zusätzliche Verzögerungszeiten, falls auf die Antwort ohne Timeout gewartet wird.

(e) Variante von 4., indem nur eine relativ kurze Zeit auf eine Antwort gewartet wird. Da ein verändernder Angreifer eine Antwort unbemerkt für eine kurze Zeit unterdrücken kann, sollte dies mit 3. kombiniert werden.

3.7 (a) Die öffentlichen Schlüssel müssen *authentisch* sein, d. h. der Empfänger muss ihre Authentizität prüfen (können).

(b) Die Funktion des vertrauenswürdigen öffentlichen Schlüsselregisters könnte auf manche der anderen *Teilnehmer* verteilt werden.

(c) Statt sich den Zusammenhang zwischen seiner Identität und seinem öffentlichen Schlüssel von einem (oder auch mehreren, vgl. Aufgabe 3.5) öffentlichen Schlüsselregister(n) durch dessen (deren) digitale Signatur(en) zertifizieren zu lassen, lässt sich der Teilnehmer diesen Zusammenhang von allen Teilnehmern zertifizieren, die ihn kennen und mit denen er gerade auf sichere Weise kommunizieren kann, z. B. außerhalb des zu sichernden Systems. Diese Zertifikate werden zusammen mit dem öffentlichen Schlüssel weitergegeben. Der Empfänger eines solchermaßen zertifizierten öffentlichen Schlüssels muss nun entscheiden, ob er dessen Authentizität trauen will. Hierzu können ihm in direkter Weise die Zertifikate dienen, deren Testschlüssel er bereits kennt und für authentisch hält. Damit ihm die anderen Zertifikate nützen, benötigt er wiederum für deren Testschlüssel Zertifikate, und so fort. Ein öffentlicher Schlüssel k_t wird einem Teilnehmer T in der Regel desto vertrauenswürdiger sein, von je mehr Teilnehmern (in [90] *Vorsteller (introducer)* genannt) Schlüssel k_t in für Teilnehmer T überprüfbarer Weise zertifiziert wurde. Das einzelne Zertifikat wiederum wird T desto vertrauenswürdiger sein, je weniger andere Zertifikate T zu seiner Authentizitätsprüfung heranziehen muss.

(d) Statt alle Teilnehmer als Vorsteller für gleich vertrauenswürdig zu halten (ihnen also gleiche Ehrlichkeit, Sorgfalt, sowie eine gleich vertrauenswürdige lokale Rechenumgebung zu unterstellen, zumindest im Ergebnis), können ihnen vom empfangenden Teilnehmer individuelle Wahrscheinlichkeiten für Vertrauenswürdigkeit zugeordnet werden. Für jede Zertifikatskette kann dann wiederum eine Wahrscheinlichkeit für Vertrauenswürdigkeit berechnet werden, ebenso wie für jeden mehrfach zertifizierten öffentlichen Schlüssel. Der benutzende Teilnehmer kann dann jeweils entscheiden, ob ihm für die gerade beabsichtige Anwendung die errechnete Wahrscheinlichkeit für Vertrauenswürdigkeit ausreicht.

(e) Gibt es keine zentral-hierarchische Schlüsselverteilung, dann gibt es wohl auch keine zentral-hierarchische Liste aller ungültigen Schlüssel. Also muss unser armer Teilnehmer seine signierte Nachricht, „mein Schlüssel ist ab sofort ungültig" an alle Netzteilnehmer schicken und sich, wenn es um Rechtsverbindliches gehen soll, den Empfang dieser *Schlüssel-Widerrufs-Nachricht* auch noch von allen mit Datum und Uhrzeit quittieren lassen.

Eine naheliegende, aber falsche Lösung wäre: Es müsste jeder vor Benutzung eines Schlüssels dessen Inhaber fragen, ob sein Schlüssel noch gültig ist. Leider kann jetzt aber jeder, der den geheimen Schlüssel kennt, die Antwort erteilen und signieren: „Aber natürlich ist mein öffentlicher Schlüssel noch gültig, ich passe doch auf meinen geheimen Schlüssel auf!"

(f) Neben dem Generieren eines Schlüsselpaares und dem Bekanntmachen des öffentlichen sollte er allen mitteilen, dass sie seinen alten Schlüssel für neue Nachrichten nicht mehr benutzen. Damit nicht jeder auf diese Art fremde Schlüssel für ungültig erklären kann, sollte diese Nachricht signiert sein – am besten mit dem gerade als zerstört angenommenen Schlüssel. Also sollte nach Generierung eines Schlüsselpaares als allererstes diese Nachricht „Bitte meinen Schlüssel k_t nicht mehr benutzen." signiert werden. Sie ist nicht so geheimhaltungsbedürftig wie der geheime Schlüssel des Schlüsselpaares, für den man in vielen Anwendungen wohl eher keine Kopie halten wird. Diese Nachricht kann also in mehreren Kopien gespeichert werden. Oft dürfte es auch sinnvoll sein, sie mittels eines Schwellwertschemas so auf mehrere Bekannte zu verteilen, dass nur einige zusammen sie rekonstruieren können. Dies (und ihre anschließende Veröffentlichung) geschieht auf Bitten des Teilnehmers, wenn sein geheimer Schlüssel zerstört wurde.

(g) Der Teilnehmer erklärt sein Zertifikat mittels einer signierten Nachricht für ungültig. Bezüglich der Verteilung dieser *Zertifikat-Widerrufs-Nachricht* gilt das oben bzgl. des Bekanntwerdens des geheimen Schlüssels Gesagte.

(h) Das in dieser Teilaufgabe entwickelte Schlüsselaustauschverfahren kann problemlos mit dem in Aufgabe 3.5 entwickelten Verfahren kombiniert werden. Zentral-hierarchische Schlüsselregister und anarchische Schlüsselverteilung à la PGP ergänzen sich also. Die erreichbare Sicherheit ist so höher als mit einem der Verfahren allein.

3.8 Blindes Vertrauen in eine Instanz ist immer dann nötig, wenn sie beobachtend angreifen kann. Kann eine Instanz nur verändernd angreifen, dann kann man die Abläufe oftmals so gestalten, dass der betroffene Teilnehmer dieses verändernde Angreifen bemerkt und im Umkehrschluss, wenn er keinen verändernden Angriff feststellt, sicher sein kann, dass sein Vertrauen bisher gerechtfertigt war.

(a) *Schlüsselgenerierung* erfordert blindes Vertrauen, denn der Generierer kann lokal immer noch eine Kopie des Schlüssel(paare)s speichern und ggf. heimlich weitergeben.

(b) *Schlüsselzertifizierung* erfordert nur überprüfendes Vertrauen, denn bei einer falschen Schlüsselzertifizierung bekäme der betroffene Teilnehmer das falsche

Zertifikat beim ersten Streit vorgelegt. Bei geeignet gestalteten Abläufen, vgl. Abschn. 3.5, kann er diesen verändernden Angriff sogar beweisen, erleidet also keinen nachhaltigen Schaden.

(c) *Verzeichnisdienst* erfordert nur überprüfendes Vertrauen, denn das Bereithalten falscher Schlüssel ist beweisbar, wenn die Antwort auf Abfragen vom Verzeichnisdienst digital signiert wird.

(d) *Sperrdienst* erfordert nur überprüfendes Vertrauen, vgl. Verzeichnisdienst.

(e) *Zeitstempeldienst* Zeitstempeldienst erfordert nur überprüfendes Vertrauen, wenn eine geeignet verteilte Logdatei geführt wird, da dann der Zeitstempeldienst nicht rückdatieren kann, vgl. [3, 46].

Auch diese Überlegungen legen also nahe, wenn schon Sicherheitsfunktionen in einer Instanz gebündelt werden, möglicherweise Schlüsselzertifizierung, Verzeichnisdienst, Sperrdienst und Zeitstempeldienstauf zu bündeln, jedoch auf keinen Fall die Schlüsselgenerierung.

3.9 (a) Generierung eines Schlüssels k eines schnellen symmetrischen kryptographischen Systems, das Konzelation und Authentikation bewirkt. Diese Operation wird in der Darstellung der Lösung mit enc* bezeichnet.) Signieren von k (evtl. zusätzlich: Uhrzeit, etc.) mit dem eigenen geheimen Signierschlüssel $k_{s,S}$ (S wie Sender) und danach Verschlüsseln des signierten k mit dem öffentlichen Chiffrierschlüssel $k_{e,E}$ des Empfängers E. (Erst konzelieren und danach signieren ginge auch.) Verschlüsselung und Authentikation der Datei mit k. Übertragen wird also:

$$\text{enc}\bigl(k_{e,E}, \bigl(k, \text{sign}(k_{s,E}, k)\bigr)\bigr), \quad \text{enc}^*(k, m).$$

Falls das asymmetrische Konzelationssystem weniger Aufwand macht, wenn die Signatur $\text{sign}(k_{s,E}, k)$ nicht mit ihm konzeliert wird, kann das Nachrichtenformat

$$\text{enc}(k_{e,E}, k), \quad \text{enc}^*\bigl(k, \bigl(\text{sign}(k_{s,E}, k), m\bigr)\bigr)$$

günstiger sein.

Der Empfänger E entschlüsselt den ersten Teil mit seinem Dechiffrierschlüssel $k_{d,E}$, erhält so den signierten Schlüssel k, prüft die Signatur mit dem ihm bekannten Testschlüssel $k_{t,S}$. Ist die Signatur in Ordnung, benutzt E den Schlüssel k, um die Datei zu entschlüsseln und ihre Authentizität zu prüfen.

Wenn Sie lieber zwei reinrassige kryptographische Systeme nehmen, müssen Sie k durch k_1, k_2 ersetzen: Sei k_1 Schlüssel eines symmetrischen Konzelationssystems, k_2 der Schlüssel eines symmetrischen Authentikationssystems. Dann wird übertragen:

$$\text{enc}\bigl(k_{e,E}, \bigl(k_1, k_2, \text{sign}(k_{s,E}, (k_1, k_2))\bigr)\bigr), \quad \text{enc}\bigl(k_1, \bigl(m, \text{auth}(k_2, m)\bigr)\bigr).$$

Man sieht, dass die Authentikation von k_1 nicht nötig ist;

$$\text{enc}(k_{e,E}, (k_1, k_2, \text{sign}(k_{s,E}, k_2))), \quad \text{enc}(k_1, (m, \text{auth}(k_2, m)))$$

tut es also auch.

(b) Wie (a), nur dass das symmetrische kryptographische System hier lediglich Authentikation bewirken muss.

3.10 (a) Ein *symmetrisches Authentikationssystem* reicht, um Fälschungen bei sich vertrauenden Partnern zu erkennen. Zwischen zwei alten Bekannten ist direkter Schlüsselaustausch problemlos. Das System ist weder sehr sicherheitskritisch noch zeitkritisch.

Um die Mietoptionen und Präferenzen von Alice und Bob vor neugierigen Vermietern, die selbst oder deren Freunde als Fernmeldetechniker beschäftigt sind, geheim zu halten, kann zusätzlich auch symmetrische Konzelation verwendet werden.

(b) *Symmetrisches Konzelationssystem*, direkter Schlüsselaustausch, Sicherheit kritisch (Kryptographen!), Zeit unkritisch. Verwenden wird David ein one-time-pad oder Pseudo-one-time-pad – wenn's nur um Ideen klauen geht. Hat David auch ein Interesse daran, dass seine Ideen unverändert bei den ihm vertrauenswürdigen Kryptographen ankommt, dann ist zusätzlich noch Authentikation nötig.

Da David die ihm vertrauenswürdigen Kryptographen vermutlich alle schon einmal getroffen hat, dürfte der direkte Schlüsselaustausch möglich sein. Es stellt sich allerdings die Frage, ob David seine Idee für jeden vertrauenswürdigen Kryptographen extra verschlüsseln will – was bei kanonischer Schlüsselverteilung (mit jedem Kryptographen einen anderen Schlüssel) nötig ist. Hat David vor, öfter Ideen vertraulich an eine bestimmte Gruppe zu schicken, dann kann er allen in dieser Gruppe denselben Schlüssel geben – das spart ihm Arbeit beim Verschlüsseln. Bzgl. Vertraulichkeit hat dies keine Nachteile, denn den Klartext erfährt sowieso jeder in dieser Gruppe. Problematisch wird es bei solch einem Gruppenschlüssel, wenn David jemand aus der Gruppe ausschließen will – dann muss er allen, die in der Gruppe bleiben sollen, einen neuen Schlüssel zukommen lassen. Ebenfalls problematisch ist solch ein Gruppenschlüssel bzgl. Authentikation. Hier könnte dann jede(r) in der Gruppe mit dem symmetrischen Authentikationssystem die neue Idee authentisieren und so an Davids gutem Ruf, dass seine Ideen gut, schön und neu sind, kratzen. Das ist bei paarweiser Schlüsselkenntnis nicht möglich.

(c) Es reicht ein *symmetrisches Authentikationssystem*, wobei hier gar kein Schlüsselaustausch nötig ist; dafür ist Zeit sehr kritisch, und Platz auch.

(d) Der Rechnerfan sollte ein *digitales Signatursystem* verwenden. Der Schlüsselaustausch muss mittels Zentrale oder Telefonbuch geschehen, damit der Verkäufer den richtigen Testschlüssel des Käufers kennt und auch sicher ist, dass die Zuordnung Käufer – Testschlüssel juristisch bindend ist. In diesem Beispiel ist Zeit unkritisch und Sicherheit kritisch.

(e) *Konzelationssystem* zur Wahrung von Geschäftsgeheimnissen (evtl. auch schon *Authentikation*, siehe unten, aber *symmetrisch* reicht noch, weil es sich nicht um einen rechtsverbindlichen Vertrag handelt). Die Schlüsselverteilung dürfte über ein öffentliches Schlüsselregister erfolgen. Also wird wegen des Schlüsselaustausches ein asymmetrisches Konzelationssystem benötigt (oder ein *hybrides*). Weder Zeit noch Sicherheit sind in diesem Beispiel besonders kritisch.

Wird auf Authentikation gänzlich verzichtet, so kann mit folgendem Angriff die Wahrung von Geschäftsgeheimnissen auch bei perfektem Konzelationssystem vereitelt werden: Um die Preise von Konkurrenten in Erfahrung zu bringen, sendet ein Angreifer ihnen einfach eine entsprechende Anfrage (inkl. Schlüssel des Konzelationssystems). Werden Netzadressen allein als „Absender" und damit Authentikation verwendet, so muss der Angreifer nur die Antwortnachricht abfangen, damit der vorgebliche Empfänger keinen Verdacht schöpft und der Angreifer selbst den Schlüsseltext erhält. Wird der „Absender" vom Netz generiert, dann muss der Angreifer ihn halt passend auf die Leitung des Angegriffenen aufmodulieren.

Bei der Antwort ist zusätzlich zur Konzelation asymmetrische Authentikation nötig, damit das Angebot rechtsverbindlich ist, vgl. (d).

9.3 Musterlösungen zu Kap. 4

4.1 Für die Verschiebechiffre gibt es bei einem Alphabet von 26 Zeichen insgesamt 26 verschiedene Schlüssel; diese sollen in diesem Beispiel gleichwahrscheinlich sein, d. h., $p(k) = \frac{1}{26}$. Bei Verschlüsselung von Einzelbuchstaben gilt für alle Schlüsseltexte entsprechend (4.12)

$$p(c_j) = \sum_{i=0}^{25} p(m_i) \cdot \frac{1}{26} = \frac{1}{26} \cdot \underbrace{\sum_{i=1}^{26} p(m_i)}_{1} = \frac{1}{26}.$$

Damit ist Bedingung (4.9) erfüllt, d. h., werden nur Einzelbuchstaben verschlüsselt, bietet die Verschiebechiffre informationstheoretische Sicherheit.

4.2 (a) Gemäß Aufgabenstellung sollen die resultierenden Schlüsseltexte gleichwahrscheinlich sein, d. h.,

$$p(w) = p(x) = p(y) = p(z) = \frac{1}{|C|} = 0{,}25.$$

Entsprechend der Bedingung (4.9) können damit die folgenden bedingten Wahrscheinlichkeiten $p(c_j|m_i)$ bzw. Wahrscheinlichkeiten der betreffenden Schlüssel abgeleitet werden:

$$p(w|a) = p(1) = 0{,}25; \qquad p(x|a) = p(2) = 0{,}25;$$
$$p(y|a) = p(3) + p(4) = 0{,}25; \qquad p(z|a) = p(5) = 0{,}25.$$

Eine genaue Bestimmung von $p(3)$ und $p(4)$ ist nicht möglich, nur die Summe der beiden Wahrscheinlichkeiten kann angegeben werden.

Die beiden Schlüssel 3 und 4 müssen auch bei der Verschlüsselung des Klartextes $m = b$ zur Verschlüsselung in ein und denselben Schlüsseltext verwendet werden, denn die bedingten Wahrscheinlichkeiten $p(c_j|b)$ müssen bei diesem Beispiel wiederum für alle möglichen Schlüsseltexte gleich sein und jeweils den bereits ermittelten Wahrscheinlichkeiten der Schlüsseltexte entsprechen. Aufgrund der Injektivität muss außerdem gelten

$$\text{enc}(k_i, a) \neq \text{enc}(k_i, b).$$

Für die Verschlüsselung des Klartextes m gibt es unter Beachtung dieser Bedingungen verschiedene Möglichkeiten, z. B.:

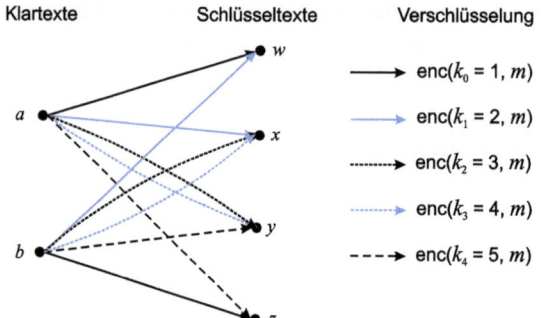

(b) Da die Schlüssel gleichwahrscheinlich sind, muss bei diesem Beispiel die *Anzahl* der Schlüssel, die zu einem bestimmten Schlüsseltext führt, jeweils gleich sein, um Bedingung (4.9) erfüllen zu können. Für die Zuordnung der Schlüssel gibt es verschiedene Möglichkeiten; natürlich muss die Injektivität beachtet werden. Eine mögliche Lösung:

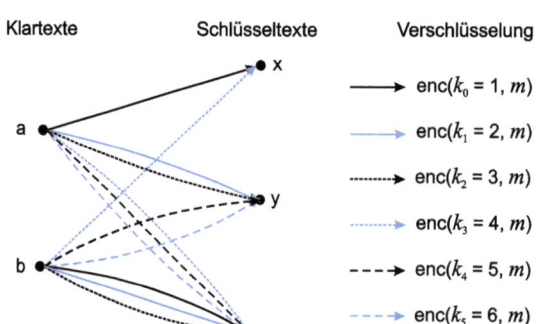

Die Wahrscheinlichkeiten der Schlüsseltexte müssen bei einem informationstheoretisch sicheren System jeweils $p(c_j|m_i)$ und damit der Summe der Wahrscheinlichkeiten der entsprechenden Schlüssel für eine Nachricht entsprechen. Mit $p(k_i) = p(k) = \frac{1}{|K|} = \frac{1}{6}$ ergibt sich damit:

$$p(x) = p(k) = \frac{1}{6},$$
$$p(y) = 2p(k) = \frac{2}{6} = \frac{1}{3},$$
$$p(z) = 3p(k) = \frac{3}{6} = \frac{1}{2}.$$

(c) Anhand der gegebenen Wahrscheinlichkeiten der Schlüssel können aufgrund (4.9) sofort die Wahrscheinlichkeiten der Schlüsseltexte angegeben werden:

$$p(x) = p(1) + p(2) = 0{,}5,$$
$$p(y) = p(3) + p(4) = 0{,}4,$$
$$p(z) = p(5) = 0{,}1.$$

Da $p(x|a) = 0{,}5$ gegeben ist, muss auch $p(x|b) = 0{,}5$ gelten; das lässt sich unter Beachtung der Injektivität nur erfüllen, wenn die Schlüssel 3, 4 und 5 bei Verschlüsselung von $m = b$ den Schlüsseltext $c = x$ liefern. Mit äquivalenter Begründung ergibt sich die Zuordnung der restlichen Schlüssel:

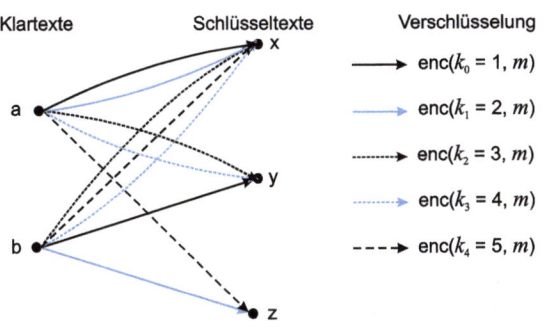

Die Beispiele zeigen verschiedene Varianten für informationstheoretisch sichere Kryptosysteme mit $|K| \geq |C| \geq |M|$. Für ein System mit gleichwahrscheinlichen Schlüsseltexten müssen die Schlüssel mit unterschiedlichen Wahrscheinlichkeiten verwendet werden; für ein System mit gleichen Wahrscheinlichkeiten der Schlüssel sind die resultierenden Schlüsseltexte nicht gleichverteilt. Die Beispiele demonstrieren auch ein Problem, das in der Praxis bei dem theoretisch möglichen Fall $|C| \geq |M|$ auftreten würde: Nicht jeder mögliche Schlüssel kann auf jeden Schlüsseltext angewendet werden, d. h. die Entschlüsselungsfunktion müsste diesen Fall abfangen.

4.3 (a) Als mögliche Klartexte kommen – wie in Beispiel 4.8 – in Frage:

$$k_0: \quad 1101 = m_3 m_1; \qquad k_1: \quad 0010 = m_0 m_2;$$
$$k_2: \quad 0111 = m_1 m_3; \qquad k_3: \quad 1000 = m_2 m_0.$$

Da die Klartexte mit gleicher Wahrscheinlichkeit $p(m_i) = 0{,}25$ auftreten, gilt für alle möglichen Folgen:

$$p(m_i m_j) = \bigl(p(m)\bigr)^2 = 0{,}0625.$$

Daraus folgt für die Wahrscheinlichkeit des beobachteten Schlüsseltextes:

$$p(c_1 c_3) = p(m_3 m_1) p(k_0) + p(m_0 m_2) p(k_1) + p(m_1 m_3) p(k_2) + p(m_2 m_0) p(k_3)$$
$$= p(k)\bigl(4 \bigl(p(m)\bigr)^2\bigr)$$

und die a posteriori Wahrscheinlichkeiten der möglichen Klartextfolgen betragen entsprechend (4.10):

$$p(m_i m_j | c_1 c_3) = \frac{p(k)(p(m))^2}{p(k) 4 (p(m))^2} = 0{,}25.$$

(b) Bei Beobachtung des Schlüsseltextes $c_1 c_3 c_2$ ergeben sich folgende mögliche Klartexte und a posteriori Wahrscheinlichkeiten:

$$k_0: \quad 110110 = m_3 m_1 m_2; \qquad p(m_3 m_1 m_2 | c_1 c_3 c_2) = 0{,}25$$
$$k_1: \quad 001011 = m_0 m_2 m_3; \qquad p(m_0 m_2 m_3 | c_1 c_3 c_2) = 0{,}25$$
$$k_2: \quad 011100 = m_1 m_3 m_0; \qquad p(m_1 m_3 m_0 | c_1 c_3 c_2) = 0{,}25$$
$$k_3: \quad 100001 = m_2 m_0 m_1; \qquad p(m_2 m_0 m_1 | c_1 c_3 c_2) = 0{,}25.$$

Treten die Klartexte mit gleicher Wahrscheinlichkeit auf, kann der Angreifer trotz mehrmaliger Verwendung desselben Schlüssels für aufeinanderfolgende Blöcke keine Informationen aus beobachtetem Schlüsseltext gewinnen, was den Einfluss der Redundanz der verschlüsselten Texte zeigt.

4.4 Zur Berechnung der Eindeutigkeitsdistanz wird wieder der Schätzwert $R_L = 3{,}4 \, \frac{\text{bit}}{\text{Zeichen}}$ für die mittlere Redundanz pro Zeichen für Texte in deutscher Sprache verwendet.

(a) Bei der Vernam-Chiffre wird jeder Schlüssel nur einmal verwendet, damit gilt

$$|K| \to \infty; \qquad H(K) \to \infty; \qquad n_0 = \left\lceil \frac{\infty}{R_L} \right\rceil \to \infty.$$

(b) Wie in Gleichung (4.17) kann die Entropie der Schlüssel mit $H(K) \approx 10 H_L \approx 13 \frac{\text{bit}}{\text{Zeichen}}$ abgeschätzt werden, und es ergibt sich eine Eindeutigkeitsdistanz von

$$n_0 = \left\lceil \frac{13 \frac{\text{bit}}{\text{Zeichen}}}{3{,}4 \frac{\text{bit}}{\text{Zeichen}}} \right\rceil = 4.$$

(c) Werden die Buchstaben des Schlüsselwortes zufällig gewählt, ergibt sich

$$H(K) = \operatorname{ld} 26^{10} \approx 47 \frac{\text{bit}}{\text{Zeichen}}; \qquad n_0 = \left\lceil \frac{47 \frac{\text{bit}}{\text{Zeichen}}}{3{,}4 \frac{\text{bit}}{\text{Zeichen}}} \right\rceil = 14.$$

Die Unbestimmtheit des Schlüssels – beeinflusst von der Größe des Schlüsselraums, aber auch von den Einzelwahrscheinlichkeiten der möglichen Schlüssel – erhöht den Aufwand für die Analyse.

4.5 Die Entropie der Schlüssel $H(K)$ beträgt $47 \frac{\text{bit}}{\text{Zeichen}}$ (s. Aufgabe 4.4(c)).
Daraus ergeben sich die folgenden Werte für die Eindeutigkeitsdistanz:

(a) $n_0 = \left\lceil \frac{47 \frac{\text{bit}}{\text{Zeichen}}}{0{,}5 \frac{\text{bit}}{\text{Zeichen}}} \right\rceil = 94$,

(b) $n_0 = \left\lceil \frac{47 \frac{\text{bit}}{\text{Zeichen}}}{0{,}1 \frac{\text{bit}}{\text{Zeichen}}} \right\rceil = 470$ und

(c) $n_0 = \left\lceil \frac{47 \frac{\text{bit}}{\text{Zeichen}}}{0{,}001 \frac{\text{bit}}{\text{Zeichen}}} \right\rceil = 47000$.

Auch eine Verringerung der Redundanz der Klartexte erhöht die Sicherheit der Verschlüsselung. Wäre es möglich, die Redundanz der Klartexte durch Kompression auf Null zu reduzieren, könnte selbst ein einfaches Verschlüsselungsverfahren nicht mehr mittels Schlüsseltextanalyse gebrochen werden.

9.4 Musterlösungen zu Kap. 5

5.1 Der Empfänger entschlüsselt korrekt die Klartextblöcke $m_1, m_2, \ldots, m_{i-1}$. Da der Block c_i fehlt, berechnet er im nächsten Schritt:

$$\operatorname{dec}(k, c_{i+1}) \oplus c_{i-1} = \operatorname{dec}(k, \operatorname{enc}(k, m_{i+1} \oplus c_i)) \oplus c_{i-1} = m_{i+1} \oplus \underbrace{c_i \oplus c_{i-1}}_{\neq 0} \neq m_{i+1}.$$

Ab dem nächsten Block erhält er wieder korrekte Klartextblöcke:

$$\operatorname{dec}(k, c_{i+2}) \oplus c_{i+1} = \operatorname{dec}(k, \operatorname{enc}(k, m_{i+2} \oplus c_{i+1})) \oplus c_{i+1}$$
$$= m_{i+1} \oplus \underbrace{c_{i+1} \oplus c_{i+1}}_{=0} = m_{i+2}.$$

Neben dem gelöschten Block ist also auch hier der Folgeblock betroffen, der verfälscht ist.

5.2 Der Empfänger entschlüsselt die erhaltenen Blöcke und erhält die korrekten Klartextblöcke $m_0, m_1, \ldots, m_{i-1}$. Die Entschlüsselung des Blocks c'_i liefert einen fehlerhaften Klartextblock, bei dem genau das in c'_i verfälschte Bit verfälscht ist:

$$c'_i \oplus \text{select}_r\big(\text{enc}(k, a_i)\big) \neq m_i.$$

Der fehlerhafte Block c'_i wird außerdem in das Schieberegister geschoben. Durch den Avalanche-Effekt sind die Ausgabebits der Blockchiffre mit 50 % Wahrscheinlichkeit verfälscht und verfälschen somit auch die nachfolgenden Klartextblöcke:

$$c_{i+1} \oplus \text{select}_r\big(\text{enc}(k, a_{i+1})\big) = \text{select}_r\big(\text{enc}(k, (c_{i-7}|c_{i-6}|\ldots|c_{i-1}|c'_i))\big) \neq m_{i+1}$$
$$c_{i+2} \oplus \text{select}_r\big(\text{enc}(k, a_{i+2})\big) = \text{select}_r\big(\text{enc}(k, (c_{i-6}|c_{i-5}|\ldots|c'_i|c_{i+1}))\big) \neq m_{i+2}$$
$$\ldots$$
$$c_{i+8} \oplus \text{select}_r\big(\text{enc}(k, a_{i+8})\big) = \text{select}_r\big(\text{enc}(k, (c'_i|c_{i+1}|\ldots|c_{i+6}|c_{i+7}))\big) \neq m_{i+8}.$$

Insgesamt sind $\lceil \frac{b-\sigma}{r} \rceil$ Blöcke (σ bezeichnet den Abstand der Fehlerstelle vom rechten Rand des Schieberegisters) von dem fehlerhaften Inhalt des Schieberegisters beeinflusst. Erst nachdem der verfälschte Block das Schieberegister verlassen hat, kann der Empfänger wieder korrekt entschlüsseln. Dies ist hier nach 8 Schritten der Fall:

$$c_{i+9} \oplus \text{select}_r\big(\text{enc}(k, a_{i+9})\big) = \text{select}_r\big(\text{enc}(k, (c_{i+1}|c_{i+2}|\ldots|c_{i+7}|c_{i+8}))\big) = m_{i+9}$$

5.3 Damit auch bei gleichen Anfangsblöcken unterschiedliche Schlüsseltextblöcke berechnet werden, gehen wir davon aus, dass der Initialisierungsvektor ungleich Null ist.

Wir gehen also davon aus, dass sich Sender und Empfänger jeweils einen zufälligen Initialisierungsvektor (IV_S bzw. IV_E) wählen.

Der Sender verschlüsselt:

$$c_1 = \text{enc}(k, m_1 \oplus \text{IV}_S),$$
$$c_2 = \text{enc}(k, m_2 \oplus c_1) \quad \text{usw.}$$

Der Empfänger entschlüsselt:

$$\text{dec}(k, c_1) \oplus \text{IV}_E = \text{dec}\big(k, \text{enc}(k, m_1 \oplus \text{IV}_S)\big) \oplus \text{IV}_E = m_1 \oplus \underbrace{\text{IV}_S \oplus \text{IV}_E}_{\neq 0} \neq m_1,$$

$$\text{dec}(k, c_2) \oplus c_1 = \text{dec}\big(k, \text{enc}(k, m_2 \oplus c_1)\big) \oplus c_1 = m_2 \oplus \underbrace{c_1 \oplus c_1}_{= 0} = m_2 \quad \text{usw.}$$

Nutzen Sender und Empfänger also unterschiedliche Initialisierungsvektoren, ist nur der erste Block davon betroffen, alle anderen Blöcke können fehlerfrei entschlüsselt werden (wenn es keine weiteren Verfälschungen gab).

In der Betriebsart OFB kann diese Lösung nicht angewendet werden. Da OFB eine synchrone Stromchiffre liefert, sind alle Blöcke von dem „Fehler" betroffen.

5.4 Bei CFB ist zur Entschlüsselung eines beliebigen Blockes c_i nur der vorhergehende Schlüsseltextblock c_{i-1} erforderlich. Aufwändiger ist die Änderung eines Schlüsseltextblockes: Alle nachfolgenden Schlüsseltextblöcke müssen neu berechnet werden, dazu sind sie zunächst zu entschlüsseln und anschließend wieder zu verschlüsseln.

Bei OFB als synchroner Stromchiffre sind sowohl das Lesen als auch das Ändern aufwändig. Um den Schlüsseltextblock c_i zu lesen, muss der komplette Schlüsselstrom bis dahin berechnet werden. Um c_i zu ändern, muss ebenfalls der komplette Schlüsselstrom berechnet werden. Es müssen allerdings keine weiteren Blöcke $c_{i+1}, c_{i+2}, \ldots, c_n$ berechnet werden, da sich „additive Fehler" nicht fortpflanzen.

9.5 Musterlösungen zu Kap. 6

6.1 (a)
$$129 = 5 \cdot 24 + 9$$
$$24 = 2 \cdot 9 + 6$$
$$9 = 1 \cdot 6 + 3$$
$$6 = 2 \cdot 3$$

	129	24
129	1	0
24	0	1
9	1	−5
6	−2	11
ggT(24, 129) = 3	3	−16

Also gilt

$$\text{ggT}(24, 129) = -16 \cdot 24 + 3 \cdot 129.$$

(b) Rechnung wie in (a) liefert

$$\text{ggT}(1970, 1066) = 2 = -204 \cdot 1970 + 377 \cdot 1066.$$

(c) Berechnung von

$$\text{ggT}(504, 294) = 42 = 3 \cdot 504 + (-5) \cdot 294 \quad \text{wie in (a),}$$

also gilt

$$\text{ggT}(504, -294) = 3 \cdot 504 + 5 \cdot (-294)$$
$$\text{kgV}(a, b) = \frac{a \cdot b}{\text{ggT}(a, b)}, \quad \text{denn}$$

$$\underbrace{\underbrace{\text{kgV}(\ldots \cdot p^\alpha \cdot \ldots, \ldots \cdot p^\beta \cdot \ldots)}_{\ldots \cdot p^{\max\{\alpha,\beta\}} \cdot \ldots} \cdot \underbrace{\text{ggT}(\ldots \cdot p^\alpha \cdot \ldots, \ldots \cdot p^\beta \cdot \ldots)}_{\ldots \cdot p^{\min\{\alpha,\beta\}} \cdot \ldots}}_{\ldots \cdot p^{\max\{\alpha,\beta\}+\min\{\alpha,\beta\}} \cdot \ldots}$$

$$= \ldots \cdot p^{\alpha+\beta} \cdot \ldots$$

Also gilt:

(a) $\text{kgV}(24, 129) = \dfrac{24 \cdot 129}{3} = 1032$ (b) 1050010 (c) 3528 (in $\mathbb{N}$)

6.2 $\text{ggT}\big(\underbrace{\text{ggT}(150, 105)}_{\substack{=15 \\ =-2\cdot 150+3\cdot 105}}, 56\big) = 15 \cdot \underline{15} + (-4) \cdot 56 = -30 \cdot 150 + 45 \cdot 105 - 4 \cdot 56.$

6.3 (a)
$\text{ggT}(17, 101) = 6 \cdot 17 + (-1) \cdot 101 \equiv 6 \cdot 17 \pmod{101}$
$\Rightarrow 17^{-1} \pmod{101} = 6$
$\text{ggT}(357, 1234) = -159 \cdot 357 + 46 \cdot 1234$
$\Rightarrow 357^{-1} \pmod{1234} = 1234 - 159 = 1075$
$3125^{-1} \pmod{9987} = 1844.$

(b)
$x \equiv 8 \cdot 17^{-1} \equiv 8 \cdot 6 \equiv 48 \pmod{101}$
$x \equiv 4 \cdot 357^{-1} \equiv 4 \cdot 1075 \equiv 598 \pmod{1234}$
$x \equiv 4 \cdot 3125^{-1} \equiv 4 \cdot 1844 \equiv 7376 \pmod{9987}.$

(c) Die gesuchte Anzahl ist

$$\varphi(101) = 101 - 1 = 100,$$
$$\varphi(1234) = \varphi(2 \cdot 617) = 1234 \cdot \left(1 - \frac{1}{2}\right) \cdot \left(1 - \frac{1}{617}\right) = 616,$$
$$\varphi(9987) = \varphi(3 \cdot 3329) = 9987 \cdot \left(1 - \frac{1}{3}\right) \cdot \left(1 - \frac{1}{3329}\right) = 6656.$$

6.4 (a) $37^{25} \equiv 18^{25} \equiv (-1)^{25} \equiv -1 \equiv 18 \pmod{19}$

(b) Berechnung mit *Square and Multiply*:

$201 = [11001001]_2$ (Exponenten als Dualzahl darstellen)
$3^{201} = 3^{128+64+8+1} = 3^{2^7} \cdot 3^{2^6} \cdot 3^{2^3} \cdot 3^{2^0} = (((((3^2 \cdot 3)^2)^2)^2 \cdot 3)^2)^2)^2 \cdot 3$

1	1	0	0	0	1	0	1
3	5	3	9	1	1	1	3
	$3^2 \cdot 3$	5^2	3^2	$9^2 \cdot 3$	1^2	1^2	$1^2 \cdot 3$
	mod 11	mod 11	mod 11	mod 11	mod 11	mod 11	mod 11

oder Berechnung mittels *Satz von Fermat*:

$$3^{201} = 3^{20 \cdot 10 + 1} = (3^{10})^{20} \cdot 3 \equiv 1^{20} \cdot 3 \equiv 3 \ (\mathrm{mod}\ 11)$$
↑
Satz von Fermat

(c) $$17^{521} \equiv (-6)^{521} \equiv -6^{521} \equiv \ldots \equiv 15 \ (\mathrm{mod}\ 23)$$
↑
Square and Multiply

oder $17^{521} = 17^{22 \cdot 23 + 15} = (17^{22})^{23} \cdot 17^{15} \equiv 17^{15} \equiv (-6)^{15}$
$\equiv \ldots \equiv -8 \equiv 15 \ (\mathrm{mod}\ 23)$
↑
Square and Multiply

(d) $$27^{27} \equiv (-12)^{27} \equiv -12^{27} \equiv \ldots \equiv -12 \equiv 27 \ (\mathrm{mod}\ 39)$$
↑
Square and Multiply

(e) $$2^{333} \equiv \ldots \equiv 92 \ (\mathrm{mod}\ 100)$$
↑
Square and Multiply

6.5 1 Tag: 1440 Minuten, $x \ldots$ gesuchte Anzahl von Tagen

(a) $1440x \equiv 0 \ (\mathrm{mod}\ 6)$
$1440x \equiv 0 \ (\mathrm{mod}\ 11)$
$1440x \equiv 0 \ (\mathrm{mod}\ 21)$
Lösung: $x = 77$

(b) $1440x + 30 \equiv 0 \ (\mathrm{mod}\ 6)$
$1440x + 30 \equiv 0 \ (\mathrm{mod}\ 11)$
$1440x + 30 \equiv 0 \ (\mathrm{mod}\ 21)$
Lösung: $x = 8$

6.6 x_0 ist eine Lösung von $x^2 \equiv 3 \ (\mathrm{mod}\ 5 \cdot 7 \cdot 11)$ genau dann, wenn x_0 eine Lösung von $x^2 \equiv 3 \ (\mathrm{mod}\ 5)$, $x^2 \equiv 3 \ (\mathrm{mod}\ 7)$ und $x^2 \equiv 3 \ (\mathrm{mod}\ 11)$ ist. Die beiden Kongruenzen modulo 5 und modulo 7 haben aber keine Lösung. Daher hat auch $x^2 \equiv 3 \ (\mathrm{mod}\ 5 \cdot 7 \cdot 11)$ keine Lösung.

Die quadratischen Reste modulo 5 sind 1 und 4.
Die quadratischen Reste modulo 7 sind 1, und 4.
Die quadratischen Reste modulo 11 sind 1, 3, 4, 5 und 9.
Wählt man z. B. a so dass $a \equiv 4 \ (bmod 5)$, $a \equiv 4 \ (\mathrm{mod}\ 7)$ und $a \equiv 4 \ (\mathrm{mod}\ 11)$ gilt, dann hat die Kongruenz $x^2 \equiv 3 \ (\mathrm{mod}\ 5 \cdot 7 \cdot 11)$ genau 8 Lösungen:

$x^2 \equiv 4 \ (\mathrm{mod}\ 5)$ hat die Lösungen 2 und 3;
$x^2 \equiv 4 \ (\mathrm{mod}\ 7)$ hat die Lösungen 2 und 5;
$x^2 \equiv 3 \ (\mathrm{mod}\ 11)$ hat die Lösungen 2 und 9.

Daraus kann man unter Nutzung des Chinesischen Restsatzes sämtliche Lösungen von $x^2 \equiv 3 \pmod{5 \cdot 7 \cdot 11}$ modulo $5 \cdot 7 \cdot 11$ berechnen, nämlich 2, 68, 152, 163, 222, 233, 317 und 383.

6.7 (a) Man geht wie im Beweis des Satzes für den Fall $p \equiv q \equiv 3 \pmod 4$ vor – die Bezeichnungen werden hier auch so gewählt wie in diesem beweis eingeführt.

Wegen $p \equiv q \equiv 1 \pmod 4$ gilt

$$(-x_p)^{\frac{p-1}{2}} \equiv x_p^{\frac{p-1}{2}} \pmod{p} \quad \text{und} \quad (-x_q)^{\frac{q-1}{2}} \equiv x_q^{\frac{q-1}{2}} \pmod{q}.$$

Daher sind entweder x_p und $-x_p$ beide Quadrate oder beide keine Quadrate modulo p. Analog gilt, dass entweder x_q und $-x_q$ beide Quadrate oder beide keine Quadrate modulo q sind.

Ist $x^2 \equiv a \pmod{pq}$ lösbar, dann sind also alle vier Lösungen Quadrate modulo pq.

(b) Wegen $p \equiv 3 \pmod 4$ gilt

$$(-x_p)^{\frac{p-1}{2}} \equiv -x_p^{\frac{p-1}{2}} \pmod{p}.$$

Also ist genau eine der Zahlen x_p und $-x_p$ ein Quadrat modulo p.

Wegen $q \equiv 1 \pmod 4$ gilt

$$(-x_q)^{\frac{q-1}{2}} \equiv x_q^{\frac{q-1}{2}} \pmod{q}.$$

x_q und $-x_q$ sind also beide Quadrate oder beide keine Quadrate modulo q.

Ist $x^2 \equiv a \pmod{pq}$ lösbar, dann sind genau Lösungen Quadrate modulo pq.

6.8 Es gilt $2^{1110} \equiv 1024 \not\equiv 1 \pmod{1111}$, also ist 1111 keine Pseudoprimzahl zur Basis 2 und daher auch keine Primzahl (es gilt $1111 = 11 \cdot 101$).

Es gilt $2^{2046} \equiv 1 \pmod{2047}$, aber $3^{2046} \equiv 1013 \not\equiv 1 \pmod{2047}$, also ist 2047 keine Pseudoprimzahl zur Basis 3 und daher auch keine Primzahl (es gilt $2047 = 23 \cdot 89$).

6.9 Sei $n = 3p$ (p prim, $p > 3$). Angenommen, n ist eine Pseudoprimzahl zur Basis $a = 2$. Dann gilt $a^{3p-1} = 2^{3(p-1)+2} = (2^{p-1})^3 \cdot 2^2 \equiv 1 \pmod{3p}$ und daher auch $a^{3p-1} = (2^{p-1})^3 \cdot 2^2 \equiv 1 \pmod{p}$. Laut Satz von Fermat gilt $2^{p-1} \equiv 1 \pmod{p}$, so dass man $4 \equiv 1 \pmod p$ bzw. $3 \equiv 0 \pmod p$ erhält. Im Widerspruch zur Voraussetzung, dass p eine Primzahl mit $p > 3$ ist, muss also p ein Teiler von 3 sein. Also ist die Annahme falsch.

Analog kann man die Behauptungen für $a = 5$ und $a = 7$ zeigen.

6.10 Es gilt $1105 = 5 \cdot 13 \cdot 17$ und 4, 12, 16 sind Teiler von 1104. Daher ist 1105 eine Carmichael-Zahl.

Es gilt $2821 = 7 \cdot 13 \cdot 31$ und 6, 12, 30 sind Teiler von 2820. Daher ist 2821 eine Carmichael-Zahl.

6.11 Es gilt $n = p_1 \cdot p_2 \cdot p_3 = 1296u^3 + 396u^2 + 36u + 1$ und $n - 1 = 6u \cdot (216u^2 + 66u + 6) = 12u \cdot (108u^2 + 33u + 3) = 18u \cdot (72u^2 + 22u + 2)$. Daraus folgt, dass

$p_1 - 1$, $p_2 - 1$ und $p_3 - 1$ Teiler von $n - 1$ sind. Da p_1, p_2, p_3 Primzahlen sind, folgt daraus, dass n eine Carmichael-Zahl ist.

6.12 Es gilt $1105 = 2^4 \cdot 3 \cdot 23$. Wähle $a = 2$. Es gilt $2^{69} \not\equiv \pm 1 \pmod{1105}$, $2^{2 \cdot 69} \not\equiv -1 \pmod{1105}$, $2^{2^2 \cdot 69} \not\equiv -1 \pmod{1105}$ und $2^{2^3 \cdot 69} \not\equiv -1 \pmod{1105}$. Daher ist 1105 keine starke Pseudoprimzahl zur Basis 2 und deshalb keine Primzahl.

Analog kann man zeigen, dass 1111 keine starke Pseudoprimzahl zur Basis 2, 2047 keine Pseudoprimzahl zur Basis 3 (aber eine Pseudoprimzahl zur Basis 2) und $2^{2^5} + 1$ keine Pseudoprimzahl zur Basis 2 ist. Also ist keine dieser Zahlen eine Primzahl.

6.13 Für eine zyklische Gruppe $G = \langle a \rangle$ der Ordnung 50 gibt es außer den trivialen Untergruppen (diese haben die Gruppenordnung 1 bzw. 50) noch Untergruppen der Ordnungen 2, 5, 10 und 25; sämtliche Untergruppen von G sind zyklisch:

$$|\langle a^0 \rangle| = 1, \qquad |\langle a^{25} \rangle| = 2,$$
$$|\langle a^{10} \rangle| = |\langle a^{20} \rangle| = |\langle a^{30} \rangle| = |\langle a^{40} \rangle| = 5, \qquad |\langle a^5 \rangle| = |\langle a^{15} \rangle| = |\langle a^{35} \rangle| = |\langle a^{45} \rangle| = 10,$$
$$|\langle a^2 \rangle| = |\langle a^4 \rangle| = |\langle a^6 \rangle| = |\langle a^8 \rangle| = |\langle a^{12} \rangle| = |\langle a^{14} \rangle| = |\langle a^{16} \rangle| = |\langle a^{18} \rangle| = |\langle a^{22} \rangle|$$
$$= |\langle a^{24} \rangle| = |\langle a^{26} \rangle| = |\langle a^{28} \rangle| = |\langle a^{32} \rangle| = |\langle a^{34} \rangle| = |\langle a^{36} \rangle| = |\langle a^{38} \rangle| = |\langle a^{42} \rangle|$$
$$= |\langle a^{44} \rangle| = |\langle a^{46} \rangle| = |\langle a^{48} \rangle| = 25,$$
$$|\langle a \rangle| = |\langle a^3 \rangle| = |\langle a^7 \rangle| = |\langle a^9 \rangle| = |\langle a^{11} \rangle| = |\langle a^{13} \rangle| = |\langle a^{17} \rangle| = |\langle a^{19} \rangle| = |\langle a^{21} \rangle|$$
$$= |\langle a^{23} \rangle| = |\langle a^{27} \rangle| = |\langle a^{29} \rangle| = |\langle a^{31} \rangle| = |\langle a^{33} \rangle| = |\langle a^{37} \rangle| = |\langle a^{39} \rangle| = |\langle a^{41} \rangle|$$
$$= |\langle a^{43} \rangle| = |\langle a^{47} \rangle| = |\langle a^{49} \rangle| = 50.$$

9.6 Musterlösungen zu Kap. 7

7.1 Die Verschlüsselung der Nachricht „GEHEIMES TREFFEN" mit dem Schlüssel „NWYPRCIKSENFOLQ" liefert den Schlüsseltext „TAFTZOMLVRKTPD". Mit Hilfe des Vigenère-Tableaus (Abb. 2.1) ermittelt man auch leicht den Schlüssel, der aus diesem Schlüsseltext den Klartext „NACHRICHT AN ALLE" liefert: $k = $ „GADMIGKVSVEKIEZ".

Wie das Beispiel demonstriert, kann bei der Vernam-Chiffre für einen vorliegenden Schlüsseltext zu jeder Nachricht entsprechender Länge ein passender Schlüssel ermittelt werden.

7.2 Der erste Klartextblock ist $m_1 = 10100110$, aus dem Schlüssel sind die beiden Rundenschlüssel $k_1 = 1101$ und $k_2 = 0001$ zu bestimmen.

Verschlüsselung von $m_1 = \mathbf{10100110}$

Runde 1:

$L_0 = \mathbf{1100}$ $\qquad R_0 = \mathbf{0100}$
$\qquad\qquad\qquad f(R_0, k_1) = S(R_0 \oplus k_1) = S(0100 \oplus 0110) = S(0010) = 0001$
$L_1 = R_0 = \mathbf{0100}$ $\quad R_1 = f(R_0, k_1) \oplus L_0 = 0001 \oplus 1100 = \mathbf{1101}$

Runde 2:

$L_1 = \mathbf{0100}$ $\qquad R_1 = \mathbf{1101}$
$\qquad\qquad\qquad\qquad f(R_1, k_2) = S(R_1 \oplus k_2) = S(1101 \oplus 1010) = S(0111) = 1111$
$L_2 = R_1 = \mathbf{1101} \quad R_2 = f(R_1, k_2) \oplus L_1 = 1111 \oplus 0100 = \mathbf{1011}$

$c_1 = (L_2, R_2) = \mathbf{11011011}$

Entschlüsselung von $c_1 = \mathbf{11011011}$
Runde 2:

$L_2 = \mathbf{1101}$ $\qquad\qquad\qquad\qquad\qquad\qquad\qquad\qquad R_2 = \mathbf{1011}$
$f(L_2, k_2) = S(L_2 \oplus k_2) = S(1101 \oplus 1010) = S(0111) = 1111$
$L_1 = f(L_2, k_2) \oplus R_2 = 1111 \oplus 1011 = \mathbf{0100}$ $\qquad R_1 = L_2 = \mathbf{1101}$

Runde 1:

$L_1 = \mathbf{0100}$ $\qquad\qquad\qquad\qquad\qquad\qquad\qquad\qquad R_1 = \mathbf{1101}$
$f(L_1, k_1) = S(L_1 \oplus k_1) = S(0100 \oplus 0110) = S(0010) = 0001$
$L_0 = f(L_1, k_1) \oplus R_1 = 0001 \oplus 1101 = \mathbf{1100}$ $\qquad R_0 = L_1 = \mathbf{0100}$

$m_1 = (L_0, R_0) = \mathbf{11000100}$

7.3 $a(x) = x^6 + x^4 + x^2 + x + 1, \qquad b(x) = x^7 + x + 1$
$c(x) = a(x) \oplus b(x) = x^7 + x^6 + x^4 + x^2 = 11010100.$
$d(x) = a(x) \odot b(x) = (x^6 + x^4 + x^2 + x + 1)(x^7 + x + 1)$
$\qquad = x^{13} + x^7 + x^6 + x^{11} + x^5 + x^4 + x^9 + x^3 + x^2 + x^8 + x^2 + x + x^7 + x + 1$
$\qquad = x^{13} + x^{11} + x^9 + x^8 + x^6 + x^5 + x^4 + x^3 + 1$

$d(x)$ muss noch modulo $m(x)$ reduziert werden; dazu wird der Rest von $d(x)$ bei Division durch das Polynom $m(x) = x^8 + x^4 + x^3 + x + 1$ bestimmt:

$$(x^{13} + x^{11} + x^9 + x^8 + x^6 + x^5 + x^4 + x^3 + 1) : (x^8 + x^4 + x^3 + x + 1) = x^5 + x^3$$

$\qquad\quad\; x^{13} \qquad\quad + x^9 + x^8 + x^6 + x^5$
$\qquad\quad\; \overline{\phantom{x^{13}}}$
$\qquad\quad\; x^{11} \qquad\qquad\qquad\qquad\quad + x^4 + x^3 + 1$
$\qquad\quad\; x^{11} \qquad + x^7 + x^6 \qquad + x^4 + x^3$
$\qquad\quad\; \overline{\phantom{x^{11} + x^7 + x^6}}$
$\qquad\qquad\qquad\quad x^7 + x^6 \qquad\qquad\qquad\quad + 1 = r(x)$

$d(x) = x^7 + x^6 + 1$

7.4 $\qquad a(x) = 01 \cdot x^3 + 03 \cdot x^2 + \text{A1} \cdot x + 02, \qquad b(x) = 02 \cdot x^3 + 01 \cdot x + \text{FF}$
$\qquad c(x) = a(x) + b(x)$
$\qquad\qquad = (01 \oplus 02) \cdot x^3 + (03 \oplus 00) \cdot x^2 + (\text{A1} \oplus 01) \cdot x + (02 \oplus \text{FF})$
$\qquad\qquad = 03 \cdot x^3 + 03 \cdot x^2 + \text{A0} \cdot x + \text{FD}.$

7.5 Wie in Abschn. 7.5.2 beschrieben, lässt sich die Reihenfolge der Operationen SubBytes und ShiftRow sowie MixColumn und der Schlüsseladdition vertauschen.

Nach der Addition des letzten Rundenschlüssels k_r und vor der Addition des ersten Rundenschlüssels k_0 werden die übrigen Operationen jeweils paarweise vertauscht. Dies ergibt die Entschlüsselung in äquivalenter Reihenfolge zur Verschlüsselung. Dabei ist zu beachten, dass auf alle Rundenschlüssel, die von der Vertauschung der Reihenfolge betroffen sind (also $k_1, k_2, \ldots, k_{r-1}$), noch die Operation MixColumn^{-1} anzuwenden ist:

$$k_i' = \text{MixColumn}^{-1}(k_i), \quad i = 1, 2, \ldots, k_{r-1}.$$

9.7 Musterlösungen zu Kap. 8

8.1 Sei $k_e k_d \equiv 1 \pmod{\text{kgV}(p-1, q-1)}$.
$x^{k_e k_d} = x^{1 + \ell \cdot \text{kgV}(p-1, q-1)} = x \cdot (x^{\text{kgV}(p-1, q-1)})^\ell \equiv x \pmod{pq}$, denn:

$$x \not\equiv 0 \pmod{p} \quad \Rightarrow \quad 1 \equiv x^{p-1} \equiv x^{\text{kgV}(p-1, q-1)} \pmod{p} \quad \text{und somit}$$
$$x^{k_e k_d} \equiv x \pmod{p}$$

und

$$x \equiv 0 \pmod{p} \quad \Rightarrow \quad x^{k_e k_d} \equiv x \pmod{p}.$$

Also gilt $x^{k_e k_d} \equiv x \pmod{p}$ für alle $x \in \mathbb{Z}_p$.

Analog zeigt man $x^{k_e k_d} \equiv x \pmod{q}$ für alle $x \in \mathbb{Z}_q$.

Aus diesen beiden Aussagen folgt mit dem Chinesischen Restsatz, dass $x^{k_e k_d} \equiv x \pmod{pq}$ für alle $x \in \mathbb{Z}_{pq}$ gilt.

8.2 $p = 3$, $q = 17$, $k_t = 3$
$n = pq = 51$, $\varphi(n) = (p-1)(q-1) = 32$
$k_s = k_t^{-1} \bmod \varphi(n) = 3^{-1} \bmod 32 = 11$, denn $3 \cdot 11 \equiv 1 \pmod{32}$.
Signatur für $m = 7$:

$$s = \text{sign}(k_s, m) = m^{k_s} \bmod n \equiv 7^{11} \equiv (7^2)^5 \cdot 7 \equiv (-2)^5 \cdot 7 \equiv (-32) \cdot 7 \equiv -224$$
$$\equiv 31 \pmod{51}.$$

Test der Signatur:

$$\text{test}(k_t, m, s) : m = s^{k_t} \bmod n?$$
$$s^{k_t} \bmod n = 31^3 \bmod 51 = 7 \bmod 51 = 7 = m \rightarrow \text{Signatur akzeptiert}.$$

8.3 Der Angreifer beobachtet c, wählt r und berechnet $r^{-1} \bmod n$.

Er berechnet $c' = c r^{k_e} \bmod n$ und schickt den modifizierten Schlüsseltext an den Empfänger.

Der Empfänger entschlüsselt $m' = (c')^{k_d} \bmod n$.
Der Angreifer erfährt c' und berechnet:

$$m'r^{-1} = (c')^{k_d} r^{-1}$$
$$= (cr^{k_e})^{k_d} r^{-1} \equiv m \underbrace{r^{k_e k_d}}_{=r} r^{-1} \equiv m \pmod{n}.$$

Dazu das Beispiel mit $n = 33$, $k_e = 3$, $c = 5$, $r = 20$ und $k_d = 7$:

$$r^{-1} \bmod n = 20^{-1} \bmod 33 = 5,$$
$$c' \equiv 5 \cdot 20^3 \equiv (5 \cdot 20) \cdot 400 \equiv 1 \cdot 4 \equiv 4 \pmod{33},$$
$$m' = 4^7 \equiv (4^3)^2 \cdot 4 \equiv (-2) \cdot 4 \equiv 16 \pmod{33}$$
$$m = m'r^{-1} \bmod n \equiv 16 \cdot 5 \equiv 80 \equiv 14 \pmod{33}.$$

8.4 Gegeben: $p = 17$, $\alpha = 5$, $k_d = 3$

$$k_e = \alpha^{k_d} \bmod p \equiv 5^3 \equiv 125 \equiv 6 \pmod{17}.$$

Verschlüsselung von $m = 4$ unter Verwendung von $r = 2$:

$$c_1 = \alpha^r \bmod p \equiv 5^2 \equiv 25 \equiv 8 \pmod{17}$$
$$c_2 = m(k_e)^r \bmod p \equiv 4 \cdot 6^2 \equiv 4 \cdot 36 \equiv 144 \equiv 8 \pmod{17}$$
$$\text{enc}(k_e, m) = (8, 8).$$

Entschlüsselung von $c = (6, 16)$:

$$\text{dec}(k_d, (c_1, c_2)) = (c_1^{k_d})^{-1} c_2 \bmod n \equiv (6^3)^{-1} \cdot 16 \equiv (36 \cdot 6)^{-1} \cdot (-1)$$
$$\equiv (12)^{-1} \cdot (-1) \equiv 10 \cdot (-1) \equiv -10 \equiv 7 \pmod{17}.$$

Hinweis: Die Berechnung des multiplikativen Inversen $(c_1^{k_d})^{-1} \bmod n$ kann mit dem Erweiterten EUKLIDschen Algorithmus aus Abschn. 6.2.3 erfolgen.

Ein Angreifer, der den diskreten Logarithmus bestimmen kann, ist in der Lage, aus dem öffentlichen Schlüssel $k_e = \alpha^{k_d} \bmod p$ den geheimen Schlüssel k_d zu berechnen mit $k_d = \log_\alpha k_e \bmod p$.

8.5 Gegeben: $p = 11$, $\alpha = 2$, $k_s = 3$

$$k_t = \alpha^{k_s} \bmod p \equiv 2^3 \equiv 8 \pmod{11}.$$

9.7 Musterlösungen zu Kap. 8

Berechnen der Signatur für $m = 4$ mit $r = 7$:

$s_1 = \alpha^r \bmod p \equiv 2^7 \equiv 128 \equiv 7 \pmod{11}$
$s_2 = r^{-1}(m - k_s s_1) \bmod (p-1) \equiv 7^{-1} \cdot (4 - 3 \cdot 7) \equiv 3 \cdot (-17) \equiv -51 \equiv 9 \pmod{10}$
$\text{sig}(k_s, m) = (7, 9)$.

Testen der Signatur:

$s_1 = 7, \quad p - 1 = 10 \quad \text{und damit} \quad 1 \leq s_1 \leq p - 1$
$v_1 = k_t^{s_1} s_1^{s_2} \bmod p \equiv 8^7 \cdot 7^9 \equiv (8^2)^3 \cdot 8 \cdot (7^2)^4 \cdot 7 \equiv (-2)^3 \cdot (-3) \cdot 5^4 \cdot (-4)$
$\equiv 3 \cdot 12 \cdot 25^2 \equiv 3 \cdot 9 \equiv -6 \equiv 5 \pmod{11}$
$v_2 = \alpha^m \bmod p \equiv 2^4 \equiv 16 \equiv 5 \pmod{11}$
$v_1 \equiv v_2 \pmod{11} \rightarrow$ Signatur akzeptiert.

Literatur

1. Alexi, W., Cho, B., Goldreich, O., Schnorr, C.P.: RSA/Rabin bits are $0.5 + 1/\text{poly}(\log N)$ secure. In: Blakley, G., Chaum, D. (Hrsg.) 25th Symposium on Foundations of Computer Science (FOCS), 1984, IEEE Computer Society, Lecture Notes in Computer Science, Bd. 196, S. 303–313. Springer, Berlin (1984). doi:10.1007/3-540-39568-7_24
2. Alexi, W., Cho, B., Goldreich, O., Schnorr, C.P.: RSA and Rabin functions: certain parts are as hard as the whole. SIAM J. Comput. **17**, 194–209 (1988)
3. Bayer, D., Haber, S., Stornetta, W.S.: Improving the efficiency and reliability of digital time-stamping. In: Sequences'91: Methods in Communication, Security, and Computer Sciences, S. 329–334. Springer, Berlin (1992)
4. Bellare, M.: Practice-oriented provable-security. In: Proceedings of the 1997 Information Security Workshop (ISW), S. 221–231. Springer, Berlin (1998)
5. Bellare, M., Rogaway, P.: Optimal asymmetric encryption – how to encryt with RSA. In: Santis, A.D. (Hrsg.) Advances in Cryptology – Eurocrypt'94. Lecture Notes in Computer Science, Bd. 950, S. 92–111. Springer, Berlin (1995). Final (?) version of Eurocrypt-paper (1994)
6. Bellare, M., Sahai, A.: Non-malleable encryption: equivalence between two notions, and an indistinguishability-based characterization. In: Advances in Cryptology – CRYPTO'99, S. 519–536 (1999)
7. Bennett, C.H., Brassard, G., Ekert, A.K.: Quantum cryptography. Sci. Am. **267**(4), 26–33 (1992)
8. Bennett, C.H., Brassard, G., Robert, J.-M.: Privacy amplification by public discussion. SIAM J. Comput. **17**(2), 210–229 (1988)
9. Beutelspacher, A.: Kryptologie. Vieweg+Teubner Verlag, Wiesbaden (2005)
10. Biham, E., Shamir, A.: Differential cryptanalysis of DES-like cryptosystems. In: Advances in Cryptology – CRYPTO'90, S. 2–21 (1990)
11. Biham, E., Shamir, A.: Differential Cryptanalysis of the Data Encryption Standard. Springer, Berlin (1993)
12. Bleichenbacher, D.: Chosen ciphertext attacks against protocols based on the RSA encryption standard PKCS #1. In: Advances in Cryptology – CRYPTO'98, S. 1–12 (1998)
13. Boneh, D.: Simplified OAEP for the RSA and Rabin functions. In: Advances in Cryptology – CRYPTO'01. Lecture Notes in Computer Science, Bd. 2139, S. 275–291. Springer, Berlin (2001)
14. Brandt, J., Damgård, I., Landrock, P.: Speeding up prime number generation. AsiaCrypt'91 – Abstracts, S. 265–269

15. Brassard, G.: Modern Cryptology – A Tutorial. Lecture Notes in Computer Science, Bd. 325. Springer, Berlin (1988)
16. Chaum, D.: Untraceable electronics mail, return addresses, and digital pseudonyms. Commun. ACM **24**, 84–88 (1981)
17. Chaum, D.: Security without identification: transaction systems to make Big Brother obsolete. Commun. ACM **28**, 1030–1044 (1985)
18. Chaum, D., von Heyst, E.: Group signatures. In: EUROCRYPT'91 (1991)
19. Chor, B., Rivest, R.L.: A Knapsack-type public-key cryptosystem based on arithmetic in finite fields. IEEE Trans. Inf. Theory **34**, 901–909 (1988)
20. Coppersmith, D.: The Data Encryption Standard (DES) and its strength against attacks. IBM J. Res. Dev. **38**(3), 243–250 (1994)
21. Courtois, N.T., Pieprzyk, J.: Cryptanalysis of block ciphers with overdefined systems of equations. In: Proc. of Advances in Cryptology – ASIACRYPT 2002. Lecture Notes in Computer Science, Bd. 2501, S. 267–287. Springer, Berlin (2002)
22. Cover, T.M., Thomas, J.A.: Elements of Information Theory. John Wiley & Sons, New York (2006)
23. Cramer, R., Shoup, V.: A practical public key cryptosystem secure against adaptive chosen ciphertext attack. In: Advances in Cryptology – CRYPTO'98, S. 13–25 (1998)
24. Daemen, J., Rijmen, V.: The Design of Rijndael: AES – The Advanced Encryption Standard. Springer, Berlin (2002)
25. Davies, D.W., Price, W.L.: Security for Computer Networks, An Introduction to Data Security in Teleprocessing and Electronic Funds Transfer, 2. Aufl. John Wiley & Sons, New York (1989)
26. Denning, D.E.R.: Cryptography and Data Security. Addison-Wesley Publishing Company, Reading (1982)
27. Denning, D.E.: Digital signatures with RSA and other public-key cryptosystems. Commun. ACM **27**(4), 388–392 (1984)
28. Diffie, W., Hellman, M.: Privacy and authentication: an introduction to cryptography. Proc. IEEE **67**, 397–427 (1979)
29. Diffie, W., Hellman, M.E.: New directions in cryptography. IEEE Trans. Inf. Theory **22**(6), 644–654 (1976)
30. Dolev, D., Dwork, C., Naor, M.: Non-Malleable cryptography. In: 23rd Annual ACM Symposium on Theory of Computing (STOC'91), S. 542–552 (1991)
31. Echtle, K.: Fehlertoleranzverfahren. Studienreihe Informatik. Springer, Berlin (1990)
32. van Eck, W.: Electromagnetic radiation from video display units: an eavesdropping risk? Comput. Secur. **4**, 269–286 (1985)
33. Federal Information Processing Standard Publication (FIPS PUB 197): Specification for the Advanced Encryption standard (AES) (2001)
34. Federal Information Processing Standard Publication (FIPS PUB 46): Data Encryption Standard (DES) (1977)
35. Federal Information Processing Standard Publication (FIPS PUB 46-3): Data Encryption Standard (DES) (1999)
36. Federal Information Processing Standard Publication (FIPS PUB 81): Data Modes of Operation (1980)
37. Federrath, H., Pfitzmann, A.: Gliederung und Systematisierung von Schutzzielen in IT-Systemen. DuD, Datenschutz Datensich. **24**(12), 704–710 (2000)
38. Feistel, H.: Cryptography and computer privacy. Sci. Am. **228**(5), 15–23 (1973)
39. Ferguson, N., Schroeppel, R., Whiting, D.: A simple algebraic representation of Rijndael. In: Proc. of Selected Areas in Cryptography. Lecture Notes in Computer Science, Bd. 2259, S. 103–111. Springer, Berlin (2001)

40. Fridrich, J.: Steganography in Digital Media: Principles, Algorithms, and Applications. Cambridge University Press, Cambridge (2010)
41. Fumy, W., Rieß, H.P.: Kryptographie: Entwurf, Einsatz und Analyse symmetrischer Kryptoverfahren, 2. akt. und wesentl. verb. Aufl. R. Oldenbourg Verlag, München (1994).
42. Gilbert, E.N., MacWilliams, F.J., Sloane, N.: Codes which detect deception. Bell Syst. Tech. J. **53**, 405–424 (1974)
43. Goldwasser, S., Micali, S.: Probabilistic encryption. J. Comput. Syst. Sci. **28**(2), 270–299 (1984)
44. Goldwasser, S., Micali, S., Tong, P.: Why and how to establish a private code on a public network. In: 23rd Symposium on Foundations of Computer Science, FOCS, 1982, S. 134–144. IEEE Computer Society, Los Alamitos (1982)
45. Goldwasser, S., Micali, S., Rivest, R.R.: A digital signature scheme secure against adaptive chosen-message attacks. SIAM J. Comput. **17**(2), 281–308 (1988). Special Issue on Cryptography
46. Haber, S., Stornetta, W.S.: How to time-stamp a digital document. J. Cryptol. **3**(2), 99–111 (1991)
47. Håstad, J.: On using RSA with low exponent in a public key network. In: CRYPTO'85, S. 403–408. Springer, Berlin (1985)
48. Håstad, J.: Solving simultaneous modular equations of low degree. SIAM J. Comput. **17**(2), 336–362 (1988)
49. Hellmann, M.E.: A cryptanalytic time-memory tradeoff. IEEE Trans. Inf. Theory **26**, 401–406 (1980)
50. Hopkinson, J.: Information security – „The Third Facet". In: Proc. 1st Annual Canadian Computer Security Conference, 30 January – 1 February 1989, Ottawa, Canada, S. 109–129 (1989)
51. Kahn, D.: The Codebreakers – The Story of Secret Writing. Scribner, New York (1967)
52. Kersten, H., Klett, G.: Der IT Security Manager. Vieweg & Sohn, Wiesbaden (2005)
53. Kippenhahn, R.: Verschlüsselte Botschaften, Geheimschrift, Enigma und Chipkarte. rororo (2012)
54. Koblitz, N.: The uneasy relationship between mathematics and cryptography. Not. Am. Math. Soc. **54**, 972–979 (2007)
55. Koblitz, N., Menezes, A.J.: Another look at „provable security". J. Cryptol. **20**, 3–37 (2004)
56. Kocher, P., Jaffe, J., Jun, B.: Differential power analysis. In: CRYPTO'99. Lecture Notes in Computer Science, Bd. 1666, S. 388–397. Springer, Berlin (1999)
57. Kocher, P.C.: Timing attacks on implementations of Diffie-Hellman, RSA, DSS, and other systems. In: CRYPTO'96, S. 104–113 (1996)
58. Königs, H.-P.: IT-Risiko-Management mit System. Vieweg & Sohn, Wiesbaden (2005)
59. Kuhn, M.G.: Eavesdropping attacks on computer displays. In: Information Security Summit (2006)
60. Kupfmüller, K.: Die Entropie der deutschen Sprache. FTZ, Fernmeldetech. Z. **7**, 265–272 (1954)
61. Lamport, L., Shostak, R., Pease, M.: The byzantine generals problem. ACM Trans. Program. Lang. Syst. **4**(3), 382–401 (1982)
62. Lampson, B.W.: A note on the confinement problem. Commun. ACM **16**(10), 613–615 (1973)
63. Matsui, M.: Linear cryptanalysis method for DES cipher. In: Advances in Cryptology – EUROCRYPT'93, S. 386–397 (1993)
64. Menezes, A.J., van Oorschot, P.C., Vanstone, S.A.: Handbook of Applied Cryptography. CRC Press, Boca Raton (1996)
65. Merritt, M.J.: Cryptographic protocols. Ph.D. Dissertation. School of Information and Computer Science, Georgia Institute of Technology (February 1983)

66. Merkle, R., Hellman, M.: Hiding information and signatures in trapdoor knapsacks. IEEE Trans. Inf. Theory **24**, 525–530 (1978)
67. NIST Special Publication 800-38A: Recommendation for block cipher modes of operation – methods and techniques. U.S. DoC/NIST (December 2001). http://csrc.nist.gov/groups/ST/toolkit/BCM/current_modes.html
68. NIST Special Publication 800-38B: Recommendation for block cipher modes of operation: the CMAC mode for authentication. U.S. DoC/NIST (May 2005). http://csrc.nist.gov/groups/ST/toolkit/BCM/current_modes.html
69. NIST Special Publication 800-38C: Recommendation for block cipher modes of operation: the CCM mode for authentication and confidentiality. U.S. DoC/NIST (May 2004). http://csrc.nist.gov/groups/ST/toolkit/BCM/current_modes.html
70. NIST Special Publication 800-38D: Recommendation for block cipher modes of operation: galois/counter mode (GCM) and GMAC. U.S. DoC/NIST (November 2007). http://csrc.nist.gov/groups/ST/toolkit/BCM/current_modes.html
71. NIST Special Publication 800-38E: Recommendation for block cipher modes of operation: the XTS-AES mode for confidentiality on storage devices. U.S. DoC/NIST (January 2010). http://csrc.nist.gov/groups/ST/toolkit/BCM/current_modes.html
72. Oechslin, P.: Making a faster cryptanalytic time-memory trade-off. In: Advances in Cryptology – CRYPTO 2003 (2003)
73. Pfitzmann, A.: Diensteintegrierende Kommunikationsnetze mit teilnehmerüberprüfbarem Datenschutz. Springer-Verlag, Heidelberg (1990)
74. Pfitzmann, A., Pfitzmann, B., Schunter, M., Waidner, M.: Vertrauenswürdiger Entwurf portabler Benutzerendgeräte und Sicherheitsmodule. In: Proc. Verläßliche Informationssysteme (VIS'95), S. 329–350. Vieweg, Wiesbaden (1995)
75. Pfitzmann, A., Pfitzmann, B., Schunter, M., Waidner, M.: Trusting mobile user devices and security modules. Computer **30**(2), 61–68 (1997)
76. Preneel, B.: The state of cryptographic hash functions. In: Lectures on Data Security: Modern Cryptology in Theory and Practice. Lecture Notes in Computer Science, Bd. 1561, S. 158–182 (1999)
77. Rivest, R.L., Shamir, A., Adleman, L.: A method for obtaining digital signatures and public-key cryptosystems. Commun. ACM **21**, 120–126 (1978)
78. Ruggeri, N.: Principles of Pseudo-Random Number Generation in Cryptography (2006)
79. Schönfeld, D., Klimant, H., Piotraschke, R.: Informations- und Kodierungstheorie, 4. überarb. und erw. Aufl. Springer/Vieweg, Berlin/Wiesbaden (2012)
80. Shamir, A.: A polynomial-time algorithm for breaking the basic Merkle-Hellman cryptosystem. IEEE Trans. Inf. Theory **30**, 699–704 (1984)
81. Shannon, C.E.: A mathematical theory of communication. Bell Syst. Tech. J. **7**, 379–423 (1948)
82. Shannon, C.E.: Communication theory of secrecy systems. Bell Syst. Tech. J. **28**, 656–715 (1949)
83. Shoup, V.: Why chosen ciphertext security matters. Tech. Rep. RZ 3076, IBM Research Division (1998)
84. Singh, S.: Geheime Botschaften. Die Kunst der Verschlüsselung von der Antike bis in die Zeiten des Internet. Dtv, München (2001)
85. Stelzer, D.: Kritik des Sicherheitsbegriffs im IT-Si-cher-heits-rah-men-kon-zept. DuD, Datenschutz Datensich. **14**(10), 501–506 (1990)
86. Vuagnoux, M., Pasini, S.: Compromising electromagnetic emanations of wired and wireless keyboards. In: Proceedings of 18th USENIX Security Symposium (2009)
87. Wegman, M.N., Carter, J.: New Hash functions and their use in authentication and set equality. J. Comput. Syst. Sci. **22**(3), 265–279 (1981). http://www.sciencedirect.com/science/article/pii/0022000081900337

88. Wiener, M.J.: Cryptanalysis of short RSA secret exponents. IEEE Trans. Inf. Theory **36**(3), 553–558 (1990)
89. Wolf, G., Pfitzmann, A.: Charakteristika von Schutzzielen und Konsequenzen für Benutzungsschnittstellen. Inform.-Spektrum **23**, 173–191 (2000)
90. Zimmermann, P.: PGP – Pretty Good Privacy, Public Key Encryption for the Masses, User's Guide, Volume I: Essential Topics, Volume II: Special Topics, Version 2.2 (1993)

MIX
Papier aus verantwortungsvollen Quellen
Paper from responsible sources
FSC® C105338

If you have any concerns about our products,
you can contact us on
ProductSafety@springernature.com

In case Publisher is established outside the EU,
the EU authorized representative is:
**Springer Nature Customer Service Center GmbH
Europaplatz 3, 69115 Heidelberg, Germany**

Printed by Libri Plureos GmbH
in Hamburg, Germany